聊城大学化学基础实验教材

物理化学实验

主　编　魏西莲
副主编　张庆富

中国海洋大学出版社
·青岛·

图书在版编目(CIP)数据

物理化学实验 / 魏西莲主编. — 青岛：中国海洋大学出版社，2019.7

ISBN 978-7-5670-2290-4

Ⅰ. ①物… Ⅱ. ①魏… Ⅲ. ①物理化学 — 化学实验 — 高等学校 — 教材 Ⅳ. ①O64—33

中国版本图书馆 CIP 数据核字(2019)第 130553 号

出版发行 中国海洋大学出版社
社　　址 青岛市香港东路 23 号　　邮政编码 266071
网　　址 http://pub.ouc.edu.cn
出 版 人 杨立敏
责任编辑 孟显丽
电　　话 0532—85901092
电子信箱 1079285664@qq.com
印　　制 青岛国彩印刷股份有限公司
版　　次 2019 年 8 月第 1 版
印　　次 2019 年 8 月第 1 次印刷
成品尺寸 185 mm×260 mm
印　　张 19.75
字　　数 481 千
印　　数 1～2100
定　　价 40.00 元
订购电话 0532—82032573(传真)

前言

物理化学实验是化学实验科学的重要分支之一，是化学化工专业学生及近化学专业学生必修的一门基础实验课程。本课程是在学生学习了无机化学实验、分析化学实验、有机化学实验以及物理化学理论知识的基础上而进行的一门实验课程。它综合了化学领域中无机化学、分析化学、有机化学所必需的基本研究工具和方法，借助于物理学和化学的基本原理、技术和仪器，借助于数学运算工具来研究物质的物理化学性质和化学反应规律，帮助学生进一步了解和解释化学现象。该课程在训练学生综合分析和解决实际问题的能力、培养学生的创新意识、引导学生理论联系实践等方面发挥着重要作用。

物理化学实验的目的是使学生了解物理化学实验的基本方法和相关基础知识，学会通用仪器的操作方法，培养其动手能力；通过实验操作、现象观察和数据处理，培养学生分析、解决问题的能力；帮助学生加深对物理化学基本原理的理解，实现理论联系实际和理论应用于实践；培养学生勤奋、努力的学习态度，求真、求实的科学精神以及勤俭节约的优良品德；培养学生的创新精神及适应社会的应变能力。总之，全面培养学生的动手能力和创新能力是物理化学实验课程的主要任务。

科技创新能力是一个国家的发展动力。对国家来说，没有科技的强大就没有国力的强大，没有科技的创新就没有国家持续发展的动力。客观地讲，我们在培养创新型人才方面还没有形成系统、有效的培养机制，对学生创新能力的培养，重视程度还不够。大学生在校期间，大部分时间是在课程学习中度过，创新能力普遍不足。因此，如何培养具有创新能力的人才是我国高等教育所面临的严峻挑战，理论和实践教学迫切需要改变人才培养模式以适应新时代发展的要求。近年来，我院物理化学基础实验教研室在学校和学院各级领导关心和支持下，以培养学生的基础操作能力和创新能力为出发点，在基础实验、拓展实验和创新实验中，从培养学生创新能力入手，加大对基础实验教学的改革力度，取得了优异的成绩。多年来，尽管我们在实验教学中进行了多项改革，积累了丰富的培养经验，然而还没有一本真正涵盖本教研室教学内容的实验教材。因此，我们决定编写一本包括基础实验、拓展实验以及创新实验的新的物理化学实验教材，以提升物理化学实验课程的质量。

本教材既可作为四年制化学化工学院化学、化工、应用化学以及材料化学实验课程的教学用书，又可作为从事化学及其他相关专业工作者的参考书。该教材本着以学生为本、综合培养学生的动手能力和创新能力的教育理念，参考了目前国内外物理化学实验教材及实验室仪器原理等内容，按照基本实验操作培养—拓展实验能力训练—创新实验水平验证这一由浅入深、循序渐进、逐步提高的教学步骤，真正实现全面培养大学生基础实验技能和创新能力的教学目标；同时，在全面培养学生能力的同时，将各指导教师的科研内容融入教学环节，体现教学、科研相互促进的辩证关系。

本书具有如下特点：

1. 根据学生学过的理论知识和物理化学理论涉及的不同知识模块，整合、凝练出化学、应用化学和化工等专业必做的26个经典基础实验项目，包括11个热力学实验、4个电化学实验、4个动力学实验、5个胶体与表界面化学实验和2个结构化学实验。

2. 在每个基础实验后配有一个使用本实验仪器的拓展实验，共16个。这是在学生掌握了基本操作以后进行的拓展体系的实验训练，以巩固学生的基本操作，初步训练学生的创新思维，为随后的创新实验的训练打好基础。在编写内容上，力求结合工农业生产实际，以解决实际生产中用到的技术操作为重点。

3. 创新实验是培养学生的实践能力和创新能力的主要途径。本书的创新实验是在基础实验和拓展实验教学达到预期目标的前提下编写的12个实验课题。其内容不但涉及本课程各学科知识模块，而且将本学科指导教师的科研内容加入实验中；将指导教师的研究课题直接转化为创新实验课题，让学生有更多的自主学习、探究和锻炼的机会，提高学生灵活运用物理化学基础知识和实验分析技能、解决实际问题的能力。实验中强调开放式教学，以改变过去基础实验和指导教师的研究课题被严格区分的局面。创新实验只列出实验题目、创新实验要求、实验设计原理和参考文献。具体的实施方案由学生在查阅文献的基础上制订，学生写出的创新实验开题、内容设计及实验步骤报告需经教师批准后，在教师的指导下利用课余时间完成。

本教材由魏西莲拟定编写大纲，具体内容由编委会成员分工编写（具体分工见各部分标注），最后由魏西莲、张庆富统稿、定稿。

限于水平，书中难免有错误和不足之处，敬请有关专家、同仁和广大读者批评指正。

编 者

2018年12月于聊城大学

目录 Contents

第一部分　绪　论

一、物理化学实验课的目的

物理化学实验是化学实验科学的重要分支，是化学专业学生必修的一门独立的基础实验课程，也是化工、材料等专业的学生必修的一门重要课程。它综合了化学领域中无机、有机、分析化学所需的基本研究工具和研究方法，借助于物理学和化学的原理、技术和仪器以及数学运算来研究物质的物理化学性质和化学反应规律，进一步了解化学现象，是用来研究和解决现实生活中遇到的化学问题的一门学科。其作用主要体现在以下方面。

1. 使学生初步掌握物理化学实验的基本方法和技能，培养和提高其从事实验工作的能力并学会基本仪器的操作。

物理化学实验是学生在完成无机化学实验、有机化学实验、分析化学实验之后，进入专业课程或选修课程和做毕业论文之前的课程，这一特殊的时间段起着承前启后的重要作用。学生在学习了先行课程中大量感性知识之后，需要在认识上有一个突破（飞跃）上升到理性认识的高度。因此，物理化学实验教学的任务就是通过进一步严格的实验，引导学生学会研究物质的物理化学性质和化学反应规律，使学生既具有坚实的实验基础，又具备初步的研究能力，实现由学习知识技能到进行科学研究的重要转变。

物理化学实验是一门用精密仪器进行的实践性很强的课程，又是重演“发现”化学反应规律的一门理论性很强的课程，既需要理论知识，又需要实践知识（因为各种精密仪器本身也有一套原理理论）。因此，不仅要求学生自己动手组合、安装和正确使用仪器，而且要求学生根据实验中现有的实验仪器，进行实验设计，并对实验结果做出理论分析和讨论。本课程的这一特点，决定了学生在学习中必须手脑并用并具备较强的动手能力和综合分析的思维能力。

2. 通过实验操作，培养学生细致观察实验现象、准确测定实验数据以及进行综合实验的能力，使学生掌握正确记录、处理、分析实验数据和实验结果的方法。

物理化学实验特别注意实验工作方面的综合训练，帮助学生形成基本的科学素养。通过本实验课的练习，使学生初步掌握一套进行研究工作的方法，包括实验设计（根据内容用什么仪器测试）、实验方法的比较（测定某一常数，如平衡常数、速率常数，用什么方法误差小、准确度高）、实验条件的选择（测定某个常数时用什么溶剂、催化剂等）、实验现象的观察和记录以及实验报告的书写等，培养学生严谨的、实事求是的工作作风和科学态度。这种训练和培养虽然是初步的，但却使学生经历了一个实验研究工作的全过程（由于所用仪器较多，当学生进行某个物理量的测定时，就会联系到物理化学实验中所用的仪器），这对培养化学专门人才是必不可少的。

3. 加深对物理化学基本原理和概念的理解，培养理论和实际相结合的良好学风。

物理化学中一些物理量是通过实验测定的，通过实验可以了解物理量的测试方法，对课堂内容进行再学习。

4. 培养学生实事求是的科学态度、一丝不苟的科学作风以及通过灵活运用所掌握的实验技术进行综合实验和创新实验的能力。

二、物理化学实验在教学中的地位和作用

世界上最早的物理化学家罗蒙诺索夫于1751年在向学生讲授物理化学中一些基本原理时，曾用实验来加以说明，首次为学生安排了物理化学实验。他在第二年所写的《物理化学精义导论》中对物理化学下了明确的定义："物理化学是一门科学，它根据物理学上的原理和实验来说明在复杂的物理中经化学处理后所发生的化学。"从此以后，包括实验在内的物理化学这门课程就逐渐成为高等学校教学体系中的一门独立的科学。

早期的物理化学实验教材，主要目的都是为了验证物理化学的基本原理，只是作为课堂教学的辅助环节。20世纪30～50年代期间的物理化学实验教材就不再以验证物理化学原理为主要目的，而是转向物理化学的应用，注重于数据的处理，向应用数据的实验转化。

从20世纪60年代后期，国外物理化学实验已注重较精密仪器的使用，注重数据的准确处理。尤其是近年来出版的教材大都强调了物理化学实验对学生工作能力、动手能力的培养和训练的重要性。因此，在国外，物理化学实验受到与课堂同样的重视。国内各高校也意识到了这些，认识到物理化学实验在教学中的作用已经由单纯的实验验证向培养学生独立工作的能力发展。目前，使学生具有独创能力被提到重要议程上来，因此，物理化学实验在教学中的地位愈来愈重要。它在整个教学中发挥了以下作用。

1. 物理化学是一门理论性很强的学科，其中的某些理论和概念比较抽象，单凭课堂讲述要求学生正确理解和掌握这些内容是困难的。因此，做好物理化学实验是巩固课堂内容、加深理解物理化学基本理论和概念的手段。早期的物理化学实验对于验证基本理论，曾起过积极的作用，如今在这方面的作用仍然不会减弱。因此，搞好物理化学实验教学将有助于教学质量的提高。

2. 通过物理化学实验，使学生掌握基本的操作技能、熟悉基本的研究方法、了解基本仪器的使用，这就可以帮助学生掌握物理化学的一般方法及规律、了解各种方法的特点及其局限性。因此，做好物理化学实验是加强学生化学实验基本训练、提高其动手能力、促进其知识技能向科研能力转化的基础。完成实验操作训练是物理化学实验课的中心任务。

物理化学实验不仅包括了热力学、动力学、电化学、表界面化学，而且包括了胶体、催化及高分子方面的实验，另外还包括部分结构化学实验。这些内容几乎综合了化学领域中各个分支所需要的基本手段和技术，所用仪器包括了无机化学、有机化学、分析化学实验所用的大部分仪器。一些基本仪器的使用（如溶液的配制、天平的使用、操作规范问题）在物理化学实验中作为辅助技能，已不是物理化学实验中教师讲授的内容。随着近代科学技术的发展，大量现代化精密仪器被应用到物理化学实验中，引起了实验手段的重大改革。光、热、电磁各类测量仪器及其相应的技术已普遍应用在物理化学实验中。另外，物理化学实验设备较为复杂，在实验过程中教师要求学生自己动手调试仪器，由目前的讲解过渡到引导学生自己摸索。学生对实验过程中出现的问题能运用所学的知识来解释和分析，碰到异常现象时会用已掌握的实验技术去处理，在不断的动手动脑过程

中，增强自己的科研能力。

3．物理化学实验中的每个实验都有自身的特点，相对独立，要求学生在教师的指导下独立完成。当然，由于目前物理化学实验室内仪器数量有限，不能每人一套仪器，但两人一套需要很好的分工和配合。在实验过程中，学生需要认真思考并掌握每个实验的原理及其设计思路，实验条件的选择、仪器的安装、线路的连接、数据的记录和结果的处理等都要亲自去实践，从而掌握实验研究工作的一般步骤。这样才能有助于培养学生独立的工作能力、严谨的工作作风、实事求是的工作态度和良好的实验素质，为今后独立开展工作奠定良好的基础。因此，完成物理化学实验是培养学生的独立工作能力与良好的实验技能的重要过程。

4．对一些毕业后准备从事中学教学的学生来说，往往存在一些模糊认识，以为“不做物理化学实验照样能当好中学化学教师，教好中学化学”。其实，这种观点是错误和不全面的。因为在中学的化学教师必须在业务上具备较高的科学文化水平、系统的理论知识和扎实的实验技能，必须具有物理化学的基本理论和实验技能。只有这样，才能居高临下地驾驭好中学教材，搞好课堂教学，深入浅出地讲授中学知识；才能正确灵活地指导中学化学实验以及有关的课外科技活动；才能既胜任当前的中学化学教学，又适应长远教学内容更新的要求。所有这些，没有坚实的物理化学实验基础是很难达到的。因此，做好物理化学实验是培养合格的中学化学教师的必备条件之一。

5．随着时代的发展、科技的进步，大学生由过去的精英教育转向大众教育，本科毕业的工作去向已由过去的包分配改为自谋出路。如今研究生（硕士）的数量已超过本科生的数量，对于考研的学生来说，物理化学实验更是最基本的实验训练。因为读研后，学生无论从事哪个研究方向，都是从基础实验上升到更高层次的实验过程。没有扎实的实验基础和基本的操作训练，是绝对不可能顺利毕业的。过去的十几年里，师范院校的考生复试成绩不理想，其中一个重要原因就是他们的动手能力差：面试时对于给定的操作题目，不敢动手。即便动手操作，也存在基本操作不规范的现象，所以导致录取率低。这些年，大部分学生已经意识到这个问题，做实验时非常认真，实验过程中动脑较多，遇到各种问题时由过去的提问到现在的思考，转变很大。

三、物理化学实验课的要求

物理化学实验很多是综合型实验，不仅内容涉猎面广，而且需借助精密仪器来测量数据。其内容既包括无机化学、有机化学、分析化学实验的基础知识和操作，又具有物理化学实验本身的基本理论和特点，甚至涉及物理学及近代化学部分内容。尤其是实验过程中以定量的测试数据为主要内容，处理数据非常麻烦，这就要求学生小心谨慎地操作。进实验室时头脑要清醒、精力要集中，实验时要仔细记录数据，包括各种现象、异常数据等。

物理化学实验室使用的仪器大多较精密、价格昂贵、数量有限，不能保证与其他实验一样每次都做同样的项目。现在各校乃至国外均采用循环教学法，即每次几个或十几个实验同时开放。学校给每个实验只配几套仪器，学生须分组循环操作。因此，为保证物理化学实验的顺利进行，提出以下几点要求。

每个实验分为三个阶段：第一阶段是写实验预习报告，第二阶段是实验操作和数据记录，第三阶段是完成实验报告。

（一）第一阶段：写实验预习报告（每人准备一个实验预习本）

1. 充分预习：首先阅读实验教材，了解本实验的目的、依据的原理、实验要测试的数据及所用的仪器，达到基本掌握实验原理、能写出简单实验步骤、预习报告内容等要求。

2. 课堂预习：在课前预习的基础上，到实验室对照教材检查仪器，为顺利地进行实验做准备。仔细设计实验步骤，在教师的指导下，掌握实验仪器的使用方法和原理，熟悉实验步骤，进一步完善实验预习报告。简单预演实验操作，但必须注意不能自作主张乱动乱开仪器。

（二）第二阶段：实验操作和数据记录

正式实验前再次检查仪器有无损坏，先进行一次模拟操作，以防因仪器不能使用而造成浪费。实验中应做到：

（1）认真操作，仔细观察，详细记录，并在实验卡上抄写一份原始数据。

（2）小心操作，严禁在实验过程中搬动仪器。尤其是电学仪器，应将线路按教材连接好，核查无误后，先开总电源然后打开仪器开关。严禁先开仪器开关再开总电源，也不能将电源线先插电源，再接仪器。不经教师讲解不能乱动仪器，更不能私自拆卸仪器。电子光学仪器一定要先预热，发现有损坏立即报告指导老师。

（3）要有顺序地操作，仪器药品摆放要整齐有序，谈话要小声，保持室内安静，讨论问题时不能影响到周围同学。

（4）实验完毕，拆卸仪器，拔掉电源。将数据记录完整，填好实验卡，交给教师审查签字。洗刷仪器时，一定要仔细清洗，按自来水-蒸馏水-二次蒸馏水的顺序依次清洗，注意不要打碎玻璃仪器。清洗完仪器后，方可离开实验室。

（三）第三阶段：实验报告的完成

实验报告通常有两种形式：一种是阐明式，即只列出实验数据，计算结果，并进行问题讨论（一般不建议）；另一种是完整报告，不局限形式。一篇完整的实验报告应包括以下内容：① 实验题目；② 实验目的；③ 实验原理自己组织语言来写，不能照抄教材；④ 仪器装置与药品；⑤ 实验步骤（关键操作）；⑥ 数据记录与处理；⑦ 注意事项；⑧ 思考题；⑨ 问题的讨论和误差的分析。后面几项，特别是对问题的讨论和误差的分析最能体现学生对特殊实验现象的分析能力。实验心得水平、对本实验的建议操作等；不局限形式，自由发挥。一个实验报告的分数高低取决于后面的几项报告。实验报告每人一份，数据处理需独立完成，不能抄袭或合写。另外，学生也可以提出不同的测试方法和步骤，通过查阅文献，提出进一步实验的建议。

四、物理化学实验的考核方法和评分标准

本课程作为一门独立的课程，两个学期都要进行笔试和操作的考核。

1. 平时成绩（占30%～40%）取决于实验报告成绩、操作过程的表现、是否有预习报告、熟练程度、观察能力、实验操作的条理性、卫生情况、独立解决实际问题的能力、实验报告的书写质量以及问题讨论的水平等因素。

2. 考试成绩（占60%～70%）主要包括原理部分（占10分）、操作部分到实验室中实际操作（每人一次，50分）两部分。其中，操作内容包括已做实验和设计实验的操作两部分。

五、拓展实验及创新性实验要求

（一）拓展实验

拓展实验是在基础实验完成后进行的提高性实验训练。它是在学生完成基础实验的当天或几天后进行的以提高技能为目的的实验操作。学生可以重复进行某类仪器的操作，但实验内容需要改进或重新设计。学生既可以参考教材中所列出的实验步骤，也可以自己设计实验步骤，以补充教材的不足。

（二）创新实验

1. 创新实验的程序。

创新实验不是对基础实验的重复，也不是对拓展实验的操作，而是在基础实验和拓展实验基础上的提高和深化。在教师的指导下，学生选作实验课题，应用已经学过的物理化学实验原理、方法和技术，查阅文献资料，独立设计实验方案，选择合理的仪器设备，组装实验装置，进行独立的实验操作，并尝试以论文的形式写出报告。由于物理化学实验与科学研究之间在设计思路、测量原理和方法上有许多相似性，因此对学生进行设计实验的训练，可以较全面地提高他们的实验技能和综合素质，对初步培养其科研能力是非常重要的。

(1) 选题：在教材和教师提供的设计性实验题目中选择自己感兴趣的题目或者自己设计题目。

(2) 查阅文献：首先查阅实验原理、实验方法、仪器装置和各种实验方法，然后对不同方法进行对比、归纳和分析等。

(3) 设计方案：方案应包括实验装置图、详细的实验步骤、所需的实验仪器（按物理化学实验室内现有的仪器）和药品清单等。

(4) 可行性论证：实验开始前将设计方案交给老师，师生进行论证。请老师和同学提出存在的问题和改进的建议，优化设计方案。

(5) 实验准备：提前 1 周到实验室进行仪器和药品的准备工作。

(6) 实验操作：实验过程中要注意观察实验现象，详细记录实验数据。若实验不成功，需反复进行实验操作，直到成功。中间过程若出现问题，只要不是仪器故障的原因，均要自行解决。

(7) 数据处理：对实验结果进行处理，分析误差，按论文的形式写出实验报告并进行交流和答辩。

2. 创新实验的要求。

(1) 所查文献至少要包括一篇外文文献，同时要求用英文写实验报告摘要，以培养学生的英文写作能力。

(2) 学生必须自己设计实验、组合仪器并完成操作，以培养综合的化学实验技能和用基础知识解决实际问题的能力。

六、物理化学实验室安全知识

在化学实验室里，触电、爆炸、着火、中毒、灼伤、割伤等事故时有发生。如何预防和防止这些事故的发生以及发生事故后如何急救，是每一位化学工作者必须掌握的安全知识。本教材主要结合物理化学实验的特点，列出安全用电常识及化学药品的安全防护等内容。

（一）安全用电常识

物理化学实验所用的仪器较多，几乎每个实验操作都需要用到用电仪器，违章用电常常可能造成人身伤亡、火灾、损坏仪器设备等严重事故。所以特别要注意安全用电。

1. 防止触电。

(1) 不用潮湿的手接触电器。

(2) 电源的裸露部分应有绝缘装置（如电线接头处应裹上绝缘胶布）。所有电器的金属外壳都应保护接地。

(3) 实验前先检查用电设备，再接通电源；实验结束后，先关仪器设备，再关闭电源；工作人员离开实验室或遇到突然断电时，应关闭电源，尤其要关闭加热电器的电源开关；不得将供电线任意放在通道上，以免因绝缘装置破损造成短路。

(4) 不能用试电笔去试高压电。使用高压电源时应有专门的防护措施。

(5) 如有人触电，应先迅速切断电源，然后进行抢救。在需要带电操作的低电压电路实验时用单手比双手操作安全。

(6) 实验室内的明、暗插座距地面的高度一般不低于 0.3 m。

(7) 在潮湿或高温或有导电灰尘的场所，应该用超低电压供电。在工作场所相对湿度大于 75%时，属于危险、易触电环境。

(8) 不能随便打开含有高压变压器或电容器的电子仪器设备的仪器盖，很危险。

(9) 影响电流对人体伤害程度的主要因素有电流的大小、电流经人体的途径、电流的频率、人体电阻。漏电保护器既可用来保护人身安全，还可用来对低压系统或设备的对地绝缘状况起到监督作用。

(10) 低压电笔一般适用于测量少于 500 V 以下的交流电压，安全电压是指保证不会对人体产生致命危险的电压值，工业中使用的安全电压在 36 V 以下。

人体对 50 Hz 交流电的反应见表 1-1。

表 1-1 人体对 50 Hz 交流电的反应

电流强度/mA	1～10	10～25	25～100	100 以上
人体反应	麻木感	肌肉强烈收缩	呼吸困难，甚至停止呼吸	心脏、心室纤维性颤动，死亡

2. 防止发生火灾及短路。

(1) 电线的安全通电量应大于用电功率，选择保险丝时，应考虑实验室允许的用电量等因素。

(2) 室内如有易燃、易爆气体(氢气，煤气)，一定注意防止明火或产生的电火花。注意：在继电器工作时，电器接触不良及开关电闸时易产生电火花。

(3) 遇到电线起火，应立即切断电源，用沙或二氧化碳、四氯化碳灭火器灭火，禁止用水或泡沫灭火器等导电液体灭火。

(4) 电线、电器不能用水浸湿，或浸在导电液体中。电路元件不能短路。

3. 电器仪表的安全使用。

(1) 先了解仪器要求使用的电源是交流电还是直流电，再了解电压的大小、电器的功率以及仪器的正负极等情况。

（2）仪表量程应大于待测量程，当不知待测量程时应从最大量程开始测量。

（3）实验前检查线路是否正确，如果仪器线路接反，轻则仪器不能正常使用，重则烧毁仪器。

（4）在仪器的使用过程中如听到不正常声响或发现局部温度升高或嗅到焦味，应立即切断电源。

（5）插头插座的连接一定要对口，三个插孔一定看仔细；一旦插错，可能发生危险。

（6）交、直流回路不可以合用一条电缆。动力配电线五线制 U、V、W、零线、地线的色标分别为黄、绿、红、蓝、双色线。

（7）单相三芯线电缆中的红线代表火线。

4. 防止短路。

（1）线路中各接点应牢固，电路元件两端接头不要互相接触，以防短路。

（2）电线、电器不要被水淋湿或浸在导电液体中，例如实验室加热用的灯泡接口不要浸在水中。

（3）三相电闸闭合后或三相空气开关闭合后，由于缺相会导致三相电机嗡嗡响、不转或转速很慢。

（4）实验时，电源变压器输出被短路，会出现电源变压器有异味、电源变压器冒烟、电源变压器发热等现象，直至烧毁。

（5）交流电路断电后，内部的电容可能会有高电压，用仪表测量电容值时会损坏仪表。

（二）化学药品的安全防护

1. 防毒。

（1）有机溶剂。

① 神经毒性药品有脂肪烃（正己烷、戊烷、汽油）、芳香烃（苯、苯乙烯、丁基甲苯、乙烯基甲苯）、氯化烃（三氯乙烯、二氯甲烷）以及二硫化碳、磷酸三邻甲酚等脂溶性较强的溶剂。

② 血液毒性的药品有芳香烃，特别是苯。

③ 肝肾毒性的药品多见于氯代烃类有机溶剂，如氯仿、四氯化碳、三氯乙烯、四氯乙烯、三氯丙烷、二氯乙烷等。

④ 多数有机溶剂均有不同程度地刺激皮肤黏膜的作用，但以酮类和酯类为主。

使用有机溶剂时，要加强密闭措施以减少有机溶剂的逸散和蒸发。另外，注意作好实验室的通风工作。

① 操作有毒气体如苯、四氯化碳、乙醚、硝基苯蒸气时，应在通风橱内进行。

② 应使用个人防护用品，如防毒口罩或防护手套。皮肤黏膜受污染时，应及时冲洗干净，勿用被污染的手进食。

（2）无机盐。

氰化物、高汞盐（$HgCl_2$、$Hg(NO_3)_2$ 等）、可溶性钡盐（$BaCl_2$）、重金属盐（如镉、铅盐）、三氧化二砷等属于剧毒药品，应在审批用量后使用。

（3）酸、碱及其他。

浓 H_2SO_4、浓 HCl、HF、HNO_3、H_2S、Cl_2、Br_2、NO_2、NaOH 等能强烈腐蚀皮肤，应避免接触。

表 1-2　一些试剂的毒性作用

试剂	毒性/沸点	主要毒性作用
氰化物	剧毒	氰化物进入人体后析出氰离子，与细胞线粒体内氧化型细胞色素氧化酶的三价铁结合，阻止氧化酶中的三价铁还原，妨碍细胞正常呼吸，造成组织缺氧，导致机体陷入内窒息状态。口服氰化钠、氰化钾的致死量为 1～2 $mg \cdot kg^{-1}$
亚硝酸盐	剧毒	食用硝酸盐或亚硝酸盐含量较高的腌制肉制品、泡菜及变质的蔬菜可引起中毒，或者误将工业用亚硝酸钠作为食盐食用，或饮用含有硝酸盐或亚硝酸盐苦井水、蒸锅水后，亚硝酸盐能使血液中正常携氧的低铁血红蛋白氧化成高铁血红蛋白，因而失去携氧能力而引起组织缺氧。亚硝酸盐是一种致癌物质。据研究，食道癌与患者摄入的亚硝酸盐量呈正相关性。致癌机理是：在胃酸等环境下亚硝酸盐与食物中的仲胺、叔胺和酰胺等反应生成强致癌物N-亚硝胺。成人摄入 0.2～0.5 g 即可引起中毒，3 g 即可致死
甲醇	较强毒性/64.5℃	① 对人体的神经系统和血液系统影响最大。② 甲醇蒸气能损害人的呼吸道黏膜和视力。③ 甲醇中毒是以中枢神经系统损害、眼部损害及代谢性酸中毒为主的全身性疾病
苯	较强毒性/80.1℃	① 苯对中枢神经系统产生麻痹作用，引起急性中毒。② 长期接触苯会对血液造成极大伤害，引起慢性中毒，引起神经衰弱综合征。③ 苯可以损害骨髓，使红细胞、白细胞、血小板数量减少并使染色体畸变，从而导致白血病。④ 苯可以导致大量出血，抑制免疫系统的功用导致疾病
乙腈（甲基腈）	中等毒性/81.1℃	乙腈蒸气具有轻度刺激性，故在浓度较高的情况下能够引起一定程度的上呼吸道刺激症状
氯仿（哥罗芳）（三氯甲烷）	中等毒性/61.7℃	三氯甲烷在光照下，能被空气中的氧氧化成氯化氢和有剧毒的光气。① 可经消化道、呼吸道、皮肤接触进入机体。② 主要急性毒性作用对中枢神经系统有麻醉作用，对眼及皮肤有刺激作用，并能损害心脏、肝脏、肾脏。氯仿有高胚胎毒性和轻度致畸性。③ 长期接触，主要出现肝脏损害，并伴有消化不良、抑郁、失眠等症状。少数人可引起嗜氯仿癖，饮酒还可增加氯仿的肝脏毒性。④ 每天工作 8 h 的工人，即使终身从事这种工作，只要空气中的氯仿含量在 49 $mg \cdot m^{-3}$ 以下，就不足以对人体造成伤害。⑤ 在处理过程中不要用铁器（如铁勺、铁容器、铁铲等），应改用其他工具，因为铁有助于三氯甲烷分解生成毒性更大的光气

（续表）

试剂	毒性/沸点	主要毒性作用
四氯化碳	较强毒性/76.8℃	四氯化碳是典型的肝脏毒物，但接触浓度与频度可影响其作用部位及毒性。① 高浓度时，首先是中枢神经系统受累，随后累及肝、肾。② 而低浓度长期接触主要表现肝、肾受累。③ 乙醇可促进四氯化碳的吸收，加重中毒症状。④ 四氯化碳可增加心肌对肾上腺素的敏感性，引起严重的心律失常。⑤ CCl_4 在高温下与水反应会产生有毒的光气
乙醇	微毒性/78.4℃	① 乙醇蒸气对眼和呼吸道黏膜有轻微的刺激作用。② 皮肤长期接触可出现干燥、皲裂现象。③ 长期吸入高浓度乙醇蒸气，可引起头昏乏力、情绪不稳定、肝功能损伤等。
甲酸	微毒性/100.8℃	① 主要引起皮肤、黏膜的刺激症状。② 皮肤接触：立即脱去被污染的衣着，用大量流动的清水至少冲洗 15 min。③ 眼睛接触：立即提起眼睑，用大量流动的清水或生理盐水至少彻底冲洗 15 min。④ 吸入：迅速脱离现场至空气新鲜处，保持呼吸道通畅
丙酮	微毒性/56.2℃	① 对神经系统有麻醉作用，对黏膜有刺激作用。② 皮肤接触后，会出现干燥、红肿和皲裂。③ 对人体没有特殊的毒性，只是吸入后可引起头痛、支气管炎等症状。如大量吸入，可使人失去意识。④ 高浓接触对个别人可能出现肝、肾和胰腺的损害
石油醚	低毒/30～60℃，60～90℃	① 其蒸气或雾对眼睛、黏膜和呼吸道有刺激性。② 可引起周围神经炎。对皮肤有强烈刺激性
乙醚	低毒性/34.6℃	① 主要引起全身麻醉，对皮肤及呼吸道黏膜有轻微的刺激作用。② 长期接触低浓度乙醚蒸气可出现头痛、头晕、易激动或淡漠、嗜睡、忧郁、体重减轻、食欲减退、恶心、呕吐、便秘等症状
正己烷	高毒性/68.9℃	过去正己烷曾被归为是低毒类，但因其挥发性和脂溶性高，在人体内可蓄积，特别对神经系统具有毒性，故有人认为应考虑将其列为高毒类化合物
环己烷	低毒性/68.9℃	① 对眼和上呼吸道有轻度刺激作用。② 持续吸入可引起头晕、恶心、嗜睡和其他一些麻醉症状。液体污染皮肤可引起痒感
正丁醇	低毒性/117.7℃	红细胞数减少，偶见眼刺激症状
液体氨水	低毒性/24.7～37.7℃	① 有挥发性和刺激性，吸入后对鼻、喉和肺有刺激性引起咳嗽、气短和哮喘等。② 可因喉头水肿而窒息死亡；可发生肺水肿，引起死亡。③ 反复低浓度接触，可引起支气管炎。④ 皮肤反复接触，可致皮炎，表现为皮肤干燥、痒、发红。对孕妇来说，建议尽量不接触氨水
乙酸乙酯	低毒性/77.1℃	① 对眼、鼻、咽喉有刺激作用。② 高浓度吸入有麻醉作用，引起急性肺水肿和肝、肾损害。持续大量吸入，可致呼吸麻痹。③ 误服者可产生恶心、呕吐、腹痛、腹泻等。④ 有致敏作用，因血管神经障碍而致牙龈出血；可致湿疹样皮炎。⑤ 慢性影响：长期接触本品有时可致角膜混浊、继发性贫血、白细胞增多等。毒性强于丙酮

（4）日常解毒食品。

① 蜂蜜：味甘，性平，自古就是滋补强身、排毒养颜的佳品。功效：对润肺止咳、润肠通便、排毒养颜有显著功效，很容易被人体吸收和利用。

② 胡萝卜：味甘，性良，是养血排毒、健脾健胃的有效解毒食物。功效：与体内汞离子结合后，能有效降低血液中汞离子的浓度，加速体内汞离子的排出。白萝卜、红萝卜、小萝卜也具有上述功效。适合症状：用于铅、汞超标的化妆品或饮食中铅汞引起的黄褐斑、蝴蝶斑等皮肤问题。

③ 海带：味咸，性寒，是化痰、消炎、平喘、排毒、通便的理想食物。功效：海带中的碘被人体吸收后，促进有害物质、病变物和炎症渗出物的排除。同时海带含有一种硫酸多糖，能吸收血管中的胆固醇，并将之排出体外。

④ 木耳：味甘，性平，是排毒解毒、消胃涤肠、和血止血的食物。功效：木耳含有一种植物胶质，有较强的吸附力，可吸附残留在人体消化系统内的灰尘、杂质，并将其排出体外。适合症状：从事粉尘环境中工作的人，特别应多食。

⑤ 黄瓜：味甘，性平，是清热解毒、生津止渴的排毒食物。功效：黄瓜所含的黄瓜酸，能促进人体新陈代谢，排出毒素，所含维生素 C 的含量是西瓜的 5 倍，能美白皮肤，保持其弹性，抑制黑色素的形成。除此以外，吃黄瓜有助于化解炎症，还能抑制糖类物质转化为脂肪。

⑥ 苦瓜：味甘，苦，性平，是解毒、养颜美容的少有的好食物。功效：苦瓜中含有一种具有明显抗癌功效的活性蛋白质，能够激发体内免疫系统的防御功能，增加免疫细胞活性，清除体内有害物质。

⑦ 荔枝：味甘，酸，性温，是解毒止泻、生津止渴、排毒养颜的理想食物。功效：荔枝有补肾益精、改善肝功能、加速毒素排除、促进细胞生成、使皮肤细嫩等功效。适合人群：皮肤粗糙、干燥，尤其是经常熬夜引起的肾虚等。

⑧ 猪血：味甘，性温，是解毒清肠、补血养容、排毒养颜的理想食物。功效：猪血中的血浆蛋白被人体内的胃酸分解后，产生一种解毒清肠分解物，能将有害粉尘及金属微粒排出体外。适合人群：长期接触有害有毒粉尘的人，特别是每日驾驶车辆的司机。另外，猪血富含铁，对贫血而面色苍白者有改善作用。

⑨ 绿豆：味甘，性凉，是清热解毒、去火的常备食品。功效：常食能帮助排泄体内毒素，促进机体的正常代谢。适合症状：许多人在吃过肥腻、煎炸、热性的食物之后，容易出现皮肤瘙痒、暗疮、痱子。绿豆具有强力解毒功效，可以解除多种毒素、降低胆固醇；可以保肝和抗过敏。另外，在绿豆汤中调入蜂蜜饮用，排毒养颜功效更佳。

⑩ 茶叶：性凉，味甘苦，是清热除烦、消食化积、通利小便的排毒卫士。功效：醒脑提神、清利头目、清暑解渴的功效尤为显著。茶叶富含一种生物性物质——茶多酚，具有解毒作用。

⑪ 大蒜：大蒜中的特殊成分能让体内铅的浓度下降。

⑫ 蘑菇：能帮助排泄体内毒素，促进机体的正常代谢。

⑬ 草莓：能帮助清洁胃肠道，并强固肝脏。对阿司匹林过敏和肠胃功能不好的人，不宜食用。

⑭ 樱桃：能去除毒素和不洁的体液，因而对肾脏排毒具有相当的辅助功效，同时还有温和的通便作用。

2. 防爆。

实验室内有些气体与空气混合后可以引起爆炸（表1-3）。因此使用可燃性气体时，室内通风要良好；操作大量可燃性气体时，严禁同时使用明火、电火花及其他撞击火花；严禁将强氧化剂和强还原剂放在一起。储藏的乙醚使用前应除去其中可能产生的过氧化物；进行容易引起爆炸的实验，应有防爆措施。

表1-3 一些与空气相混合的常见气体的爆炸极限（20℃，101325 Pa下）

气体	氢	苯	乙醇	乙醚	丙酮	煤气	乙烯	乙酸乙酯	一氧化碳	水煤气
爆炸高限/体积分数	74.2	6.8	19.0	36.5	12.8	32	28.6	11.4	74.2	72
爆炸低限/体积分数	4.0	1.4	3.3	1.9	2.6	5.3	2.8	2.2	12.5	7.0

3. 防火。

（1）大量使用乙醚、丙酮、乙醇、苯等易燃有机溶剂时，室内不能有明火、电火花或静电放电。

（2）在空气中易氧化自燃的物质（如磷、金属钠、钾、电石及金属氢化物等）要隔绝空气保存，使用时要特别小心。

（3）实验室一旦着火，常用的灭火剂有水、沙、二氧化碳灭火器、四氯化碳灭火器、泡沫灭火器和干粉灭火器等。以下几种情况不能用水灭火。

① 金属钠、钾、镁、铝粉、电石、过氧化钠着火，应用干沙灭火。

② 比水轻的易燃液体，如汽油、笨、丙酮等着火，可用泡沫灭火器。

③ 有灼烧的金属或熔融物的地方着火时，应用干沙或干粉灭火器。

④ 电器设备或带电系统着火，可用二氧化碳灭火器或四氯化碳灭火器。

4. 防灼伤。

强酸、强碱、强氧化剂、溴、磷、钠、钾、苯酚、冰醋酸等都会腐蚀皮肤，要防止其溅入眼内。

5. 汞的安全使用。

汞中毒分急、慢性两种。急性中毒多为高汞盐（如 $HgCl_2$）入口所致，0.1～0.3 g即可致死。可在数小时内出现头痛、发热、皮疹、口腔炎、胃肠炎、肺炎等症状。

慢性中毒为吸入汞蒸气引起，症状有：食欲不振、恶心、便秘、贫血、掉头发、骨骼和关节疼、精神衰弱等，有少尿、血尿、蛋白尿、管型尿等表现，严重者很快出现急性肾功能衰竭的症状。

汞蒸气的最大安全浓度为0.1 $mg \cdot m^{-3}$，而20℃时汞的饱和蒸汽压为0.1596 Pa，超过安全浓度100倍。所以使用汞时必须严格遵守安全用汞的操作规定。

（1）储藏器皿为厚壁玻璃或瓷器。汞上需加水覆盖，不能直接暴露在空气中。实验中不慎打碎温度计，应立即将散落的汞粒捡起或扫除；或用硫黄粉覆盖，并摩擦使之生成 HgS。

（2）使用汞的实验室内应有良好的通风设备，一旦有伤口，切勿接触汞。

（3）不要让汞直接暴露于空气中，盛汞的容器应在汞面上加盖一层水。

（4）装汞的仪器下面一律放置浅瓷盘，防止汞滴散落到桌面上和地面上。一切转移汞的操作，也应在浅瓷盘内进行（盘内装水）。

(5) 实验前要检查装汞的仪器是否放置稳固。橡皮管或塑料管连接处要缚牢。

(6) 用烧杯暂时盛汞,不可多装以防破裂。

(7) 若有汞掉落在桌上或地面上,先用吸汞管尽可能将汞珠收集起来,然后用硫黄盖在汞溅落的地方,并摩擦使之生成 HgS;也可用 $KMnO_4$ 溶液使其氧化。

(8) 擦过汞或汞齐的滤纸或布必须放在有水的瓷缸内;盛汞的器皿和有汞的仪器应远离热源,严禁把有汞的仪器放进烘箱。

6. X 射线的防护。

X 射线被人体组织吸收后,对人体健康是有害的。一般晶体 X 射线衍射分析用的 X 射线(波长较长、穿透能力较低)比医院透视用的硬 X 射线(波长较短、穿透能力较强)对人体组织伤害更大。轻的造成局部组织灼伤,如果长时期接触,重的可造成白细胞下降,毛发脱落,发生严重的射线病。

七、物理化学实验中的基础操作及基本仪器

(一) 溶液配制

1. 仪器的洗涤:主要指洗涤容量瓶、移液管、烧杯、滴管、玻璃棒等仪器。容量瓶上的刻度线一般是指 20℃,液体充满至标线的容积。洗涤时先看是否漏水。

常用容量瓶的规格(mL):10　25　50　100　250　500　1000

移液管的规格(mL):(大肚)1　2　5　10　20　25　50;

(刻度)0.1　0.2　0.5　1　2　5　10　20　25

2. 样品的称量:根据溶液所要求的浓度,w 或 $c(\mathrm{mol \cdot dm^{-3}})$。如果配制 1 L 溶液,摩尔质量为 $M(\mathrm{g \cdot mol^{-1}})$,样品的称量质量$=c(\mathrm{mol \cdot dm^{-3}}) \times M(\mathrm{g \cdot mol^{-1}}) \div$样品纯度 $w\%$

3. 样品的溶解:将称好的样品(固体时)放在烧杯内,加少量水使其溶解,对于难溶的可慢慢加热。冷却后转移到容量瓶中。转移时沿玻璃棒倒入瓶中,溶剂倒入 2/3 时,将溶液摇匀,继续加入溶剂快到标线时,用滴管加溶剂至弯月面最低点并与标线相切。盖上瓶塞,食指压住瓶塞,另一只手托住容量瓶底部,倒转几次,使溶液混匀。

注意:① 容量瓶不准以任何形式加热。除非需要,可将容量瓶放于热水中,等冷到室温时再定容。② 不带"烧"字的容器不能在电炉上加热。

4. 样品的转移:将溶液倒入试剂瓶。

(二) 移液管的使用

左右手的顺序:右手持移液管,左手拿吸耳球,移液管的液面与视线平齐。转移溶液时,左手拿起试剂瓶,将溶液迅速转移到容量瓶或其他容器中(注意不能离得太远),移液管内的溶液倾斜倒入容量瓶。最后一滴的处理,写"吹"字的移液管就吹掉,不写就留下,残留在移液管末端的溶液不能用力抛到本体内。

(三) 洗液的配制

1. 铬酸洗液。

铬有致癌作用,配置和使用时要格外小心。

(1) 将 100 mL 工业浓硫酸置于烧杯内小心加热。然后慢慢加入 5 g 重铬酸钾粉末,边加边搅拌,待全部溶解并冷却后,储存在细口磨塞玻璃瓶内。

(2) 取 5 g 重铬酸钾粉末,置于 250 mL 烧杯中,加 5 mL 水使其溶解,然后慢慢加入

100 mL 浓硫酸，溶液温度达 80℃，待冷却后储存在细口磨塞玻璃瓶内。

2. 其他洗液。

(1) 工业浓盐酸：可以洗去水垢或某些无机盐沉淀。

(2) 5%草酸溶液：用数滴硫酸酸化，可洗去高锰酸钾痕迹。

(3) 5%～10%磷酸三钠($Na_3PO_4 \cdot 12H_2O$)溶液：可洗涤油污物。

(4) 30%硝酸溶液：可洗涤二氧化碳测定仪及微量滴定管。

(5) 5%～10%乙二胺四乙酸二钠($EDTA\text{-}Na_2$)：加热煮沸可洗脱玻璃仪器内壁的白色沉淀物。

(6) 尿素洗液：蛋白质的良好溶剂，适于洗涤盛过蛋白质制剂及血样的容器。

(7) 有机溶剂：丙酮、乙醚、乙醇等可用于洗涤油脂、脂溶性染料污痕等，二甲苯可洗脱油漆的污垢。

(8) 氢氧化钾的乙醇溶液和含有高锰酸钾的氢氧化钠溶液：强碱性滴液对玻璃仪器的腐蚀较强，可清除容器内壁污垢，但洗涤时间不要过长，使用时需小心。

(四) 试剂瓶的标示

一般情况下，固体试剂用广口瓶分装，液体试剂用小口瓶分装。挥发性试剂用棕色瓶分装。药品瓶上标签的颜色。

优级纯试剂(G. R.)　绿(保证试剂)

分析纯试剂(A. R.)　红

化学纯试剂(C. P.)　蓝

实验试剂(L. R.)　棕黄(工业试剂)

试剂瓶上的特殊标志：学生可自己查找易燃、易爆、腐蚀品、有毒、剧毒、危险品、有害、强氧化剂等试剂的特殊标签。

(五) 万用电表

万用电表是一种多种用途的电表，一般可用来测量交直流电压、电流、电阻、电容量、电功率和电感量等，配合测量电路，实现各种电量的测量。根据不同的测量对象，通过转换开关的选择来达到测量的目的，使用方便，是物理化学实验中必备的常用仪器。由于万用电表的结构多种多样，表盘上的旋钮、布局、开关的样式也多种多样。使用时应先仔细了解和熟悉各部件的作用，同时也要分清表盘上各条标尺所对应的测量的量。

参考文献

1. 姜淑敏. 化学实验基本操作技术[M]. 北京：化学工业出版社，2008.
2. 缪强. 化学信息学导论[M]. 北京：高等教育出版社，2002.
3. 山东大学等校. 物理化学实验[M]. 北京：化学工业出版社，2016.
4. 南京大学化院物化教学组. 物理化学实验[M]. 南京：南京大学出版社，1998.
5. 张洪林，杜敏，魏西莲，等. 物理化学实验[M]. 青岛：中国海洋大学出版社，2016.
6. 复旦大学化院物化教学组. 物理化学实验[M]. 上海：人民教育出版社，2009.
7. 北京大学化院物化教学组. 物理化学实验[M]. 4 版. 北京：北京大学出版社，2002.

(魏西莲编写)

第二部分　基础理论及实验技术

第一章　物理化学实验中的误差分析和计算

在物理化学实验测量中，通常是在一定条件下测量一种或几种物理量的大小，然后用计算或作图的方法求出所需的实验结果。但实践证明，任何测量的结果都只是相对的准确，在实际测量中会遇到一些实际问题，如某些物理量的测量并不是直接测量，而是由间接测量得出。因此，在测量和计算过程中必然会把不精确的测量和计算带进结果中，这就是误差。

第一节　几个基本概念

一、直接测量和间接测量

（一）直接测量

根据实验目的要进行许多物理量的测量。测量结果可以直接用实验数据表示的，称为直接测量，如直尺的长度、天平的称量、温度计的读数、压力、真空度等。

（二）间接测量

将直接测量的数据经过数学处理，用某种公式计算得到的结果。无机化学、有机化学、分析化学实验大部分是直接测量，而物理化学实验则大部分是间接测量。

二、准确度、精密度与精确度

这几个术语一向比较混乱，不仅国际上缺乏统一的定义，而且在同一个国家或在同一个部门内往往也搞得很乱。同一个术语在不同的文献中往往含有不同的含义，而对同一个概念又往往可用同一个术语来表达。近年来趋于一致的表述见下。

（一）精确度

精确度反映了由系统误差和偶然误差（随机误差）共同引起的测量值与真值的偏离程度，即测量结果与其真值符合程度的量度，它包含精密度和准确度两部分的含义。

（二）精密度

精密度表示对同一个量进行重复测量所得结果彼此之间互相接近的程度（重复性、符合度）。精密度是测量中随机误差的反映，因此精密度通常用标准偏差 σ 来表征，这是近年来最常用的表征方法。

(三) 准确度

准确度表示测量结果与真值接近的程度。这种观点是由科学家艾森哈特(C. Eishhart)经过深入探讨,大量引经据典,并从语源学上进行论证得出的结论。这一观点也被欧美、日本科学家所采纳。

在一组测量中,尽管精密度很高,但准确度不一定很好;反过来说,若准确度好的精密度一定高,其区别可用打靶的例子来说明。

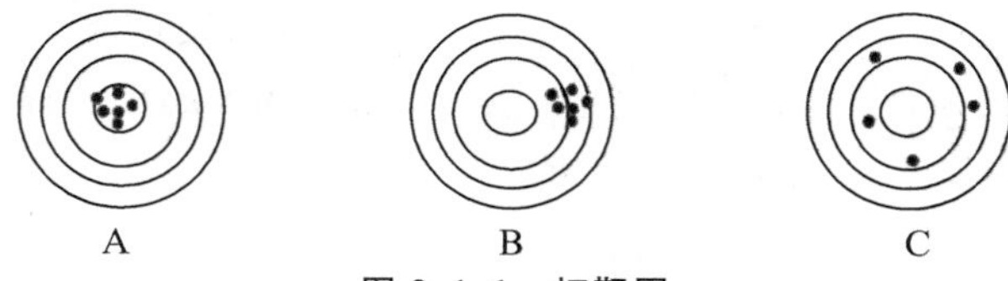

图 2-1-1 打靶图

据图 2-1-1 可知:A 表示准确度和精密度都好;有时也称精确度高,既准又精。

B 表示精密度好,准确度不高。

C 表示精密度和准确度都不好。

举例说明:

在用冰点降低法测相对分子质量的实验中,测出萘的相对分子质量有如下数据($M=128\ g\cdot mol^{-1}$)。

a:127.5　128.1　128.1　128.2　127.8　127.6　$M_{平均}=127.95\ g\cdot mol^{-1}$ 准确度高、精密度好

b:126.5　125.8　126.2　126.3　126.4　126.4　$M_{平均}=126.2\ g\cdot mol^{-1}$ 精密度好

c:126.5　125　128　127　130　131.8　$M_{平均}=128.05\ g\cdot mol^{-1}$ 准确度高(假的)

仪器的精密度指仪器在每次测量时,得到相同的且较接近的某一数值,即误差达到相同数量级的程度。

三、误差

误差是指测量值与真值之间的差值。在测量中,由于仪器、实验条件和人的感觉器官的限制,任何一种测量方法所获得的数据都不是绝对准确而不含有误差的。即使是最高基准的传递手段,也不绝对正确。因此在测量、实验和计算过程中必然会把不精确的测量和计算带进结果中,这就产生了误差,即实验结果与真值之差。在不知道真值的情况下,可用标准值(一般指用其他可靠方法测出的物理量)与测量值比较得出误差。在一般情况下,真值和标准值是不相同的,有时甚至相差很大。但人们在认识世界时都是一步一步由低级向高级发展的,由浅入深,由片面到全面。所以随着科学技术的不断发展,过去的文献有可能被推倒,测量值越来越接近真值,准确度也会越来越高。

(一) 绝对误差

绝对误差=测量值-真值,即:

$$\Delta x = x_{测} - x_{真值} \tag{2-1-1}$$

其大小表示准确度的高低。真值:有理论真值、规定真值、相对真值、文献值等,如国际法定的 7 个基本量单位、圆周率、原子量等。

（二）相对误差

测量的绝对误差在真实值中占的百分率,即:

相对误差＝绝对误差/真值≈绝对误差/测量

绝对误差和相对误差都有正负,但绝对误差有单位,而相对误差无单位,可用百分数表示,与测量的量成反比,当精密度相同时,测量的量越大,相对误差越小,相对精密度越高。

绝对误差表示了测量值与真值的接近程度,即测量的准确度。而相对误差则表示各次测量值相互靠近的程度,即测量的精密度。

四、测量偏差

测量偏差是测量值(或观察值)与平均值之间的差值,其大小表示精密度的高低。

$$\Delta x = x_{测} - x_{平均} \tag{2-1-2}$$

第二节 误差的分类

从不同角度出发,误差有多种分类方法,根据误差的性质及产生的来源,可将误差分为系统误差、过失误差(粗差)和偶然误差三种。

一、系统误差(恒定误差或常差)

系统误差是指在相同条件下,多次测量同一物理量时,测量误差的大小和符号保持不变;在改变测量条件时它又按某一确定规律而变化的测量误差,称为系统误差。

系统误差一般有固定的方向和大小,重复测定时又重复出现,大小、符号(正值或负值)在同一实验中完全相同或基本不变,这种误差是由某些确定的原因引起的。

（一）系统误差产生的原因

1. 内因。

(1) 仪器构造不完善:仪器结构上的误差,气压计真空度不够,温度计、仪表等刻度不准。

(2) 药品有杂质存在,纯度不够。以上这两项产生的误差不变,为不变的系统误差。

(3) 实验方法、实验条件、计算公式本身的限制(用了近似公式),如用理想气体状态方程计算被测蒸气的分子量时,由于实际气体与理想气体的偏差,用理想气体方程式求出的相对分子质量总大于实际相对分子质量。

2. 外因:外界因素,如温度、气压在不断变化(这是可变的系统误差),个人引起的误差(简称人差)(如由于人的感官或个人习惯和特点,在记录时总是超前或滞后、偏左或偏右、偏大或偏小;滴定时对颜色不敏感,总是偏深或偏浅等等)。

以上误差一般是恒定的,不能用测量次数的增加来消除。

（二）系统误差的种类和特点

种类:不变系统误差,符号和大小固定不变,如仪器刻度读数恒大或恒小。

可变系统误差,随测量的次数和时间变化,误差值和符号也按一定规律变化。

注意：这种误差有规律，与偶然误差不同，可被发现和克服，可变系统误差在测量中是经常存在的。例如，在精密测量中温度的影响是线性的，温度越高则测量结果的误差越大，测量值越大由温度造成的系统误差也将按比例增大。又如，温度计的毛细管不均匀造成的误差也是可变的系统误差。

（三）系统误差的消除方法

1. 用标准仪器或标准样品校正仪器所引起的系统误差。

2. 纯化样品或改用较纯的样品。

3. 对实验方法和实验条件引进的系统误差不好判断，可改进实验条件和方法，对计算公式进行矫正，用不同仪器或不同实验者进行对比测量。

4. 对外因引起的误差，尽量在恒温、恒压条件下进行实验。

5. 对个人引起的误差，要消除不良习惯。

（四）系统误差的判断

在系统误差比偶然误差较显著的情况下，可根据下列方法来判断系统误差。

1. 实验对比法：改变条件，进行对比测量，可发现不变的系统误差。例如在称量时，同一份样品，在不同的天平上称出不同的重量，可能是由砝码不准引起的。这种误差在多次测量时不易被发现，只有用更高级的仪器进行对比测量。在测量温度、压力、电阻等物理量中均存在着同样的问题。

2. 数据统计比较法：对同一物理量进行多组独立测量，分别求出它们的平均值和标准偏差，判断是否满足系统误差的条件来发现系统误差。

设第一组数据的平均值和标准偏差为$\overline{X_1}$和σ_1。

第二组数据的平均值和标准偏差为$\overline{X_2}$和σ_2。

如果不存在系统误差，则有下列关系：

$$|\overline{X_1}-\overline{X_2}|<2\sqrt{\sigma_1^2+\sigma_2^2} \tag{2-1-3}$$

例题 1 瑞利用不同的方法制备氮气时，发现有不同的结果，采用化学法（热分解氮的氧化物）制备的氮气，其平均密度和标准偏差为$\overline{\rho_1}=2.299\ 71\pm0.000\ 41$；由空气液化制备的氮所求出的氮气的平均密度和标准偏差为$\overline{\rho_2}=2.310\ 22\pm0.000\ 19$。由于$\Delta\rho=|\overline{\rho_1}-\overline{\rho_2}|=|2.299\ 71-2.310\ 22|=0.010\ 51$，且$\Delta\rho>2\sqrt{0.000\ 41^2+0.000\ 19^2}=0.000\ 9$。根据结果判断，两组结果之间必然存在着系统误差，而且由于技术操作引起系统误差的可能性很小。瑞利考虑可能是第二种方法存在问题，当时，瑞利并没有打算使两者之差变小。相反，他比较了两种方法的差别，这启发了瑞利等人后来发现惰性气体的存在，从而和拉姆赛在1904年分别获得诺贝尔物理学奖和化学奖。

5. 系统误差的估算

在有些实验中，可估算由于某一因素的改变而引入的系统误差，这对于分析系统误差的主要来源有参考价值。例如在测定气体摩尔质量时，可推算采用理想气体状态方程所引入的系统误差；用凝固点降低法测定物质的摩尔质量时，可推算由于加入晶种而引起的系统误差；在蔗糖转化实验中可推算由于反应温度偏高所造成的系统误差。

例题 2 在凝固点降低法测定物质的摩尔质量的实验中，估算一下由于累计加入

0.1 g晶种所造成的系统误差。

$$M_2=K_f\frac{1000m_2}{\Delta T_f m_1}$$

式中：M_2 为物质的摩尔质量；m_2为溶质的质量；m_1为溶剂的质量；ΔT_f为测定的温差；K_f为常数。

微分将上式进行得：

$$dM_2=K_f\frac{1000m_2}{\Delta T_f}\cdot\left(-\frac{1}{m_1^2}\right)dm_1=\frac{K_f1000m_2}{\Delta T_f m_1}\cdot\left(-\frac{1}{m_1}\right)dm_1=M_2\,|dm_1/m_1|$$

$$=M_2dm_1/m_1$$

M_2的理论值为 128 g·mol^{-1}，实验中 $m_1=22$ g，$dm_1=0.1$ g，则 $dM_2=128\times0.1/22=0.6$(g)。

结果由于加入 0.1 g 晶种使摩尔质量 M_2产生±0.6 g 的系统误差。而实际上实验所测定的结果 $M_2=124-126$ g·mol^{-1}之间，存在着−2～−4 的误差。由此可见，加入溶剂晶种不是本实验系统误差的主要来源，测量结果肯定存在着其他误差，以后将讲到引起较大误差的原因。

二、过失误差（粗差）

过失误差是一种显然与事实不符的粗差，主要是由于粗心、记错、读错、劳累和操作不正确引起的，有时是计算错误，有时用了有问题的机器。此类误差无规律可循，只要多方面注意，细心操作即可避免。

三、偶然误差（也称随机误差）

在测量中，如果已经消除了引起系统误差的一切因素（包括用了完善的仪器，纯化了药品，仔细观察），所得到的数据仍然在末一位或末两位数字上有差别，仍存在着一定的误差。这类误差就是偶然误差。

（一）偶然误差的来源

1. 仪器的活动部件：如压力计中的水银、电流表中的游标和指针。

2. 实验者本身：如多次测量时，实验者对仪器最小刻度值以下的值估读标准不统一。

3. 实验条件的变化：温度、大气的波动，电压不稳定，气流的影响等。

如在称量某一样品时，其他条件均同，结果有下列数据：

10.542 7　10.543 4　10.543 8　10.543 9 g

在四次测量中得不到同一个数据，如果由于天平的最小计量误差过细，实验者估计不准确，则此类误差只在末尾相差±(1～2)。而上列数据相差 5 个数据，因此必有其他原因存在，比如：

(1) 可能水蒸气在样品和砝码上凝结（由于天气不好），不易控制。

(2) 天平内的温度不好控制。

(3) 空气中灰尘降落速度不恒定。

(4) 电源不稳定。

以上这些因素都是偶然的，因这些因素造成的误差就是偶然误差。有些误差有时大有时小，有时正有时负，无一定的规律；但在同一条件下，对同一物理量作多次测量，则可发现偶然误差的特点。

（二）偶然误差的特点

1. 服从概率分布——高斯分布，并且小的偶然误差比大的偶然误差更易出现。

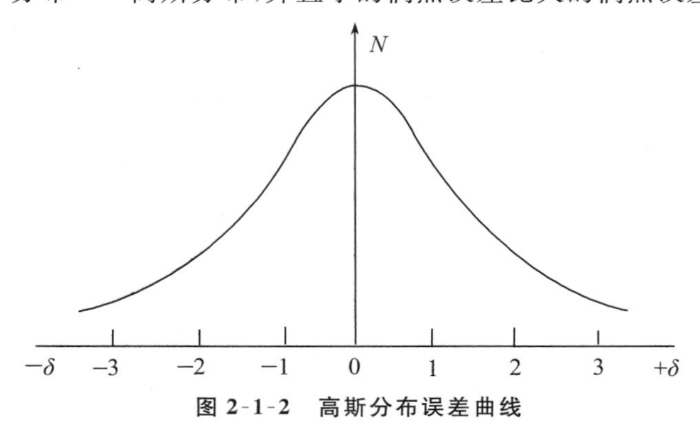

图 2-1-2　高斯分布误差曲线

2. 可能是正值也可能是负值，并且等值的正、负误差出现的概率相等，具有低偿性（系统误差无此性质）。

3. 所有误差在一定范围内变化。

4. 当测量次数无限增加时，偶然误差的算术平均值逐渐接近于0。因而，多次测量结果的算术平均值将更接近于真值。

$$\Delta x_{偶} = \lim_{n \to \infty} \frac{\sum_{i=1}^{n}(x_i - x_\infty)}{n} = 0 \tag{2-1-4}$$

式(2-1-4)说明，测量无数次，偶然误差可以消除。

所以，只有消除了系统误差，才能得出正确的结果。

因此，在实验中系统误差和过失误差可以通过剔除坏值和进行系统误差的校正来进行消除。但偶然误差存在于任何测量中，所以我们不能以任何一次的观测值作为测量的结果。为了使测量结果具有较多的可靠性，常取多次结果的算术平均值来表示（有时也称可靠值），这样更接近于真值。

$$X_{真} = \overline{X} = \frac{X_1 + X_2 + \cdots\cdots X_n}{n} = \frac{\sum_{i=1}^{n} X_i}{n} \tag{2-1-5}$$

真值：如果一个物理量其真值为 X，并且已经消除了系统误差和过失误差。测量值为 $X_1, X_2, \cdots, X_n$，每次测量的绝对误差为 $\Delta X_1 = X - X_1$，$\Delta X_2 = X - X_2$，$\Delta X_3 = X - X_3$，$\cdots$，$\Delta X_n = X - X_n$。$\Delta X_1 + \cdots, \Delta X_2 + \Delta Xn = nX - (X_1 + X_2 +, \cdots, + X_n)$

所以，
$$X = \frac{\Delta X_1 + \Delta X_2 + \cdots, + \Delta X_n}{n} + \frac{X_1 + X_2 + \cdots, + X_n}{n} \tag{2-1-6}$$

在正、负误差概率相等的情况下，当 n 增加时右边第一项趋近于0，所以可把算术平均值看作真值。

第三节 误差的表达方法

误差的表达方法一般有以下三种。

一、算术平均误差(偏差)

即单次测量值 X_i 与多次测量平均值 $X_{平均}$ 之差的绝对值的平均值。

$$\delta=\frac{\sum_{i=1}^{n}(X_i-\overline{X_n})}{n}=\frac{\sum|d_i|}{n} \tag{2-1-7}$$

二、标准误差(偏差)

也称均方根差,定义为:

$$\sigma=\sqrt{\frac{\sum d_i^2}{n-1}}=\sqrt{\frac{\sum(X_i-\overline{X_n})}{n-1}} \tag{2-1-8}$$

σ 表示单次测量的标准误差,σ 与 δ 的关系是 $\delta=\frac{\sigma}{\sqrt{n}}$。

三、或然误差

或然误差指置信概率为一半的误差,用 P 表示。其意义是:在一组测量中不计正负号,误差大于 P 的值与误差小于 P 的值将各占测量次数的 50%。以上各种误差之间的关系为:

$$P:\delta:\sigma=0.675:0.799:1$$

平均误差的优点是较简单,计算省事,但这种误差会把质量不高的测量掩盖住。而标准误差对已在测量中的较大误差或较小误差感觉比较灵敏,因此,它是表示精度的较好方法。

以上三种误差均可用来表示误差的大小,但近代科学中常用的是标准误差 σ。

四、测量结果的精度表示方法

(一)用绝对误差表示

绝对误差表示了与真值接近的程度,即测量的准确度,其表示法为:

$$\overline{X}\pm\delta \quad 或 \quad \overline{X}\pm\sigma$$

δ 或 σ 越小,测量的精度越高;δ 和 σ 一般用一位或两位数字来表示。

(二)用相对误差表示

相对误差表示了测量结果的精密度,即各次测量值相互靠近的程度,其表示法为:

$$\delta_{相对}=\pm\frac{\delta}{\overline{X}}\times100\% \quad \sigma_{相对}=\pm\frac{\sigma}{\overline{X}}\times100\%$$

相对误差的特点如下。

(1)与测量的量成反比,当精密度相同时,测量的量越大,相对误差越小,相对精密度越高。

(2)无单位,可用于不同测量结果之间的精密度比较,相对误差越小,精密度越高。当一个实验使用不同仪器时,要求它们的精密度一致,所以相对误差可作为匹配仪器的依据。如电工测量时,若用 0.1 级的电压表,也会选用 0.1 级的电流表。

举例说明偶然误差的计算。

例题 3 对某种样品重复 10 次色谱实验，分别测出如下表中的峰高 X_i(mm)，分别计算它们的平均误差和标准误差。

n	X_i	$\lvert X_i - X_{平均} \rvert$	$\lvert X_i - X_{平均} \rvert^2$
1	142.1	4.48	20.25
2	147.0	0.42	0.16
3	146.2	0.38	0.16
4	145.2	1.38	1.96
5	143.8	2.78	7.48
6	146.2	0.38	0.16
7	147.3	0.72	0.49
8	150.3	3.72	13.69
9	145.9	0.68	0.49
10	151.8	5.22	27.04
	$\sum = 1465.8$	$\sum = 20.16$	$\sum = 72.24$

$X_{平均} = 146.58(\text{mm}) \approx 146.6(\text{mm})$

$\delta = 20.16/10 = 2.02(\text{mm})$，$\sigma = \sqrt{\dfrac{72.24}{10-1}} = 2.8(\text{mm})$。

因此，峰测量值的准确度为：$\overline{X}_{平均} \pm \sigma = (146.6 \pm 2.8)\text{mm}$。

测量的精密度为：$\dfrac{\sigma}{\overline{X}_{平均}} \times 100\% = \dfrac{2.8}{146.6} \times 100\% = 1.9\%$。

结果用 σ 表示较精确，然而在测量次数很多时，计算 σ 很麻烦，工作量很大，统计学家根据误差理论，计算时用“范围乘数”来估计 σ 的大小。范围是指在 n 次测量中，最大测量值与最小测量值之间的差值，将范围乘以范围乘数，就得到 σ 的近似数据。

不同 n 的范围系数和估算 σ 的可靠程度。

表 2-1-1 误差估算的一些参数

n(次数)	范围乘数	可靠程度(%)
2	0.866	100
3	0.591	99
4	0.486	98
5	0.430	96
6	0.395	93
7	0.370	91
8	0.350	89
9	0.337	87
10	0.325	85

用表 2-1-1 中的数据估算例 4 题中的 σ，最大峰高 151.8，最小 142.1，范围是 151.8－

142.1=9.7。$n=10$,范围乘数为 0.325,所以 $\sigma=9.7\times0.325=3.15$(mm),这个数比 2.8 大,但却比平均误差 $\delta=2.02$ 好得多。在物理化学实验中,同样的实验重复次数一般不超过三四次。不超过 3~4 次。根据以上范围乘数估算 σ,测量次数越少则可靠程度越大。

五、偶然误差的统计规律和可疑值的舍弃

前面讲过,偶然误差服从正态分布(高斯分布),即正负误差具有对称性。所以只要测量次数足够多,在消除系统误差和过失误差的前提下,测量的算术平均值接近于真值。但一般测量次数不可能无限多,所以一般的算术平均值也不等于真值。于是人们又常把测量值与算术平均值之差称偏差,与误差混用,我们计算时均用的是偏差。

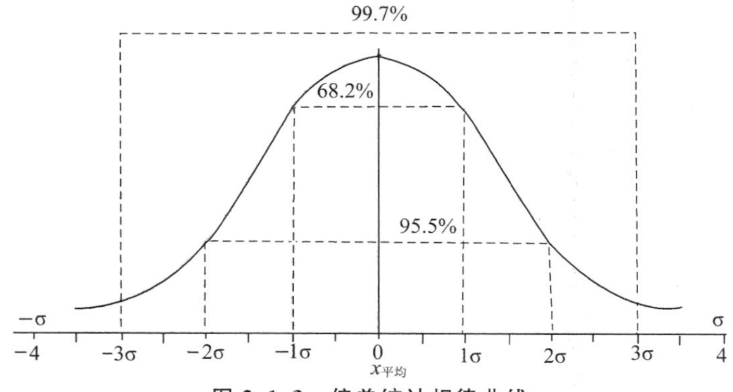

图 2-1-3 偏差统计规律曲线

统计结果表明,测量结果的偏差大于 $\pm3\sigma$,不超过 0.3%,因此根据概念,误差 $\geqslant\pm3\sigma$ 的点,应该剔除。

由图 2-1-3 可知:

(1) 小误差比大误差出现的机会多,$X=X_{平均}$ 时,出现的机会最多,相当于曲线最高点,所以 $X_{平均}$ 是可靠值。

(2) 由于正态分布曲线以 $X_{平均}$ 对称,所以数值大小相等,符号相反的正负误差出现的机会相等,$X_{平均}\pm\sigma$ 的范围内出现的概率为 68.2%,$X_{平均}\pm2\sigma=95.5\%$

(3) 超过 $X_{平均}\pm3\sigma$ 的误差不属于偶然误差,可作为粗差剔除,3σ 也称为极限误差。可用 3σ 法去除可疑值(测量次数较多时)。

例题 4 一组实验测量数据见下表,检查第 8 个点是否应被剔除。

n	X_i	$X_i-X_{平均}$	$(X_i-X_{平均})^2$
1	20.42	0.02	0.0004
2	20.43	0.03	9
3	40	0.00	0
4	43	0.03	9
5	42	0.02	4
6	43	0.03	9
7	39	−0.01	1
8	30	−0.10	100
9	40	0.00	0
10	43	0.03	9

（续表）

n	X_i	$X_i - X_{平均}$	$(X_i - X_{平均})^2$
11	42	0.02	4
12	41	0.01	1
13	39	−0.01	1
14	39	−0.01	1
15	40	0.00	0
	$X_{平均}=20.4$	$\sum d_i^2 = 0.0152$	

第 8 点的误差，$|d_8|=|20.30-20.40|=0.100$

$$3\sigma=3\sqrt{\frac{0.0152}{14}}=3\times0.033=0.099 \qquad d_8>0.099 \text{ 应剔除}$$

剔除后，$\sum d_i^2 = 0.0052$，$3\sigma=3\sqrt{\frac{0.0052}{13}}=0.06$，不再剔除。

剩余的 14 个点的偏差均不超过 0.06，所以不再剔除。一般实验的测量次数不要太多，最多 5～6 次，次数少时可用 2σ。

例题 5 测量各铁矿样品中，Fe_2O_3 的质量分数列表，请判断最后一个数据能否舍弃。

样品	$W\%(Fe_2O_3)$	与平均值的偏差	
1	50.30	−0.04	平均值 $X_{平均}=50.34$ $d_\sigma=50.55-50.34=0.21$ $\sum d_i^2=0.1764$
2	50.25	−0.09	
3	50.27	−0.07	
4	50.33	−0.01	
5	50.34	0.00	
6	50.55	0.21	

$$3\sigma=\sqrt{\frac{0.058}{5}}\times3=3\times0.1084=0.3253 \quad \text{不能舍弃。}$$

用 2σ 计算，$2\sigma=2\times0.1084=0.2169$，似乎也不能舍弃。

所以，测量次数（一般 15 次以上）很多时用 3σ 判断粗差；在测量次数 10～15 次时用 2σ；测量次数很少（如<10 次）时，如少于 10 次时，用 2σ 也不太合适。从以上的测量误差来看，第 6 点似乎应舍弃。在测量次数少于 10 次时，用 1.75σ 来判断，计算出的结果是 0.1897 可以舍弃，即计算出的偏差大于 1.75σ 的点舍去。

第四节　偶然误差和系统误差之间的辩证关系

系统误差与偶然误差之间虽有着本质的区别，但在一定条件下它们可以互相转化。根据定义，系统误差可作为衡量测量值的数学期望与其真值偏离程度的尺度，而偶然误差则说明了各次测量值与数学期望的离散程度。测量结果的准确度指系统误差小，精密度指测量结果有很小的偶然误差。但有时我们常把最有复杂规律关系的系统误差看成偶然误差，采用统计的方法来处理。不少系统误差的出现与偶然误差一样带有随机性。例如：天平称量时，每个砝码均存在着大小不等、符号不同的系统误差，这种系统误差具有很大的偶然性。因此，这时也可把这种系统误差作为偶然误差来处理。

对于按准确度划分等级的仪器来说，同一级别的仪器中每个仪器的系统误差是随机的，或大或小，或正或负，彼此都不一样。如一批容量瓶中，每个容量瓶的系统误差均不一定相同，它们之间的差别是随机的，这种误差属于偶然误差。当使用某一个容量瓶时，这种随机的偶然误差又转化为系统误差。我们可通过校正来确定系统误差的大小，如不交换未被发现，也可作为偶然误差来处理。

有时系统误差与偶然误差的区分也取决于时间因素，在短时间内系统误差基本不变，但时间一长，则可能出现随机变化的偶然误差。

第五节　一次测量值的误差

一些常用仪器的一次测量值，指只读一次的值，其测量误差可根据不同仪器来估计。

一、容量瓶，大肚移液管，量筒

这些仪器的测量误差可按仪器体积的 0.2%来估计。较大量器的测量误差则按体积的其 0.05%来估计。

表 2-1-2　移液管的测量误差

移液管(mL)	一等(mL)	二等(mL)
50	±0.05	±0.12
25	±0.04	±0.10
10	±0.02	±0.04
5	±0.01	±0.02
2	±0.006	±0.015

表 2-1-3　容量瓶的测量误差

容量瓶(mL)	一等(mL)	二等(mL)
1000	±0.30	±0.60
500	±0.15	±0.30
250	±0.10	±0.20
100	±0.10	±0.20
50	±0.05	±0.10
25	±0.03	±0.06
10	±0.02	±0.04

二、天平类

分析天平的测量误差可估计为 0.0002 g，时间长了应考虑精密度的减少，即测量误差可估计为 0.0004 g。

工业天平的测量误差可估计为 0.050 g。

台秤的测量误差分为两种：最大称量 1 000 g 的测量误差为 0.1 g；最大称量 100 g 的测量误差为 0.01 g。

三、其他有刻度的容器

刻度移液管、滴定管、温度计等容器的测量误差，以最小刻度的±0.2 估计。

例如：0.1 分度值的 1/10 温度计，估计到±0.02℃。

1 分度值的温度计，估计到±0.2℃。

滴定管 50 mL 最小刻度是 0.1 mL，估计到±0.02 mL。

移液管 10 mL 最小刻度是 0.05 mL，估计到±0.01 mL。

四、一般的数据(常数例外)

若给出误差，其误差可按最后一位有效数字±3 来估计，如：120.0，则误差为±0.3；156.23，则误差为±0.03。

五、各种仪表：电流表、电压表、压力表

误差按等级确定，一般电表分为 7 级。

0.1、0.2、0.5、1、1.5、2.5、5，每级的数据表示仪表满刻度值的最大相对误差。若以 S 代表级数，则 $S\% \geqslant \delta/X_{满}$，$X_{满}$ 表示仪表的满量程，δ 表示最大绝对误差。一个合格的电器应符合上面的公式。

例如：0.1 级的电表，满刻度为 5 A。

$$\delta \leqslant S\% \times X_{满} = 0.1\% \times 5 = 0.005 \text{ A 合格，}$$

$$\delta_{相对} = \delta/X_{测} \leqslant X_{满} \times S\%/X_{测} \text{ 表示测量的相对误差。}$$

$\delta_{绝对} \leqslant S\% \times X_{满} = 0.1\% \times 5 = 0.005$ A　因此，当 $\delta_{绝对} \leqslant 0.005$ A 时，电表是合格的

例题 6　某待测电压接近 100 V，现有 0.5 级 0～300 V 和 1 级 0～100 V 两个电压表，问：用哪一个电压表进行测量较好(用相对误差)?

解：用 0.5 级 0～300 V 的电压表测量时，最大相对误差是：

$$\delta_{相对} = X_{满} \times S\%/X_{测} = 300 \times 0.5\%/100 = 1.5\%$$

用 1 级 0～100 V 的电压表测量时，最大相对误差是：

$$\delta_{相对} = X_{满} \times S\%/X_{测} = 100 \times 1.0\%/100 = 1\%$$

由此看来，选用 1 级 1～100 V 的电压表较合适。虽然 1.0 级精密度差，但量程小、测量值小，所以误差小。因此，在选用电表时，不要仅追求准确度和精密度，而要根据测量值的大小，兼顾仪器级别和测量上限综合考虑。

第六节　误差传递——间接测量结果的误差计算

以上的计算和测量是直接测量结果，但在物理化学实验中，大多数是要测定两种以上的物理量，再按一定的函数关系求出结果。对于较复杂不易直接测定的量，可通过直

接测定简单量，而后按照一定的函数关系将它们计算出来。例如，测量量热计温度变化ΔT和样品重W，代入公式$\Delta H = C\Delta T\dfrac{M}{W}$，就可求出溶解热$\Delta H$，于是直接测量的$T$、$W$的误差，就会传递给$\Delta H$。因此，总的误差与各直接测量结果的误差有关，这就是误差传递。所以，在间接测量中，每一个直接测量的准确度都会影响最后结果的准确度。下面讨论如何从直接测量的误差计算间接测量的误差，如何确定间接测量的误差以及最终结果的可靠程度。另外，通过计算还可知道哪个直接测量的误差对结果的影响最大，从而有针对性地提高测量精度。

一、平均误差和平均相对误差的传递

设u是从直接测量的量$X,Y,\cdots,Z$而求出的间接测量的量，则有函数：

$$u = F(X,Y)$$

若X、Y互为独立量，将上式微分得到平均绝对误差，则：

$$\mathrm{d}u = \left(\frac{\partial u}{\partial X}\right)_{y\cdots}\mathrm{d}X + \left(\frac{\partial u}{\partial Y}\right)_{x\cdots}\mathrm{d}Y + \cdots + \left(\frac{\partial u}{\partial Z}\right)_{x,y}\mathrm{d}Z \tag{2-1-9}$$

平均相对误差为：

$$\frac{\mathrm{d}u}{u} = \frac{1}{F(X,Y)}\left[\left(\frac{\partial F}{\partial X}\right)_y\mathrm{d}X + \left(\frac{\partial F}{\partial Y}\right)_x\mathrm{d}Y\right] \tag{2-1-10}$$

若Δu、ΔX、ΔY和ΔZ为u、X、Y、Z的测量误差，且它们足够小，可以代替$\mathrm{d}u$、$\mathrm{d}X$、$\mathrm{d}Y$、$\mathrm{d}Z$，则得到：

$$\Delta u = \left|\frac{\partial u}{\partial X}\right|\Delta X + \left|\frac{\partial u}{\partial Y}\right|\Delta Y + \cdots \left|\frac{\partial u}{\partial Z}\right|\Delta Z \tag{2-1-11}$$

$$\frac{\Delta u}{u} = \frac{1}{f(X,Y,\cdots,Z)}\left|\frac{\partial u}{\partial X}\right|\Delta X + \left|\frac{\partial u}{\partial Y}\right|\Delta Y + \cdots \left|\frac{\partial u}{\partial Z}\right|\Delta Z \tag{2-1-12}$$

$$\Delta u = \pm(x|\Delta y| + y|\Delta x|) \tag{2-1-13}$$

$$\frac{\Delta u}{u} = \pm\left(\frac{|\Delta x| + |\Delta y|}{x+y}\right) \tag{2-1-14}$$

此式为平均误差传递的基本公式，其他函数公式见表2-1-4。

表2-1-4　部分函数的平均误差

函数关系	绝对误差	相对误差
$u=x\pm y$	$\Delta u=\pm(\lvert\Delta x\rvert+\lvert\Delta y\rvert)$	$\dfrac{\Delta u}{u}=\pm\left(\dfrac{\lvert\Delta x\rvert+\lvert\Delta y\rvert}{x\pm y}\right)$
$u=xy$	$\Delta u=\pm(x\lvert\Delta y\rvert+y\lvert\Delta x\rvert)$	$\dfrac{\Delta u}{u}=\pm\left(\dfrac{\lvert\Delta x\rvert}{x}+\dfrac{\lvert\Delta y\rvert}{y}\right)$
$u=\dfrac{x}{y}$	$\Delta u=\pm\left(\dfrac{x\lvert\Delta y\rvert+y\lvert\Delta x\rvert}{y^2}\right)$	$\dfrac{\Delta u}{u}=\pm\left(\dfrac{\lvert\Delta x\rvert}{x}+\dfrac{\lvert\Delta y\rvert}{y}\right)$
$u=x^n$	$\Delta u=\pm(nx^{n-1}\Delta x)$	$\dfrac{\Delta u}{u}=\pm\left(n\dfrac{\Delta x}{x}\right)$
$u=\ln x$	$\Delta u=\pm\left(\dfrac{\Delta x}{x}\right)$	$\dfrac{\Delta u}{u}=\pm\left(\dfrac{\Delta x}{x\ln x}\right)$

例题 7 凝固点降低法测萘的相对分子质量所用的公式为：

$$M=\frac{100K_f W_B}{W_A(T_0-T)\Delta T_f}$$

式中：M 为物质的相对分子质量，W_B 为溶质的质量，W_A 为溶剂（苯）的质量，T_0 为溶剂的凝固点，T 为溶液的凝固点，K_f 为常数。直接测量的量为 W_B、W_A、T_0、T，求实验的绝对误差和相对误差。实验数据，$W_A=20.00$ g 粗天平上称绝对误差为 $\Delta W_A=0.05$ g，$W_B=0.1472$，在分析天平上称量；$W_B=0.0002$；T 和 T_0 用贝克曼温度计测定。

T_0　4.801　4.790　4.802　三次

T　4.500　4.504　4.495　三次

$$T_{0平}=(4.801+4.790+4.802)/3=4.798(℃)$$

$$T_{01}=|4.798-4.801|=0.003(℃)\quad \Delta T_{02}=0.008(℃)\quad \Delta T_{03}=0.004(℃)$$

平均绝对误差 $\Delta T_{0平}=(0.003+0.008+0.004)/3=\pm 0.005(℃)$

同理，$T_{平}=(4.500+4.504+4.495)/3=4.500(℃)$

$$T_{平}=\pm 0.003(℃)$$

$$T_f=T_{0平}-T_{平}=(4.798\pm 0.005)-(4.500\pm 0.003)=0.298\pm 0.008(℃)$$

根据公式：

$$\Delta M/M=\Delta W_A/W_A+\Delta W_B/W_B+\Delta(\Delta T_f)/\Delta T_f$$

$$\Delta W_A/W_A=0.05/20=2.5\times 10^{-3}\quad \Delta W_B/W_B=0.0002/0.1472=1.36\times 10^{-3}$$

$$\Delta T_f/\Delta T_f=0.008/0.298=26.8\times 10^{-3}$$

$$\Delta M/M=\pm(0.0025+0.0014+0.0270)=\pm 0.03=\pm 3\%$$

则绝对误差 $=0.03\times M$

$$M=(1000\times 5.12\times 0.1472)/20\times 0.298=126.5(\mathrm{g\cdot mol^{-1}})$$

$$\Delta M=126.5\times 0.03=\pm 3.8(\mathrm{g\cdot mol^{-1}})$$

$$M=126.5\pm 3.8 \text{ 或 } 126.5\pm 4(\mathrm{g\cdot mol^{-1}})$$

最大相对误差为 $3.8/126.5\times 100\%=3.0\%$

与标准值比较的绝对误差为 $|128-126.5|=1.5$(g)

与标准值比较的相对误差为 $1.5/128\times 100=1.2\%$

可以看出最大的误差是温度的测量，所以必须使用贝克曼温度计。如果 W_B 多一些，相对误差能小一些；但如果 W_B 太大，不符合计算公式的条件。计算公式只在稀溶液条件下使用才正确。浓度增大，偶然误差相对小了，但却增大了系统误差。而使用工业天平称量溶剂，则引起的相对误差不大。这就是为什么在实验过程中有时为了避免过冷现象的出现影响温度读数，而加入少量晶种（固体溶剂冰，例题 2）反而获得较好的结果，而溶液必须使用分析天平。

求误差时，一般先求相对误差，再求绝对误差，利于计算。

二、标准误差和标准相对误差的传递

对于 $u=F(X,Y)$，X 和 Y 的标准误差分别为 σ_x，σ_y。如果 x，y 是相互独立的，则根据公式：

$$\sigma=\sqrt{\frac{\sum \mathrm{d}_i^2}{n-1}} \tag{2-1-15}$$

对 u 微分得标准绝对误差为：

$$du=\sigma_u=\sqrt{\left(\frac{\partial u}{\partial x}\sigma_x\right)^2+\left(\frac{\partial u}{\partial y}\sigma_y\right)^2} \tag{2-1-16}$$

相对标准误差为：

$$\frac{\sigma_u}{u}=\pm\frac{1}{u}\sqrt{\left(\frac{\partial u}{\partial x}\sigma_x\right)^2+\left(\frac{\partial u}{\partial y}\sigma_y\right)^2} \tag{2-1-17}$$

与平均误差的情况一样，若可用 $\Delta u,\Delta X,\Delta Y$ 和 ΔZ 代替 du,dX,dY,dZ，则得到其他函数形式的标准误差公式(表 2-1-5)。

表 2-1-5 部分函数的标准误差公式

函数关系	绝对误差	相对误差
$u=x\pm y$	$\Delta u=\pm\sqrt{\sigma_x^2+\sigma_y^2}$	$\frac{\Delta u}{u}=\pm\frac{1}{\lvert x+y\rvert}\sqrt{\sigma_x^2+\sigma_y^2}$
$u=xy$	$\Delta u=\pm\sqrt{y^2\sigma_x^2+x^2\sigma_y^2}$	$\frac{\Delta u}{u}=\pm\sqrt{\frac{\sigma_x^2}{x^2}+\frac{\sigma_y^2}{y^2}}$
$u=\frac{x}{y}$	$\Delta u=\pm\frac{1}{y}\sqrt{\sigma_x^2+\frac{x^2}{y^2}\sigma_y^2}$	$\frac{\Delta u}{u}=\pm\sqrt{\frac{\sigma_x^2}{x^2}+\frac{\sigma_y^2}{y^2}}$
$u=x^n$	$\Delta u=\pm(nx^{n-1}\sigma_x)$	$\frac{\Delta u}{u}=\pm\left(\frac{n}{x}\sigma_x\right)$
$u=\ln x$	$\Delta u=\pm\left(\frac{\sigma_x}{x}\right)$	$\Delta u=\pm\left(\frac{\sigma_x}{x\ln x}\right)$

例题 8 求例题 7 的相对误差(可自己做)。

(1) 用绝对标准误差公式计算。

根据公式：$\sigma_m=\pm\sqrt{\left(\frac{\partial M}{\partial W_A}\sigma W_A\right)^2+\left(\frac{\partial M}{\partial W_B}\sigma W_B\right)^2+\left(\frac{\partial M}{\partial \Delta T}\sigma\Delta T\right)^2}$

由公式 $M=\frac{1000K_fW_B}{W_A\Delta T_f}$

由 σ 与 δ 的关系或直接用 $\Delta\delta$ 作为 $\Delta\sigma$，$\sigma:\delta=1:0.799$

$$\sigma_{W_A}=\pm W_A/0.799=0.05/0.799=0.062\quad W_A=20\pm0.062$$

$$\sigma_{W_B}=\pm W_B/0.799=\pm0.0002/0.799=\pm0.00025\quad W_B=0.1472\pm0.00025$$

$$\sigma_{\Delta T}=\pm\sqrt{\sigma_{T_0}^2+\sigma_T^2}=\pm\sqrt{\left(\frac{0.003^2+0.008^2+0.004^2}{2}\right)+\left(\frac{0.004^2+0.005^2+0}{2}\right)}$$

$$=\sqrt{4.5\times10^{-5}+2.0\times10^{-5}}$$

$$=\pm0.008$$

$$\frac{\partial M}{\partial W_B}=\frac{1000K_f}{W_A\Delta T_f}=\frac{5.12\times1000}{20\times0.298}=859$$

$$\frac{\partial M}{\partial W_A}=\frac{1000K_fW_B}{\Delta T_f}\times\frac{1}{W_A^2}=\frac{5.12\times1000\times0.1472}{20^2\times0.298}=6.32$$

$$\frac{\partial M}{\partial T_f}=\frac{1000K_fW_B}{W_A}\cdot\frac{1}{\Delta T_f^2}=\frac{5.12\times1000\times0.1472}{20}\times\frac{1}{0.298^2}=423$$

所以 $\sigma_M=\pm\sqrt{6.32^2\times0.062^2+859^2\times0.00025^2+423^2\times0.008^2}=\pm3.5(g)$

结果 $M=126.5\pm3.5(\mathrm{g\cdot mol^{-1}})$

(2) 用相对误差计算。

$$\frac{\sigma_M}{M}=\pm\sqrt{\left(\frac{\sigma_{W_A}}{W_A}\right)^2+\left(\frac{\sigma_{W_B}}{W_B}\right)^2+\left(\frac{\sigma_{\Delta T}}{\Delta T}\right)^2}=\pm\sqrt{\left(\frac{0.062}{20}\right)^2+\left(\frac{0.00025}{0.1472}\right)^2+\left(\frac{0.008}{0.298}\right)^2}=\pm0.0271$$

$$\sigma=\pm(126.5\times0.0271)=\pm3.4$$

从以上计算可以看出,用相对误差公式计算较为简单和方便。

三、间接测量最终结果的可靠程度

在有限次的测量中,结果的可靠程度本应以 $3\sigma_u$ 表示,但 $3\sigma_u$ 的计算过程麻烦,所以在粗略近似中认为可以用 Δu 来代替 $3\sigma_u$,表示 u 平均值的可靠程度,当然这种做法是不严格的。在大多数情况下,算出的 Δu 比 $3\sigma_u$ 大一些,所以作为初次判断最终结果的质量依据,还是有一定价值的。在严格的测量中应以 $3\sigma_u$ 来判断。

四、进行间接测量前应注意的重要问题

(一) 仪器的选择

仪器的精密度不能小于要求的精密度.所以在间接测量中,就涉及对各物理量精密度的要求,各分量的精密度应大致相同。如某一分量的精密度很差,则最终结果的精密度主要由此分量的精密度所决定,如改进其他分量的精密度并不能改善最终结果的精密度,现以例 7 进行具体说明。

$$M=\frac{1000K_fW_B}{W_A\Delta T_f}$$

$W_A=20\pm0.05$ g,在工业天平上称;$W_B=(0.1472\pm0.0002)$ g,在分析天平上称。

$$\Delta T_f=(0.298\pm0.008)℃$$

$$\frac{\Delta W_B}{W_B}=\pm1.4\times10^{-3}\times\left(\frac{0.0002}{0.1472}\right)$$

$$\frac{\Delta W_A}{W_A}=\pm2.5\times10^{-3}\times\left(\frac{0.05}{20}\right)$$

$$\frac{\Delta(\Delta T_f)}{\Delta T_f}=\pm27\times10^{-3}\times\left(\frac{0.008}{0.298}\right)$$

由 $\frac{\Delta M}{M}=\pm0.03$ 可知,影响结果的最大误差来源是温度的测量,故温度的测量必须用精密的贝克曼温度计。用工业天平称量溶剂是可取的,可不用分析天平。

(二) 测量过程中最有利条件的确定

为了尽量使测量误差最小,从计算公式和所测定的物理量中找出能引起最大误差的因素,尽量减少该误差,从而找出最佳条件。

例题 9 用惠斯登电桥测量电阻,其公式如下。

$$R_x=R_0\,\frac{l_1}{l_2}=R_0\,\frac{L-l_2}{l_2}$$

式中:R_0 是已知电阻;L 是滑线电阻的全长;l_1,l_2 是电阻两臂之长。间接测量 R_x 的平均误差决定于直接测量 l_2 的值。

将上式取对数后微分，并将 dR_x，dl_2 换算成 ΔR_x，Δdl_2 得：

$$\left|\frac{\Delta R_x}{R_x}\right|=\frac{L}{(L-l_2)l_2}\Delta l_2$$

因为 L 是常数，所以 $(L-l_2)l_2$ 为最大值，即当

$$\frac{d}{dl_2}=[(L-l_2)l_2]=0$$

或 $L-2l_2=0$，当 $l_2=\frac{L}{2}$ 时，R_x 的平均相对误差最小。

这就是用电桥测量电阻的最佳条件。在大多数物理化学实验中，常可以用类似的分析来预选某些更佳的实验条件。

五、间接测量的最终结果与标准值的比较

如果最终结果是 U，其精密度是 ΔU，我们粗略地可以认为标准值 U 应落在 $U+\Delta U$ 的范围中，如果的确如此，结果便是正常的。如果 $|U_{标准}-U|$ 比 ΔU 大很多，说明有较大的系统误差存在，应仔细查找根源。

从某种意义上讲，我们常常希望在实验结果中出现不是由于仪器刻度不准或药品不纯或重现读数不准等原因所造成的系统误差。为做到这一点，就需要在测量前，仔细校正所有仪器，纯化药品，改善仪器本身的精密度等。

六、测量结果的报告及应注意的问题

写报告时除了要写出它的平均值外，还要写出误差范围即测量结果：$|X_{平均}\pm\Delta X|$（ΔX 为测量误差，也为精密度）或 $|X_{平均}\pm\sigma|$。

注意：

（1）仪器的选择：仪器的精密度不能低于实验结果所要求的精确度。

（2）校正实验者、仪器、药品可能引进的系统误差。

（3）缩小测量过程中的偶然误差，在相同条件下测量某一物理量，并连续重复测量多次，直到这些数据围绕某一数据上下规则地变动，取其平均值。

（4）进一步校正系统误差，将 $X_{平均}$ 与 $X_{标}$ 比较，若二者差值小于 σ 或 1.73σ，则测量结果是正确的。$X_{平均}-X_{标}<\sigma$（重复测定 15 次或更多）。$X_{平均}-X_{标}<1.75\sigma$（重复测定 5 次或稍少）。否则，说明测量过程中存在着系统误差或有错误存在，应检查直到符合条件。

综上所述，系统误差的存在会影响测量结果的准确度。而偶然误差则直接影响测量结果的精密度和重演性，因此精密度很好的测量结果，其准确度不一定很好。但准确度好的测量结果，则必然是精密度好。

七、练习题

1. 某待测电流接近 3 A，现有 0.2 级 0～5 A 和 0.5 级 0～3 A 两个电流表，问：使用哪一个电流表测量较好？（用相对和绝对误差计算）

2. 测量某电路电流共 5 次，测得数据的分别为：
168.41 mA，168.54 mA，168.59 mA，168.40 mA，168.50 mA。
试求其算术平均值、标准差、或然误差和平均误差。

3. 计算例 2 中由于称量不准，溶质有 0.01 g 的误差所引起的最终结果误差。
$W_{A(苯)}=22$ g，$W_{B(萘)}=0.1472$ g。$K_f=5.21$，$\Delta T_f=0.298$。
（要求：不用 128 的固定值。按公式先计算出 M_2，再按要求进行误差计算）。

4. 在蔗糖转化的实验中，估算由于温度偏高 1 K 对速度常数所引起的系统误差（测量时，温度为 25℃）。

根据阿累尼乌斯公式

$$k=A\exp\left(-\frac{E_a}{RT}\right)$$

实验时，温度由 298 K 偏高 1 K，活化能 $E_a=46024\ \mathrm{J\cdot mol^{-1}}$，常数 $R=8.314\ \mathrm{J\cdot K^{-1}\cdot mol^{-1}}$)，$k=17.455\times10^{-3}$。

提示：

$$\frac{\Delta k}{k}=\frac{A\exp\left(-\frac{E_a}{RT_2}\right)-A\exp\left(-\frac{E_a}{RT_2}\right)}{A\exp\left(-\frac{E_a}{RT_1}\right)}$$

5. 在一组温度的测量中，一个同学测量得的结果为：25.34℃，26.56℃，23.45℃，25.79℃。而另一个同学测量得的结果为 24.36℃，25.97℃，21.36℃，24.12℃。试分析是否存在着系统误差。

6. 在表面张力的测定中，根据下列公式计算表面张力：

$$\sigma=\pm\frac{\Delta PR}{2}=\pm\frac{\rho grh}{2}$$

式中：ρ 为液体的密度；g 为重力加速度；r 为毛细管半径；h 为毛细管内液面的上升高度。

当 σ 的相对误差要求为 0.2%时，求测定各数量时，所能允许的最大误差。

（根据公式：$\frac{\Delta\sigma}{\sigma}=\pm\left(\frac{\Delta r}{r}+\frac{\Delta\rho}{\rho}+\frac{\Delta g}{g}+\frac{\Delta h}{h}\right)=\pm 0.002$）

7. 用摩尔氏盐标定某实验磁场强度 H，求 H 的间接测量误差，公式为：

$$H=\sqrt{\frac{2(\Delta W_{空管+样}-\Delta W_{空管})ghm}{x_{\mathrm{M}}W}}$$

式中：x_{M} 为物质的摩尔磁化率（由公式：$x_{\mathrm{M}}=\frac{9500}{T+1}\times 10^{6}$ 求出）；g 为重力加速度；h 为样品高度；m 为样品的摩尔质量；W 为样品质量；$\Delta W_{空管+样}-\Delta W_{空管}$ 为样品在磁场中的增重，又知各自变量的测量精度如下：$W=(13.5100\pm 0.0004)$ g（由于普通分析天平的称量误差为 0.0002 g，按误差传递公式，W 是经两次获得的值，所以其称量误差为 0.0004 g，这是误差积累。$\Delta W_{空管+样}-\Delta W_{空管}$ 是经四次获得的值，所以其称量误差应为 0.0008 g）。$H=(18.50\pm 0.05)$ cm，$T=(301.70\pm 0.02)$ K。

$\Delta W_{空管+样}-\Delta W_{空管}=(0.0868\pm 0.0008)$g。利用公式 $\frac{\Delta x_{M}}{x_{M}}=\frac{\Delta T}{T+1}$ 可以计算摩尔磁化率的相对误差。

8. 在燃烧焓的测定中：用氧弹式量热计测定萘的燃烧焓，按下式计算：

$$Q_{总热量}=Q_{V样品}\cdot(m/M)+Q_{v燃丝}\cdot m_{丝}+Q_{v棉线}\cdot m_{棉线}=W(T_{终}-T_{始})$$

式中：M 为萘的相对分子质量（128.16 g · mol^{-1}）；$(T_{终}-T_{始})$ 为样品燃烧前后的温差，℃；m 为样品的质量，g；W 为水当量，是用苯甲酸标定的仪器常数。如果 $m_{萘}=(0.8650\pm 0.0002)$g；测定萘的温差 $(T_{终}-T_{始})=(2.316\pm 0.002)$℃；用苯甲酸标定的水当量为已知，$W=(14524\pm 33.5)$ J · K^{-1}；实验所用的棉线为 (0.0046 ± 0.0001) g；$Q_{棉线}=17479$ J · g^{-1}，镍丝为 (0.0023 ± 0.0001) g；$Q_{镍丝}=1400$ J · g^{-1}。求间接测量的萘的 Q_v 的绝对误差 $\Delta[Q_v]$、相对误差 $\Delta[Q_v]/Q_v$ 和 Q_v（用平均误差传递公式计算）。

9. 根据下表中的数据计算，问:第 8 点是否应该除去?

n	X_i	$X_i - X_{平均}$	$(X_i - X_{平均})^2$
1	20.42	0.02	0.0004
2	20.43	0.03	9
3	40	0.00	0
4	43	0.03	9
5	42	0.02	4
6	43	0.03	9
7	39	−0.01	1
8	30	−0.10	100
9	40	0.00	0
10	43	0.03	9
11	42	0.02	4
12	41	0.01	1
13	39	−0.01	1
14	39	−0.01	1
15	40	0.00	0
$X_{平均}=20.4$			

10. 液体莫尔折射率公式:

$$[R]=\frac{n^2-1}{n^2+2}\times\frac{M}{P}$$

式中:苯的折射率 $n=1.4979\pm0.0003$，密度 $\rho=(0.8737\pm0.0002)\ \mathrm{g\cdot cm^{-3}}$，摩尔质量 $M=78.08\ \mathrm{g\cdot mol^{-1}}$。分别用平均误差和标准误差传递公式计算间接测量的误差 $[R]$。

11. 已知每分钟内测得的气体流量如下:0.44 $\mathrm{dm^3}$，0.50 $\mathrm{dm^3}$，0.51 $\mathrm{dm^3}$，0.50 $\mathrm{dm^3}$，0.49 $\mathrm{dm^3}$，0.52 $\mathrm{dm^3}$，0.49 $\mathrm{dm^3}$，0.50 $\mathrm{dm^3}$，0.52 $\mathrm{dm^3}$，0.51 $\mathrm{dm^3}$。

① 求气体的平均流量及其标准误差;

② 通过计算说明，第一个值 0.44 是否可舍弃（作为粗差剔除）？

12. 按下式用比重瓶测 35℃时氯仿的密度。

$$d=\frac{W_2-W_0}{W_1-W_0}d_1$$

式中：$W_0=(15.1232\pm0.0002)$ g，为干燥的比重瓶的质量；$W_1=(18.5513\pm0.0002)$ g，为装满水后瓶加水的质量；$W_2=(18.3090\pm0.0002)$ g，为装满氯仿后瓶加氯仿的质量；35℃时水的密度 $d_1=0.9941\ \mathrm{g\cdot cm^{-3}}$。按误差传递公式求氯仿密度的绝对误差和相对误差。

13. 在用电标法测定 KNO_3 的溶解热时，在 12 mmol 水中加入 KNO_3。

$$Qs=\frac{101.1IVt}{W_{KNO_3}}$$

式中：I 为电流，约为 0.5 A；V 为电压，约为 6 V；t 为时间，约为 400 s；W_{KNO_3} 为 KNO_3 的质量，约为 3 g。如果要把相对误差控制在 3%以内，应选用什么规格的电流表或电压表？

14. 用凝固点降低法测定某物质摩尔质量的实验，溶质摩尔质量可由下式求得：

$$M=\frac{1000K_fW_B}{W_A\Delta T_f}$$

式中：K_f 为溶剂的凝固点降低常数，$K_f=5.12$；ΔT_f 为溶液的凝固点降低值；W_A 和 W_B 分别为溶剂和溶质的质量。若实验时溶质的质量约 0.2014 g，溶剂质量为 25 g，而用贝克曼温度计测得溶液的凝固点降低为 0.328 K。试用误差理论分析最大的误差来源，并求实验的绝对误差和相对误差。

15. 用两种方法分别测量 $L_1=50$ mm，$L_2=80$ mm。测得值各为 50.004 mm，80.006 mm。试用相对误差来评定两种方法测量精度的高低。

16. 多级弹导火箭的射程为 10000 km 时，其射击偏离预定点不超过 0.1 km，优秀射手能在距离 50 m 远处准确地射中直径为 2 cm 的靶心。试评述哪一个射击精度高(提示：用相对误差)。

17. 等浓度的乙酸乙酯与碱作用起皂化反应。其反应速度常数可表示为：

$$k_{酯}=\frac{1}{tc_n}\cdot\frac{c_0-c}{c}$$

已知，乙酸乙酯的初始浓度 $c_0=0.04\ \mathrm{mol\cdot dm^{-3}}$，$c_0$ 的相对误差为 0.2%；反应时间 $t=500$ s 时，乙酸乙酯已转化掉 50%；时间测量误差 $\Delta t_{\pm}=1$ s。若要求测定的速度常数 $k_{酯}$ 的最大相对平均误差<3%，求允许的浓度分析误差 Δc。

18. 下列情况能引起什么误差？如果是系统误差应如何消除？

① 样品称量时称量瓶未加盖，使其吸收了少量水分。

② 用 10 个容量瓶配制 10 份不同浓度的溶液，每个容量瓶对应一个浓度的样品，最后得到的实验结果。

③ 配制 10 份不同浓度的溶液，试验中始终用一个容量瓶配制，最后得到的实验结果。

④ 过滤时用了定性滤纸，使沉淀损失。

⑤ 对滴定终点颜色的判断。

⑥ 称量时电压波动对电子天平的影响。

⑦ 环境温度变化对玻璃容量仪器和各类电子仪器的影响。

⑧ 电压及电流表指针不在零点。

⑨ 实验时使用了化学或工业纯试剂。

⑩ 温度计的毛细管不均匀。

⑪ 实验时用的温度计未进行标定，实验时又发生了气压和室温的变化。

参考文献

1. 孟尔熹，曹尔茅. 实验误差与数据处理[M]. 上海：上海科技出版社，1988.

2. 缪强. 化学信息学导论[M]. 北京：高等教育出版社，2002.

3. 周秀银. 误差理论与实验数据处理[M]. 北京：北京航空学院出版社，1986.

4. 东北师范大学等校. 物理化学实验[M]. 北京：高等教育出版社，1991.

5. 肖明耀. 实验误差估计与数据处理[M]. 北京：科学出版社，1980.

6. 叶卫平，方安平，于本方. Origin7.0 科技绘图及数据分析[M]. 北京：机械工业出版社，2003.

7. 复旦大学. 物理化学实验[M]. 上海：复旦大学出版社，1979.

（魏西莲编写）

第二章　物理化学实验中的数据表达及处理方法

物理化学实验中经常用仪器对一些物理量进行测量，从而对某些物理及化学性质进行定量描述。因此，实验数据的记录和处理是物理化学实验的重要内容，在实验中数据记录不全或不准将直接影响结果的误差大小。数据表达方法有三种，即列表法、作图法和方程式法。

一、有效数字

有效数字包括可信值与可疑值。当对一个测量的量进行记录时，所计数字的位数应与仪器的精密度相符合，即所计数字的最后一位是仪器最小刻度以内的估算值，称为可疑值，刻度线以内的值为准确值。准确值和可疑值相加为有效数字，这样的数字不能随意加减。例如，50 mL 的移液管，最小刻度为 0.1 mL，记录时 10.25 是合理的，10.3 或 10.256 都是错误的。因为前者缩小了精密度，而后者则夸大了精密度。又如，最小分度为 1℃的温度计，测量 0～10℃的温度时，有效数字是两位，如 4.5℃、7.5℃；测量 10～100℃温度时，则为 3 位有效数字，如 25.3℃、85.6℃。为了方便表达有效数字，一般用科学记录法记录有效数字，即用一个带小数的个位数乘以 10 的相当幂次表示，例如 0.000567，可写为5.67×10^{-4}，有效数字为 3 位。10680 可以为 1.0680×10^{4}，有效数字为 5 位。

在间接测量中，需通过一定公式将直接测量值进行运算。运算时对有效数字的取舍应遵循如下规则。

(1) 误差，一般只取 1 位有效数字，最多两位。

(2) 有效数字的位数越多，数值的精确度也越大，相对误差越小。若结果为(1.35±0.01) m，3 位有效数字，相对误差为 0.7%；结果为(1.3500±0.0001) m，5 位有效数字，则相对误差为 0.007%。

(3) 若第一位的数值等于或大于 8，则有效数字的总位数可多算 1 位(如 9.23)，虽然只有 3 位，但在运算时可看作 4 位。

(4) 任何一个物理量的数据，其有效数字的最后一位，在位数上应与误差的最后一位划齐。例如，1.35±0.01 是正确的，若写成 1.351±0.01 或 1.3±0.01，则意义不明确。

(5) 运算中舍弃过多不定数字时，应遵循“4 舍 6 入，逢 5 尾留双”的法则。例如，下列两个数 9.435 和 4.685，整化为 3 位数，根据上述法则，整化后的数值为 9.44 和 4.68。

(6) 在加减运算中，各数值小数点后所取的位数，以其中小数点后位数最少者为准。例如，$56.38+17.889+21.6=56.4+17.9+21.6=95.9$。

(7) 在乘除运算中个数保留的有效数字，应以其中有效数字最少者为准。例如，$1.436\times0.020568\div85.0$，其中 85.0 的有效数字最少，由于首位是 8，所以可以看成是 3 位有效数字，其余两个数值也应保留 3 位，最后结果也只保留 3 位，则以上可为 $1.44\times0.0206\div85.0=3.49\times10^{-4}$。

(8) 在乘方或开方运算中，结果可多保留1位。

(9) 对数运算时，对数中的首位不是有效数字，对数尾数的位数，应与各数值的有效数字相当。例如：$[H^+]=7.6\times10^{-4}$　$pH=3.12$

$K=3.4\times10^9$　$\lg K=9.35$

(10) 算式中常数如 π、e、k、N_A，不受上述规则限制，按实际需要取舍。

二、数据记录及处理方法

(一) 列表法

做完实验后，把所获得的大量实验数据，应尽可能整齐地、有规律地列表表达出来，内容包括自变量、因变量。一个完美的表格使得全部数据一目了然，便于进行处理和运算，应符合以下要求。

(1) 表的顺序号和名称，应简明扼要，一看便知其内容，必要时可在表下附以说明数据来源，如文献值。

(2) 表的每一行(或列)的开头一栏都要列出物理量的名称和单位，并把二者表示为相除的形式。因为物理量的单位本身是有单位的，除以它的单位，即等于表中的纯数字。一般主相为自变量，而副相为因变量。

(3) 数字和小数点对齐，当有效数字多时，且整数部分相同，可把第一个数字写全，以后仅写出小数点后的数，缺的数用“—”表示。公共的乘方因子应写在开头一栏与物理量相乘的形式，并为异号。

(4) 表达的数据顺序为：由左到右，由自变量到因变量，自变量按增大或减小的顺序排列，可将原始数据和处理结果写在同一个表中。

(5) 有效数字的位数应以各量的精度为准。表中的有效数据可能不相同，如液体饱和蒸汽压的测定数据如下。

表 2-2-1　某液体饱和蒸汽压的数据

$T/℃$	T/K	$10^3\ \frac{1}{T}/K^{-1}$	$10^{-4}\ p/Pa$	$\ln(p/Pa)$
95.10	368.25	2.716	8.703	11.734

(二) 作图法

作图法可以更好地表达实验结果，如极大值、极小值、转折点等，另外可用图形求切线，求面积、微分、积分、外推、内插等，用处很大，是一种重要的数据表达方法。使用作图法时应注意：

(1) 不允许用手画图。实验报告上的每个图都要用正规的坐标纸绘制，图要有图名。例如，苯甲酸燃烧的温度-时间(T-t)图，自变量为横坐标，因变量为纵坐标，坐标轴上应注明变量的名称和单位(二者表示为相除的形式)。较大和较小的数据应以10的幂次以相乘的形式写在变量旁，并为异号。

(2) 作图的精密度与实验数据的精密度相同。图上应能标出全部有效数字，如2.756。

(3) 最小格内应能读出有效数字的最后一位。每一小格代表2、4、6或5、10等，尽量避免3、7、9。直线的倾斜度为45°最好。

(4) 图的大小依据测量的最大值和最小值来确定，图的一般大小为6 cm×6 cm或

8 cm×8 cm(特殊的除外)。

(5) 描点时用细铅笔将所描的点准确而清晰地标在其位置上,可用□、△、○、◇等符号表示,符号总面积表示了实验数据误差的大小,所以不应超过 1 mm 格。同一图中表示不同曲线时,要用不同的符号描点,以示区别。

(6) 坐标原点不一定选在 0 点,应使所作直线与曲线匀称地分布于图面中。在两条坐标轴上每隔 1 cm 或 2 cm 均匀地标上所代表的数值,而图中所描各点的具体坐标不必标出。

(7) 连点画线。

(8) 注解说明:画好图后,将注解写在图下方。如条件允许,可用计算机绘图。

作图法的应用如下:

(1) 求内插值:当实验数据以自变量为横坐标,因变量为纵坐标,绘出曲线后,则曲线上知道其中一种量可求出另一种量。

(2) 求外推值:对于直线函数,在极限条件下,或不在直线测定的范围内,可将直线延长到极限条件和测量范围以外求得对应的值,称为外推法(如求无限稀释溶液的当量电导)。

(3) 求微商:在曲线上求某一点的微商时(即求图解微分值)做切线,然后求切线的斜率。

求微商的方法如下。

① 镜像法。取一平面镜子垂直地放在纸上,如图 2-2-1 所示,并使镜子和纸的交线通过曲线上的 P 点,以该点为轴转动镜面,使曲线在镜中像和图上的曲线平滑连接,不形成折线。然后沿镜面做一直线,该线为 P 点的法线,再做法线的垂线,即得在该点上曲线的切线,求出该切线的斜率,即得微商值。

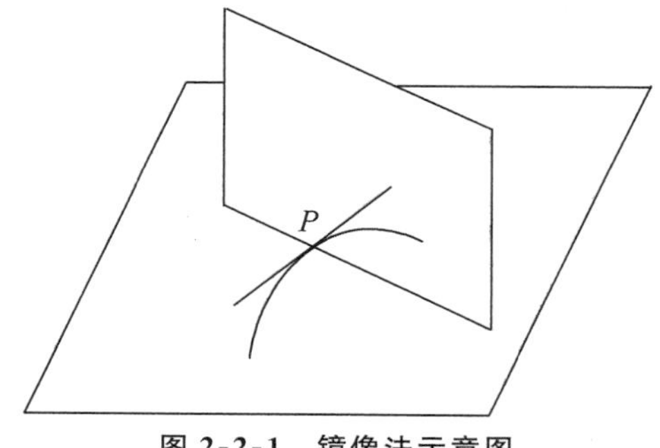

图 2-2-1 镜像法示意图

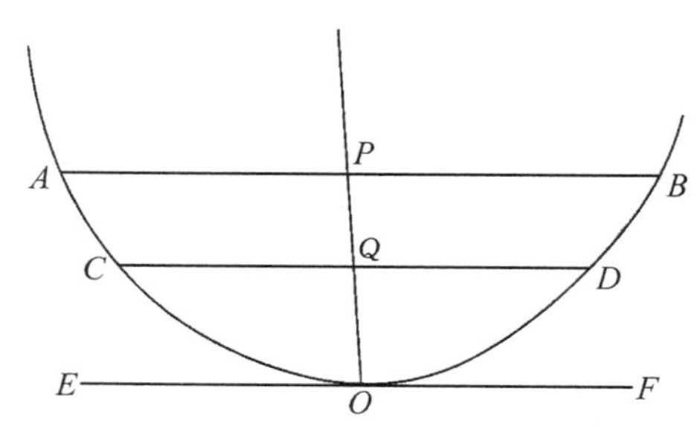

图 2-2-2 平行线段法示意图

② 平行线段法。如图 2-2-2 所示,在所取的一段弧线上,任做两条平行线 AB、CD,连接其中的两点(中间点),并延长交于曲线 O 点,过 O 点做 AB、CD 的平行线,即是 O 点的切线,即为斜率,也为该点的微商。例如,在表面张力的测定实验中,求吸附量时,得出的曲线是抛物线型的,应用该方法。

③ 用 Excel 软件进行拟合处理。

(4) 求积分面积,图解积分。如图 2-2-3 所示,设 $y=f(x)$ 为 x 的导数函数。则定积分 $\int_{x_1}^{x_2} y\mathrm{d}x$ 的值即为阴影面积。

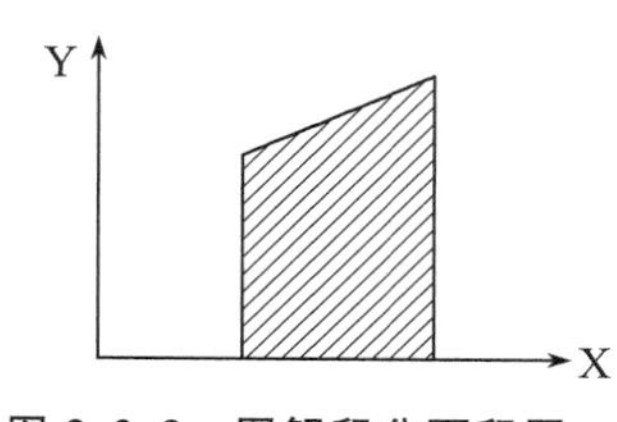

图 2-2-3 图解积分面积图

(5) 求转折点和极值，函数的极大、极小或转折点，在图形上直观且准确。这是作图法的最大优点之一，许多情况下都用到。例如双液系平衡相图实验中，求混合物的最低和最高恒沸点及其组成、相界面的测定、二元金属混合物相变点的确定等。

(三) 数学方程式法

除列表法和作图法外，一组实验数据有时须用数学方程式表示出来。把实验数据间关系表示成数学方程式的方法，称为方程式法。该法的优点是表达形式简单，记录方便，便于微分、积分、内插等。这种方法首先要找出各变量之间的关系，然后将其线性化，进一步求出直线方程的系数，即斜率和截距。

1. 方程建立的方法：一个理想的经验方程式，不仅能准确地代表一组数据，且其中常数不宜太多。其方法是：

(1) 先整理和校正实验数据，并根据自一因变量绘出曲线。

(2) 若不是直线方程时，将公式转换为直线方程，不能线性化的，亦用多项式表示见表 2-2-2。

表 2-2-2 非线性公式转化为线性方程形式

方程式	变换后的线性方程	线性式坐标轴	斜率	截距
$y=ae^{bx}$	$\ln y=\ln a+bx$	$\ln y$ 对 x	b	$\ln a$
$y=ax^{b}$	$\lg y=\lg a+b\lg x$	$\lg y$ 对 $\lg x$	b	$\lg a$
$y=ab^{x}$	$\lg y=\lg a+x\lg b$	$\lg y$ 对 x	$\lg b$	$\lg a$
$y=1/(a+bx)$	$1/y=a+bx$	$1/y$ 对 x	b	a
$y=x/(a+bx)$	$x/y=a+bx$	x/y 对 x	b	a
$y=a/(b+x)$	$1/y=b/a+x/a$	$1/y$ 对 x	$1/a$	b/a

(3) 将实验数据代入所得经验方程解出斜率、截距或多项式中的各常数，从而建立实验方程式。

例如，表示液一固体的饱和蒸汽压 p 与温度 T 并非直线关系，只有它的克一克方程的积分形式才是线性关系。

$$\lg(p/p^{0})=-\frac{\Delta H_{m}}{2.303R}\frac{1}{T}+b \tag{2-2-1}$$

做 $\lg(p/p^{0})\sim 1/T$ 图，由直线斜率 $-\frac{\Delta H_{m}}{2.303R}$，可求出汽化热或升华热。

2. 经验方程式中常数(m,b)的求法有三种：

(1) 图解法。在 X-Y 的直角坐标图纸上，用实验数据作图，若得一直线，则可用方程 $y=mx+b$ 表示。而 m、b 可用截距斜率法和端值法求出。

① 截距斜率法，将直线延长交于 Y 轴，截距为 b，而直线与 x 轴的夹角为 θ，则 $m=\tan\theta$。

② 端值法，在直线两端选两点(x_1,y_1)，(x_2,y_2)，将其代入式 $y=mx+b$ 得：

$$y_1=mx_1+b$$

$$y_2 = mx_2 + b$$

解方程得到 m 和 b：

$$m = \frac{y_2 - y_1}{x_2 - x_1} \tag{2-2-2}$$

$$b = \frac{y_1 x_2 - y_2 x_1}{x_2 - x_1} \tag{2-2-3}$$

例如，$\frac{c}{\Gamma} = \frac{c}{\Gamma_\infty} + \frac{1}{\Gamma_\infty K}$关系，做 c/Γ-c 图，即得直线，由直线斜率可求 Γ_∞，进一步求算每个分子的截面积或吸附剂的比表面积。

指数方程 $y = be^{mx}$ 或 $y = bx^m$。取对数，使其成为 $\ln y = mx + \ln b$ 或 $\ln y = m\ln x + \ln b$。

这样，若以 $\ln y'$或 $\lg y$ 对 x 或 $\ln x$ 均可得直线方程，进而求出 m 和 b。

若不知曲线的方程形式，则可参看有关资料，根据曲线的类型，确定公式的形式，然后将曲线方程变换成直线方程或表达成多项式，如表 2-2-2。

(2) 平均值法。这是最简单的方法，不用作图直接由所测数据计算，设实验得到几组数据(x_1, y_1)，(x_2, y_2)，(x_3, y_3)，…，(x_n, y_n)。

代入直线公式：

$$y_1 = mx_1 + b$$
$$y_2 = mx_2 + b$$
$$\vdots$$
$$y_n = mx_n + b$$

将这些方程分为两组，分别将各组的 x 和 y 值累加，得两个方程：

$$\sum_{i=1}^{k} y_i = m\sum_{n=1}^{k} x_i + kb \tag{2-2-4}$$

$$\sum_{i=k+1}^{n} y_i = m\sum_{i=1}^{k} x_i + (n-k)b \tag{2-2-5}$$

解联立方程求出 m 和 b。

$$b + m = 3.0 \qquad b + 3m = 4.0$$
$$b + 8m = 6.0 \qquad b + 10m = 7.0$$
$$b + 13m = 8.0 \qquad b + 15m = 9.0$$
$$b + 17m = 10.0 \qquad b + 20m = 11.0$$

由两种解法：解出 $y = 2.56 + 0.44x$ 和 $y = 2.58 + 0.42x$。

(3) 最小二乘法。这是最精确的方法，需要 7 个以上的数据，处理较为麻烦。其基本原理是，在有限次的测量中，$\sum_{i=1}^{n} = \sum_{i=1}^{n}[(mx_i + b) - y_i]^2$ 并不是一定为 0，因此用平均法处理数据时，还有一定的偏差。但可以设想，它的最佳结果能使其标准误差为最小，即残差的平方和为最小。

$$\sum_{i=1}^{n}[(mx_i + b) - y_i]^2 = \sum_{i=1}^{n}\delta_i^2 \text{ 为最小} \tag{2-2-6}$$

设左式为 Δ，则 $\Delta = \sum_{i=1}^{n}[(mx_i + b) - y]^2$ 为最小。根据函数有极值的条件，$\frac{\partial \Delta}{\partial m}$和$\frac{\partial \Delta}{\partial b}$

必等于 0。对 m 和 b 分别求偏导，则：

$$\frac{\partial\Delta}{\partial m}=\sum_{i}^{n}[2(mx_i+b-y_i)\cdot(x_i+0+0)]=$$

$$2\sum(mx_i^2+bx_i-x_iy_i)=m\sum x_i^2+b\sum x_i-\sum x_i\sum y_i=0$$

$$\frac{\partial\Delta}{\partial b}=\sum_{i}^{n}[2(mx_i+b-y_i)\cdot(b^0+0+0)]=$$

$$2\sum(mx_i+b-y_i)=m\sum x_i+nb-\sum y_i=0$$

展开上面两式得到：

$$m\sum x_i^2+b\sum x_i-\sum x_iy_i=0 \tag{2-2-7}$$

$$m\sum x_i+nb-\sum y_i=0 \tag{2-2-8}$$

将 $b=\dfrac{\sum y_i-m\sum x_i}{n}$ 代入第一式得到：

$$m\sum x_i^2+\left(\frac{\sum y_i-m\sum x_i}{n}\right)\cdot\sum x_i-\sum x_iy_i=0$$

$$m\sum x_i^2+\sum x_i\sum y_i-m(\sum x_i)^2-n\sum x_iy_i=0$$

$$m[n\sum x_i^2-(\sum x_i)^2]=n\sum x_iy_i-\sum x_i\sum y_i \tag{2-2-9}$$

$$m=\frac{n\sum x_iy_i-\sum x_i\sum y_i}{n\sum x_i^2-(\sum x_i)^2}$$

解方程可得到 m 和 b：

$$m=\frac{n\sum x_iy_i-\sum x_i\sum y_i}{n\sum x_i^2-(\sum x_i)^2} \tag{2-2-10}$$

$$b=\frac{\sum y_i\sum x_i^2-\sum x_iy_i\sum x_i}{n\sum x_i^2-(\sum x_1)^2} \tag{2-2-11}$$

$$\text{或 } b=\frac{\sum y_i}{n}-m\frac{\sum x_i}{n} \tag{2-2-12}$$

公式(2-2-10)和(2-2-11)为线性拟合或称线性回归方程，由此得出的 y 值为最佳值。求出方程后最好能选择一两个数据代入公式，加以核对验证。若相距太远还可改变方程的形式或调整常数，重新求出更准确的经验方程。

3. 相关系数 R。

相关系数表示了各测量值与直线偏离程度的一个量，说明两个现象之间相关关系密切程度的统计分析指标。相关系数用 R 表示，R 值的范围在－1 和＋1 之间。性质如下：

$|R|=1$ 时，证明各测量点均在直线上，误差为 0。两变量为完全线性相关，即为函数关系，方程完全正确。一般方程的 R 值为 0.999。

$|R|=0$ 时，表示 x 与 y 无线性关系，称为不相关，方程无意义。

$|R|<1$ 时，表示所得直线与各测量点有误差。偏离越大，R 越小，偏离越小，相关程度越差；R 越大，相关程度越好。

即 $R>0$ 时，表示两变量为正相关；$R<0$ 时，两变量为负相关。负值表示一组数据增大，另一组数据反而减小；一组数据减小，另一组数据反而增大。

$$R=\frac{\sum(x_i-\overline{x})(y_i-\overline{y})}{\sqrt{\sum(x_i-\overline{x})^2(y_i-\overline{y})^2}} \tag{2-2-13}$$

例题 1 在丙酮碘化反应实验中，反应液随着时间的进行，透光率增大。其计算公式为：

$$\lg T=k\varepsilon dC_AC_{H^+}t+B$$

式中：$k\varepsilon dC_AC_{H^+}$ 均为常数，t 为自变量时间，T 为溶液的透光率。

变换公式 $y=mx+b$，$m=k\varepsilon dC_AC_{H^+}$，$b=B$，$x=t$，$y=\lg T$ 由仪器测出的一组数据为：

x_i/min	$-y_i$	$-x_iy_i$	x_i^2
4	0.0600	0.240	16
5	0.0565	0.283	25
6	0.0516	0.309	36
7	0.0482	0.337	29
8	0.0414	0.331	64
9	0.0367	0.330	81
10	0.0325	0.325	100
11	0.0278	0.306	121
12	0.0232	0.278	144
13	0.0191	0.248	169
14	0.0141	0.197	196
15	0.0070	0.105	225
16	0.0035	0.056	256
$\sum$130	−0.4216	−3.347	1482

$$m=\frac{n\sum xy-\sum x\sum y}{n\sum x^2-(\sum x)^2}=\frac{13\times(-3.347)-130\times(-0.4216)}{13\times1482-130^2}=\frac{-43.51+54.81}{2360}=0.00478$$

$$b=\frac{\sum y-m\sum x}{n}=\frac{-0.4216-130\times(-0.00478)}{13}=-0.0802$$

$$m=0.00478=k\varepsilon dC_AC_{H+}\quad b=-0.0802$$

解出方程为 $\lg T=0.00478t-0.0802$

检验：当 $t=10$ 时，$\lg T=0.00478\times10-0.0802=-0.0324$（对照表中数据 -0.0325）；

当 $t=12$ 时，$\lg T=0.00478\times12-0.0802=-0.0228$（对照表中数据 -0.0232）。

如何应用三种方法：

① 对于中等精密度的有限数目的实验点，用作图法较好。

② 对6个或6个以上具有中等精密度的有限数目的点，用平均值法。

③ 对于7个或7个以上具有高精密度的数据时，用最小二乘法合适。

究竟用哪种方法，举例说明：

x	y	x^2	xy
1.0	5.4	1.0	5.4
3.0	10.5	9.0	31.5
5.0	15.3	25.0	76.5
8.0	23.2	64.0	185.6
10.0	28.4	100	284.0
15.0	40.0	225	600.0
20.0	52.8	400	1 056.0
合计 62	175.7	824	2242.0

用端值法：$m=\dfrac{y_2-y_1}{x_2-x_1}$　$m=\dfrac{52.8-5.4}{20-1}=2.47$

$$b=\frac{x_2y_1-y_2x_1}{x_2-x_1}\quad b=\frac{5.4\times20-52.8\times1.0}{20-1}=2.9$$

用平均值法：

第一组	第二组
$5.4=1.0m+b$	$28.4=10.0m+b$
$10.5=3.0m+b$	$40.4=15.0m+b$
$15.3=5.0m+b$	$52.8=20.0m+b$
$23.2=8.0m+b$	
$\sum 54.4=17.0m+b$	$\sum 121.6=45.0m+b$

解出 $Y=2.48x+3.05$。

用最小二乘法：

$$m=\frac{7\times2242.0-62\times175.7}{7\times824.0-62^2}=2.5$$

$$b=\frac{824\times175.7-2242.0\times62}{7\times824-62^2}=3.00$$

解出 $Y=2.5x+3.00$（将三种方法加以比较）。

再用相关系数公式计算出 R 值。可以证明，式(2-2-10)和(2-2-11)中的分子总不大于分母，所以$0\leqslant|R|\leqslant1$，两个函数相关（由学生计算）。

三、数据处理软件在物理化学实验中的应用

Excel 和 Origin 两个软件均可以应用于绘图和处理数据，但多数应用 Origin，具体使用方法根据软件提示，参考相关文献。

四、练习题

1. 水在不同温度下的蒸汽压(表 2-2-3)。

表 2-2-3　水在不同温度下的蒸汽压

T/K	323.2	328.4	333.6	338.2	343.8	348.2	353.5	358.8	363.4	369.0
10^{-3} p/Pa	12.33	15.88	20.28	25.00	31.96	38.54	47.54	59.19	70.63	87.04

作 $\ln p$-$1/T$ 图,并求出直线斜率和截距,写出 p 和 T 的关系式。

2. 25℃下,不同浓度的正丁醇水溶液表面张力(σ)的测定数据(表 2-2-4)。

表 2-2-4　25℃下,不同浓度的正丁醇水溶液表面张力(σ)的测定数据

c/(mol·dm^{-3})	0.00	0.02	0.07	0.11	0.15	0.26	0.37	0.59	0.81	1.03
10^3 σ/N·m^{-1}	71.18	66.17	55.93	53.15	49.63	42.91	37.68	31.44	25.20	24.90

绘出 σ-c 等温线,并在 c=0.05 mol·dm^{-3},0.10 mol·dm^{-3},0.15 mol·dm^{-3}时分别作曲线的切线并求出切线斜率。

3. 不同温度下测得氨基甲酸铵的分解反应:

$$NH_2CO_2NH_4(s) \longrightarrow 2NH_3(g) + CO_2(g)$$

其实验数据见表 2-2-5

表 2-2-5　不同温度下,氨基甲酸铵分解反应的实验数据

T/K	298	303	308	313	318	323
$\mathrm{Ln}K_p$	−3.638	−3.150	−2.717	−2.295	−1.877	−1.450

试用最小二乘法求出 $\ln K_p$ 对 $1/T$ 的关系式。

4. 通过实验得到镁在不同温度下,在纯氧中的氧化速率常数(表 2-2-6)。

表 2-2-6　镁在不同温度下,在纯氧中的氧化速率常数

T/K	776	799	824	848
氧化速率常数 k/(mol·dm^{-3}·s^{-1})	0.26	0.88	2.13	5.71

求镁的氧化速率常数 k 和温度之间的关系及表观活化能。一般温度与速率常数之间的关系为:

$$k=A\exp\left(-\frac{E_a}{RT}\right) \tag{2-2-15}$$

$R=8.314\ \mathrm{J\cdot K^{-1}\cdot mol^{-1}}$，可以将式 2-2-15 转化为 $y=ax+b$ 的形式，再进行计算。

5. 分别写出下列数据的有效数字。

32.12；30.120；1.580×10^{-3}；0.23 ± 0.01。

6. 下列表达和计算结果是否正确？

52.12 ± 0.01；30.120 ± 0.01；4.580 ± 0.01；0.23 ± 0.01；0.023 ± 0.01。

$0.256+35.68\times41.23\times10^{-3}=35.98\pm0.01$；$2.560+35.068\times41.23\times10^{-3}+96=99.99\pm0.01$。

参考文献

1. 周秀银. 误差理论与实验数据处理[M]. 北京：北京航空学院出版社，1986.

2. 费业泰. 误差理论与数据处理[M]. 北京：机械工业出版社，2005.

3. 复旦大学. 物理化学实验[M]. 北京：人民教育出版社，1979.

4. 张洪林，杜敏，魏西莲，等. 物理化学实验[M]. 3 版. 青岛：中国海洋大学出版社，2016.

5. 山东大学等校合编. 物理化学实验[M]. 3 版. 北京：化工出版社，2015.

6. 徐景士，黄德超，刘华卿，等. 应用 Excel2000 处理物理化学实验数据[J]. 江西师范大学学报(自然科学版)，2005，29：139-141.

7. 胡爱江，张进. Excel 在物理化学实验数据处理中的应用[J]. 化工时刊，2011，25：55-56.

8. 姜淑敏. 化学实验基本操作技术[M]. 北京：化学工业出版社，2008.

9. 孟尔熹，曹尔茅. 实验误差与数据处理[M]. 上海：上海科技出版社，1988.

10. 缪强. 化学信息学导论[M]. 北京：高等教育出版社，2002.

11. 东北师范大学等校合编. 物理化学实验[M]. 北京：高等教育出版社，1991.

12. 肖明耀. 实验误差估计与数据处理[M]. 北京：科学出版社，1980.

13. 叶卫平，方安平，于本方. Origin7.0 科技绘图及数据分析[M]. 北京：机械工业出版社，2003.

（魏西莲编写）

第三章　温度测量技术与仪器

第一节　温　标

温度是体系的强度性质，是表示物体冷热程度的物理量。微观上讲是表征体系中物质内部大量分子、原子平均动能的一个宏观物理量，是确定体系状态的一个基本参数。温度的高低反映了体系内部原子、分子平均动能的大小，物质的物理化学特性都与温度有着密切的关系，因此，准确地测定和控制温度在科学实验中是十分重要的。

对体系进行温度测量的基本依据是热力学第零定律，即：当两个封闭体系接触时，它们就进行热传导，经过一段时间后，两个体系可以达到一种不再进一步变化的状态，这种状态称热平衡状态。如有三个体系 A、B 和 C，A 与 B 达成平衡则 B 与 C 也达成平衡，该结论即为热力学第零定律，此定律使温度的概念建立在稳固的基础上。通过该定律我们知道：

（1）通过使两体系接触，并观察这两个体系的性质是否发生变化，而判断这两个体系是否已经达成平衡。

（2）当外界条件不发生变化时，已经达到热平衡的体系，内部的温度是均匀分布的，并且具有确定不变的温度值。

（3）一切互为平衡的体系具有相同的温度。

温度只能通过物体随温度变化的某些特性来间接测量，而用来量度物体温度数值的标尺叫作温标（表示温度高低的“尺”），即温度的标准量。这样，温度间隔的划分与刻度才会有标准，才会有温度计的读数。因此，温标是测量温度时必须遵循的带有法律性质的规定。

确定一种温标，需要完成三个方面的内容。

1．选择特定的标准物质。

这个标准物质和待测物质相接触。这个标准物质称作温度计。作为温度计的物质称作感温质，它的某些性质如体积、电阻、温差电动势、辐射电磁波等，是温度的单值函数，与温度既有依赖关系又有良好的重现性。

2．确定基本点（固定点）。

在一定条件下，选择的测温物质的某些物理特性，具有固定的冷热程度。作为固定点，通常选用某些高纯物质的相变点作为温标的固定点，如凝固点、沸点、水的三相点、冰点和沸点等。

3．划分温度值。

基准点确定后，将固定点之间划分若干度，然后用内差或外推的方法确定各固定点之间的温度数值。

选择不同的温度计，不同的固定点以及将固定点规定不同的温度数值，将产生不同的温标。国际单位制(SI)规定热力学温标的符号为 T，单位为 K；摄氏温标为非国际单位制，摄氏温标的符号为 t，单位为℃。

一、摄氏温标(Celsius)

摄氏温标是选用玻璃水银温度计，规定在标准大气压下，以水的冰点和沸点为两个固定点，在两点之间划分为 100 等份，每一等份为 1℃。

二、华氏温标(Fahrenheit)

华氏温标也选用玻璃水银温度计，以 1 个大气压下水的冰点(32(32 ℉)度)和沸点(212(212 ℉)度)为两个定点，在两定点间划分为 180 等份，每一等份为 1℉。华氏温标与摄氏温标的换算关系为：

$$t/℉=\frac{9}{5}t/℃+32 \quad [t/℃=5/9(t/℉-32)] \tag{2-3-1}$$

以上两个是经验温标，这两种经验温标有以下两个缺点。

(1) 由于感温质与温度之间并非严格地呈线性关系，所以同一温度对于不同温度计来说，所显示的温度数值往往不同。

(2) 经验温标定义范围有限。例如，玻璃水银温度计下限受到水银凝固点的限制，只能达到−39℃，它的上限受到水银沸点和玻璃软化点的限制，一般为 600℃。

鉴于上述缺点，1848 年，开尔文(Kelvm)提出了热力学温标。

三、热力学温标(Thermodynamic)

热力学温标是由开尔文用可逆热机效率作为测温参数而建立的，与工作物质的性质无关。这种温标可适用于任何温度区间，是一种理想的科学温标(绝对温标)，只需选定一个固定点就可将温度数值完全确定。若规定一固定点的温度(T_1 或 T_2)，就可以根据卡诺循环求出另一个温度，即：

$$\eta=\frac{W}{Q_2}=1-\frac{Q_1}{Q_2}=1-\frac{T_1}{T_2} \tag{2-3-2}$$

$$T_2=\frac{|Q_2|}{|Q_1|}T_1 \tag{2-3-3}$$

在这里引用了卡诺循环的结论。

因为卡诺循环在自然界不能实现，使用此温标时，不能用一个准确的表达式把实测体系的可测性与热力学温标联系起来，只能用实测体系来逼近理想行为。能符合这一要求的温度计称为基准温度计。在基准温度计中，其中最重要的是气体定容温度计。由于理想气体在定容下的压力(或定压下的体积)与热力学温度成严格的线性函数关系，即 $pV=nRT$。根据 Gay-lussac(盖・吕萨克)定律，理想气体在定容下，温度每升高或降低 1℃，其压力增加或减少 0℃时的 1/273. 15，即由此可知 $\left(\frac{\partial p}{\partial T}\right)_v=\frac{nR}{V}$。这样到−273. 15℃时，理论上就等于零(这是理论上的温度极限)。以这一点为零度的温标叫作绝对温标(又叫热力学温标)，这里引入了绝对零度的概念。

热力学温标选用水的三相点温度为固定点，即定义水的三相点的温度为 273.16 K，按照这样的定义，热力学温度的单位开尔文(K)，是水的三相点热力学温度的 1/273.16，用 K 表示。作为温度区间划分，热力学温标也是以冰的融点 0℃和水的沸点 100℃为两个定点，其间分为 100 等份。经热力学换算，冰的融点为 273.15 K，所以摄氏温度与热力学温度的换算关系为：

$$t/℃ = T/K - 273.15 = 5/9(°F - 32) \tag{2-3-4}$$

$$或\ t/℃ = 9/5(t + 32)°F = (t + 273.15)/K \tag{2-3-5}$$

$$T/K = t/℃ + 273.15 \tag{2-3-6}$$

热力学温标是用气体温度计来实现的。因为一些气体如氦气、氢气、氮气在温度较高、压力不大的情况下，其行为接近于理想气体，所以这些气体制成的气体温度计读数可以代表热力学温度。

原则上说，其他温度都可以用气体温度计标定。现在国际上选用气体温度计来实现热力学温标。但随着科学技术的发展又发明了实现热力学温标的温度计，如声学温度计、噪声温度计、光学温度计和辐射温度计。原则上说，这些温度计都可以用来实现热力学温标，但由于气体温度计或其他温度计装置很复杂，耗费也很大，国际上只有少数几个国家实验室具备这些装置。因而长期以来，各国科学家探索了一种实用性温标，它要求既易于使用，又有高精度的复现性，而且非常接近于热力学温标，这就是国际温标。

四、国际温标

1927 年，在第七届国际计量大会上，不仅最早提出了国际温标的概念，而且规定了许多可靠而又能高度重现的固定点(简称 ITS-27)，后来又制定了 1975 年的修订版(简称 ITS-75(68))。1989 年又在第十八届国际计算大会上制定了 ITS-90，符号为 T_{90}。规定的一些物质的固定点见表 2-3-1。

表 2-3-1 ITS-90 的固定点定义

物质[a]	平衡态[b]	温度[T_{90}(K)]	物质[a]	平衡态[b]	温度/[T_{90}(K)]
He	*VP*	3～5	Ga*	*MP*	302.9146
e-H_2	*TP*	13.8033	In*	*FP*	429.7485
e-H_2	*VP*(CVGT)	～17	Sn	*FP*	505.078
e-H_2	*VP*(CVGT)	～20	Zn	*FP*	692.677
Ne*	*TP*	24.5561	Al*	*FP*	933.473
O_2	*TP*	54.3358	Ag	*FP*	1234.94
Ar	*TP*	83.8058	Au	*FP*	1337.33
Hg	*TP*	234.3156	Cu*	*FP*	1357.77
H_2O	*TP*	273.16			

注：a. e-H_2 为平衡氢，即正氢和仲氢的平衡分布，在室温下正常氢含 75%正氢、25%仲氢。b. *VP* 为蒸汽压点；CVGT 为等容气体温度计点；*TP* 为三相点(固、液和蒸汽三相共存的平衡度)；*FP* 为凝固点和 *MP* 为熔点(在 101325 Pa 下，固、液两相共存的平衡温度)。同位素组成为自然组成状态。 *. 第二类固定点。c. 除 He 外，所有物质都是天然核素混合物。

国际摄氏温度为 t_{90}：

$$t_{90}/℃ = T_{90}/K - 273.15 \tag{2-3-7}$$

规定从低温(13.81 K)到高温(1337.58 K 以上)划分为 4 个温区，在各温区分别选用不同的高度稳定的温度计来度量各固定点之间的温度值，4 个温区相应的温度计见表2-3-2。

表 2-3-2　国际温标温度范围和标准温度计

温度范围/K	13.81～273.15	273.15～903.89	903.89～1337.58	12337.58 以上
标准温度计	铂电阻温度计	铂电阻温度计	铂铑(10%)—铂热电偶	光学高温计

表 2-3-3　几个温标及其规定

名称	符号	单位	规定
摄氏温标	℃	℃	在标准大气压下，水的冰点为 0℃，水的沸点为 100℃，0～100℃之间划分 100 等份，每一等份为 1℃
华氏温标	F	℉	在标准大气压下，水的冰点为 32 ℉，水的沸点为划分 212 ℉，32～212 之间划分 180 等份；每一等份为 1 ℉
热力学温标	T	K	水的三相点为 273.16 K，0～273.15 K 分成 273.16 等份，每一等份为 1 K。
国际实用温标		K	选择一些纯物质可复现的平衡态作为温度固定点和参考点，规定不同范围内的基准仪器，规定一些比较严格的内插公式来求得固定点之间的温度值，力求与热力学温标一致。

第二节　温度计

一、液体膨胀温度计

(一) 种类

1. 酒精温度计(生活用)。

利用酒精热胀冷缩的性质制成的温度计。在标准大气压下，酒精温度计所能测量的最高温度一般为 78℃。因酒精在 1 个标准大气压下，沸点是 78℃。但温度计内压强一般都高于标准大气压，所以有些酒精温度计的量程大于 78℃。在北方寒冷的季节通常会使用该温度计来测量温度，是因为水银的凝固点是－39℃，在寒冷地区因气温太低而使水银凝固，无法进行正常的温度测量。而酒精的凝固点是－114℃。但由于酒精温度计的误差较大，在量体温等要求比较精确的场合时，仍主要用水银温度计。

2. 水银温度计。

普通水银温度计适用范围－35℃(238.15 K)～360℃(633.15 K)。因水银的熔点－38.7℃(234.45 K)，沸点为 356.7℃(629.85 K)。超过 360℃的温度计，是用特硬玻璃(或石英)或在水银上方加惰性气体。在水银上方充入氮气或氩气，可达到 800.1 ℃

(1073.25 K)。高温水银温度计的顶部有个安全泡，防止毛细管内的气体压强过大而引起贮液泡的破裂。

(1) 一般情况下使用：-5～105℃、105～150℃、150～250℃、250～360℃等，每分度1℃或0.5℃。

(2) 供量热学用：由9～15℃、12～18℃、15～21℃、18～24℃、20～30℃等，每分度0.01℃。目前广泛应用间隔为1℃的量热温度计，每分度0.002℃。

(3) 贝克曼温度计，测量范围-20～150℃，专用于测量温差。

(4) 电接点温度计(导电表)：可以在某一温度上接通或断开，与电子继电器等配套，可以用来控制温度。

(5) 分段温度计：从-1℃到200℃，共有24只。

每支温度范围10℃，每分度0.1 ℃，另外有-40℃到400℃，每隔50℃一支，每分度0.1℃。

水银温度计由于水银较易纯化、比热小、传热速度快、膨胀系数均匀、不易附着玻璃壁上、不透明和容易读数等优点，而被广泛使用，但使用时应注意不同温度计的差别。

(二) 水银温度计的使用

1. 零点校正。

温度计进行温度测量时，水银球(贮液泡)也经历了一个变温过程。当温度升高时，玻璃分子随之重新排列，水银球的体积增大。当温度计从测温容器中取出，温度会突然降低，玻璃分子的排列跟不上温度的变化，这时水银球的体积比使用前大，因此它的零位比使用前低。若要准确测量温度，则在使用前须对温度计进行零位测定。检定零位的恒温器称为冰点器。冰点器可用保温瓶代替，可起到绝热保温作用。在容器中盛以冰水混合物，但应注意冰、水一定要纯。冰溶化后水的电导率不应超过$\times 10^{-5}$ S·cm^{-1}(20℃)。

操作：先将温度计加热到100℃(如是50℃的，加热到50℃)，保持30 min。取出擦干，使温度迅速降至50℃，接着把温度计插入冰与盐水的混合体系中，使温度在15秒内降至-2～3℃。然后将温度计插入冰点仪中(插入前将盐水擦干)，4分钟后开始读数，设测得零点改变为$\pm\Delta t$℃，则在以后的测量中加减Δt℃即可。

2. 读数校正。

以纯物质的熔点或沸点作为标准进行校正。

以标准水银温度计为标准与待校正的温度计同时测定某一体系的温度，将对应值一一记录。做出校正曲线

3. 露茎校正。

水银温度计有“全浸”和“非全浸”式两种：

“全浸”式将温度计的水银刻度全浸到体系中，待体系平衡后，温度的读数才是正确的(图2-3-1)。

“非全浸”式常刻有校正时浸入量的刻度，在使用时若室温和浸入量与校正时一致，所示温度才是正确的。一般情况下使用的温度计是全浸式，由于使用时不能将温度计全浸没到体系中，露出部分与体系温度不同，必然存在读数误差，这就需要校正。这种校正称露茎校正(图2-3-2)。校正公式(一般情况是体系的温度大于环境的温度)为：

$$如\ t_{实}=t_{测}+\Delta t \tag{2-3-8}$$

$$\Delta t=\frac{kn}{1-kn}(t_{测}-t_{环}) \tag{2-3-9}$$

式中：n 是水银温度计露出介质外部的水银柱长度，称露茎高度，以温度差值表示；k 为水银对玻璃的膨胀系数，为 0.00016℃；$t_{实}$ 为正确值；$t_{测}$ 为温度计的实际读数；$t_{环}$ 为辅助温度计（即从露出体系外水银柱的一半而放置的温度计）读数。由于 $kn \ll 1$，

所以 $$\Delta t \approx kn(t_{测}-t_{环}) \tag{2-3-10}$$

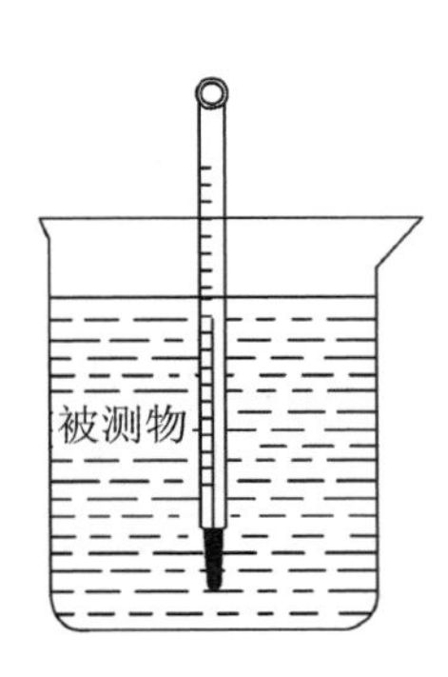

图 2-3-1　全浸式水银温度计的应用

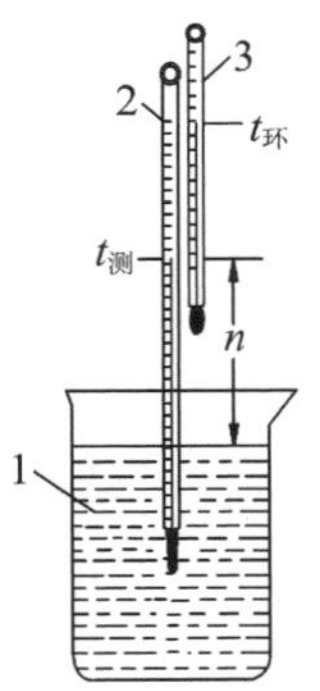

1. 被测体系；2. 测量温度计；3. 辅助温度计

图 2-3-2　温度计露茎校正

水银温度计的使用注意事项：

① 对温度计进行读数时，应注意使视线与液柱面位于同一平面（水银温度计按凸面之最高点读数）。

② 防止水银在毛细管上附着，所以读数时应用手指轻轻弹动温度计。

③ 注意温度计测温时存在延迟时间，一般情形下温度计浸在被测物质中 1～6 min 后读数。

④ 温度计尽可能垂直，以免因温度计内部水银压力不同而引起误差。

二、温差温度计

（一）贝克曼温度计

1. 构造原理：贝克曼(BCM)温度计是可调节能精密测量温度差值的温度计。

贝克曼温度计的构造如图 2-3-3 所示。它的主要特点如下：

① 刻度尺上一般只有 5℃的刻度，量程较短。

② 刻度精细，每 1℃分为 10 等份，可以估计到0.01℃，测量精度较高。用放大镜可以读准到 0.002℃，测量精度较高；还有一种最小刻度为 0.002℃，可以读准到 0.0004℃。

③ 水银球与贮汞槽由均匀的毛细管连通，贮汞槽用来调节水银球内的水银量，所以可以在不同温度范围内使用。在它的毛细管 2 上端，加装了一个水银储管 4，用来调节水银球 1 中的水银量。因此虽然量程只有 5℃，却可以在不同范围内使用，一

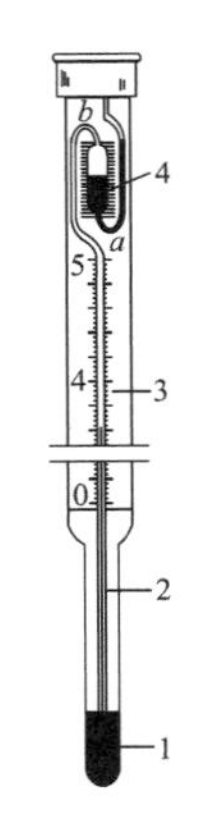

1. 水银球；2. 毛细管；3. 温度标尺；4. 水银储管；a. 最高温度；b. 毛细管末端

图 2-3-3　贝克曼温度计

般可以在$-20\sim150$℃使用。

④ 由于水银球中的水银量是可以调节的，水银柱的刻度值就不是温度的绝对数，只是在量程范围内的温度变化值。

2. 使用方法。首先根据实验的要求确定选用哪一类型的贝克曼温度计。使用时需经过以下步骤。

（1）测定贝克曼温度计的 R 值。

贝克曼温度计最上部刻度处 a 到毛细管末端 b 处所相当的温度值称为 R 值。将贝克曼温度计与一支普通温度计（最小刻度 0.1℃）同时插入盛水或其他液体的烧杯中加热，贝克曼温度计的水银柱就会上升，由普通温度计读出从 a 到 b 段相当的温度值，称为 R 值。一般取几次测量值的平均值。

（2）水银球 1 中水银量的调节。

在使用贝克曼温度计时，首先应当将它插入一杯与待测体系温度相同的水中，达到热平衡以后，如果毛细管内水银面在所要求的合适刻度附近，说明水银球 1 中的水银量合适，不必进行调节。否则，就应当调节水银球中的水银量。若球内水银过多，毛细管水银量超过 b 点，就应当左手握贝克曼温度计中部，将温度计倒置，右手轻击左手手腕，使水银柱管 4 内水银与 b 点处水银相连接，再将温度计轻轻倒转放置在温度为 t'的水中，平衡后用左手握住温度计的顶部，迅速取出，离开水面和实验台，立即用右手轻击左手手腕使水银柱管 4 内水银在 b 点处断开（注意温度计从恒温浴中取出后，由于温度的差异，水银体积会迅速变化，因此这一调节步骤要求迅速、轻快，但不必慌乱，以免造成失误）。此步骤要特别小心，切勿使温度计与硬物碰撞，以免损坏温度计。温度 t'的选择可以按照式 2-3-11 计算。

$$t'=t+R+(5-x) \tag{2-3-11}$$

式中：t 为实验温度；x 为 t℃时贝克曼温度计的设定读数。若水银球 1 中的水银量过少时，左手握住贝克曼温度计中部，将温度计倒置，右手轻击左手腕，水银就会在毛细管中向下流动，待水银贮管 4 内水银与 b 点处水银相接后，再按上述方法调节。

（3）调节后，将贝克曼温度计放在实验温度 t℃的水中，观察温度计水银柱是否在所要求的刻度 x 附近，并估计量程是否符合要求。如相差太大，则重新调节。

（4）注意事项

① 贝克曼温度计由薄玻璃组成，易被损坏，一般只能放置三处：安装在使用仪器上；放在温度计盒内；握在手中。不准随意放置在其他地方。

② 调节时，应当注意防止骤冷或骤热，还应避免重击。

③ 已经调节好的温度计，注意不要使毛细管中水银再与 4 管中水银相连接，应将其上端垫高。

④ 使用夹子固定温度计时，必须垫有橡胶垫，不能用铁夹直接夹温度计。

⑤ 读数时，贝克曼温度计必须垂直，而且水银球应全部浸入待测体系中。由于毛细管中的水银面上升或下降时有黏滞现象.所以读数前必须先用手指（或用橡皮套住的玻璃棒）轻敲水银面处，消除黏滞现象后用放大镜读取数值。

⑥ 读数时应注意眼睛要与水银面水平，而且使最靠近水银面的刻度线中部不呈弯

曲状。

⑦ 拿温度计走动时，要一手握住其中部，另一手护住水银球，紧靠身边；平放在实验台上时，要和台边垂直，以免滚动落在地上。

水银温度计除了上述的一般温度计和贝克曼温度计外，还有电接点温度计，利用接通电源后两种金属膨胀系数不同来控制温度。

（需要说明的是，由于汞的毒性，2020 年国家将停止生产水银温度计）

（二）精密温差测量仪（数字式贝克曼温度计）

目前，代替贝克曼温度计用来测量微小温度差的仪器是精密温差测量仪。准确度为±(0.02±0.001℃)，测量温差的范围为－50～180℃。

1. 构造与特点。

① 测量分辨率高（为 0.001℃），长期稳定性好。

② 既可测量温度，又可测量温差。温度测量范围和温差基温范围均大。

③ 操作简单，读数正确，并消除了汞污染，安全可靠。

数字贝克曼温度计的构造如图 2-3-4 所示。

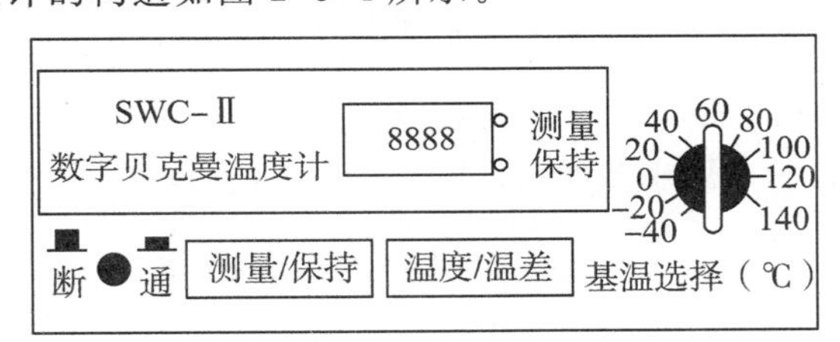

图 2-3-4 数字贝克曼温度计前面板外观

2. 测量原理。温度传感器将温度信号转化成电信号，经多级放大器组成的放大电路放大后变成对应的模拟电压量，单片机（芯片）将采样值数字滤波和线性校正，最后将结果实时输送到数码显示管显示和通讯口输出。

3. 使用方法。由于构造简单，使用非常简单，不再赘述。

三、热电阻温度计

大多数金属导体的电阻值都随着它自身温度的变化而变化，并具有正温度系数。一般是当温度每升高 1℃，电阻值要增加 0.4%～0.6%。半导体材料则具有负温度系数，其值为温度每升高 1℃（以 20℃为参考点），电阻值要降低 2%～6%。利用其电阻的温度函数关系，把它们当作一种“温度→电阻”的传感器，作为测量温度的敏感元件，并统称之为电阻温度计。电阻温度计广泛应用于中、低温度（－200～850℃）范围的温度测量。随着科学技术的发展，电阻温度计的应用已扩展到 1～5 K 的超低温领域。同时，研究证明，在高温（1000～1200℃）范围内，电阻温度计也表现了足够好的特性。

目前应用的电阻温度计按感温元件的材料分为：

（一）电阻丝式电阻温度计

金属导体温度计：用金属制成。

金属电阻的数据变化用二次仪器（电桥、电流计、电位差计）反映出来，从而达到测温的目的。

优点：金属导体有正的电阻温度系数，电阻与温度间呈线性关系。测温范围宽，重现性好。

缺点：灵敏度稍差。需要给桥路加辅助电源，尤其是热电阻温度计的热容量较大，因而热惯性较大，限制了它在动态测量中的应用。但是目前已研制出小型箔式的铂电阻，动态性能明显改善，同时也降低了成本。为避免工作电流的热效应，流过热电阻的电流应尽量小（一般应小于 5 mA）。

目前使用的金属丝是铂、铜、铁和镍。铂电阻温度计是常用的。

选择材料的基本要求：

（1）在使用温度范围内，物理化学稳定性好。

（2）电阻温度系数要尽量大，即要求有较高的灵敏度。

（3）电阻率要尽量大，以便在同样灵敏度的情况下，尺寸应尽可能小。

（4）电阻与温度之间的函数关系尽可能是线性的。

（5）材料容易提纯，复制性要好。

（6）价格便宜。

按照上述要求，比较适用的材料为：铂、铜、铁和镍。图 2-3-5 中示出一个典型的电阻温度计的电桥线路。这里热电阻 R_t 作为一个臂接入测量电桥。R_{ref} 与 R_{FS} 为锰铜电阻分别代表电阻温度计之起始温度（如取为 0℃）及满刻度温度（如取为 100℃）时的电阻值。首先，将开关 K 接在位置“1”上，调整调零电位器 R_0 使仪表 G 指示为零。然后将开关接在位置“3”上，调整满刻度电位器 R_F 使仪表 G 满刻度偏转，如显示 100.0℃。再把开关接在测量位置“2”上，即可进行温度的测量。

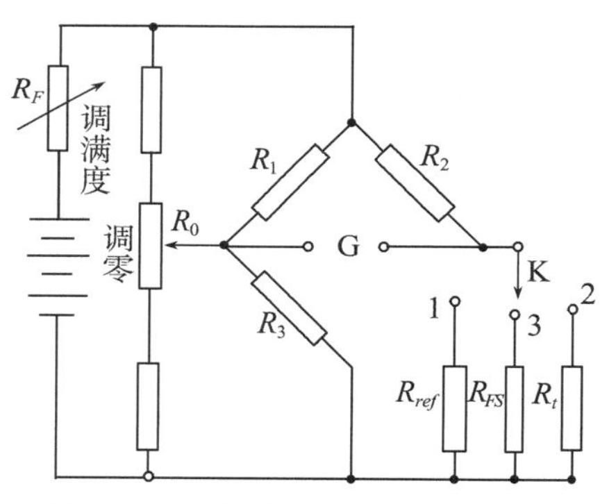

图 2-3-5　典型电阻温度计电桥线路

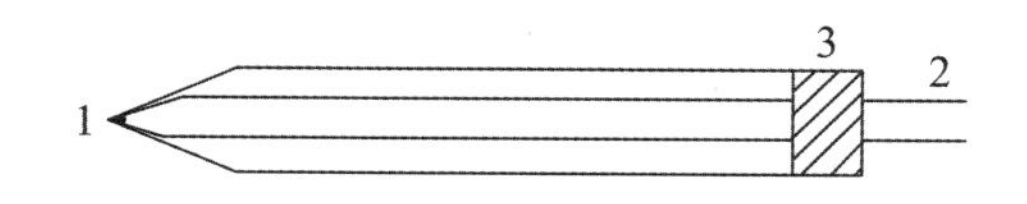

1. 热敏材料制作的热敏材料；2. 引线；3. 外壳

图 2-3-6　珠型热敏电阻示意图

（二）半导体热敏电阻温度计

半导体热敏电阻温度计一般用金属氧化物半导体材料（图 2-3-6）。随着温度的变化，热敏电阻器的电阻值会发生显著的变化，对温度极其敏感。金属氧化半导体材料对温度的灵敏度高于铂电阻、热电偶感温元件许多。可直接将温度的变化转换成电性能的变化，测量电性能的变化就可得到温度的变化结果。实验室内玻璃恒温水浴上用的感温元件探头即是热敏电阻元件。一些精密温差测量仪也是热敏电阻温度计。电阻与温度之间的关系为：$R_T = Ae^{-B/T}$。式中：R_T是温度为 T 时的热敏电阻值；A、B 是由热敏电阻器的材料、形状、大小和物理特性所决定的两个常数。

该温度计有很高的负电阻温度系数，电阻与温度间是非线性的指数关系，灵敏度高，但重现性差，测温范围较窄。常用的是金属氧化物的混合物，有硫化物、碲化物、锰、镍、钴、铜、铁以及锗和碳的混合物等。该类温度计广泛应用于航空工业领域和一些工业设备。

四、热电偶温度计

自1821年塞贝克(Seebeck)发现热电效应起,热电偶的发展已经历了一个多世纪。据统计,在此期间曾有300余种热电偶问世,但应用较广的热电偶仅有40~50种。实验室内常用这种温度计。其优点是结构简单,制作方便,测温范围广(−272~2800℃),热容小,响应快,灵敏度高。可直接把温度转变成电学量,适于温度的自动调节和自动控制,是工业上常用的高温温度计的元件。它的制作原理是根据热电效应,即当两种不同成分的导体或半导体连接成一个闭合回路时,两端分别接在不同的温度(热源)中,在回路中就会产生热电动势,这种现象称作热电效应。

(一)热电偶温度计的工作(测温)原理

两种不同成分的导体A和B连接在一起构成一个闭合回路,一个结点温度为T,称为热端,另一个结点温度为T_0,称为冷端(或参考端)。由于金属的电子逸出功不同,在结点处产生的接触电势以及同一金属的两端由于温度不同而产生的温差电势,即构成了回路中的总热电势。在回路上串接一个毫伏表,则可粗略地显示该温差电势的数值。这一对金属导体的组合就称为热电偶温度计,在热电偶回路中产生接触电势和温差电势,如图2-3-7所示。

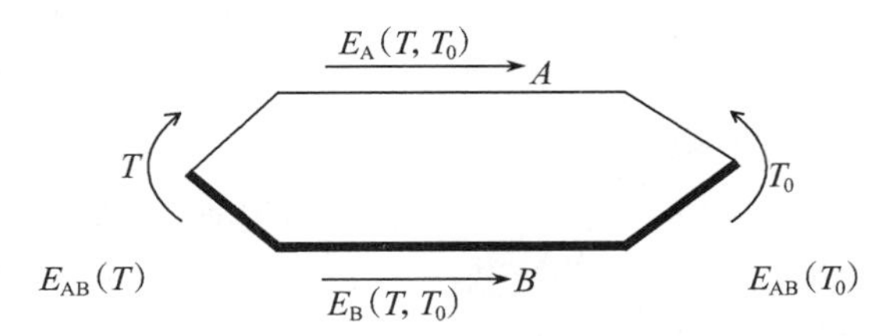

图2-3-7 热电偶电阻回路示意图

1. 温差电势(单导体)。

当同一导体的两端温度不同时(分别为T和T_0,而且$T>T_0$),因高温端(T)的电子能量比低温端的电子能量大,从高温端流到低温端的电子数比从低温端流到高温端的电子数多,结果高温端失去电子而带正电荷,低温端得到电子而带负电荷,从而形成一个静电场。此时,在导体的两端便产生一个相应的电位差U_T-U_{T0},即为温差电势,用$E_A(T, T_0)$表示。

2. 接触电势(两种导体)。

接触电势产生的原因是:当两种不同导体A和B接触时,由于两者电子密度不同(如$N_A>N_B$),电子在两个方向上扩散的速率就不同,从A到B的电子数要比从B到A的多,结果A因失去电子而带正电荷,B因得到电子而带负电荷,在A,B的接触面上便形成一个电动势E。这个电动势是由于两个不同导体A、B接触产生的,故称接触电势,分别用$E_{AB}(T)$、$E_{AB}(T_0)$表示。

这样将A、B两个不同导体连接时,由于两个结点处的温度不同($N_A>N_B$,$T>T_0$)在回路中就有电流流动,同时也存在着一个与两结点温度有关的热电势。这一对导体的组合,我们就称它为热电偶。这样在热电偶回路中产生的总电势$E_{AB}(T, T_0)$由四部分组成。热电偶热电势分布如图2-3-8所示。

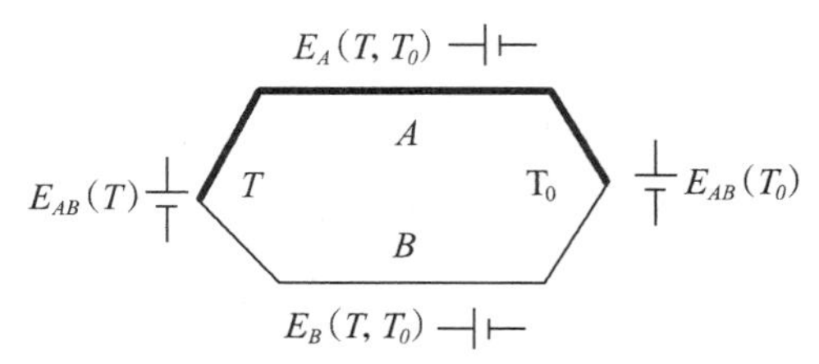

图 2-3-8 热电偶热电势分布

总 $E_{AB}(T-T_0)=E_{AB}(T)+E_B(T,T_0)-E_{AB}(T_0)-E_A(T,T_0)$。由于热电偶的接触电势远远大于温差电势，且 $T>T_0$，所以在总电势 $E_{AB}(T,T_0)$ 中，以导体 A、B 在 T 端的接触电势 $E_{AB}(T)$ 为最大，故总电势 $E_{AB}(T,T_0)$ 的方向取决于 $E_{AB}(T)$ 的方向。因 $N_A>N_B$，故 A 为正极，B 为负极，将温差电势忽略不计。

$$E_{AB}(T,T_0)=E_{AB}(T)-E_{AB}(T_0) \tag{2-3-12}$$

（二）热电偶温度计的特点

热电偶作为测温元件有以下优点。

（1）灵敏度高，如铜一铑铜热电偶的灵敏度可高达 40 $\mu V \cdot ℃^{-1}$。镍铬一铑铜热电偶的灵敏度可达 70 $\mu V \cdot ℃^{-1}$，用精密的电位差计测温，通常均可达到 0.01℃的精度。如将电阻串联起来组成热电堆，测其温差电势是单个热电偶电势的加和，灵敏度可达 0.0001℃。

（2）重现性好，热电偶经过精密的热处理，其温差电势一温度函数关系的重现性是极好的。由固定点标定后可长期使用。

（3）量程宽，热电偶与玻璃液体温度计不同，后者是通过体积变化来显示温度的，因此温度计的量程不可能做得很宽，即分度值又小，量程又大。但热电偶仅受材质适用范围的限制，其精度由所选用的电压测温仪器所决定。

（4）非电量变换，温度这个参量在近代科学实验技术中不仅要求它直接显示出来，而且在许多场合下，还要求能实现自动记录和进行更为复杂的数据处理。这就首先要把非电参量变为电参量，电热偶就是一种关键的温度变换器，可自动记录和实现复杂的数据处理和控制，这是水银温度计无法比拟的。

（三）热电偶的电极材料

为了保证在工程技术中应用可靠，并且有足够的精确度，对热电偶电极材料有以下要求。

（1）在测温范围内，热电性质稳定，不随时间的变化而变化。

（2）在测温范围内，电极材料要有足够的物理化学稳定性，不易被氧化或腐蚀。

（3）电阻温度系数要小，导电率要高。

（4）它们组成的热电偶，在测温中产生的电势要大，并希望这个热电势与温度成单值的线性或接近线性关系。

（5）材料复制性好，可制成标准分度，机械强度高，制造工艺简单，价格便宜。

最后还应强调一点，热电偶的热电特性仅决定于选用的热电极材料的特性，而与热电板的直径、长度无关。

（四）热电偶的结构和制备

在制备热电偶时，热电极的材料、直径的选择，应根据测量范围、测定对象的特点以及电极材料的价格、机械强度、热电偶的电阻值而定。热电偶的长度应由它的安装条件及需要插入被测介质的深度决定。热电偶接点常见的结构形式如图 2-3-9 所示。热电偶焊接注意使接点处发生熔融，成一光滑圆珠即成。

（五）热电偶的校正和种类

热电偶使用时需进行校正（图 2-3-10）。使用时一般是将热电偶的一个接点放在待测物体中（热端），而将另一端放在储有冰水的保温瓶中（冷端），这样可以保持冷端的温度恒定。校正一般是，通过用一系列温度恒定的标准体系，测得热电势和温度的对应值来得到热电偶的工作曲线。

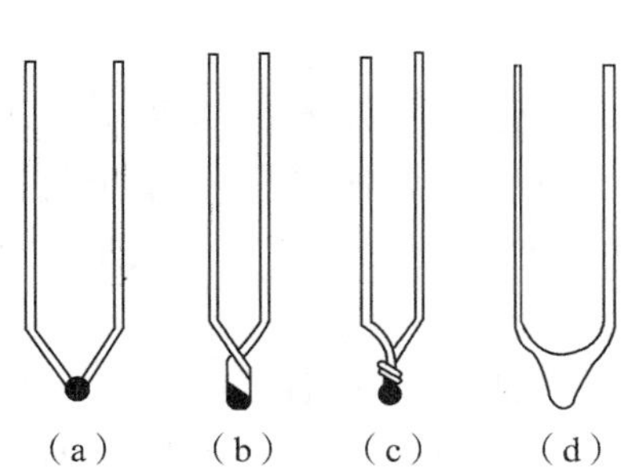
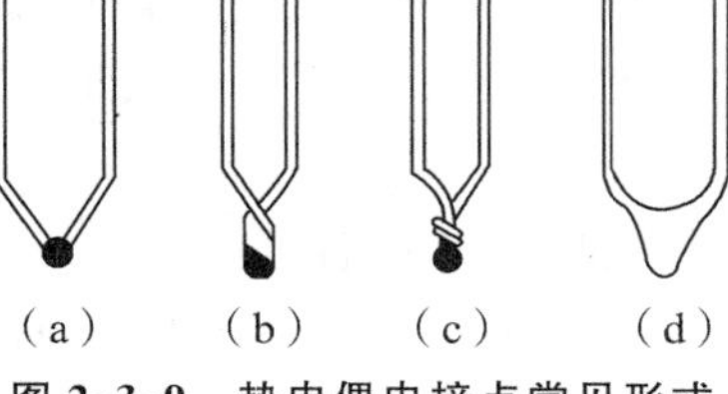

图 2-3-9　热电偶电接点常见形式

毫伏表
冰水
煤油

图 2-3-10　热电偶的校正

热电偶的主要种类区别在于热电偶芯（两根偶丝）的材质不同，它所输出的热电势也不同。目前在我国常用有以下几种热电偶。表 2-3-4 列出国际公认、性能较好的几种热电偶。

表 2-3-4　不同热电偶的参数

热电偶的类别	材质及组成	代号	分度号	测温范围/℃	允许误差
廉价金属	铜-康铜	WRN	*K*	−40～1200(多个)	±0.75%
	镍铬 10-铜镍	WRE	*E*	0～800	±0.75%
	镍铬-康酮	WRK	*E*	0～800	±0.75%
	镍铬-考酮	WRE	*E*	0～800	±0.75%
	铜-铜镍	WRC	*T*	−40～350	±0.75%
	铁-铜镍	WRF	*J*	−40～750	±0.75%
	镍铬-镍硅	WRN	*K*	0～1200	±0.75%
贵金属	铂铑 10-铂	WRP	*S*	0～1600	±0.25%
	铂铑 13-铂	WRB	*R*	0～1750	±0.25%
	铂铑 30-铂铑 6	WRR	*B*	0～1800	±0.25%

我国常用的几种热电偶如下。

(1) 铂铑 10-铂热电偶。由于铂和铂铑能得到高纯度材料，故其测量的准确性较高，用于精密温度测量和作基准热电偶，物理化学稳定性高。缺点是热电势较弱，长期使用后，铂铑丝中的铑分子产生扩散，使铂丝受污染而变质，使热电特性失去准确性，成本高。可在 1300℃以下温度范围内长期使用。

（2）镍铬-镍硅（镍铬-镍铝）热电偶，化学稳定性较高，可用于 900℃以下温度范围。复制性好，热电势大，线性好，价格便宜。虽然测量精度偏低，但基本上能满足工业测量的要求，是目前工业生产中最常见的一种热电偶。镍铬－镍铝和镍铬－镍硅两种热电偶的热电性质几乎完全一致。由于后者在抗氧化及热电势稳定性方面都有很大提高，因而逐渐代替前者。

（3）铂铑 30-铂铑 6 热电偶，可以测 1600℃以下的高温，性能稳定，精确度高，但它产生的热电势小，价格高。由于其热电势在低温时极小，因而冷端在 40℃以下范围时，对热电势值可以不必修正。

（4）镍铬-考铜热电偶，正极为镍铬合金，负极为考铜合金（用 56％铜和 44％镍冶炼而成），其测量温度为长期 600℃、短期 800℃。特点：价格比较便宜，在工业上得到广泛应用。气体硫化物对热电偶有腐蚀作用。考铜易氧化变质，适于在还原性或中性介质中使用。

（5）铜-康铜热电偶，铜和康铜两种材料易于加工成漆包线，而且可以拉成细丝，因而可以做成极小的热电偶。测量低温可达－270℃。测温范围为－270～400℃，而且热电灵敏度也高。它是标准型热电偶中准确度最高的一种，在0～100℃范围可以达到 0.05℃（对应热电势为 2 μV 左右）。它在医疗方面得到广泛的应用，由于铜和康铜都可拉成细丝便于焊接，因而时间响应常数很小，为 ms 级。

各种热电偶都具有不同的优缺点。因此，在选用热电偶时应根据测温范围，综合测温状态和介质情况。

（六）热电偶温度计的应用

热电偶温度计可用于热化学测量。

（1）金属相图的绘制实验中使用镍铬-镍硅热电偶。是将镍铬、镍硅两种金属丝焊接在一起制作，该仪器已将热电偶冷端与记录仪连接。热信号通过仪器变成电信号以数字形式表示出来，使用范围较宽（0～130℃）。

（2）差热分析是将两只相同型号的热电偶分别插入参比物和样品中，观察产生的不同热信号。如果两物质温度相同则不产生差别的信号（$\Delta V=0$），当一种物质发生偏转或是物质溶化有热量吸收，ΔV 从等于 0 到 $\Delta V\neq 0$，记录下 ΔV 的数值就可进行一系列的计算。

（七）热效应的测量方法

热化学的数据主要是通过量热实验获得，量热实验所用的仪器为量热计。其工作原理和工作方式有很多，并各有特色，但根据测量原理可分为以下两大类。

（1）补偿式量热法。

原理是把研究体系置于一等温量热计中，这种量热计的研究体系与环境间进行热交换时，两者的温度始终保持恒定，并且与环境温度相等，反应过程中研究体系放出或吸收的热量依赖于恒温环境中的某些物理量的变化所引起的热流给予连续的补偿。利用相变潜热或电热效应等来测量体系放出或吸收的热量。

如将一反应体系放于冰水溶液中，研究体系被一层冰包围，而且固体冰与液相水处于相平衡，当研究体系发生放热反应时，则部分冰溶化为水，只要知道冰单位质量的溶化热，想办法测出冰的溶化质量，就可求出其所放出的热量。反之，如果体系吸热反应发生时，同样也可以通过冰增加的质量求出热效应。这是一种相变补偿量热法。

另一种是电效应补偿量热法。

如果研究体系是吸热反应，可利用电加热器提供热流对其进行补偿。如果研究体系是放热反应也可利用放出的热量给予电热器的信号记录下来。在溶解热的实验中，利用的是电效应补偿量热法。

（2）温差式量热法。

研究体系在量热计中发生热效应时，如果与环境不发生热交换，则所发生的热效应会使量热计的温度发生变化，通过测定在不同时间内的温度变化求出反应热效应。如燃烧焓的实验，使用的便是这种温差式量热法测量有机物在燃烧过程中放出的热量，从而求出 ΔH。这种量热计有两种。

① 绝热式量热计。体系与环境之间不发生热交换，当然这是理想状态，体系与环境之间不可能不发生热交换，因此这种量热计只可能近似地视为绝热。

工作原理：体系放在内筒点燃，燃烧后产生的热量通过插入在介质水中的贝克曼温度计测量出来温度的改变 ΔT，再根据一系列公式计算 ΔH。

② 热导式量热计。此型号的量热计热容器放在一个很大的恒温金属块中，并且由一个导电性能良好的热导体把它们连接起来。当体系产生热效应时，一部分热使研究体系温度升高，另一部分由热导体传给环境。只要在体系与金属块之间连接一个热电偶，则所传给环境的热可通过热电偶测出量热容器和金属块之间的差别，就可计算 ΔH。

五、集成温度计

随着集成技术和传感技术的飞速发展，人们已能在一块极小的半导体芯片上将敏感器件、信号放大电路、温度补偿电路，基准电源电路等在内的各个单元集成在一起。这是所谓的敏感集成温度计，它使传感器和集成电路成功地融为一体，并且极大地提高了测温性能。它是目前测温度测定的发展方向，是实现测温的智能化、小型化（微型化）、多功能化的重要途径，同时也提高了灵敏度。它跟传统的热电阻、热电偶、半导体 PN 结等温度传感器相比，具有体积小、热容量小、线性度好、重复性好、稳定性好、输出信号大且规范化等优点。其线性度好及输出信号大且规范化、标准化是其他温度计无法比拟的。它的输出形式可分为电压型和电流型两大类。其中电压型温度系数几乎都是 $10\ mV \cdot ℃^{-1}$，电流型的温度系数则为 $1\mu A \cdot ℃^{-1}$，它还具有相当于绝对零度时输出电量为零的特性，因而可以利用这个特性从它的输出电量的大小直接换算，而得到绝对温度值。

集成温度计的测温范围通常为－50～150℃，而这个温度范围恰恰是最常见、最有用的。因此，它广泛应用于仪器仪表、航天航空、农业、科研、医疗监护、工业、交道、通讯、化工、环保、气象等领域。

第三节　温度的控制

物质的物理性质和化学性质，如折光率、黏度、蒸汽压、密度、表面张力、化学平衡常数、反应速率常数、电导率等都与温度有密切的关系。许多物理化学实验不仅要测量温度，而且需要精确地控制温度。因此，许多实验工作须在恒温下进行，本教材所选的基础实验一半以上需要恒温，因此掌握恒温技术是很有必要的。控温采用的方法是把待控温体系置于热容比它大得多的恒温介质中。

物理化学实验中控制温度范围分为：

高温：＞250℃；

中温：250℃－室温；

低温：室温～－55℃。

无论是哪个温度区域，差别只在于如何选择工作介质和执行元件。温度控制的原理可分为两类：一类是利用物质的相变点温度来获得恒温条件；另一类是电子调节系统对加热器或制冷器的工作状态进行自动调整。后者控温范围宽，可以任意调节设定温度。

一、相变点恒温介质浴(低温控制)

这种方法是利用物质的相变温度的恒定性来控制温度。原理是当物质相变平衡时，如果体系与环境间存在着一温度差，则它可以以吸收式释放潜热的形式与环境进行热交换，而其相平衡温度保持不变，不受环境的影响。如果将这种处于相变平衡的物质构成一个介质浴，需将恒温的对象置于这个介质浴中，就可获得一个高度稳定的恒温条件，通常构成这些介质浴的有液氮(－195.8℃)、干冰－丙酮(－78.6℃)、冰－水(0℃)、盐－冰(－10.0℃以下)等。实验室中常用的几种盐类和冰的低共熔点见表2-3-5。

表2-3-5　盐类和冰的低共熔点

盐	KCl	KBr	$NaNO_3$	NH_4Cl	$(NH_4)_2SO_4$	NaCl	KI	NaBr	NaI	$CaCl_2$
盐的混合比(质量%)	19.5	31.2	44.8	19.5	39.8	22.4	52.2	40.3	39.0	30.2
最低到达的温度(℃)	－10.7	－11.5	－15.4	－16.0	－18.3	－21.2	－23.0	－28.0	－31.5	－49.8

介质浴的优点是操作简便和高度稳定，如果介质是高纯度的，则精确度极高；其缺点是恒温温度不能随意调节，从而限制了使用范围。如果一种介质消耗殆尽，平衡就被破坏，介质浴的温度就被破坏，另外恒温对象必须完全浸没于恒温浴中，这样使用受到很大限制，所以一般实验中采用电子控温。

二、常温控制

在常温区间，通常用恒温槽作为控温装置，恒温槽是实验工作中常用的一种以液体为介质的恒温装置，用液体做介质的优点是热容量大、导热性好，使温度控制的稳定性和灵敏度大为提高。主要仪器有玻璃恒温水浴、超级恒温槽、恒温水浴锅。

根据温度的控制范围可以用以下液体介质。

-60～30℃用乙醇或乙醇水溶液；0～90℃用水；80～160 ℃用甘油或甘油水溶液；70～300 ℃用液状石蜡、汽缸润滑油、硅油等。

(一) 玻璃恒温槽的构造及原理

恒温槽的构件组成如图2-3-11所示。

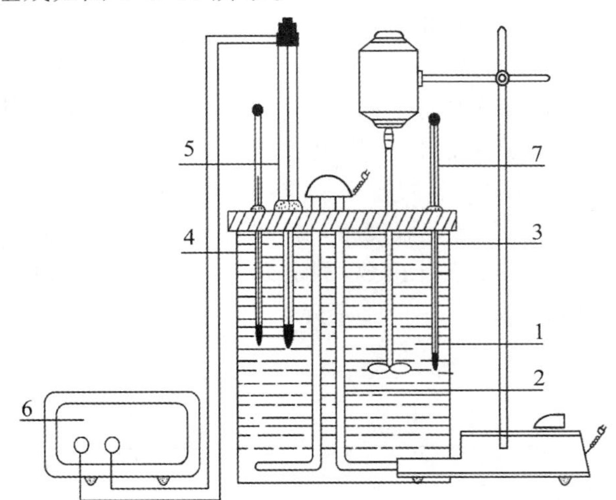

1. 浴槽；2. 加热器；3. 搅拌器；4. 温度计；5. 电接点温度计；6. 继电器；7. 贝克曼温度计

图2-3-11　恒温槽装置示意图

1. 槽体：如果控制温度与室温相差不大，可用敞口大玻璃缸作为浴槽，对于较高和较低温度，应考虑保温问题。具有循环泵的超级恒温槽，有时仅作供给恒温液体之用，而实验在另一工作槽内进行。这种利用恒温液体作循环的工作槽可做得小一些，以减小温度控制的滞后性。

2. 搅拌器：增加液体介质的搅拌频率，对保证恒温槽温度的均匀起着非常重要的作用。搅拌器的功率、安装位置和桨叶的形状，对搅拌效果有很大影响。恒温流愈大，搅拌功率也该相应增大。搅拌器应装在加热器上面或靠近加热器，使加热后的液体及时混合均匀再流至恒温区。搅拌桨叶应是螺旋式或涡轮式，且有适当的片数、直径和面积，以使液体在恒温槽中循环。在超级恒温槽中用循环流代替搅拌，效果仍然很好。

3. 加热器：如果恒温的温度高于室温，则需不断向槽中供给热量以补偿其向四周散失的热量；如恒温的温度低于室温，则需不断从恒温槽取走热量，以抵偿环境向槽中传热。在前一种情况下，通常采用电加热器间歇加热来实现恒温控制。对电加热器的要求是热容量小、导热性好、功率适当。

4. 感温元件：它是恒温槽的感觉中枢，是提高恒温槽精度的关键部件。感温元件的种类很多，一种是电接点温度计(导电表)用于超级恒温槽上，另一种是热敏电阻感温元件(热敏电阻封在金属棒中)，实验室中用的多数是后一种。前一种导电表比较精密，但制作成本高，用汞作为示温材料，不环保。其作用是灵敏地感受温度的微小变化，并将信息通过导线传递给继电器，使继电器处于通断状态，并将指令发给加热器。

5. 继电器：继电器由继电器和控制器两部分组成，继电器的作用是当感温探头热敏电阻感受的实际温度低于所要求的温度时，电压比较器输出电压，使继电器输出线柱接通，指示加热器加热。当感温探头热敏电阻感受的实际温度等于或高于所要求的温度时，电压比较器输出为“0”，继电器输出线柱断开，停止加热，达到控温的目的。当感温探头感受温度再下降时，继电器再动作，重复上述过程以达到控温目的。

（二）恒温槽的性能测试

恒温槽的温度控制装置属于“通”“断”类型，当加热器接通后，恒温介质温度上升，热量的传递使水银温度计中的水银柱上升。但热量的传递需要时间，因此常出现温度传递的滞后，所以恒温槽的温度超过设定温度。同理，降温时也会出现滞后现象。由此可知，恒温槽控制的温度有一个波动范围，并不是控制在某一固定不变的温度，并且恒温槽内各处的温度也会因搅拌效果优劣而不同。控制温度的波动范围越小，各处的温度越均匀，恒温槽的灵敏度越高。灵敏度是衡量恒温槽性能优劣的主要标志。它除与感温元件、电子继电器有关外，还与搅拌器的效率、加热器的功率等因素有关。

恒温槽灵敏度的测定是在指定温度下（如 30℃）用较灵敏的温度计记录温度随时间的变化，每隔一分钟记录一次温度计读数，测定 30 min。然后以温度为纵坐标、时间为横坐标绘制出温度-时间曲线（如图 2-3-12 所示）。

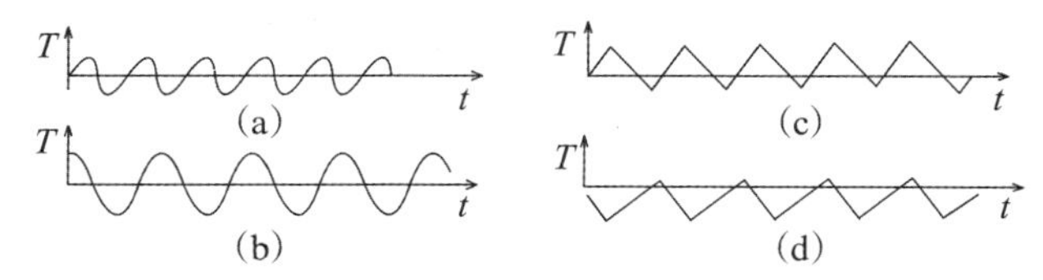

图 2-3-12　控温灵敏度曲线

从图 2-3-12 可以看出：曲线（a）表示恒温槽灵敏度较高；（b）表示恒温槽灵敏度较差；（c）表示加热器功率太大；（d）表示加热器功率太小或散热太快。

恒温槽的控温效果可以用灵敏度表示。Δt 和最高温度 t_1、最低温度 t_2 间的关系为：

$$\Delta t = \pm \frac{t_1 - t_2}{2} \tag{2-3-13}$$

式中：t_1 为恒温过程中水浴的最高温度，t_2 为恒温过程中水浴的最低温度。Δt 愈小，恒温槽的性能愈佳，恒温槽精度随槽中区域不同而不同。

同一区域的精度又随所用恒温介质、加热器、定温计和继电器（或控温仪）的性能质量不同而异，还与搅拌情况以及所有这些元件间的相对配置情况有关。它们对精度的影响简述如下。

（1）恒温介质流动性好，传热性能好，灵敏度就高。

（2）加热器功率适宜，热容量小，灵敏度就高。

（3）搅拌器搅拌速度足够大，保证恒温槽内温度均匀。

（4）继电器电磁吸引电键，后者发生机械作用的时间愈短，断电时线圈中的铁芯剩磁愈小，灵敏度就高。

（5）电接点温度计热容小，对温度的变化敏感，灵敏度高。

（6）环境温度与设定温度的差值越小，控温效果越好。

（7）部件的位置。加热器要放在搅拌器附近，以使加热器发出的热量能迅速传到恒温介质的各个部分。定温计要放在加热器附近，并且让恒温介质的旋转能使加热器附近的恒温介质不断地冲向定温计的水银球。被研究的体系一般要放在槽中精度最好的区域。测定温度的温度计应放置在被研究体系的附近。

三、高温控制

高温一般是指 250℃以上的温度，通常使用电阻炉加热。加热元件为镍铅丝，用可控硅控温仪来调节温度。

（一）电炉

实验室中以马弗炉和管式炉最为常用。一个良好的加热电炉，一般必须有较长的恒温区；传热要迅速，散热小。恒温区的长短，在很大程度上取决于电阻丝的绕法及通电的方式。电炉电阻丝的一般绕法是中段疏、两端密；电阻丝粗细的选择，决定于通电电流的大小及炉子所能达到的最高温度。

（二）高温控制仪器

1. 动圈式温度控制器，其原理如图 2-3-13 所示。

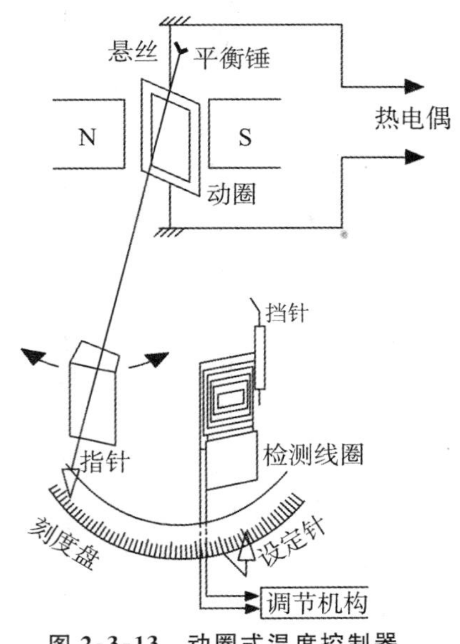

图 2-3-13　动圈式温度控制器

热电偶将温度信号变换成电压信号，加于动圈式毫伏计的线圈上，当线圈中因为电流通过而产生的磁场与外磁场作用时，线圈偏转一个角度，故称为“动圈”。偏转的角度与热电偶的热电势成正比，并通过指针在刻度板上直接将被测温度指示出来，指针上有一“铝旗”，它随指针左右偏转。另有一个调节设定温度的检测线圈，它被分成前后两半，安装在刻度的后面，并且可以通过机械调节装置沿刻度板左右移动。检测线圈的中心位置，通过设定针在刻度板上显示出来。当高温设备的温度未达到设定温度时，铝旗在检测线圈之外，电热器加热；当温度达到设定温度时，铝旗全部进入检测线圈，改变了电感量，电子系统使加热器停止加热。

为防止当被控对象的温度超过设定温度时，铝旗冲出检测线圈而产生加热的错误信号，在温度控制器内设有一挡针。

这种加热方式是断续式，只有断、续两个工作状态。炉温升至给定值，停止加热，低于给定值时就加热。温度起伏较大，控温精度差。

2. 断续式二位置控制。

实验室内常用的烘箱、高温电炉有些是采用这种控制，感温元件是双金属膨胀式的控温技术。利用不同金属的线膨胀系数不同，选择线膨胀系数差别较大的两种金属，线膨胀系数大的金属棒在中心，另外一个套在外面，两种金属内端焊接在一起，外套管的另一端固定，见图 2-3-14。在温度升高时，中心金属棒便向外伸长，伸长长度与温度成正比。通过调节触点开关位置，可使其在不同温度区间内接通或断开，达到控制温度的目的。缺点是控温精度差，一般有几 K 的范围。

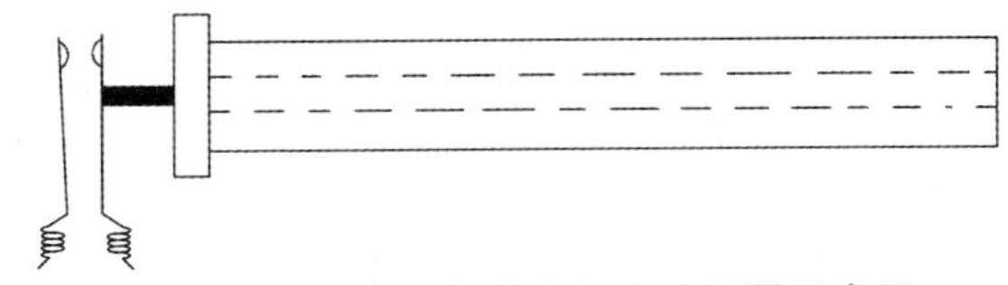
图 2-3-14　双金属膨胀式温度控制器示意图

3. 比例—积分—微分控制（简称 PID）。

随着科学技术的发展，要求控制恒温和程序升温或降温的范围日益广泛，要求的控温精度也大大提高。通常温度下，使用上述断续式二位置控制器比较方便，但是由于只存在通、断两个状态，电流大小无法自动调节，控制精度低，特别在高温时精度更低。20 世纪 60 年代以来，控温手段和控温精度有了新的进展，广泛采用 PID 调节器，使用可控硅控制加热电流随偏差信号大小而作相应变化，提高了控温精度。

PID温度调节系统原理如图2-3-15所示。

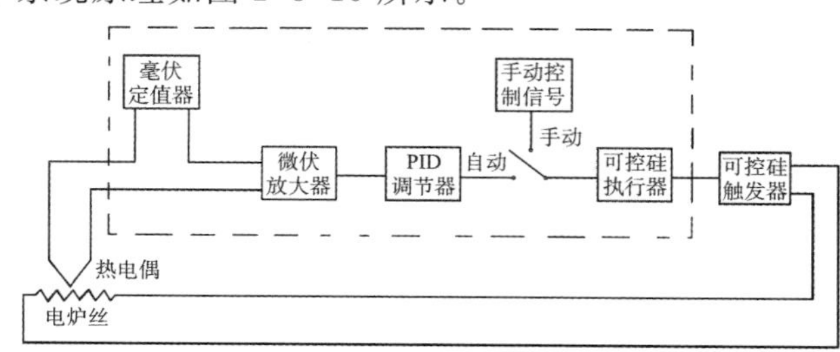

图2-3-15　PID温度调节系统示意图

PID控制就是能在整个过渡过程时间内，按照偏差信号的规律，自动调节加热器电流，所以又称“自动调流”。当开始偏差信号较大时，加热电流也很大，随着不断加热，偏差信号不断减小，加热电流会按比例相应地降低，这就是“比例调节”。但当温度升到设定值时，偏差为零，加热电流也为零，要使被控对象的温度能在设定温度处稳定下来，必须使加热器继续给出一定热量，以补偿炉体与环境热交换产生的热量损耗。但由于在单纯的比例调节中，加热器发出的热量会随温度回升时偏差的减小而减少，当加热器发出的热量不足以补偿热量损耗时，温度就不能达到设定值，这被称为“静差”。

为了克服“静差”需要加入积分调节，也就是输出控制电压与偏差信号电压与时间的积分成正比。只要有偏差存在，即使非常微小，经过长时间的积累，就会有足够的信号去改变加热器的电流，当被控对象的温度回升到接近设定温度时，偏差电压虽然很小，加热器仍然能够在一段时间内维持较大的输出功率，因而消除“静差”。

微分调节作用，就是输出控制电压与偏差信号电压的变化速率成正比，而与偏差电压的大小无关。这在情况多变的控温系统，如果产生偏差电压的突然变化，微分调节器会减小或增大输出电压，以克服由此而引起的温度偏差，保持被控对象的温度稳定。

PID控制是一种比较先进的模拟控制方式，适用于各种条件复杂、情况多变的实验系统。目前，已有多种PID控温仪可供选用，常用型号一般有：DWK-720、DWK-703、DDZ-1、DTL-121、DTL-161、DTL-152、DTL-154等，其中DWK系列属于精密温度自动控制仪，其他是PID的调节单元，DDZ-1型调节单元可与计算机联用，使模拟调节更加完善。

PID控制的原理及线路分析比较复杂，请参阅有关专业著作。

四、低温控制

实验时如需要低于室温的恒温条件，则需用低温控制装置。对于比室温稍低的恒温控制可以用常温控制装置，在恒温槽内放入蛇形管，其中用一定流量的冰水循环；如需要低的温度，则须选用适当的冷冻剂。

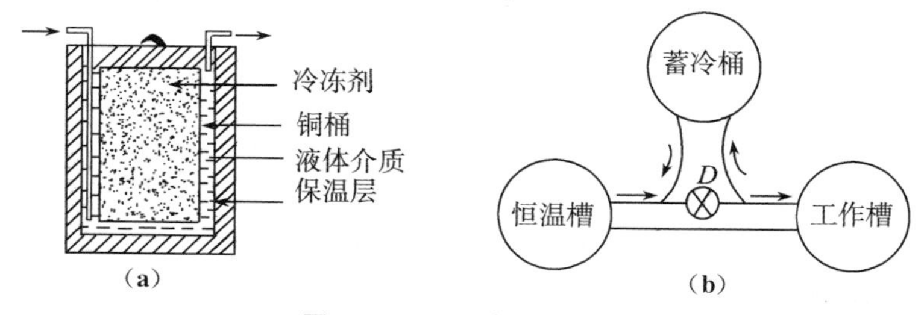

图2-3-16　温介质示意图

实验室中通常是把冷冻剂装入蓄冷桶(图 2-3-16),再配用超级恒温槽。由超级恒温槽的循环泵送来工作液体,在夹层中被冷却后,再返回恒温槽进行温度调节。如果实验不是在恒温槽中进行,则可按图(b)所示的流程连接。旁路活门 D 可调节通向蓄冷桶的流量。若实验中要求更低的恒温温度,则可以把试样浸在液态制冷剂中(液氮、液氨等),把它装入密闭容器中,用泵进行排气,降低它的蒸汽压,则液体的沸点也就降低下来,因此要控制这种状态下的液体温度,只要控制液体和它成热平衡的蒸汽压即可。这里不再赘述。

思考题

1. 恒温槽中的水银接点温度计的作用是什么?
2. 25.6 ℉等于多少℃;等于多少 K?
3. 实验室中使用的电阻温度计应该是什么材料?(举 2～3 种例子)
4. 水银温度计有哪些类型?
5. 恒温槽灵敏度大小的表示式是什么?
6. 什么是温标?温标的三要素是什么?说明摄氏温标热力学温标的三要素。
7. 如何根据物理化学实验室现有的条件分别制作电阻和热电偶两只温度计?
8. 由铜丝焊接自做的温度计属于什么温度计?
9. 温度计的刻度校正公式是什么?
10. 查资料解释断续式二位置控制温度的原理。
11. 如何判断一个普通水银温度计是否准确?
12. 要想提高恒温槽的恒温性能,应在哪些方面改进技术?
13. 要测定一个体系中 0.2℃的温度变化,需用哪种温度计?
14. 电阻温度计或是热电偶温度计能否测定精密温差?
15. 欲测定约 1400℃的温度可选用什么作测温仪器?
16. 镍铬一镍铝热电偶通常用于测定多大的温度范围?
17. 国际实用温标规定的复现温度计有几种?名称各是什么?
18. 恒温控制按工作原理可分为几类,名称是什么,各有什么优缺点?
19. 什么是热电偶温度计,其测温原理是什么?
20. 电阻温度计与热电偶温度计的区别是什么?

参考文献

1. 山东大学等校. 物理化学实验[M]. 北京:化学工业出版社,2016.
2. 南京大学化院物化教学组. 物理化学实验[M]. 南京:南京大学出版社,1998.
3. 张洪林,杜敏,魏西莲. 物理化学实验[M]. 青岛:中国海洋大学出版社,2016.
4. 复旦大学化院物化教学组. 物理化学实验[M]. 上海:人民教育出版社,1990.
5. 北京大学化院物化教学组. 物理化学实验. 4 版[M]. 北京:北京大学出版社,2002.

(魏西莲编写)

第四章　压力及流量测量技术与仪器

压力是指垂直作用在物体表面的力，其方向是垂直与受力物体表面，作用点在受力面上，当把物体放在水平面时，它的大小等于物体所受的重力。压力是用来描述体系状态的一个重要参数。许多物理、化学性质，如熔点、沸点、蒸汽压等几乎都与压力有关。在化学热力学和化学动力学研究中，压力也是一个很重要的因素。因此，压力的测量具有重要的意义。

压力通常可分为：高压（钢瓶），常压和负压（真空系统）。压力范围不同，测量方法不一样，所用仪器的精确度要求也不同，所使用的单位也各有不同的传统习惯，现趋于用 SI 制 Pa（帕斯卡）。

第一节　压力的测量及仪器

一、压力的表示方法

压力也可称作压力强度，或简称压强。国际单位制（SI）用帕斯卡作为通用压力单位，以 Pa 或帕表示。当作用于 1 m^2（平方米）面积上的力为 1 N（牛顿）时压力就是 1 Pa（帕斯卡）。

$$\mathrm{Pa}=\frac{N}{m^2} \qquad (2\text{-}4\text{-}1)$$

但是，原来的许多压力单位，例如，标准大气压（或称物理大气压）、工程大气压（即 $kg \cdot cm^{-2}$）、巴等现在仍然在使用。物理化学实验中还常选用一些标准液体（如汞）制成液体压力计，压力大小就直接以液体的高度来表示。它的意义是作用在液柱单位底面积上的液体重量与气体的压力相平衡或相等。例如，1 atm 可以定义为：在 0℃、重力加速度等于 9.80665 $m \cdot s^{-2}$ 时，760 mm 高的汞柱垂直作用于底面积上的压力。此时汞的密度为 13.5951 $g \cdot cm^{-3}$。因此，1 atm 又等于 1.03323 $kg \cdot cm^{-2}$。上述压力单位之间的换算关系见表 2-4-1。

表 2-4-1　常用压力单位换算表

压力单位	Pa	$kg \cdot cm^{-2}$	atm	bar	mmHg
Pa	1	1.019716×10^{-2}	0.9869236×10^{-5}	1×10^{-5}	7.5006×10^{-3}
$kg \cdot cm^{-2}$	9.800665×10^{-4}	1	0.967841	0.980665	753.559
atm	1.01325×10^{5}	1.03323	1	1.01325	760.0
bar	1×10^{5}	1.019716	6.986923	1	750.062
mmHg	133.3224	1.35951×10^{-3}	1.3157895×10^{-3}	1.33322×10^{-3}	1

除了所用单位不同之外，压力还可用绝对压力、表压和真空度来表示。图 2-4-1 说

明三者的关系。显然：

当压力高于大气压时：绝对压＝大气压＋表压　　或　　表压＝绝对压－大气压；

当压力低于大气压时：绝对压＝大气压－真空度　　或　　真空度＝大气压－绝对压。

注意：上述式子等号两端各项都必须采用相同的压力单位。

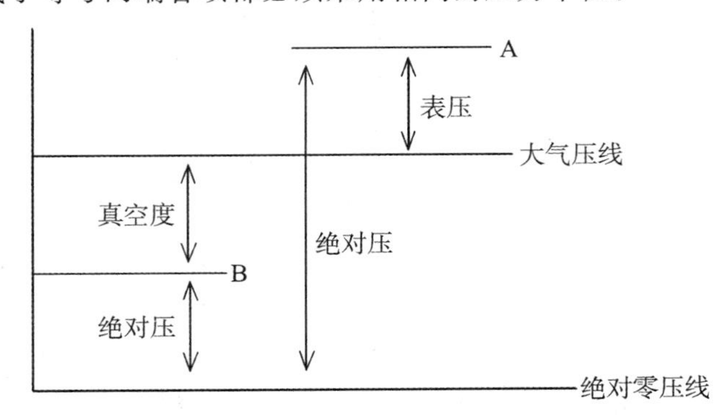

图 2-4-1　绝对压、表压与真空度的关系

二、常用测压仪表

（一）液柱式压力计

液柱式压力计是物理化学实验中用得最多的压力计。它构造简单、使用方便，能测量微小压力差，测量准确度比较高，且制作容易，价格低廉，但是测量范围不大，示值与工作液密度有关。它的结构不牢固，耐压程度较差。现简单介绍一下 U 形压力计。

液柱式 U 形压力计由两端开口的垂直 U 形玻璃管及垂直放置的刻度标尺所构成。管内下部盛有适量工作液体作为指示液。图 2-4-2 中 U 形管的两支管分别连接于两个测压口。因为气体的密度远小于工作液的密度，因此，由液面差 Δh 及工作液的密度 ρ、重力加速度 g 可以得到式(2-4-2)。

$$p_1 = p_2 + \Delta h \rho g \text{ 或 } \Delta h = \frac{p_1 - p_2}{\rho g} \qquad (2\text{-}4\text{-}2)$$

U 形压力计可用来测量：

(1) 两气体压力差。

(2) 气体的表压(p_1 为测量气压，p_2 为大气压)。

(3) 气体的绝对压力(令 p_2 为真空，p_1 所示即为绝对压力)。

(4) 气体的真空度(p_1 通大气，p_2 为负压，可测其真空度)。

（二）弹性式压力计

利用弹性元件的弹性力来测量压力，是测压仪表中相当重要的一种形式。由于弹性元件的结构和材料不同，它们具有各不相同的弹性位移与被测压力的关系。物理化学实验室中接触较多的为单管弹簧管式压力计。这种压力计的压力由弹簧管固定端进入，通过弹簧管自由端的位移带动指针运动，指示压力值，如图 2-4-3 所示。

使用弹性式压力计时，应注意以下几点。

(1) 合理选择压力表量程，以保证足够的测量精度。

(2) 选择的量程应在仪表分度标尺的 1/2～3/4 范围内。

(3) 使用时环境温度不得超过 35℃，如超过应给予温度修正。

（4）测量压力时，压力表指针不应有跳动和停滞现象。

（5）对压力表应定期进行校验。

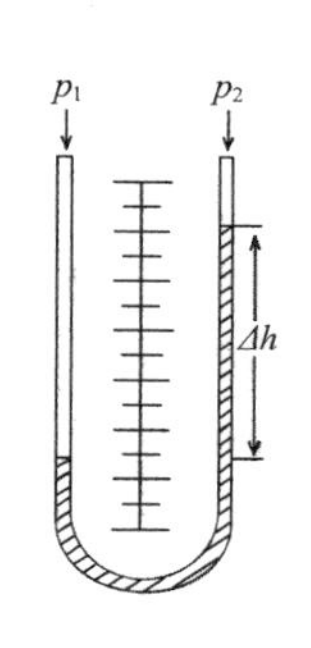

图2-4-2　U形压力计

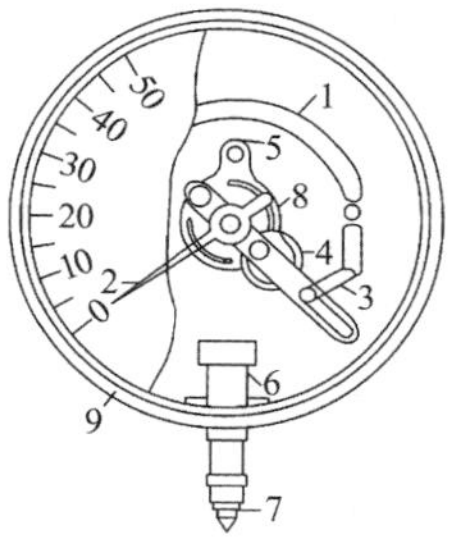

1. 金属弹簧管；2. 指针；3. 连杆；4. 扇形齿轮；5. 弹簧；6. 底座；7. 测压接头；8. 小齿轮；9. 外壳

图 2-4-3　弹簧管压力计

（三）福廷式气压计

福廷式气压计的构造如图 2-4-4 所示。它的外部是一黄铜管，管的顶端有悬环，用以悬挂在实验室的适当位置。气压计内部是一根一端封闭的装有水银的长玻璃管。玻璃管封闭的一端向上，管中汞面的上部为真空，管下端插在水银槽内。水银槽底部是一羚羊皮袋，下端由螺栓支持，转动此螺栓可调节槽内水银面的高低。水银槽的顶盖上有一倒置的象牙针，其针尖是黄铜标尺刻度的零点。此黄铜标尺上附有游标尺，转动游标调节螺栓，可使游标尺上下游动。

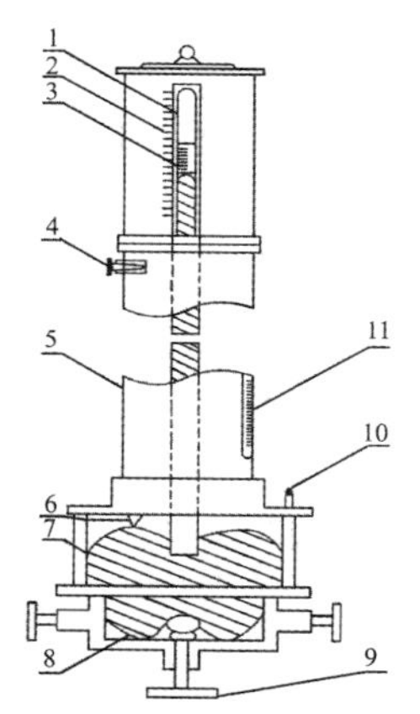

1. 玻璃管；2. 黄铜标尺；3. 游标尺；4. 调节螺栓；5. 黄铜管；6. 象牙针；7. 汞槽；8. 羚羊皮袋；9. 调节汞面的螺栓；10. 气孔；11. 温度计图

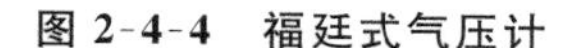

图 2-4-4　福廷式气压计

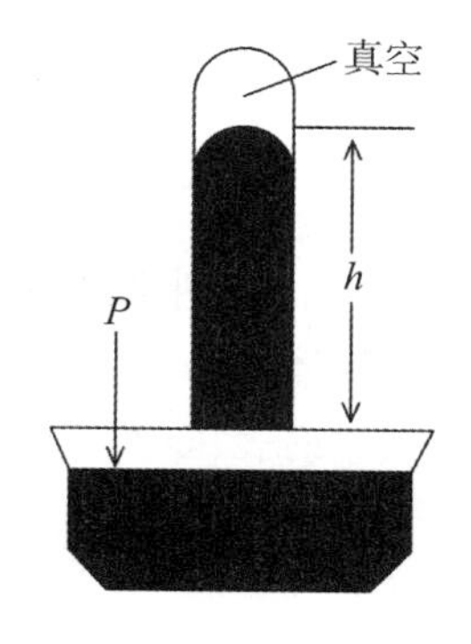

图2-4-5　气压计原理示意图

福廷式气压计是一种真空压力计，其原理如图 2-4-5 所示：它以汞柱所产生的静压力来平衡大气压力 p，汞柱的高度就可以表示大气压力的大小。在实验室，通常用毫米汞柱(mmHg)作为大气压力的单位。毫米汞柱作为压力单位时，它的定义是：当汞的密度为 13.5951 $g \cdot cm^{-3}$（即 0℃时汞的密度，通常作为标准密度，用符号 ρ_0 表示），重力加速度为 980.555 $cm \cdot s^{-2}$（即纬度 45°的海平面上的重力加速度，通常作为标准重力加速度，用符号 g_0 表示）时，1 mm 高的汞柱所产生的静压力为 1 mmHg。mmHg 与 Pa 单位之间的换算关系为：

$$1\ \text{mmHg}=10^{-3}\,\text{m}\times\frac{13.5915\times10^{-3}}{10^{-6}}\ \text{kg}\cdot\text{cm}^{-3}\times980.665\times10^{-2}\ \text{m}\cdot\text{s}^{-2}=133.322\ \text{Pa}$$

(2-4-3)

(1) 福廷式气压计的使用方法(参考气压计说明书)。

(2) 气压计读数的校正。

水银气压计的刻度是以温度为0℃、纬度为45°的海平面高度为标准的。若不符合上述规定时,从气压计上直接读出的数值,除进行仪器误差校正外,在精密的工作中还必须进行温度、纬度及海拔高度的校正。

(四) 空盒气压表

空盒气压表是由随大气压变化而产生轴向移动的空盒组作为感应元件,通过拉杆和传动机构带动指针,指示出大气压值的一种气压表。

当大气压升高时,空盒组被压缩,通过传动机构使指针顺时针转动一定角度;当大气压降低时,空盒组膨胀,通过传动机构使指针逆向转动一定角度。空盒气压表测量范围在600~800 mmHg之间,度盘最小分度值为0.5 mmHg。测量温度在−10~40℃之间。读数经仪器校正和温度校正后,误差不大于1.5 mmHg。气压计的仪器校正值为+0.7 mmHg。温度每升高1℃,气压校正值为−0.05 mmHg。仪器刻度校正值见表2-4-2。例如,16.5℃时,空盒气压表上的读数为724.2 mmHg。仪器校正值为+0.7 mmHg,温度校正值为16.5×(−0.05)=−0.8(mmHg)。

校正后的压力为:724.2+0.7−0.8=724.7(mmHg)=9.654×10^{4}(Pa)。

表2-4-2 仪器刻度校正值(mmHg)

仪器示度	校正值	仪器示度	校正值
790	−0.8	690	+0.2
780	−0.4	680	+0.2
770	0.0	670	0.0
760	0.0	660	−0.2
750	+0.1	650	−0.1
740	+0.2	640	0.0
730	+0.5	630	−0.2
720	+0.7	620	−0.4
710	+0.4	610	+0.6
700	+0.2	600	−0.8

空盒气压表体积小、重量轻,不需要固定,只要求仪器工作时水平放置。但其精确度不如福廷式气压计。

(五) 数字式压力计

数字式压力计是运用压阻式压力传感器原理来测定压力,可用来测定:

(1) 大气压(数字式气压计)。

(2) 实验系统与大气压之间的压差(数字式低真空压力测试仪)。它可取代传统的U形水银压力计,无汞污染现象,对环境保护和人类健康有极大的好处。该仪器的测压接口在仪器后的面板上。使用时,先将仪器按要求连接在实验系统上(注意实验系统不能漏气),再打开电源预热10 min;然后选择测量单位,调节旋钮,使数字显示为零;最后开动真空泵,仪器上显示的数字即为实验系统与大气压之间的压差值。

三、真空技术

真空是指压力小于一个大气压的气态空间。真空状态下气体的稀薄程度,常以压强值表示,习惯上称作真空度。不同的真空状态,意味着该空间具有不同的分子密度。在现行的国际单位制(SI)中,真空度的单位与压强的单位均为帕斯卡,简称帕,符号为Pa。

在物理化学实验中,通常按真空度的获得和测量方法的不同,将真空区域划分为:粗真空(101325 Pa～1333 Pa);低真空(1333～0.1333 Pa);高真空(0.1333～1.333×10^{-6} Pa);超高真空(<1.333×10^{-6} Pa);极高真空<1.333×10^{-14} Pa。为了获得真空,就必须设法将气体分子从容器中抽出。凡是能从容器中抽出气体、使气体压力降低的装置,均可称为真空泵,如水流泵、机械真空泵、油泵、扩散泵、吸附泵、钛泵等等。

真空技术包括真空的获得、测量、检漏和系统的设计与计算等。它是一门独立的科学技术,广泛应用于科学研究和工业生产。

(一) 真空的获得

为了获得真空,就必须设法将气体分子从容器中抽出,使气体压力降低。凡是能从容器中抽出气体,使气体压力降低的装置,均可称为真空泵,如水流泵、机械真空泵、油泵、扩散泵、吸附泵、钛泵等等。这些泵的应用范围如下。

水流泵　101325～2666 Pa;　机械泵(油泵)　101325～0.13332 Pa

(油)扩散泵　0.133322～1.33×10^{-4} Pa;分子筛吸附泵　101325～1.33×10^{-8} Pa

钛泵　0.133322～1.33×10^{-8} Pa;低温泵　10^{-9}～10^{-16} Pa

目前实验室里用得最多的是水流泵和油封机械泵。

1. 水流泵。

其原理应用的是柏努利(D. Bernoulli)原理,水经过收缩的喷口以高速喷出,其周围区域的压力较低,由系统中进入的气体分子便被高速喷出的水流带走,水流泵的构造如图2-4-6所示。

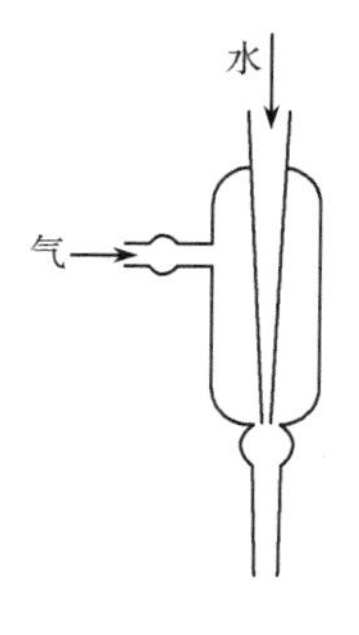

图2-4-6　水流泵

水流泵所能达到的极限真空度受水本身的蒸汽压限制。水流泵在15℃时的极限真空度为1.71 kPa。20℃时为2.34 kPa,25℃时为3.17 kPa。尽管其效率较低,但由于简便,实验室中在抽滤或其他粗真空度要求时经常使用。

2. 油封旋片式真空泵。

实验室常用的真空泵为旋片式真空泵,如图2-4-7所示。它主要由泵体和偏心转子组成。经过精密加工的偏心转子下面安装有带弹簧的滑片,由电动机带动,偏心转子紧贴泵腔壁旋转。滑片靠弹簧的压力也紧贴泵腔壁。滑片在泵腔中连续运转,使泵腔被滑片分成的两个不同的容积呈周期性的扩大和缩小。气体从进气嘴进入,被压缩后经过排气嘴排出泵体外。如此循环往复,将系统内的压力减小。

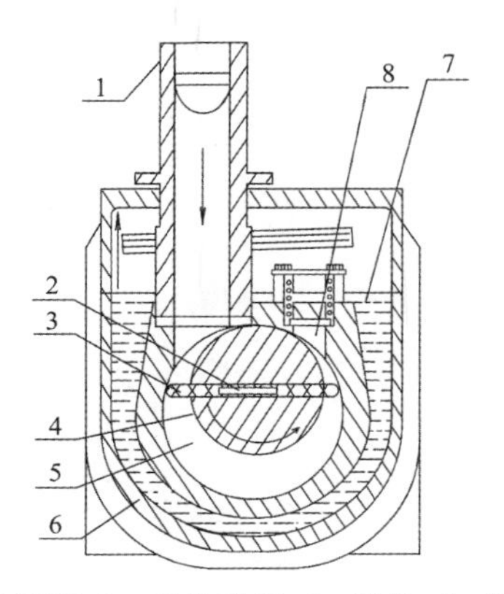

1. 进气嘴；2. 旋片弹簧；3. 旋片；4. 转子；
5. 泵体；6. 油箱；7. 真空泵油；8. 排气嘴

图 2-4-7 旋片式真空泵

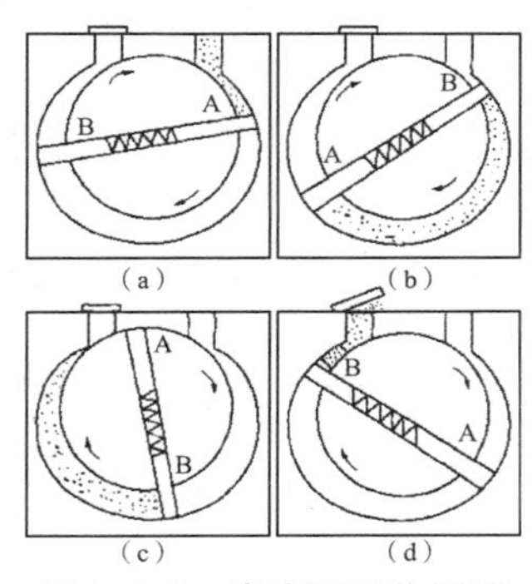

图 2-4-8 真空泵工作原理

工作原理(图 2-4-8)：AB 是镶嵌在圆柱体内的两个小刮板，中间是根弹簧，气体从进气孔被逐步压缩，以达到抽气的目的。

旋片式真空泵的整个机件浸在真空油中，这种油的蒸汽压很低，既可起润滑作用，又可起封闭微小的漏气和冷却机件的作用。这种普通转动泵，对于抽去永久性气体是很好的。但如果要抽走水汽或其他可凝性蒸气，则将遇到很大的困难。原因是在泵转动时，泵内会产生很大的压缩比率。为了得到较高的抽速和较好的极限真空，这种压缩比将达到数百。在这种情况下蒸气将大部分被压缩为液体，然后抽入油内。这种液体无法从泵内退出，结果变成很多微小的颗粒随着机油在泵内循环，蒸发到真空系统中去，大大降低了泵在纯油时能达到的抽空性能，使极限真空变坏，而且还破坏了油泵内固有的密封性能和润滑效果。这种蒸气还会使泵的内壁生锈。

解决上述问题，一般是采取气镇式真空泵。气镇式真空泵是在普通转动泵的定子的适当地方开一个小孔(图 2-4-9)，目的是使大气在转子转动至某个位置时抽入部分空气，使空气—蒸气的压缩比率变成 10∶1 以下。这样就使大部分蒸气并不凝结而被驱出，解决了普通机械真空泵存在的问题。

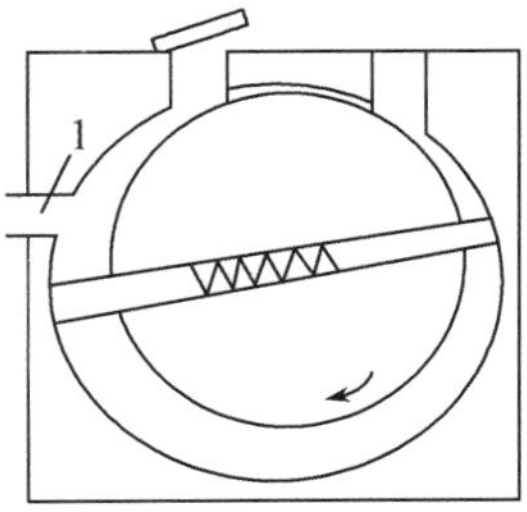

图 2-4-9 气镇式真空泵

在使用机械泵时应注意以下几点。

(1) 机械泵不能直接抽含可凝性气体的蒸气、挥发性液体等。因为这些气体进入泵后会破坏泵油的品质，降低了油在泵内的密封和润滑作用，甚至会导致泵的机件生锈。因而必须在可凝气体进泵前先通过纯化装置。例如，用无水氯化钙、五氧化二磷、分子筛等吸收水分；用石蜡吸收有机蒸气；用活性炭或硅胶吸收其他蒸气等。

(2) 机械泵不能用来抽含腐蚀性成分的气体，如含氯化氢、氯气、二氧化氮等气体。因这类气体能迅速侵蚀泵中精密加工的机件表面，使泵漏气，不能达到所要求的真空度。遇到这种情况时，应当使气体在进泵前先通过装有氢氧化钠固体的吸收瓶，以除去有害气体。

(3) 泵由电动机带动。使用时应注意马达的电压。若是三相电动机带动的泵，第一次使用时特别要注意三相马达旋转方向是否正确。正常运转时不应有摩擦、金属碰击等异声。运转时，电动机温度不能超过 50～60℃。

(4) 泵的进气口前应安装一个三通活塞。停止抽气时应使机械泵与抽空系统隔开而与大气相通，然后再关闭电源。这样既可保持系统的真空度，又避免泵油倒吸。

3. 水循环式真空泵。

在很多实验室内，实验中经常用到水循环式真空泵(图 2-4-10)。

工作原理：泵的叶轮偏心地安装在泵体内。叶轮旋转时，液体受到离心力的作用，在泵体内壁形成一个旋转的液环，叶轮端面与分配器之间的间隙被液体密封，叶轮在前半转(此时经过吸气孔)的旋转过程中，密封的空腔容积逐渐扩大，气体由吸气孔吸入；在后半转(此时经过排气孔)的旋转过程中，密封的空腔容积逐渐缩小，气体从排气孔排出，完成一个抽气过程。为了保持恒定的水循环，在运行过程中，必须连续向泵内供水。

因此水循环式真空泵整个工作流程分为两个部分，气体流程和液体流程。

(1) 气体流程：系统接通电源后，泵开始运行，当抽至系统控制阀两端压差达到 3 kPa 时，系统控制阀打开，气体经过进气管进入真空泵中，压缩后从排气管排至汽水分离器中，经汽水分离器后从止回阀排出，完成气体抽吸过程。

(2) 液体流程：工作液流经自动补水阀，或通过旁路门流入汽水分离器中后，经液流管道送到热交换器中冷却。冷却后的水送到水环泵内，部分水经喷射送到气体进口进入泵中。泵在运转过程中，随气体排出带走部分工作液，从排气管排至汽水分离器中，再经冷却送入泵内，如此形成一个封闭的循环系统。汽水分离器中的水位由自动补水阀和自动排水阀调整。

图 2-4-10　水循环式真空泵

4. 扩散泵。

扩散泵是获得高真空的重要设备，其工作原理是利用一种工作气体高速从喷口处倾出时，在喷口处形成低压，对周围气体产生抽吸作用而将气体带走。

(二) 真空的测量

测量低于大气压强真空的仪器统称为真空计。近代真空技术随设计的压强从 1.01325 Pa到 1.33×10^{-14} Pa 范围，现在还没有一种真空计能够测量如此宽范围的压强，利用压强产生某种机械运动力的原理制成的真空计只能测量 $1.01325\times10^{5}\sim1.33\times10^{2}$ Pa。一般真空计的测量范围：

水银 U 形压力计　　101325～13 Pa

液体 U 形压力计　　10132～1.3 Pa

麦氏真空规　　　　$13.3 \sim 1.33 \times 10^{-3}$ Pa

麦氏真空规称为绝对真空规，即真空度可以用测量到的物理量直接计算而得到。

目前实验室中用的水银 U 形压力计已被数字式真空测压仪代替，如饱和蒸汽压的测定，表面张力的测定等实验。该仪器是运用压阻式压力传感器原理测定实验系统与大气压之间的压差，消除了汞的污染，注意实验时用的仪器型号。

以上介绍的是真空度的测量，测定的是压强，实际上真空度以气体的压强来表示是不十分合理的，因为真空度是对气体稀薄程度的客观量度，作为这种量度的直接的物理量应该是 n（单位体积内的分子数），而不应该是压强 p，这不仅是因为在气体稀薄时，压强的作用力很小，难于直接测量，而且更为重要的是气体在体系中起决定作用的是 n 而不是 p。例如一个真空稳定系统其内部的 n 是不变的，但 p 却随温度而改变。尽管如此，在温度一定是因为有 $p \propto n$ 的关系，用 p 来表示真空度仍然在一定程度上反映了气体的稀薄程度。

（三）真空的检漏及安全操作

1. 真空的检漏。

真空的检漏在物理化学实验中非常重要，如饱和蒸汽压的测定实验。如果系统漏气，测出的数据就是无效的，因而新安装的真空装置在使用前，应检查系统是否漏气。检漏的仪器和方法很多，如火花法、热偶规法、电离规法、荧光法、质诺仪法、磁谱仪法等，分别适用于不同的漏气情况。但实际上，简单的方法可以用泵将系统抽一段时间后关闭泵通向系统的活塞，然后观测系统内压强随时间的变化情况。

2. 安全操作。

由于真空系统内部压强比外部低，真空度越高，器壁承受的大气压力越大，此时玻璃容器很容易爆裂，尤其是超过一升的容器以及任何平底的玻璃容器。对于较大的容器，外部最好套上网罩，一般的玻璃仪器所承受的最大压力见表 2-4-3。

表 2-4-3　常用仪器表面所受总压力/MPa

容器	表面所受压力/MPa
500 mL 锥形瓶	3.9×10^{3}
100 mL 锥形瓶	5.4×10^{3}
100 mL 蒸馏瓶	7.8×10^{3}
100 mL 玻璃球	4.8×10^{3}

四、气体钢瓶及其使用

（一）气体钢瓶的颜色标记

我国气体钢瓶常用的标记见表 2-4-4。

表 2-4-4　我国气体钢瓶常用的标记

气体类别	瓶身颜色	标字颜色	字样
氮气	黑	黄	氮
氧气	天蓝	黑	氧
氢气	绿	红	氢
压缩空气	黑	白	压缩空气
二氧化碳	黑	黄	二氧化碳
氦	棕	白	氦
液氨	黄	黑	氨
氯	草绿	白	氯
乙炔	白	红	乙炔
氟氯烷	铝白	黑	氟氯烷
石油气体	灰	红	石油气
粗氩气体	黑	白	粗氩
纯氩气体	灰	绿	纯氩

（二）气体钢瓶的使用

1. 在钢瓶上装上配套的减压阀。检查减压阀是否关紧，方法是逆时针旋转调压手柄至螺杆松动为止。

2. 打开钢瓶总阀门，此时高压表显示出瓶内贮气总压力。

3. 慢慢地顺时针转动调压手柄，至低压表显示出实验所需压力为止。

4. 停止使用时，先关闭总阀门，待减压阀中余气逸尽后，再关闭减压阀。

（三）注意事项

1. 钢瓶应存放在阴凉、干燥、远离热源的地方。可燃性气瓶应与氧气瓶分开存放。

2. 搬运钢瓶要小心轻放，钢瓶帽要旋上。

3. 使用时应装减压阀和压力表。可燃性气瓶（如 H_2、C_2H_2）气门螺丝为反丝；不燃或助燃性气瓶（如 N_2、O_2）为正丝。各种压力表一般不可混用。

4. 不要让油或易燃有机物沾染到气瓶上（特别是气瓶出口和压力表上）。

5. 开启总阀门时，不要将头或身体正对总阀门，防止阀门或压力表冲出伤人。

6. 不可把气瓶内气体用光，以防重新充气时发生危险。

7. 使用中的气瓶每三年应检查一次，装腐蚀性气体的钢瓶每两年检查一次，不合格的气瓶不可继续使用。

8. 氢气瓶应放在远离实验室的专用小屋内，用紫铜管引入实验室，并安装防止回火的置。

（四）氧气减压阀的工作原理

氧气减压阀的外观及工作原理如图 2-4-11 和图 2-4-12 所示。

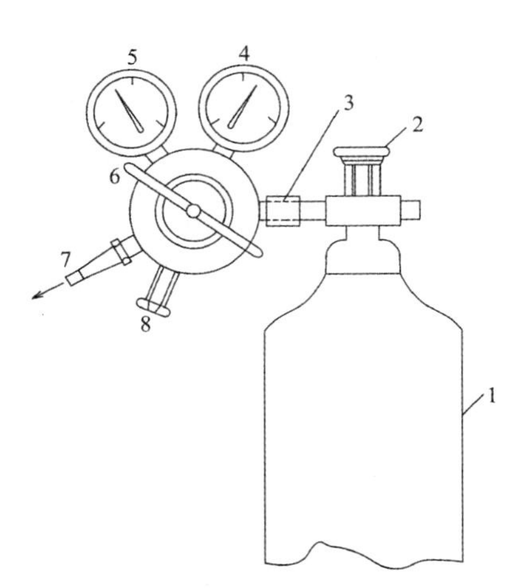

1. 钢瓶；2. 钢瓶开关；3. 钢瓶与减压表连接螺母；4. 高压表；5. 低压表；6. 低压表压力调节螺杆；7. 出口；8. 安全阀

图 2-4-11　安装在气体钢瓶上的氧气减压阀示意图

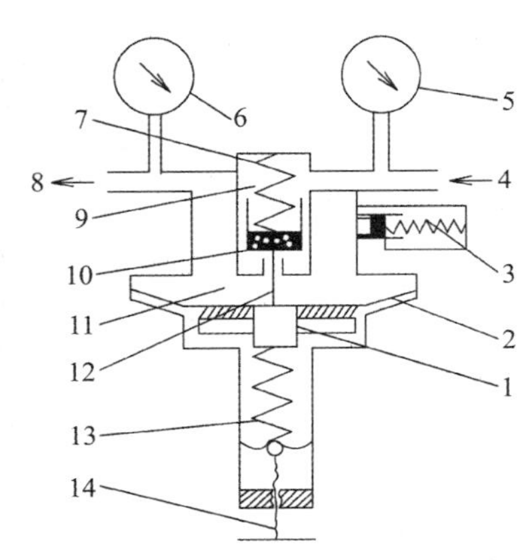

1. 弹簧垫块；2. 传动薄膜；3. 安全阀；4. 进口(接气体钢瓶)；5. 高压表；6. 低压表；7. 压缩弹簧；8. 出口(接使用系统)；9. 高压气室；10. 活门；11. 低压气室；12. 顶杆；13. 主弹簧；14. 低压表压力调节螺杆

图 2-4-12　氧气减压阀工作原理示意图

氧气减压阀的高压腔与钢瓶连接，低压腔为气体出口，并通往使用系统。高压表的示值为钢瓶内贮存气体的压力。低压表的出口压力可由调节螺杆控制。

使用时先打开钢瓶总开关，然后顺时针转动低压表压力调节螺杆，使其压缩主弹簧并传动薄膜、弹簧垫块和顶杆而将活门打开。这样进口的高压气体由高压室经节流减压后进入低压室，并经出口通往工作系统。转动调节螺杆，改变活门开启的高度，从而调节高压气体的通过量并达到所需的压力值。

减压阀都装有安全阀。它是保护减压阀并使之安全使用的装置，也是减压阀出现故障的信号装置。如果由于活门垫、活门损坏或由于其他原因，导致出口压力自行上升并超过一定许可值时，安全阀会自动打开排气。

(五) 氧气减压阀的使用方法

1. 按使用要求的不同，氧气减压阀有许多规格。最高进口压力大多为 $150\ kg\cdot cm^{-2}$(约 $150\times10^5\ Pa$)，最低进口压力不小于出口压力的 2.5 倍。出口压力规格较多，一般为 $0\sim1\ kg\cdot cm^{-2}$($1\times10^5\ Pa$)，最高出口压力为 $40\ kg\cdot cm^{-2}$(约 $40\times10^5\ Pa$)。

2. 安装减压阀时应确定其连接规格是否与钢瓶和使用系统的接头相一致。减压阀与钢瓶采用半球面连接，靠旋紧螺母使二者完全吻合。因此，在使用时应保持两个半球面的光洁，以确保良好的气密效果。安装前可用高压气体吹除灰尘。必要时也可用聚四氟乙烯等材料作垫圈。

3. 氧气减压阀应严禁接触油脂，以免发生火警事故。

4. 停止工作时，应将减压阀中余气放净，然后拧松调节螺杆以免弹性元件长久受压变形。

5. 减压阀应避免撞击振动，不可与腐蚀性物质相接触。

（六）其他气体减压阀

有些气体，例如氮气、空气、氩气等永久性气体，可以采用氧气减压阀。但还有一些气体，如氨等腐蚀性气体，则需要专用减压阀。市面上常见的有氮气、空气、氢气、氨、乙炔、丙烷、水蒸气等专用减压阀。

这些减压阀的使用方法及注意事项与氧气减压阀基本相同。但是，还应该指出：专用减压阀一般不用于其他气体。为了防止误用，有些专用减压阀与钢瓶之间采用特殊连接口。例如氢气和丙烷均采用左牙螺纹，也称反向螺纹，安装时应特别注意。

第二节　流量的测量及仪器

流体分为可压缩流体和不可压缩流体两类。流量的测定在科学研究和工业生产上都有广泛应用。在此仅就实验室的几种流量计作简单的介绍。测定流体流量的装置称为流量计或流速计。实验室常用的主要有转子流量计、毛细管流量计、皂膜流量计、湿式流量计。

一、转子流量计

转子流量计又称浮子流量计，是目前工业上或实验室常用的一种流量计，其结构如图 2-4-13 所示。它是由一根锥形的玻璃管和一个能上下移动的浮子所组成。当气体自下而上流经锥形管时，被浮子节流，在浮子上、下端之间产生一个压差。浮子在压差的作用下上升，当浮子上、下压差与其所受的黏性力之和等于浮子所受的重力时，浮子就处于某一高度的平衡位置；当流量增大时，浮子上升，浮子与锥形管间的环隙面积也随之增大，则浮子在更高位置上重新达到受力平衡。因此，流体的流量可用浮子升起的高度表示。这种流量计很少自制，市售的标准系列产品，规格型号很多，测量范围也很广，流量每分钟几毫升至几十毫升。这些流量计用于测量哪一种流体，如气体或液体，是氮气或氢气，市售产品均有说明，并附有某流体的浮子高度与流量的关系曲线。若改变所测流体的种类，可用皂膜流量计或湿式流量计另行标定。

使用转子流量计需注意以下几点。① 流量计应垂直安装；② 要缓慢开启控制阀；③ 待浮子稳定后再读取流量；④ 避免被测流体的温度、压力突然急剧变化；⑤ 为确保计量的准确、可靠，使用前均需进行校正。

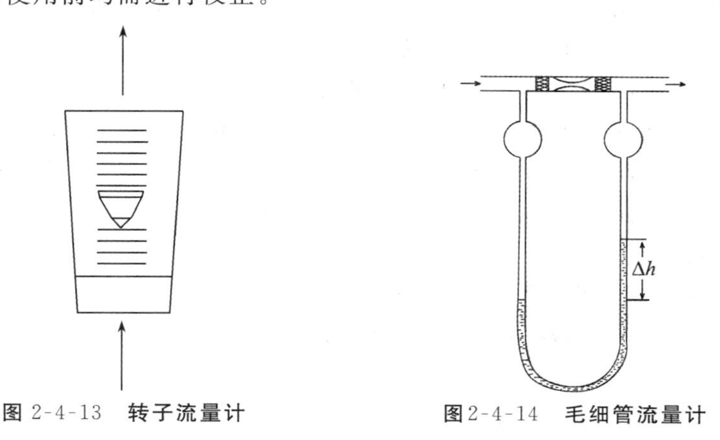

图 2-4-13　转子流量计　　图 2-4-14　毛细管流量计

二、毛细管流量计

毛细管流量计的外表形式很多,图 2-4-14 所示是其中的一种。它是根据流体力学原理制成的。当气体通过毛细管时,阻力增大,线速度(即动能)增大,而压力降低(即位能减小),这样气体在毛细管前后就产生压差,借流量计中两液面高度差(Δh)显示出来。当毛细管长度 L 与其半径之比等于或大于 100 时,气体流量 V 与毛细管两端压差存在线性关系。

$$V=\frac{\pi r^4\rho}{8L\eta}\Delta h=f\,\frac{\rho}{\eta}\Delta h \qquad (2\text{-}4\text{-}4)$$

式中:$f=\frac{\pi r^4}{8L\eta}$为毛细管特征系数;r 为毛细管半径;ρ 为流量计所盛液体的密度;η 为气体黏度系数。当流量计的毛细管和所盛液体一定时,气体流量 V 和压差 Δh 成直线关系。对不同的气体,V 和 Δh 有不同的直线关系。对同一气体,更换毛细管后,V 和 Δh 的直线关系也与原来不同。而流量与压差这一直线关系不是由计算得来的,而是通过实验标定,绘制出 V-Δh 的关系曲线。因此,绘制出的这一关系曲线,必须说明使用的气体种类和对应的毛细管规格。

这种流量计多为自行装配,根据测量流速的范围,选用不同孔径的毛细管。流量计所盛的液体可以是水、液状石蜡或水银等。在选择液体时,要考虑被测气体与该液体不互溶,也不起化学反应;同时对流速小的气体采用比重小的液体,对流速大的采用比重大的液体,在使用和标定过程中要保持流量计的清洁与干燥。

三、皂膜流量计

这是实验室常用的构造十分简单的一种流量计,它可用滴定管改制而成(图 2-4-15)。橡皮头内装有肥皂水,当待测气体经侧管流入后,用手将橡皮头一捏,气体就把肥皂水吹成一圈圈的薄膜,并沿管上升,用停表记录某一皂膜移动一定体积所需的时间,即可求出流量(体积·时间$^{-1}$)。这种流量计的测量是间断式的,宜用于尾气流量的测定,标定测量范围较小的流量计(约 100 mL·min^{-1}以下),而且只限于对气体流量的测定。

四、湿式流量计

湿式流量计也是实验室常用的一种流量计。它的构造主要由圆鼓形壳体、转鼓及传动计数装置所组成(图 2-4-16)。转动鼓由圆筒及四个弯曲形状的叶片所构成。四个叶片构成 A,B,C,D 四个体积相等的小室。鼓的下半部浸在水中,水位高低由水位器指示。气体从背部中间的进气管依次进入各室,并不断地由顶部排出,迫使转鼓不停地转动。气体流经流量计的体积由盘上的计数装置和指针显示,用停表记录流经某一体积所需的时间,便可求得气体流量。图 2-4-16 中所示位置,表示 A 室开始进气,B 室正在进气,C 室正在排气,D 室排气将完毕。湿式流量计的测量是累积式的,它用于测量气体流量和标定流量计。湿式流量计事先应经标准容量瓶进行校准。

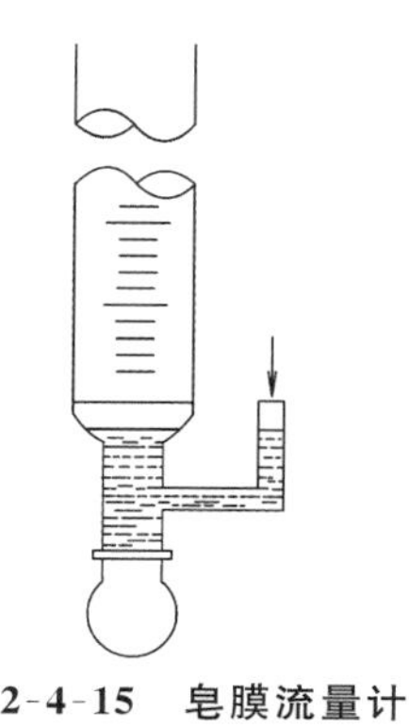

图 2-4-15　皂膜流量计

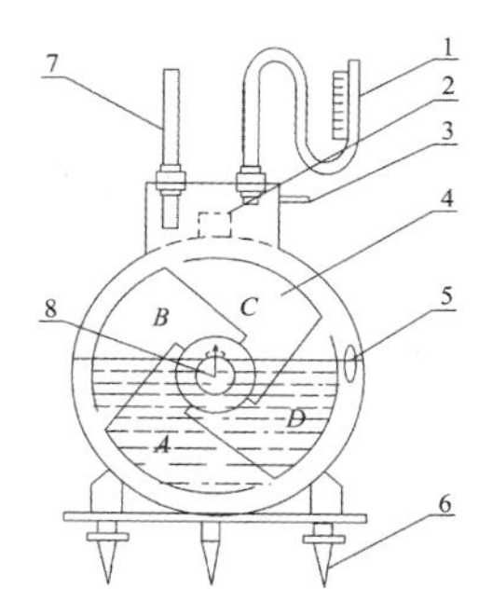

1. 压差计；2. 水平仪；3. 排气管；4. 转鼓；
5. 水位器；6. 支脚；7. 温度计；8. 进气管

图 2-4-16　湿式流量计

使用时注意：① 先调整湿式流量计的水平，使水平仪内气泡居中；② 流量计内注入蒸馏水，其水位高低应使水位器中液面与针尖接触；③ 被测气体应不溶于水且不腐蚀流量计；④ 使用时，应记录流量计的温度。

思考题

1. 实验室内钢瓶上用于充氧气的仪表是什么表？
2. 用真空泵抽 HCl 气体时，则气体在进泵前注意什么？
3. 在压力高于大气压时，绝对压等于什么？
4. 氮气、空气、氩气钢瓶上的减压阀可以通用吗？为什么？
5. 氢气、氨、乙炔、丙烷、水蒸气、氮气、空气、氩气等用的减压阀哪些可以通用？
6. 实验室的真空烘箱上接一压力真空表。若该表头指示值为 99.75 kPa，则烘箱内的实际压力为多少？（设实验室气压为 101.33 kPa）
7. 当用液柱式压力计测定一个体系的真空度时，应该怎样连接？（绘图表示）
8. 真空技术中，为什么在真空泵与体系之间加上“冷肼”？
9. 测量真空的压力表和钢瓶上用的压力表是一样吗？
10. 试解释为什么阴雨天在下水道附近会感到味道特别大。
11. 一滴水和一碗水的饱和蒸汽压哪个较大？
12. 燃烧焓实验中，用到的钢瓶上有一个减压阀，上面有几个压力表？
13. 在压力低于大气压时，绝对压等于什么？
14. 氧气钢瓶是什么颜色？上面写的字体是什么颜色。

（魏西莲编写）

第五章　热分析测量技术与仪器

热分析技术是在温度程序控制下研究材料的各种转变反应，如脱水、结晶、熔融、蒸发、相变等以及各种无机和有机材料的热分解过程和反应动力学问题等，是一种十分重要的分析测试方法。概括地说，热分析技术是研究物质的物理、化学性质与温度之间的关系，或者说研究物质的热态随温度进行的变化。温度本身是一种量度，它几乎影响物质的所有物理常数和化学常数。因此，整个热分析内容应包括热转变机理和物理化学变化的热动力学过程的研究。热分析测量是仪器分析方法之一，它与紫外分光光度法、红外光谱分析法、原子吸收光谱法、核磁共振波谱法、电子能谱分析法、扫描电子显微镜法、质谱分析法和色谱分析法等技术相互并列，并互为补充的一种仪器分析方法。

国际热分析联合会（International Confernce on Thermal Analysis. ICTA.）规定的热分析定义为：热分析法是在控制温度下测定一种物质及其加热反应产物的物理性质随温度变化的一组技术，用于研究物质在某一特定温度时所发生的热学、力学、声学、光学、电学、磁学等物理参数的变化。用于材料的鉴别、分析和选择，由此进一步研究物质的结构和性能之间的关系；研究反应规律；制订工艺条件等。根据所测定物理性质种类的不同，热分析技术分类如表 2-5-1 所示。

表 2-5-1　热分析技术分类

物理性质	技术名称	简称	物理性质	技术名称	简称
质量	热重法（1915 年）	TG	机械特性	机械热分析	TMA
	导热系数法	DTG		动态热	
	逸出气检测法（1953 年）	EGD		机械热	
	逸出气分析法（1959 年）	EGA	声学特性	热发声法	
				热传声法	
温度	差热分析（1899 年）	DTA	光学特性	热光学法	
焓	差示扫描量热法*（1963 年）	DSC	电学特性	热电学法	
尺度	热膨胀法	TD	磁学特性	热磁学法	

* DSC 分类：功率补偿 DSC 和热流 DSC。

热分析是一类多学科的通用技术，应用范围极其广泛。本章只简单介绍 DTA、DSC 和 TG 等基本原理和技术。

第一节　差热分析法(DTA)原理及仪器

物质在物理变化和化学变化过程中，往往伴随着热效应，放热或吸热现象反映了物质热焓发生了变化，记录试样温度随时间的变化曲线，可直观地反映出试样是否发生了物理(或化学)变化，这就是经典的热分析法。但这种方法很难显示热效应很小的变化，为此逐步发展形成了差热分析法(Differential Thermal Analysis. 简称 DTA)。

在 1955 年以前，人们进行差热分析实验时，都是把热电偶直接插到试样和参比物中测量温度和差热信号，这样容易使热电偶被试样或试样分解出来的气体所污染、老化。1955 年，Boersma 针对这种方法的缺陷提出了改进办法，即坩埚里面放试样或参比物，而坩埚的底壁与热电偶接触。商品化差热分析仪都采用这种办法。

一、DTA 的基本原理

DTA 是在程序控制温度下，测量物质与参比物之间的温度差与温度关系的一种技术。DTA 曲线是描述样品与参比物之间的温差(ΔT)随温度或时间的变化关系。在 DTA 实验中，样品温度的变化是由于相转变或反应的吸热或放热效应引起的，如相转变、熔化、结晶结构的转变、升华、蒸发、脱氢反应、断裂或分解反应、氧化或还原反应、晶格结构的破坏和其他化学反应。一般说来，相转变、脱氢还原和一些分解反应产生吸热效应；而结晶、氧化等反应产生放热效应。

DTA 的原理如图 2-5-1 所示。将试样和参比物分别放入坩埚，置于炉中以一定速率 $\nu = \mathrm{d}T/\mathrm{d}t$ 进行程序升温，以 T_s、T_r 表示各自的温度。设试样和参比物(包括容器、温差电偶等)的热容量 C_s、C_r 不随温度而变，则它们的升温曲线如图 2-5-1(右)所示。若以 $\Delta T = T_s - T_r$ 对 t 作图，所得 DTA 曲线如图 2-5-2 所示，在 $0 \sim a$ 区间，ΔT 大体上是一致的，形成 DTA 曲线的基线。随着温度的增加，试样产生了热效应(例如相转变)，则与参比物间的温差变大，在 DTA 曲线中表现为峰。显然，温差越大，峰也越大，试样发生变化的次数多，峰的数目也多，所以各种吸热和放热峰的个数、形状和位置与相应的温度可用来定性地鉴定所研究的物质，而峰面积与热量的变化有关。

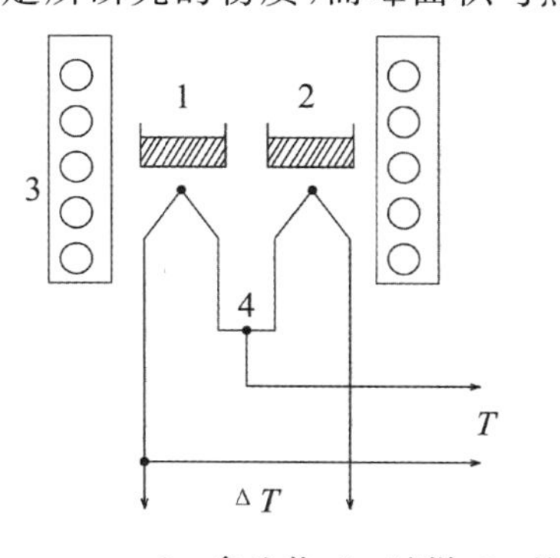

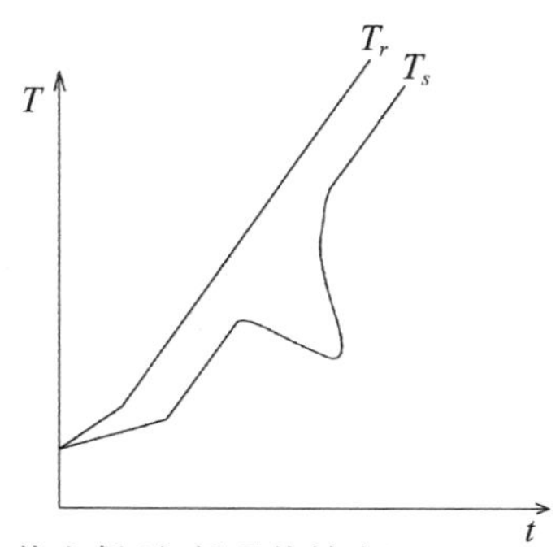

1. 参比物；2. 试样；3. 炉体；4. 热电偶(包括吸热转变)

图 2-5-1　差热分析的原理图

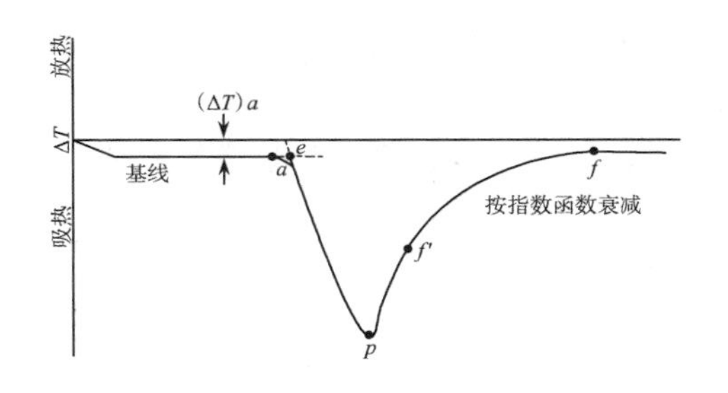

图 2-5-2　试样和参比物的升温曲线

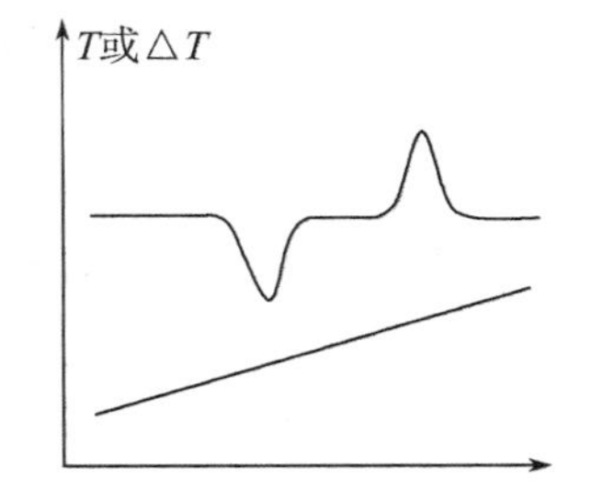

图2-5-3　DTA 吸热、放热转变曲线

图 2-5-3 是一个完整的试样在加热过程中的吸热和放热差热曲线。从图 2-5-3 我们可以看到：

(1) 峰的数目——对应试样发生变化的次数。

(2) 出峰的位置——对应相变点的温度。

(3) 峰的范围——对应样品开始和结束温差的大小。

(4) 试样产生的峰面积或大小——正比于吸收(或放出)的热量。

(5) 峰的方向可以表示吸热或放热。

可根据峰的大小和数量求相变焓，即 DTA 曲线所包围的面积 S 与 ΔH 的关系可用式(2-5-1)表示。

$$\Delta H=\frac{gC}{m}\int_{t_2}^{t_1}\Delta T\mathrm{d}t=\frac{gC}{m}S \tag{2-5-1}$$

式中：m 是反应物的质量；ΔH 是反应热；g 是仪器的几何形态常数；C 是样品的热传导率；ΔT 是温差；t_1 是 DTA 曲线的积分限。这是一种最简单的表达式，它是通过运用比例或近似常数 g 和 C 来说明样品反应热与峰面积的关系。这里忽略了微分项和样品的温度梯度，并假设峰面积与样品的比热无关，所以它是一个近似关系式。

二、DTA 曲线起止点温度和面积的测量

(一) DTA 曲线起止点温度的确定

如图 2-5-2 所示，DTA 曲线的起始温度可取下列任一点温度：曲线偏离基线之点 T_a；曲线的峰值温度 T_p；曲线陡峭部分切线和基线延长线这两条线交点 T_e(外推始点，extrapolatedonset)。其中，T_a 与仪器的灵敏度有关，灵敏度越高则出现得越早，即 T_a 值越低，一般重复性较差，T_p 和 T_e 的重复性较好，其中 T_e 最为接近热力学的平衡温度。

从外观上看，曲线回复到基线的温度是 T_f(终止温度)。而反应的真正终点温度是 T_f'，由于整个体系的热惰性，即使反应终了，热量仍有一个散失过程，使曲线不能立即回到基线。T_f'可以通过作图的方法来确定，T_f'之后，ΔT 即以指数函数降低，因而如以 $\Delta T-(\Delta T)_a$ 的对数对时间作图，可得一直线。峰的高温侧偏离直线的那点，即表示终点 T_f'。

(二) DTA 峰面积的确定

DTA 峰面积为反应前后基线所包围的面积，其测量方法有以下几种。① 使用积分仪，可以直接读数或自动记录下差热峰的面积。② 使用记录仪，将记录的面积进行计算，如果差热峰的对称性好，可作等腰三角形处理，用峰高乘以半峰宽(峰高 1/2 处的宽度)

的方法求面积。③ 计算机直接计算对于反应前后基线没有偏移的情况，只要联结基线就可求得峰面积。对于基线有偏移的情况，下面两种方法是经常采用的。

(1) 分别作反应开始前和反应终止后的基线延长线，它们离开基线的点分别是 T_a 和 T_f，联结 T_a，T_p，T_f 各点，便得峰面积，这就是 ICTA(国际热分析联合会)所规定的方法(图 2-5-4(1))。

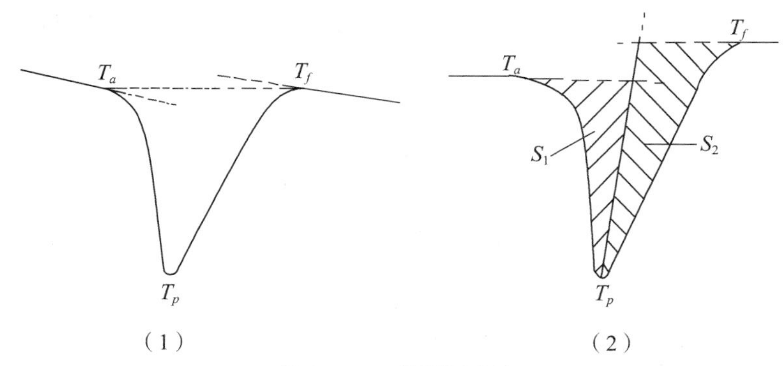

图 2-5-4 峰面积求法

(2) 由基线延长线和通过峰顶 T_p 作垂线，与 DTA 曲线的两个半侧所构成的两个近似三角形面积 S_1，S_2(图 2-5-4(2)中以阴影表示)之和表示峰面积，这种求面积的方法是认为在 S_1 中丢掉的部分与 S_2 中多余的部分可以得到一定程度的抵消。

$$S=S_1+S_2 \tag{2-5-2}$$

三、DTA 的仪器结构

DTA 分析仪种类很多，目前国产的有 CRY 系列，如 CRY-1、CRY-1P、CRY-2P 等型号，还有 CDR 系列差动热分析仪(差示扫描量热仪，既可以做 DTA，又可以做 DSC)。

尽管仪器种类繁多，DTA 分析仪内部结构装置大致相同，如图 2-5-5 所示：

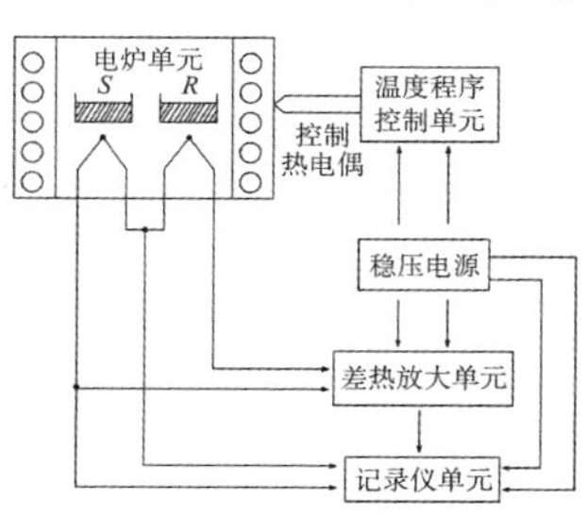

图 2-5-5 DTA 装置简图

DTA 仪器一般由下面几个部分组成：温度程序控制单元和可控硅加热单元、差热信号放大单元和信号记录单元(记录仪或微机)等部分组成。

(一) 温度程序控制单元和可控硅加热单元

温度控制系统由程序信号发生器、微伏放大器、PID 调节器和可控硅执行元件等几部分组成。程序信号发生器按给定的程序方式(升温、降温、恒温、循环)给出毫伏信号。若温控热电偶的热电势与程序信号发生器给出的毫伏值有差别时，说明炉温偏离给定值，此偏差值经微伏放大器放大，送入 PID 调节器，再经可控硅触发器导通可控硅执行元件，调整电炉的加热电流，从而使偏差消除，达到使炉温按一定的速度上升、下降或恒定的目的。

(二) 差热放大单元

用以放大温差电势，由于记录仪量程为毫伏级，而差热分析中温差信号很小，一般只有几微伏到几十微伏，因此差热信号须经放大后再送入记录仪(或微机)中记录。

（三）信号记录单元

由双笔自动记录仪（或微机）将测温信号和温差信号同时记录下来。例如，锡在加热熔化时的差热如图 2-5-6 所示。

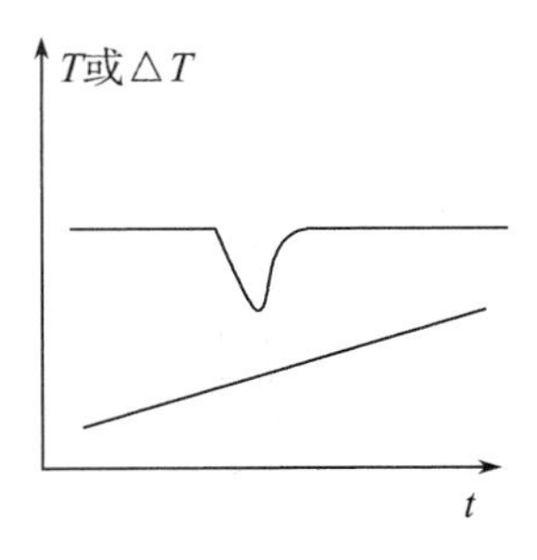

图 2-5-6　锡加热时的差热图

在进行 DAT 过程中，如果升温时试样没有热效应，则温差电势应为常数，DAT 曲线为一直线，称为基线。但是由于两个热电偶的热电势和热容量以及坩埚形态、位置等不可能完全对称，在温度变化时仍有不对称电势产生。此电势随温度的升高而变化，造成基线不直，这时可以用斜率调整旋钮加以调整。CRY-1 型差热仪调整方法：坩埚内不放参比物和样品，将差热放大量程置于 100 μV，升温速度置于 10 ℃ · min^{-1}，用移位旋钮使温差记录笔处于中部，这时记录笔应画出一条直线。在升温过程中，如果基线偏离原来的位置，则主要是由于热电偶不对称电势引起基线漂移。待炉温升到 750℃时，通过斜率调整旋钮校正到原来位置即可。此外，基线漂移还和样品杆的位置、坩埚位置、坩埚的几何尺寸等因素有关。

四、影响差热分析的主要因素

差热分析操作简单，但实际工作中发现同一试样在不同仪器上测量，或不同人在同一仪器上测量，所得到的差热曲线结果有差异。峰的最高温度、形状、面积和峰值大小都会发生一定变化。其主要原因是因为热量与许多因素有关，传热情况比较复杂。一般来说，一是仪器，二是样品。虽然影响因素很多，但只要严格控制某种条件，仍可获得较好的重现性。

（一）参比物的选择

要获得平稳的基线，参比物的选择很重要。要求参比物在加热或冷却过程中不发生任何变化，在整个升温过程中参比物的比热、导热系数、粒度尽可能与试样一致或相近。

常用 α-三氧化二铝（α-Al_2O_3）或煅烧过的氧化镁（MgO）或石英砂作参比物。如分析试样为金属，也可以用金属镍粉作参比物。如果试样与参比物的热性质相差很远，则可用稀释试样的方法解决，主要是减少反应剧烈程度；如果试样加热过程中有气体产生时，可以减少气体大量出现，以免使试样冲出。选择的稀释剂不能与试样有任何化学反应或催化反应，常用的稀释剂有 SiC、铁粉、Fe_2O_3、玻璃珠、Al_2O_3 等。

（二）试样的预处理及用量

试样用量大，易使相邻两峰重叠，降低分辨率。一般尽可能减少用量，最多几毫克。样品的颗粒度在 100～200 目，颗粒小可以改善导热条件，但太细会破坏样品的结晶度（尤其是有结晶水的物质）。对易分解产生气体的样品，颗粒应大些。参比物的颗粒、装填情况及紧密程度应与试样一致，以减少基线的漂移。

（三）升温速率的影响和选择

升温速率不仅影响峰的位置，而且影响峰面积的大小。一般较快的升温速率峰面积变大，峰变尖锐，但快速升温速率使试样分解偏离平衡条件的程度也大，因而易使基线漂移。更主要的可能导致相邻两个峰重叠，分辨率下降。较慢的升温速率，基线漂移小，使体系接近平衡条件，得到宽而浅的峰，也能使相邻两峰更好地分离，因而分辨率高。但测定时间长，需要仪器的灵敏度高。一般选择 8～12 ℃ · min^{-1}为宜。

（四）气氛和压力的选择

气氛和压力可以影响样品化学反应和物理变化的平衡温度、峰形。因此，必须根据样品的性质选择适当的气氛和压力，有的样品易氧化，可以通入 N_2、He 等惰性气体。

第二节　差示扫描量热法（DSC）原理及仪器

在差热分析测量试样的过程中，当试样产生热效应（熔化、分解、相变等）时，由于试样内的热传导，试样的实际温度已不是程序所控制的温度（如在升温时）。由于试样的吸热或放热，促使温度升高或降低，因而进行试样热量的定量测定是困难的。要获得较准确的热效应，可采用差示扫描量热法（Differential Scanning Clorimetry. 简称 DSC）

一、DSC 的基本原理

DSC 是在程序控制温度下，测量输给物质和参比物的功率差与温度关系的一种技术。

DSC 的主要特点是试样和参比物分别各有独立的加热元件和测温元件，并由两个系统进行监控。其中一个用于控制升温速率，另一个用于补偿试样和惰性参比物之间的温差。图 2-5-7 显示了 DTA 和 DSC 加热部分的不同。图 2-5-8 为常见 DSC 的原理示意图。

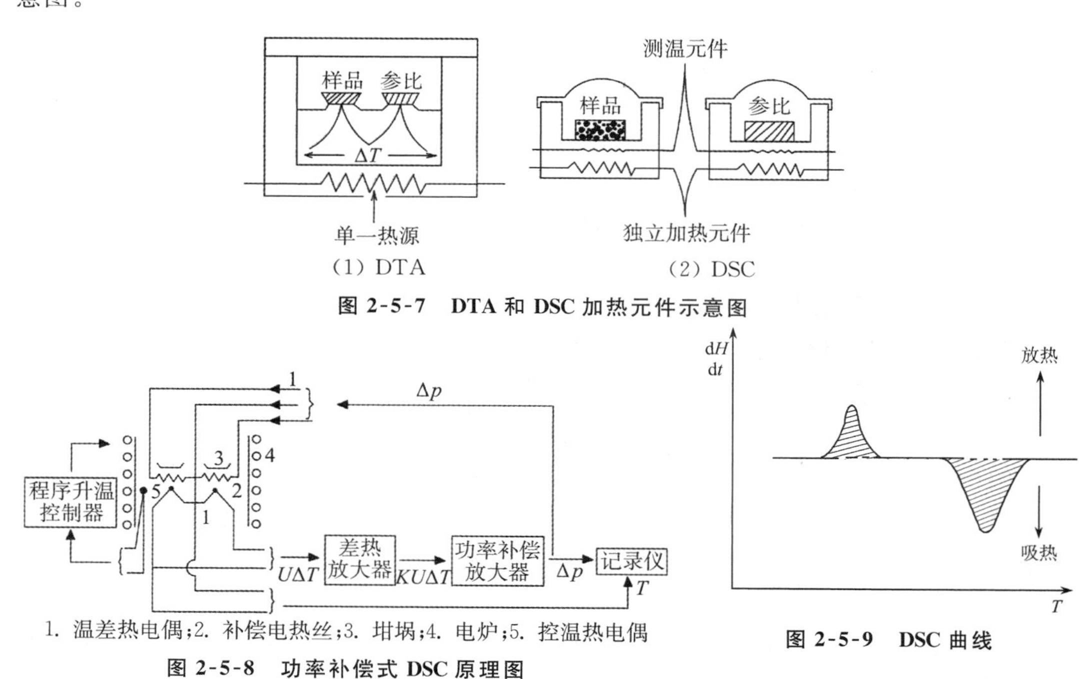

图 2-5-7　DTA 和 DSC 加热元件示意图

1. 温差热电偶；2. 补偿电热丝；3. 坩埚；4. 电炉；5. 控温热电偶

图 2-5-8　功率补偿式 DSC 原理图

图 2-5-9　DSC 曲线

试样在加热过程中由于热效应与参比物之间出现温差 ΔT 时，通过差热放大电路和差动热量补偿放大器，使流入补偿电热丝的电流发生变化：当试样吸热时，补偿放大器使试样一边的电流立即增大;反之,当试样放热时则使参比物一边的电流增大,直到两边热量平衡,温差 ΔT 消失为止。换句话说,试样在热反应时发生的热量变化,由于及时输入电功率而得到补偿,所以实际记录的是试样和参比物下面两只电热补偿的热功率之差随时间 t 的变化 $\mathrm{d}H/\mathrm{d}t$-t 关系。如果升温速率恒定,记录的也就是热功率之差随温度 T 的变化 $\mathrm{d}H/\mathrm{d}t$-T 关系如图 2-5-9 所示。其峰面积 S 正比于热焓的变化。

$$\Delta H_m = KS$$

式中:K 为与温度无关的仪器常数。

如果事先用已知相变热的试样标定仪器常数,再根据待测样品的峰面积,就可得到 ΔH 的绝对值。仪器常数的标定,可利用测定锡、铅、铟等纯金属的熔化,从其熔化热的文献值即可得到仪器常数。

因此,用差示扫描量热法可以直接测量热量,这是与差热分析的一个重要区别。此外,DSC 与 DTA 相比,另一个突出的优点是 DTA 在试样发生热效应时,试样的实际温度已不是程序升温时所控制的温度(如在升温时试样由于放热而一度加速升温)。而 DSC 由于试样的热量变化随时可得到补偿,试样与参比物的温度始终相等,避免了参比物与试样之间的热传递,故仪器的反应灵敏、分辨率高、重现性好。

二、DSC 的仪器结构

CDR 型差动热分析仪(又称差示扫描量热仪),既可做 DTA,也可做 DSC。其结构与 CRY-1 型差热分析仪结构相似,只增加了差动热补偿单元,其余装置皆相同。其仪器的操作也与 CRY-1 型差热分析仪基本一样,但需注意以下两点。

将“差动”“差热”的开关置于“差动”位置时,微伏放大器量程开关置于 $\pm 100\ \mu\mathrm{V}$ 处(不论热量补偿的量程选择在哪一档,在差动测量操作时,微伏放大器的量程开关都放在 $\pm 100\ \mu\mathrm{V}$ 挡)

将热补偿放大单元量程开关放在适当位置。如果无法估计确切的量程,则可放在量程较大位置,先预做一次。

不论是差热分析仪还是差示扫描量热仪,使用时首先根据测量温度选择坩埚:500℃以下用铝坩埚;500℃以上用氧化铝坩埚,还可根据需要选择镍、铂等坩埚。

注意:被测量的样品若在升温过程中能产生大量气体,或能引起爆炸,或具有腐蚀性的都不能用。

三、DTA 和 DSC 测量结果及设计原理的异同讨论

共同点:

(1) 均可测定相变温度。

(2) 峰的位置、形状和峰的数目与物质的性质有关,可定性地鉴定物质。

(3) 反应热与峰面积的大小有关。

不同点:

(1) DSC 可以直接测量热量。DTA 测出的热量误差较大。

(2) DTA 在试样发生热效应时,试样与参比物的温度不能始终相同。

DSC 的试样与参比物的温度始终相等，避免了两者的热传递。

(3) DTA 曲线，纵坐标 ΔT，横坐标为 $t(T)$，K 是与温度、仪器和操作条件有关的比例常数。

DSC 曲线，纵坐标是 $\mathrm{d}H/\mathrm{d}t$，横坐标 $t(T)$，K 是与温度无关的比例常数。

对于 $\Delta H=\frac{k}{m}A$：ΔH 的单位是 $\mathrm{J\cdot g^{-1}}$；A 的单位是 $\mathrm{V\cdot S}$；K 的单位是 $\mathrm{J\cdot V^{-1}\cdot S^{-1}}$；

对于 $\Delta H=kA$：ΔH 的单位是 $\mathrm{J\cdot g^{-1}}$；A 的单位是 J；K 的单位是 $\mathrm{g^{-1}}$。

(4) DSC 仪器的反应灵敏度、分辨率和重现性好于 DTA。在定量分析中 DSC 优于 DTA。

(5) DSC 的测定温度只达到 750℃左右。DTA 一般可测到 1600℃的高温，最高可达到 2400℃。

四、DTA 和 DSC 应用讨论

DTA 和 DSC 的共同特点是峰的位置、形状和峰的数目与物质的性质有关，故可以定性地用来鉴定物质。从原则上讲，物质的所有转变和反应都应有热效应，因而可以采用 DTA 和 DSC 检测这些热效应。

近年来，热分析技术已广泛应用于石油产品、高聚物、络合物、液晶、生物体系、医药等有机和无机化合物，它们已成为研究有关问题的有力工具，但从 DSC 得到的实验数据比从 DTA 得到的更为定量，并更易于做理论解释。

DTA 和 DSC 在化学领域和工业上得到了广泛的应用，见表 2-5-2 和表 2-5-3。

表 2-5-2　DTA 和 DSC 在化学中特殊的应用

材料	研究类型	材料	研究类型
催化剂	相组成，分解反应，催化剂鉴定	天然产物	转变热
聚合材料	相图，玻璃化转变，降解，熔化和结晶	有机物	脱溶剂化反应
脂和油	固相反应	黏土和矿物	脱溶剂化反应
润滑油	脱水反应	金和合金	固-气反应
配位化合物	辐射损伤	铁磁性材料	居里点测定
碳水化合物	催化剂	土壤	转化热
氨基酸和蛋白质	吸附热	液晶材料	纯度测定
金属盐水化合物	反应热	生物材料	热稳定性
金属和非金属化合物	聚合热		氧化稳定性
煤和褐煤	升华热		玻璃转变测定

表 2-5-3　*DTA* 和 *DSC* 在某些工业中的应用

测定或估计	陶瓷	陶瓷冶金	化学	弹性体	爆炸物	法医化学	燃料	玻璃	油墨	金属	油漆	药物	黄磷	塑料	石油	肥皂	土壤	织物	矿物
鉴定	√		√	√	√	√	√		√	√		√	√	√	√	√	√	√	√
组分定量	√	√	√	√		√			√	√		√	√	√	√	√	√	√	√
相图	√	√	√					√		√			√	√	√	√			√
热稳定			√	√	√		√		√		√	√	√	√	√	√		√	√
氧化稳定			√	√	√		√		√	√	√	√	√	√	√	√		√	
反应性		√	√					√		√	√	√	√	√	√	√			√
催化活性	√	√	√				√	√		√									√
热化学常数	√	√	√	√	√	√	√	√	√	√	√	√	√	√	√	√	√	√	√

* 打钩处表示 DTA 或 DSC 可用于该测定。

第三节　热重分析技术(TG)与仪器

热重分析法(Thermogravimetric Analysis. 简称 TG)是在程序控制温度下，测量物质质量与温度关系的一种技术。许多物质在加热过程中常伴随质量的变化，这种变化过程有助于研究晶体性质的变化，如熔化、蒸发、升华和吸附等物质的物理现象；也有助于研究物质的脱水、解离、氧化、还原等物质的化学现象。

1915 年日本的本多光太郎发明了第一台热天平，但当时的差热分析仪和热天平是极为粗糙的，重复性差、灵敏度低、分辨率也不高，因而很难推广。所以，在一段很长时间内进展缓慢。第二次世界大战后，由于仪器自动化程度的提高，热分析方法的普及，在 40 年代末，美国的 Leeds 和 Nort Lrup 公司，开始制作了商品化电子管式的差热分析仪。

一、TG 的基本原理与仪器

进行热重分析的基本仪器为热天平。热天平一般包括天平、炉子、程序控温系统、记录系统等部分。有的热天平还配有通入气氛或真空装置。典型的热天平示意图如图 2-5-10。除热天平外，还有弹簧秤。国内已有 TG 和 DTG 联用的示差天平。

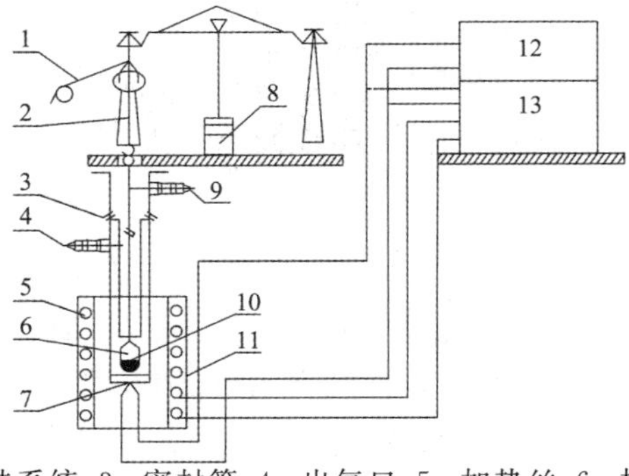

1. 机械减码；2. 吊挂系统；3. 密封管；4. 出气口；5. 加热丝；6. 样品盘；7. 热电偶；8. 光学读数；9. 进气口；10. 样品；11. 管状电阻炉；12. 温度读数表头；13. 温控加热单元

图 2-5-10　热天平原理图

热重分析法通常可分为两大类：静态法和动态法。静态法是等压质量变化的测定，是指一物质的挥发性产物在恒定分压下，物质平衡与温度 T 的函数关系。以失重为纵坐标，温度 T 为横坐标作等压质量变化曲线图。等温质量变化的测定是指一物质在恒温下，物质质量变化与时间 t 的依赖关系，以质量变化为纵坐标，以时间为横坐标，获得等温质量变化曲线图。动态法是在程序升温的情况下，测量物质质量的变化对时间的函数关系。

在控制温度下，样品受热后重量减轻，天平（或弹簧秤）向上移动，使变压器内磁场移动输电功能改变；另一方面加热电炉温度缓慢升高时热电偶所产生的电位差输入温度控制器，经放大后由信号接收系统绘出 TG 热分析图谱。

热重法实验得到的曲线称为热重曲线（TG 曲线），如图 2-5-11(a)所示。TG 曲线以质量作纵坐标，从上向下表示质量减少；以温度（或时间）作横坐标，自左至右表示温度（或时间）增加。

从热重法可派生出微商热重法（DTG），它是 TG 曲线对温度（或时间）的一阶导数。以物质的质量变化速率 $\mathrm{d}m/\mathrm{d}t$ 对温度 T（或时间 t）作图，即得 DTG 曲线，如图 2-5-11(b)所示。DTG 曲线上的峰代替 TG 曲线上的阶梯，峰面积正比于试样质量。DTG 曲线可以微分 TG 曲线得到，也可以用适当的仪器直接测得，DTG 曲线比 TG 曲线优越性大，能够提高 TG 曲线的分辨力。

二、影响热重分析的因素

热重分析的实验结果受到许多因素的影响，基本可分两类：一是仪器因素，包括升温速率、炉内气氛、炉子的几何形状、坩埚的材料等；二是样品因素，包括样品的质量、粒度、装样的紧密程度、样品的导热性等。

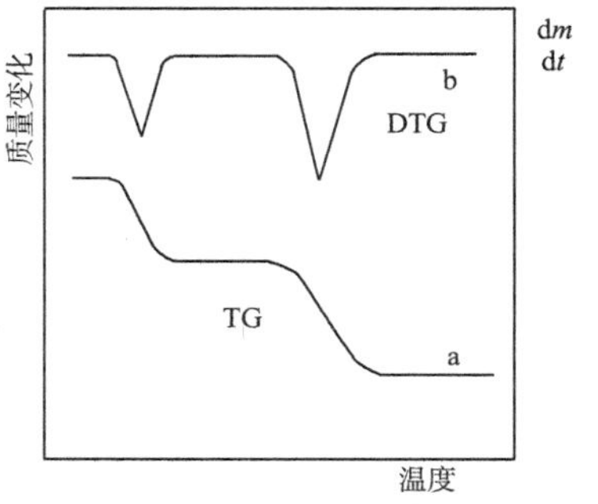

图 2-5-11 (a) TG 曲线；(b) DTG 曲线。

在 TG 的测定中，升温速率增大会使样品分解温度明显升高。如升温太快，试样来不及达到平衡，会使反应各阶段分不开。合适的升温速率为 5～10 ℃ · min^{-1}。

样品在升温过程中，往往会有吸热或放热现象，这样使温度偏离线性程序升温，从而改变了 TG 曲线位置。样品量越大，这种影响越大。对于受热产生气体的样品，样品量越大，气体越不易扩散。再者，样品量大时，样品内温度梯度也大，将影响 TG 曲线位置。总之实验时应根据天平的灵敏度，尽量减小样品量。样品的粒度不能太大，否则将影响热量的传递；粒度也不能太小，否则开始分解的温度和分解完毕的温度都会降低。

三、热重分析的应用

热重分析法的重要特点是定量性强，能准确地测量物质的质量变化及变化的速率，可以说，只要物质受热时发生重量的变化，就可以用热重法来研究其变化过程。目前，热重分析法已在下述诸方面得到应用。① 无机物、有机物及聚合物的热分解；② 金属在高温下受各种气体的腐蚀过程；③ 固态反应；④ 矿物的煅烧和冶炼；⑤ 液体的蒸馏和汽化；⑥ 煤、石油和木材的热解过程；⑦ 含湿量、挥发物及灰分含量的测定；⑧ 升华过程；⑨ 脱水和吸湿；⑩ 爆炸材料的研究；⑪ 反应动力学的研究；⑫ 发现新化合物；⑬ 吸附和解吸；

⑭ 催化活度的测定；⑮ 表面积的测定；⑯ 氧化稳定性和还原稳定性的研究；⑰ 反应机制的研究。

思考题

1. 试分析 DTA 和 DSC 曲线的差别。

2. DTA 实验仪器两只热电偶是怎样连接的？

3. 差热分析和差动分析使用公式中的常数 K 有区别吗？为什么？

4. DSC 和 DTA 技术使用的仪器分别测量温度和物质的相变热时你如何选择？

5. 影响差热分析的主要因素是什么？

6. 差热分析曲线和差动分析曲线上出现的面积意义相同吗？它们各自的单位是什么？

7. DTA 和 DSC 的基本原理是什么？

8. DTA 和 DSC 在仪器设计上有什么区别？

9. DTA 和 DSC 曲线中的峰面积各自怎样确定和计算的？

10. DTA 和 DSC 曲线上有热力学平衡的地方吗？你能找出来吗？

（魏西莲编写）

第六章　电化学测量技术与仪器

电化学是研究电和化学反应相互关系的科学，即研究两类导体形成的带电界面现象及其上所发生的变化的科学，如今已形成了合成电化学、量子电化学、半导体电化学、有机导体电化学、光谱电化学、生物电化学等多个分支。电化学在化工、冶金、机械、电子、航空、航天、轻工、仪表、医学、材料、能源、金属腐蚀与防护、环境科学等科技领域获得了广泛的应用。当前世界上十分关注的研究课题，如能源、材料、环境保护、生命科学等都与电化学以各种各样的方式关联在一起。而电化学技术就是基于电化学基本原理解决实际问题的一种技术，如电解、电镀、金属的冶炼、防腐等。电学测量技术在物理化学实验中占有很重要的地位，常用来测量电解质溶液的电导、原电池电动势等参量，根据这些参量，可用来测定电介质溶液在平衡或非平衡状态下的活度系数、平衡常数、溶度积、pH 和扩散系数等。电化学测量技术内容丰富多彩，除了传统的电化学研究方法外，目前利用光、电、声、磁辐射等实验技术来研究电极表面，逐渐形成一个非传统的电化学研究方法的新领域。

作为基础实验，主要介绍传统的电化学测量与研究方法，如电导率、原电池电动势、极化曲线、pH 等的测量及仪器。

第一节　电导的测量及仪器

一、基本概念

电导是电解质(酸碱盐)溶液的一种性质。电导是电阻的倒数，因此电导值的测量，实际上是通过电阻值的测量再换算的，也就是说电导的测量方法应该与电阻的测量方法相同。但在溶液电导的测定过程中，当电流通过电极时，由于离子在电极上会发生放电，产生极化引起误差，故测量电导时要使用频率足够高的交流电，不能用直流电，以防止电解产物的产生。所用的电极也是镀铂黑的，以减少超电位，提高测量结果的准确性。

对于化学工作者来说，更感兴趣的是电导率。

当把电解质溶液注入电导池内时，溶液的电导(G)与两极之间距离 l 成反比，与两极的面积成正比，即：

$$G=k\frac{A}{l} \tag{2-6-1}$$

l/A 为电导池常数，用 K_{cell} 表示，k 为比例常数，也为电导率，其物理意义是：相距 1 m、面积均为 1 m^2 的两电极间电解质溶液的电导，单位为 $S \cdot m^{-1}$ 或 $S \cdot cm^{-1}$。

$$k=G\frac{l}{A}=GK_{cell}=\frac{K_{cell}}{R} \tag{2-6-2}$$

测量溶液的电导率一般用电导率测定仪。电导率测定仪是一款多量程仪器，能够满足从去离子水到海水等多种应用检测要求。目前广泛使用的是DDS系列，主要有DDS-11A、DDS-11A_T、DDS-11C、DDSJ-308A(308B)型。不管何种型号，其设计原理一样，只是显示的方式不同。目前市场上通用的有指针式和数字式两种，但大部分数字式已代替指针式。下面对其测量原理及操作方法作较详细介绍。

图2-6-1显示了不同电导率仪的外观图。

DDS-11A(指针式)

DDS-11A(数显式)

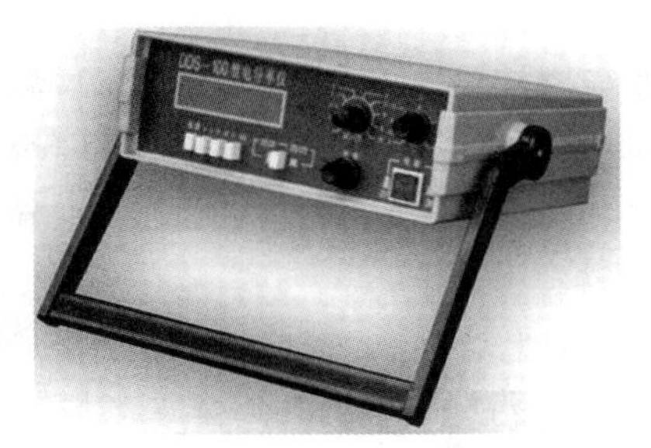

DDS-100(数显式)

DDS-307(308)(数显式)

图2-6-1 不同电导率仪外观

二、测量原理

基于测量电阻分压的方法，E为振荡器产生的一个交流电压信号，R_x为电导池中两极间待测溶液的电阻，R_m为分压器的分流电阻，U_m为被减弱的交流讯号。由振荡器1产生的一个交流电压源E，送到电导池R_x与量程电阻(分压电阻)R_m的串联回路里，电导池里的溶液电导愈大，R_x愈小，R_m获得电压E_m也就越大。将E_m送至交流放大器放大，再经过讯号整流，以获得推动表头的直流讯号输出，表头直读电导率。由图2-6-2可知：

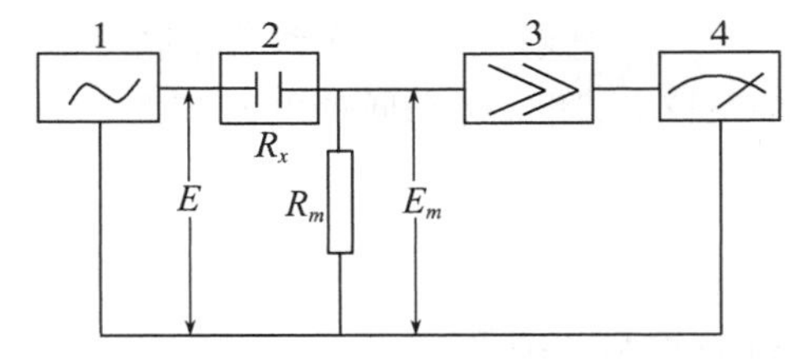

1. 振荡器；2. 电导池；3. 放大器；4. 指示器

图2-6-2 电导率仪测量原理图

$$I=\frac{E}{R_m+R_x}=\frac{E_m}{R_m} \tag{2-6-3}$$

$$E_m=\frac{ER_m}{(R_m+R_x)}=\frac{ER_m}{R_m+\frac{K_{cell}}{k}} \tag{2-6-4}$$

K_{cell}为电导池常数，在实际测量中E、R_m和K_{cell}均为常数，由电导率k的变化必将引起E_m相应变化，R_x越小，k越大，E_m也越大。由于k和E_m是对应的，所以由表头可以读取经放大的E_m，可由表头直接读取溶液电导率k的数据。

三、一般使用方法

测量顺序：

(1) 打开电源开关，注意：如果是指针式电导率仪则在打开开关前观察指针是否指零，如不指零，可调节表头螺丝。将仪器预热数分钟。

(2) 将校正开关打在“校正”位置。

(3) 根据待测溶液电导率的大体范围选择合适的测量档位。

(4) 校正：将标有电极常数的电极(电导池常数一般在电极上部已标明)，接入仪器，并插入二次蒸馏水中。将数据校正到电极上相应的数据(但应注意，对于旧电极，电极常数发生变化，应用标准溶液标定，根据公式$k \propto K_{cell}$进行校正)。矫正方法是：选择与测量溶液浓度接近的标准 KCl 溶液(电导率值已知)，见附录 24。然后将电极插入标准溶液中，旋转或调整矫正旋钮，直到显示的电导率数据与标准溶液的数据吻合，此时的电导池常数即为准确数据。

(5) 测量：校正完毕，将旋钮打到测量挡，选择溶液测量合适档位。如事先不知道被测溶液电导率的大小，则由最大挡逐档下降至合适档位(以防指针式电导率仪表头被打弯)。倒掉电导池中蒸馏水，将电导池和电极用少量待测液洗涤 2～3 次，再将电极插入待测液中，然后按溶液从小到大的顺序测量一系列待测溶液的电导率。

注意：测量过程中如果需要恒温，则在标定和测量时，一定要使待测液恒温到规定温度，然后进行测定。

四、电极的选择

电导率仪的一般测量范围基本相同，从 0～10^5 $\mu S \cdot cm^{-1}$，分多个量程，但不同的电极测量范围也不完全相同。因此电极型号与测量的电导率范围都有对应的数值。

一般来说，测量较小的电导率用光亮电极(0～10 $\mu S \cdot cm^{-1}$)。测量 10 $\mu S \cdot cm^{-1}$以上用铂黑电极。实验中测量水、弱电解质的电导率用光亮电极。一般溶液用铂黑电极。因为镀铂黑以后，它的表面积较大，测量时降低了电流密度，减少或消除了极化现象。电极的型号为 DJS-1 型。

五、使用注意事项

1. 电极的引线不能受潮，否则测不准。

2. 高纯水应迅速测量，否则空气中的CO_2溶入水中变为CO_3^{2-} 离子，使电导率迅速增加。

3. 测定一系列浓度待测液的电导率，应注意按浓度由小到大的顺序测定。

4. 盛待测液的容器必须清洁，没有离子玷污。

5. 电极要轻拿轻放，切勿触碰铂黑。

六、电导水的制备

用电导率仪测量溶液的电导率时，一定要注意水的使用，一般情况下对水的要求很高，其电导率要求小于 $4\times10^{-6}\ \mathrm{S\cdot cm^{-1}}$（或 $4\ \mu\mathrm{S\cdot cm^{-1}}$）。所以，所用的水一般现蒸馏现用，因为长时间放置能吸收空气中的二氧化碳、有机物和离子。

除去二氧化碳的方法如下。

（1）蒸馏法，如果仅有 CO_2 和 NH_3，用蒸馏的方法即可除去，如果含有有机物可先在水中加上碱性高锰酸钾，24 小时以后再蒸馏即可去除。

（2）离子交换柱法，原理是利用交换柱中 H^+ 和 OH^- 将水中的阴、阳离子除去，但注意用离子交换柱不能除去有机物。

第二节　原电池电动势的测量及仪器

原电池电动势的测量在电化学研究中是最基本的方法。电池的电动势（即电池两极间的电势差），只有可逆时达到最大。因此不能用伏特计直接测量，因为当把伏特计与电池连接以后，线路上有电流通过 $E=IR_{内}+IR_{外}$（其中，$R_{内}$ 为内电池的电阻，$R_{外}$ 为伏特计的电阻）伏特计的读数为 $IR_{外}$，而不是电池的电动势。另外，当电流通过电池时会产生极化，因此，电池的电动势只有在没有电流通过的情况下才能测出。

所以，电池的电动势必须在可逆的条件下进行，否则所得的电动势没有热力学价值。可逆指的是电池反应可逆，即 $-\Delta G=zFE$。测定时，电池中几乎没有电流通过，测出的是反应的平衡电势。

$$\frac{E_{电池}}{V_{伏特计}}=\frac{IR_{内}+IR_{外}}{IR_{外}}=\frac{R_{内}}{R_{外}}+1 \tag{2-6-5}$$

如果 $R_{外}$ 无限大，则 $E_{电池}\approx V_{伏特计}$。要满足上述条件，可采用补偿法。直流电位差计就是根据补偿法设计的，即在测量装置中安排了一个方向相反而数值与待测电动势几乎相等的外加电势，来对消待测电势，使待测电池中几乎没有电流通过，这种方法称为对消法。下面举例进行说明。

一、UJ-25 型直流电位差计

UJ-25 型直流电位差计属于高阻电位差计，它适用于测量内阻较大的电池电动势以及较大电阻上的电压降等。由于工作电流小、线路电阻大，故在测量过程中工作电流变化很小，因此需要高灵敏度的检流计。它的主要特点是测量时几乎不损耗被测对象的能量，测量结果稳定、可靠，而且有很高的准确度，可与标准电池、直流电源、电极、检流计共同使用。

（一）测量原理

电位差计是按照对消法测量原理而设计的一种平衡式电学测量装置，能直接给出待测电池的电动势值（以伏特表示）。图 2-6-3 是对消法测量电动势原理示意图。

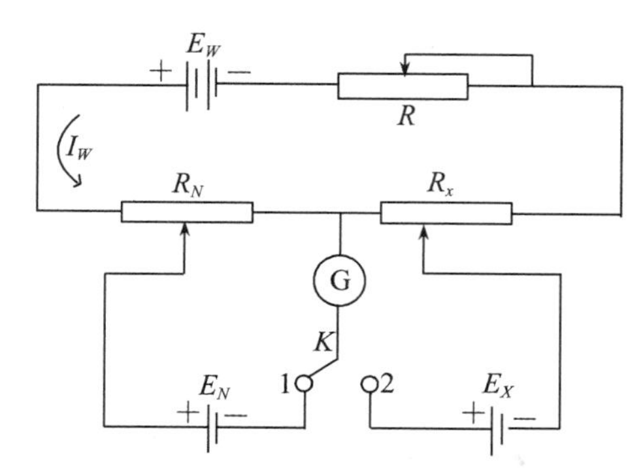

E_w—工作电源;E_N—标准电池;E_X—待测电池;R—调节电阻;R_X—待测电池电动势补偿电阻;K—转换电键;R_N—标准电池电动势补偿电阻;G—检流计

图 2-6-3 对消法测量原理示意图

从图 2-6-3 可知电位差计由三个回路组成:工作电流回路、标准回路和测量回路。

(1) 工作电流回路,也叫电源回路。从工作电源正极开始,经电阻 R_N、R_X,再经工作电流调节电阻 R,回到工作电源负极,其作用是借助于调节 R 使在补偿电阻上产生一定的电位降。

(2) 标准回路。当换向开关 K 扳向"1"一方向时,从标准电池的正极开始,经电阻 R_N,再经检流计 G 回到标准电池负极。其作用是校准工作电流回路以标定补偿电阻上的电位降。通过调节 R 使 G 中电流为零,此时产生的电位降 V_N 与标准电池的电动势 E_N 相对消,也就是说二者(V_N 和 E_N)大小相等而方向相反(接的方向相反)。校准后的工作电流 I 为某一定值 I_0,为 0.0001 A,即 $I_0=I_w$。产生的电压降为 $V_{Rn}=IR_N=E_N$,则 $I=E_N/R_N$,E_N 是已知的。

$$E_N=1.018/0.0001=1.018\times10^4(\text{V}) \tag{2-6-6}$$

(3) 测量回路。从待测电池的正极开始(当换向开关 K 扳向"2"一方时),经检流计 G 再经电阻 R_X,回到待测电池负极。在保证校准后的工作电流 I_0 或 I_w 不变的情况下,即固定 R 的条件下,调节电阻 R_X,使得 G 中电流为零。此时产生的电位降 V_X 与待测电池的电动势 E_X 相对消,则:

$$E_X=I_0R_X=\frac{E_N}{R_N}R_X=KR_X \tag{2-6-7}$$

所以当标准电池 E_N 和补偿电阻 R_N 的数值确定后,只要读出 R_X 的值,就能测出未知电池的电动势 E_X。

注意:标准回路是先经 R_N 再到 G。先标定仪器常数,做基准。工作回路是先经 G 再到 R_X。

从以上工作原理可见,用直流电位差计测量电动势时,有以下两个明显的优点。

① 在两次平衡中,检流计指示都为零,没有电流通过,也就是说电位差计既不从标准电池中吸取能量,也不从被测电池中吸取能量,表明测量时没有改变被测对象的状态。因此在被测电池的内部就没有电压降,测得的结果是被测电池的电动势,而不是端电压。

② 被测电动势 E_X 的值是由标准电池电动势 E_N 和电阻 R_N、R_X 来决定的。由于标准电池电动势的值十分准确,并且具有高度的稳定性,而电阻元件也可以具有很高的准确

度，所以当检流计的灵敏度很高时，用电位差计测量的准确度就非常高。

（二）使用方法

UJ-25 型直流电位差计面板如图 2-6-4 所示。电位差计使用时都配用灵敏检流计和标准电池以及工作电源。UJ-25 型直流电位差计测电动势的范围其上限为 600 V，下限为0.000001 V，当测量高于 1.911110 V 以上电压时，就必须配用分压箱来提高上限。下面说明测量 1.911110 V 以下电压的方法。

1. 连接线路。

先将（N,X_1,X_2）转换开关放在断的位置，并将左下方三个电计按钮（粗、细、短路）全部松开，然后依次将工作电源、标准电池、检流计以及被测电池按正、负极性接在相应的端钮上，检流计没有极性的要求。

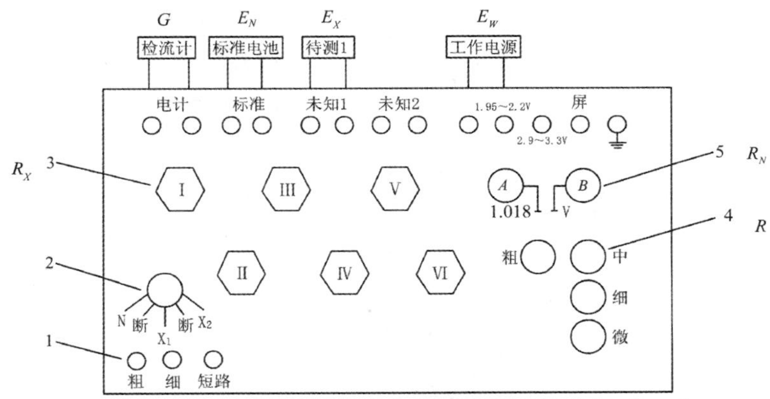

1. 电计按钮（共 3 个）；2. 转换开关；3. 电势测量旋钮（共 6 个）；
4. 工作电流调节旋钮（共 4 个）；5. 标准电池温度补偿旋钮

图 2-6-4　UJ-25 型直流电位差计面板图

2. 调节工作电压（标准化）。

算出室温时的标准电池电动势值。对于镉汞标准电池，温度校正公式为：

$$E_t = E_0 - 4.06 \times 10^{-5}(t-20) - 9.5 \times 10^{-7}(t-20)^2 \qquad (2\text{-}6\text{-}8)$$

式中：E_t为室温 t℃时标准电池电动势；$E_0 = 1.0186$ V，为标准电池在 20℃时的电动势。调节温度补偿旋钮（A,B），使数值为校正后的标准电池电动势。

将（N,X_1,X_2）转换开关放在 N（标准）位置上，按“粗”电计旋钮，旋动右下方（粗、中、细、微）4 个工作电流调节旋钮，使检流计显示为零，然后再按“细”电计按钮，重复上述操作。注意按电计按钮时，不能长时间按住不放，需要“按”和“松”交替进行。

3. 测量未知电动势。

将（N,X_1,X_2）转换开关放在 X_1 或 X_2（未知）的位置，按下电计“粗”，由左向右依次调节 6 个测量旋钮，使检流计显示为零。然后再按下电计“细”按钮，重复以上操作使检流计显示为零。读下 6 个旋钮下方小孔示数的总和即为电池的电动势。

（三）使用注意事项

1. 测量过程中，若发现检流计受到冲击时，应迅速按下短路按钮，以保护检流计。

2. 由于工作电源的电压会发生变化，故在测量过程中要经常校准。另外，新制备的电池电动势也不够稳定，应隔数分钟测一次，最后取平均值。

3. 测定时按检流计按钮的时间应尽量短，以防止电流通过而改变电极表面的平衡状态。

4. 若在测定过程中，检流计一直往一边偏转，找不到平衡点，这可能是由于电极的正负号接错、线路接触不良、导线有断路、工作电源电压不够等原因引起，应该进行检查。

二、SDC-1 型数字电位差计

SDC-1 型数字电位差计是采用误差对消法（又称误差补偿法）测量原理设计的一种电压测量仪器，它将标准电压和测量电路集合于一体，测量准确，操作方便。测量电路的输入端采用高输入阻抗器件（阻抗≥1014 Ω），故流入的电流 I＝被测电动势/输入阻抗（几乎为零），不会影响待测电动势的大小（图 2-6-5）。

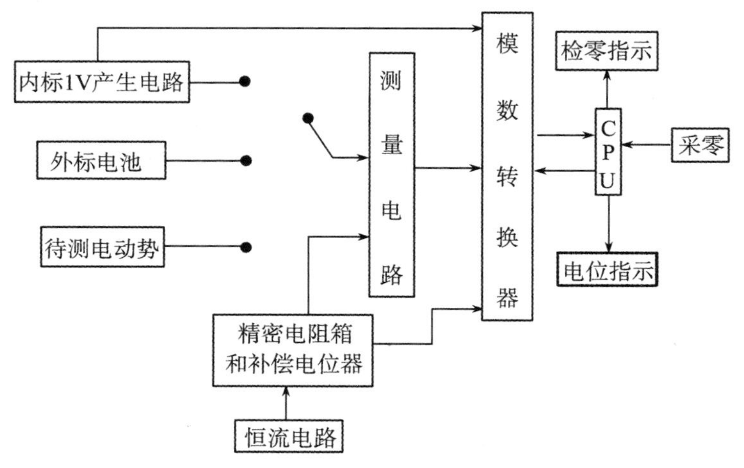

图 2-6-5 SDC-1 型数字电位差计

（一）测量原理

本电位差计由 CPU 控制，将标准电压产生电路、补偿电路和测量电路紧密结合，产生电路由精密电阻及元器件产生标准 1 V 电压。此电路具有低温漂性能，内标 1 V 电压稳定、可靠。

当测量开关置于内标时，拨动精密电阻箱电阻，通过恒流电路产生电位，经模数转换电路送入 CPU，由 CPU 显示电位，使得电位显示为 1 V。这时，精密电阻箱产生的电压信号与内标 1 V 电压送至测量电路，由测量电路测量出误差信号，经模数转换电路送入 CPU，由检零显示误差值，由采零按钮控制，并记忆误差值，以便测量待测电动势时进行误差补偿，消除电路误差。

当测量开关置于外标时，由外标标准电池提供标准电压，拨动精密电阻箱和补偿电位器产生电位显示和检零显示。

测量电路经内标或外标电池标定后，将测量开关置于待测电动势，CPU 对采集到的信号进行误差补偿，拨动精密电阻箱和补偿电位器，使得检零指示为零。此时，说明电阻箱产生的电压与被测电动势相等，电位显示值为待测电动势。

（二）测量说明

本仪器测量电路的输入端采用高输入阻抗器件（阻抗≥1014 Ω），故流入的电流 I＝被测电动热/输入阻抗（几乎为零），不会影响待测电动势的大小。若想精密测量电动势，将测量选择开关置于“内标”或“外标”，让待测电动势电路与仪器断开，拨动面板旋钮。测量时，再将选择开关置于“测量”即可。

三、其他配套仪器及设备

（一）盐桥

当原电池存在两种电解质界面时，便产生一种称为液体接界电势的电动势，它干扰了电池电动势的测定。减小液体接界电势的常用办法是盐桥，但盐桥不能完全消除液体接界电势。目前，有两种制作盐桥的方法。

（1）U形玻璃管中灌满盐桥溶液，用捻紧的滤纸塞紧管的两端，把管插入两个互相不接触的溶液，使其导通。

（2）用琼脂和盐放在一起加热。注意：琼脂的量不能太多，否则盐桥电路不通。

一般情况下，盐桥溶液用的是阴、阳离子迁移速率都接近于0.5的饱和盐溶液，比如饱和氯化钾溶液。这样，当饱和盐溶液与另一种较稀溶液相接界时，主要是盐桥溶液向稀溶液扩散，从而减小了液接电势。

应注意的是，盐桥溶液不能与两端电池溶液产生反应。如果实验中使用硝酸银溶液，则盐桥溶液就不能用氯化钾溶液，而选择硝酸铵溶液较为合适，因为硝酸铵中阴、阳离子的迁移速率比较接近。

（二）标准电池

标准电池是电化学实验中基本校验仪器之一，其构造如图2-6-6所示。电池由一H形管构成，负极为含镉12.5%的镉汞齐，正极为汞和硫酸亚汞的糊状物，两极之间盛以硫酸镉饱和溶液，管的顶端加以密封。电池反应如下：

负极：Cd(汞齐)→Cd_2^+ ＋2e

正极：$Hg_2SO_4(s)+2e \rightarrow 2Hg(l)+SO_4^{2-}$

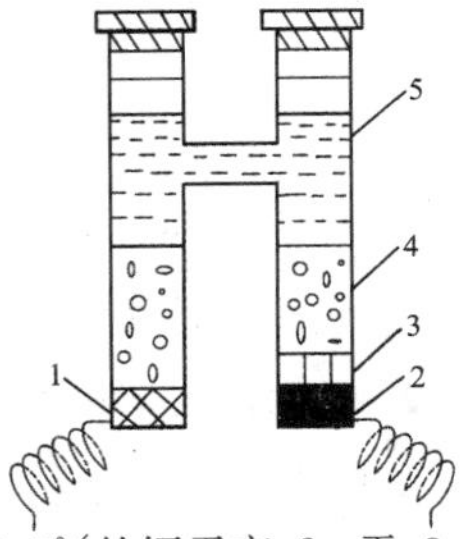

1. 含Cd 12.5%的镉汞齐；2. 汞；3. 硫酸亚汞的糊状物；4. 硫酸镉晶体；5. 硫酸镉饱和溶液

图2-6-6　标准电池的构造图

$$电池反应：Cd(汞齐)+Hg_2SO_4(s)+\frac{8}{3}H_2O = 2Hg(l)+CdSO_4\cdot\frac{8}{3}H_2O \quad (2\text{-}6\text{-}9)$$

标准电池的电动势很稳定，重现性好，20℃时 $E_0=1.0186$ V，其他温度下 E_t 可按式(2-6-10)算得：

$$E_t = E_0 - 4.06\times10^{-5}(t-20) - 9.5\times10^{-7}(t-20)^2 (\text{V}) \quad (2\text{-}6\text{-}10)$$

使用标准电池时应注意：

（1）使用温度在4～40℃之间。

（2）正、负极不能接错。

（3）不能振荡时，不能倒置，携取时要拿平稳。

（4）不能用万用表直接测量标准电池。

（5）标准电池只是校验器，不能作为电源使用，测量时间必须短暂，间歇按键，以免电流过大，损坏电池。

（6）电池若未加套直接暴露于日光，会使硫酸亚汞变质，电动势下降。

（7）按规定时间，需要对标准电池进行计量校正。

（三）常用电极

1. 甘汞电极。

甘汞电极是实验室中常用的参比电极之一，具有装置简单、可逆性高、制作方便、电势稳定等优点。其构造形状很多，但不管哪一种形状，在玻璃容器的底部皆装入少量的汞，然后装汞和甘汞的糊状物，再注入氯化钾溶液，将作为导体的铂丝插入，即构成甘汞电极。甘汞电极表示形式如下：

$$Hg-Hg_2Cl_2(s)|KCl(a)$$

电极反应为：

$$Hg_2Cl_2(s)+2e\rightarrow 2Hg(l)+2Cl^-(a_{Cl^-})$$

$$\varphi_{甘汞}=\varphi'_{甘汞}-\frac{RT}{F}\ln a_{Cl^-} \tag{2-6-11}$$

可见，甘汞电极的电势随氯离子活度的不同而改变。不同氯化钾溶液浓度的 $\varphi_{甘汞}$ 与温度的关系见表 2-6-1。

表 2-6-1 不同氯化钾溶液浓度的 $\varphi_{甘汞}$ 与温度的关系

氯化钾溶液浓度/($mol\cdot dm^{-3}$)	电极电势 $\varphi_{甘汞}$/V
饱和	$0.2412-7.6\times10^{-4}(t-25)$
1.0	$0.2801-2.4\times10^{-4}(t-25)$
0.1	$0.3337-7.0\times10^{-5}(t-25)$

各文献上列出的甘汞电极的电势数据常不相符合，这是因为接界电势的变化对甘汞电极电势有影响，由于所用盐桥的介质不同，而影响甘汞电极电势的数据。

使用甘汞电极时应注意：

① 由于甘汞电极在高温时不稳定，故甘汞电极一般适用于 70℃以下的测量。

② 甘汞电极不宜用在强酸、强碱性溶液中使用，因为此时的液体接界电位较大，而且甘汞可能被氧化。

③ 如果被测溶液中不允许含有氯离子，应避免直接插入甘汞电极。

④ 应注意甘汞电极的清洁，不得使灰尘或局外离子进入该电极内部。

⑤ 当电极内溶液太少时，应及时补充。

2. 铂黑电极。

铂黑电极是一种在铂片上镀一层颗粒较小的黑色金属铂所组成的电极，这是为了增大铂电极的表面积。目前所用的铂黑电极大多数为采购商品，很少有实验室自己镀铂黑电极。

（四）检流计

检流计灵敏度很高，常用来检查电路中有无电流通过，主要用在平衡式直流电测仪器如电位差计、电桥作示零仪器。目前实验室中使用最多的是磁电式多次反射光点检流计，它可以和分光光度计及 UJ-25 型直流电位差计配套使用。

1. 工作原理。

磁电式检流计结构如图 2-6-7 所示。当检流计接通电源后，由灯泡、透镜和光栏构成的光源发射出一束光，投射到平面镜上，又反射到反射镜上，最后成像在标尺上。

被测电流经悬丝通过动圈时，使动圈发生偏转，其偏转的角度与电流的强弱有关。因平面镜随动圈而转动，所以在标尺上光点移动距离的大小与电流的大小成正比。电流通过动圈时，产生的磁场与永久磁铁的磁场相互作用，产生转动力矩，使动圈偏转。但动圈的偏转又使悬丝的扭力产生反作用力矩，当二力矩相等时，动圈就停在某一偏转角度上。

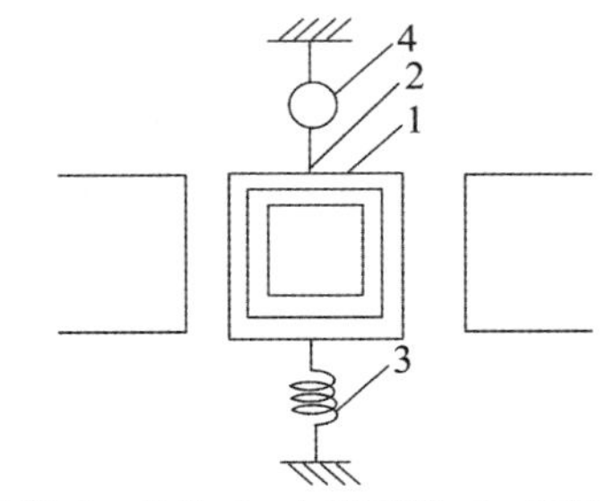

1. 动圈；2. 悬丝；3. 电流引线；4. 反射小镜

图 2-6-7　磁电式检流计结构示意图

2. 磁电式检流计的使用方法。

AC15 型检流计面板如图 2-6-8 所示。

① 首先检查电源开关所指示的电压是否与所使用的电源电压一致，然后接通电源。

② 旋转零点调节器，将光点准线调至零位。

③ 用导线将输入接线柱与电位差计“电计”接线柱接通。

④ 测量时先将分流器开关旋至最低灵敏度挡(0.01 挡)，然后逐渐增大灵敏度进行测量(“直接”挡灵敏度最高)。

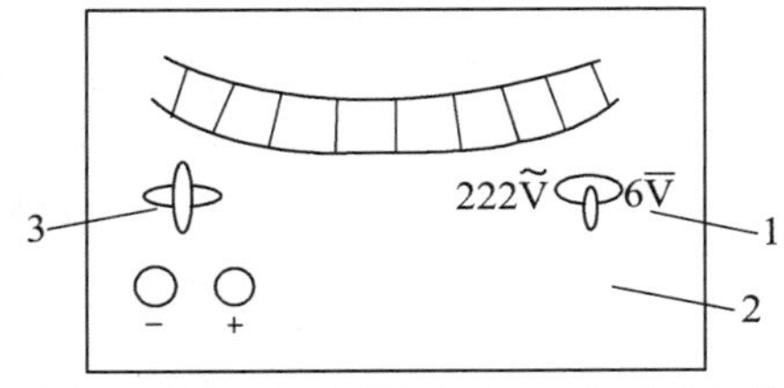

1. 电源开关；2. 零点调节器；3. 分流器开关

图 2-6-8　AC15 型检流计面板图

⑤ 在测量中如果光点剧烈摇晃时，可按电位差计短路键，使其受到阻尼作用而停止。

⑥ 实验结束时，或移动检流计时，应将分流器开关置于“短路”，以防止损坏检流计。

第三节　溶液 pH 的测量及仪器

在实际工作中经常需要测定溶液的 pH，简单方法是用 pH 试纸和 pH 指示剂来测定。如要精确测量，则需要使用 pH 计(酸度计)。

一、酸度计的工作原理

酸度计是用来测定溶液 pH 的最常用仪器之一，其优点是使用方便、测量迅速。酸度计主要由参比电极、指示电极和测量系统三部分组成。指示电极则通常是一支对 H^+ 具有特殊选择性的玻璃电极。参比电极常用的是饱和甘汞电极，组成的电池可表示如下。

玻璃电极 ‖ 待测溶液 ‖ 饱和甘汞电极

则电极电位为：

$$E=\varphi_{甘汞}-\varphi_{玻璃}=0.2412-(\varphi^{\theta}_{玻璃}-\frac{RT}{F}2.303\text{pH})$$

$$=0.2412-(\varphi^{\theta}_{玻璃}-0.05916\text{pH})$$

$$\text{pH}=\frac{E-0.2412+\varphi^{\theta}_{玻璃}}{0.05916}$$

鉴于由玻璃电极组成的电池内阻很高，在常温时达几百兆欧，因此不能用普通的电位差计来测量电池的电动势。

酸度计的测量原理是利用玻璃电极和甘汞电极对被测溶液中不同酸度产生的直流电位，通过前置 pH 放大器送到 A/D 转换器中，最后显示 pH 数据。

利用双积分原理实现数模转换，将待测体系的电压信号进行处理，并将该信号传输给数据显示器。

酸度计的种类很多，图 2-6-9 是目前实验室内常用的几种酸度计外观，这些均可以测量溶液的 pH 和电势(mV)。不管是哪种类型，其测量原理和范围均是相同的。测量范围 pH：0～14 pH，mV：0～±1400mV。

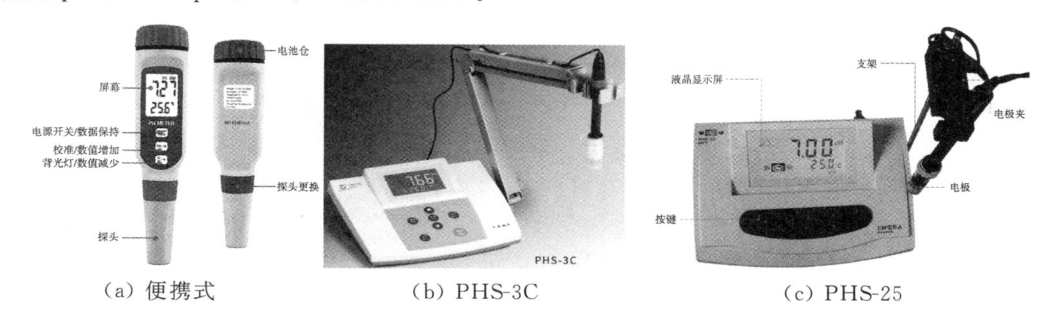

(a) 便携式　　(b) PHS-3C　　(c) PHS-25

图 2-6-9　各种酸度计

酸度计中主要部件是电极。使用中若能够合理维护、按要求配制标准缓冲液和正确操作电计，可大大减小 pH 示值误差，从而提高化学实验、医学检验数据的可靠性。

二、使用方法

目前实验室使用的电极大都是复合电极(图 2-6-10)，其优点是使用方便，不受氧化性或还原性物质的影响，且平衡速度较快，以 PHS-3C 型为例。

(一) 安装

使用时，将电极加液口上所套的橡胶套和下端的橡皮套全取下，以保持电极内氯化钾溶液的液压差。将电极插入专用插口。

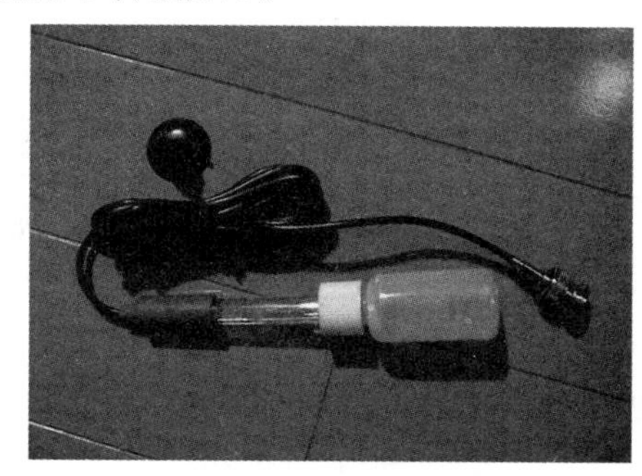

图 2-6-10　复合电极

(二) 定位

在烧杯内放入已知 pH 的缓冲溶液，将电极浸入溶液中，按下读数开关，调节校正调节器使表针指示在该 pH(即 pH-mV 分档开关指示值加上表针的指示值)。摇动烧杯，若指针有偏离，应再调节定位调节器使之指在已知 pH 处。

（三）测量

1. 放开读数开关。

2. 移去缓冲溶液烧杯，用蒸馏水洗净电极，并用滤纸吸干，再将电极插入待测溶液烧杯中。

3. 按下读数开关，读出指示值。

三、电极的使用及保养

1. 复合电极不用时，可充分浸泡在 3 $mol \cdot dm^{-3}$ 氯化钾溶液中，切忌用洗涤液或其他吸水性试剂浸洗。

2. 使用前，检查玻璃电极前端的球泡。正常情况下，电极应该透明而无裂纹；球泡内要充满溶液，不能有气泡存在。

3. 测量浓度较大的溶液时，尽量缩短测量时间，用后仔细清洗，防止被测液黏附在电极上而污染电极。

4. 清洗电极后，不要用滤纸擦拭玻璃膜，而应用滤纸吸干，避免损坏玻璃薄膜、防止交叉污染，影响测量精度。

5. 测量中注意电极的银-氯化银内参比电极应浸入球泡内氯化物缓冲溶液中，避免电计显示部分出现数字乱跳现象；使用时，注意将电极轻轻甩几下。

6. 电极不能用于强酸、强碱或其他腐蚀性溶液的测量。

7. 严禁在脱水性介质如无水乙醇、重铬酸钾等中使用。

四、标准缓冲液的配制及其保存

1. pH 标准物质应保存在干燥的地方，如混合磷酸盐 pH 标准物质在空气湿度较大时就会发生潮解，一旦出现潮解，pH 标准物质即不可使用。

2. 配制 pH 标准溶液应使用二次蒸馏水或者是去离子水。如果是用于 0.1 级 pH 计测量，则可以用普通蒸馏水。

3. 配制 pH 标准溶液应使用较小的烧杯来稀释，以减少沾在烧杯壁上的 pH 标准液。存放 pH 标准物质的塑料袋或其他容器，除了倾倒干净以外，还应用蒸馏水多次冲洗，然后将其倒入配制的 pH 标准溶液中，以保证配制的 pH 标准溶液准确无误。

4. 配制好的标准缓冲溶液一般可保存 2～3 个月，如发现有浑浊、发霉或沉淀等现象时，不能继续使用。

5. 碱性标准溶液应装在聚乙烯瓶中密闭保存，以防止二氧化碳进入标准溶液后形成碳酸，降低其 pH。

五、pH 计的正确校准

pH 计类型很多，其操作步骤各有不同，因而 pH 计的操作应严格按照其使用说明书正确进行。在具体操作中，校准是 pH 计使用操作中的一个重要步骤。其校准方法均采用两点校准法，即选择两种标准缓冲液：一种是 pH7 标准缓冲液，另一种是 pH9 标准缓冲液或 pH4 标准缓冲液。

先用 pH7 标准缓冲液对电计进行定位，再根据待测溶液的酸碱性选择第二种标准缓冲液。如果待测溶液呈酸性，则选用 pH4 标准缓冲液；如果待测溶液呈碱性，则选用

pH9 标准缓冲液。若是手动调节的 pH 计，应在两种标准缓冲液之间反复操作几次，直至不需再调节其零点和定位(斜率)旋钮，pH 计即可准确显示两种标准缓冲液 pH，则校准过程结束。此后，在测量过程中零点和定位旋钮就不应再动。若是智能式 pH 计，则不需反复调节，因为其内部已贮存几种标准缓冲液的 pH 可供选择，而且可以自动识别并自动校准。但要注意标准缓冲液选择及其配制的准确性。智能式0.01级 pH 计一般内存有3～5 种标准缓冲液 pH。

其次，在校准前应特别注意待测溶液的温度，以便正确选择标准缓冲液，并调节电计面板上的温度补偿旋钮，使其与待测溶液的温度一致。不同的温度下，标准缓冲溶液的 pH 是不一样的。校准工作结束后，对使用频繁的 pH 计一般在 48 小时内仪器不需再次定标。如遇到下列情况之一，仪器则需要重新标定。

(1) 溶液温度与定标温度有较大的差异时。

(2) 电极在空气中暴露过久，如半小时以上时。

(3) 定位或斜率调节器被误动。

(4) 测量过酸(pH＜2)或过碱(pH＞12)的溶液后。

(5) 换过电极后。

(6) 当所测溶液的 pH 不在两点定标时所选溶液的中间，且距 pH＝7 又较远时。

第四节　恒电位仪工作原理及使用方法

恒电位仪广泛应用于电极过程动力学、化学电源、电镀、金属腐蚀、电化学分析及有机电化学合成等方面的研究。在许多应用中主要是向被保护金属构筑物表面提供外加阴极直流电源，设定通电点电位，进行阴极极化，以防止或延缓金属管道及设施、延长其使用寿命的主要设备。

一、恒电位仪工作原理

我们知道，在研究可逆电池的电动势和电池反应时，电极上几乎没有电流，每个电极或电池反应，都是在无限接近于平衡的条件下进行的，因此电池反应是可逆的。但当有明显的电流通过电池时，则平衡状态被破坏，此时电极反应处于不可逆状态。随着电极上电流密度的增加，电极反应的不可逆程度也随之增大。在有电流通过电极时，由于电极反应的不可逆而使电极电位偏离平衡值的现象叫作电极的极化。偏离的值称超电位，电流密度越大，偏离的越大。这种描述电流密度与电极电位关系的曲线叫作极化曲线(图 2-6-11)，测定极化曲线的装置叫作恒电位仪。研究极化曲线的意义在于研究平衡值与偏离值的大小，随电流的大小而变化的情况。但在研究某些金属溶解的过程中发现，随着外电位的增加，电极的电流密度也随之增加，金属溶解速度加快。但达到一最大值后，却随着外电位的增加，电流密度反而降低，金属的溶解速度降低，进入一个钝化区。在钝化区内，金属的溶解速度很慢，再增加外电位，溶解速度又将加快。所以说，研究钝化过程是电化学金属阳极防腐蚀的方法的依据。如可用铁罐运输浓硫酸和浓硝酸，是化学钝化。如研究铁的钝化区，就可知道表面上维持多大的外压就能控制最小的电流密度，使之产生电化学钝化，以达到保护的目的，如大型的化肥厂的碳化塔、远洋货轮等的防腐。

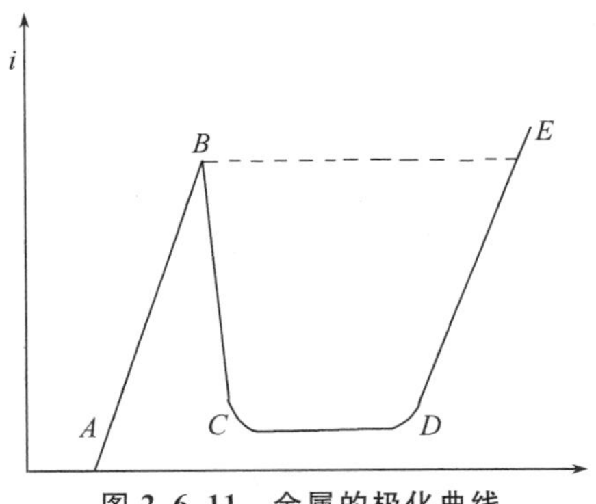

图 2-6-11　金属的极化曲线

实验室中恒电位仪主要用在极化曲线测量实验中。测定极化曲线用恒电位法和恒电流法两种，但由于控制电位法能得到完整的阳极极化曲线，实验均采用恒电位法。

用恒电流法不能得到完整的曲线，只能得到虚线的形式，因为完整的极化曲线有一个“负坡度”区域的特点，具有这种特点的曲线是无法用控制电流的方法来测量的。因为在同一个电流值 I 可能相应于几个不同的电极电位，因而在控制电流极化时，电极电位将处于一种不稳定状态，并可能发生电位的跳跃甚至振荡。

二、测量方法

设要测定 W 的极化电位(图 2-6-12(a)和图 2-6-12(b)为恒电流法测量原理图)。E_a 在 R_a 上产生一电压降，改变 R_a 点位置可改变其电压大小。此时工作电极 W 和辅助电极 C 间的电位恒定，测量工作电极 W 和参比电极 r 组成的原电池电动势的数值 E，即可知工作电极 W 的电位值，工作电极 w 和辅助电极 C 间的电流数值可从电流表 A 中读出。

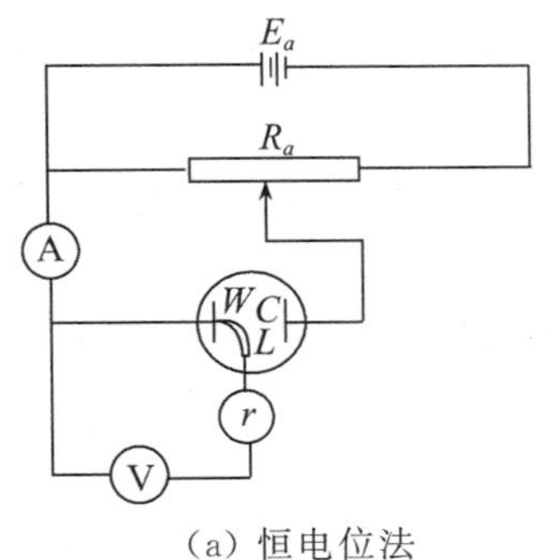

(a) 恒电位法

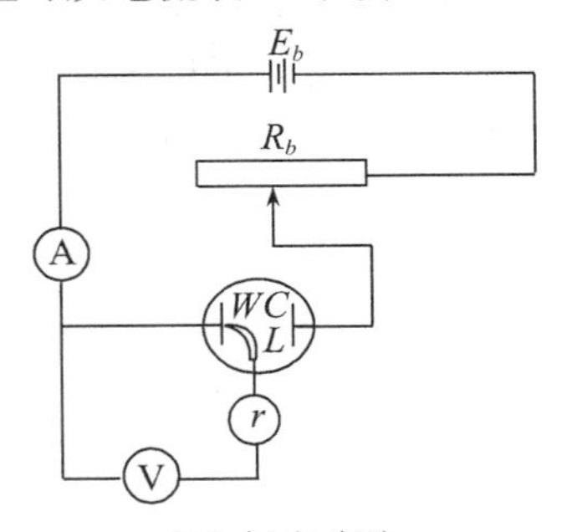

(b) 恒电流法

E_a—低压(几伏)稳压电源；E_b—稳压电源(几十伏到一百伏)；R_a—低电阻(几欧姆)；R_b—高电阻(几十千欧姆到一百千欧姆)；A—精密电流表；V—高阻抗毫伏计；L—鲁金毛细管；C—辅助电极；W—工作电极；r—参比电极

图 2-6-12　恒电位和恒电流测量原理图

这样，W 和 C 之间就组成了一个电解池，W 和 r 之间就组成了一个原电池。当调节电阻 R_a 时，W 和 C 之间就有一个恒定的电流(可通过显示窗显示电位值)，此时电位值就偏离平衡值，偏离的大小，可通过测定 W 和 r(甘汞电极)组成的新的原电池的 E 值来获取。用电位差计读出电池的电动势。则 $E=\varphi_{甘汞}-\varphi_{待测}$，$\varphi_{甘汞}$ 已知，$\varphi_{待测}$ 可求。每改变一次电位值，就测出一个相应稳定的 I 值。具体线路连接如图 2-6-13。图 2-6-14 为晶体管恒电位仪的外观。

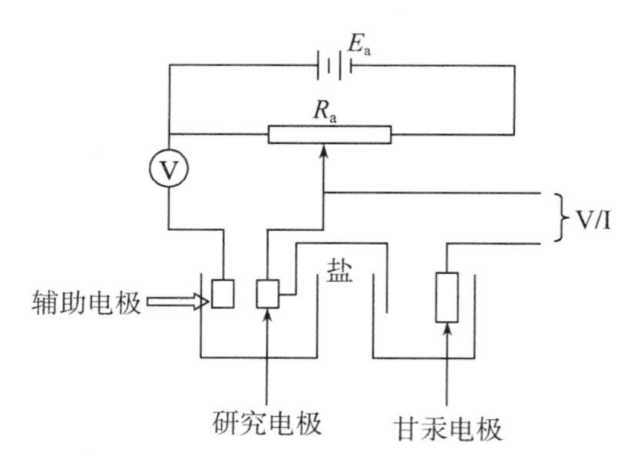

图 2-6-13　极化曲线测量连接示意图

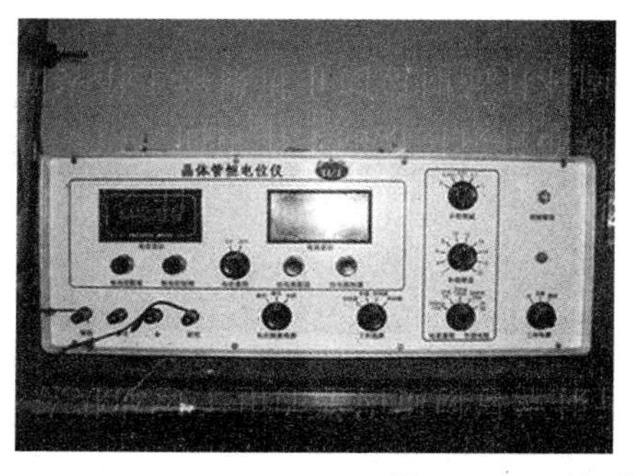

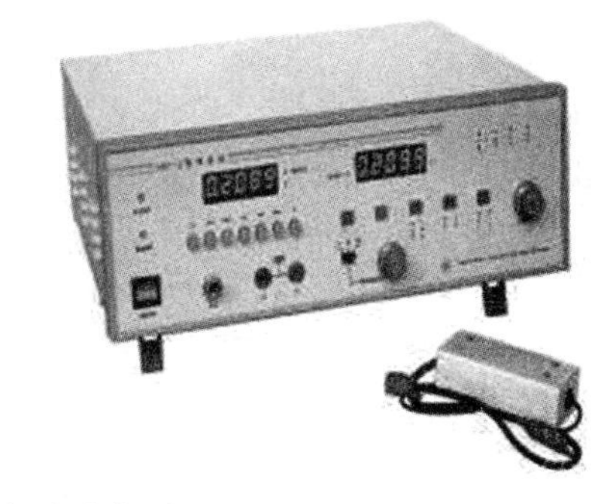

图 2-6-14　实验用晶体管恒电位仪外观

思考题

1. 在恒电位法测定极化曲线的原理图中，当给电解池一个恒定的电位时，我们从电流显示窗内读到的电流值是不是直接从连接原电池的电位差计中读到的数据？为什么？

2. 如果我们实验室里没有电导率仪，需要测定溶液的电导率，能否设计一个测定未知溶液电导率的仪器原理图？

3. 用电位差计测定原电池的电动势时，标准化这一操作起什么作用？要测得精确的电动势值，测定时操作的关键是什么？

4. 在用电位差计测量未知电池的电动势实验中，两次对消指的是什么对消？请解释。

5. 请解释如果有一个需要防腐蚀的工作台，你怎样用恒电位仪来达到这个目的、怎样接线。

6. 你在哪个物理化学实验中使用过标准电池？简述它在实验中起的作用，它是提供标准电极电位，还是提供标准电流，还是标准电位差？

7. 酸度计主要由哪几部分组成？

8. 在电池电动势的测量中，与电位差计配套的检流计用于什么目的？

9. 测定电解质溶液的电导率 k 与摩尔电导率 Λ_m 时，实验中所用的仪器设备有哪些？

10. 为什么金属的阳极极化曲线的测定要用恒电位法而不用恒电流法？

11. 极化曲线实验中，碳钢片出现过钝化区是什么原因？

12. 用 pH 计测定物质的 pH 时，用的电极是哪两种？

13. 长时间使用光亮电极和铂黑电极，哪个电极的常数会发生变化？

（魏西莲编写）

第七章　光化学测量技术与仪器

光是一种电磁辐射，按波长，可分为不同的区域。

表 2-7-1　不同光的波长范围

γ-射线	X-射线	远紫外区	近紫外区	可见光区	近红外区	远红外区	微波	无线电波
0.0005～0.14 nm	0.01～10 nm	10～200 nm	200～380 nm	380～780 nm	780～3 μm	3～300 μm	0.3～1 m	>1 m

光与物质相互作用可以产生各种光学现象(如光的折射、反射、散射、透射、吸收、旋光以及物质受激辐射等)，通过分析研究这些光学现象，可以提供原子、分子及晶体结构等方面的大量信息。所以，不论在物质的成分分析、结构测定及光化学反应等方面，都离不开光学测量。任何一种光学测量系统都包括光源、滤光器、样品器和检测器这些部件，它们可以用各种方式组合以满足实验需要。下面介绍物理化学实验中常用的几种光学测量仪器。

第一节　阿贝折射仪

折射率是物质的重要物理参数之一，表示在两种介质中光速比值的物理量。许多纯物质都具有一定的折射率，如果其中含有杂质则折射率将发生变化，出现偏差，杂质越多，偏差越大。因此通过折射率的测定，可以测定物质的浓度、鉴定液体的纯度。而阿贝折射仪则是测定物质折射率的常用仪器。下面介绍其工作原理和使用方法。

一、阿贝折射仪的构造原理

阿贝折射仪是测透明、半透明液体或固体的折射率 n_D 和平均色散 n_F-n_C 的仪器。基础实验中用于测量液体物质的普通阿贝折射仪外形如图 2-7-1 所示。仪器接有恒温器，可测定温度为 0～70℃内的折射率 n_D，并能测出糖溶液内含糖量，故此种仪器是石油工业、油脂工业、制药工业、造漆工业、食品工业、日用化学工业、制糖工业和地质勘查等有关工厂、教学及科研单位不可缺少的常用设备之一。

(一) 光的折射现象

当一束单色光从介质 A(光疏介质)进入另一种光密介质 B(或相反)时，由于光在两种介质中的传播速度不同而导致光线在通过界面时改变了方向，这一现象称为光的折射，如图 2-7-2 所示。

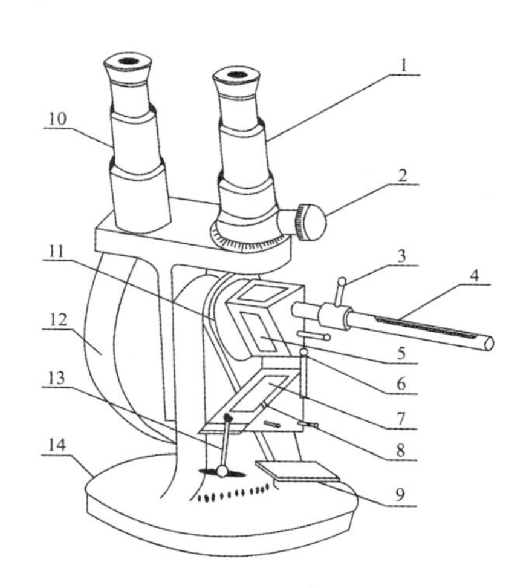

1. 测量望远镜；2. 消色散手柄；3. 恒温水入口；4. 温度计；5. 测量棱镜；6. 铰链；7. 辅助棱镜；8. 加液槽；9. 反射镜；10. 读数望远镜；11. 转轴；12. 刻度盘罩；13. 闭合旋钮；14. 底座

图 2-7-1　阿贝折射仪外形图

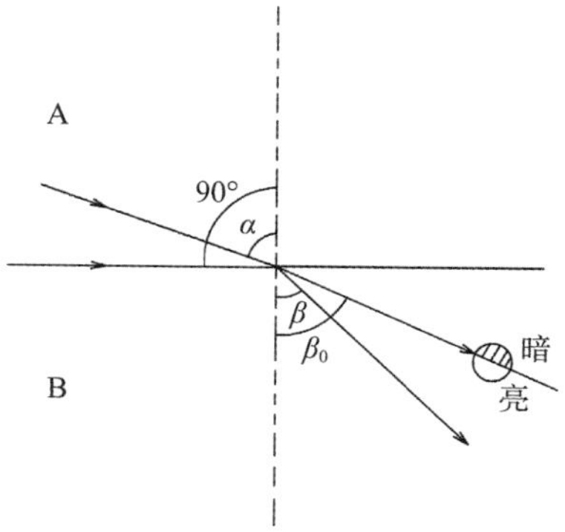

图 2-7-2　光的折射

（二）折射率

入射光从一定角度射入，如果传播方向不垂直于 A、B 界面，根据史耐尔(Snell)折射定律。如果波长一定的单色光在温度、压力不变的条件下，其入射角 α 和折射角 β 与这两种介质的折射率 n_A，n_B 呈下列关系。

$$\frac{v_A}{v_B}=\frac{\sin\alpha}{\sin\beta}=\frac{n_B}{n_A}=n_{AB} \tag{2-7-1}$$

式中：α 为入射角；β 为折射角；v_A、v_B 为光在两种介质中的光速；n_A、n_B 为交界面两侧两种介质的折射率；n_{AB} 为介质 B 对介质 A 的相对折射率。

若介质 A 为真空，因规定 $n=1.0000$，故 $n_{AB}=n_1$ 为绝对折射率。但介质 A 通常为空气，空气的绝对折射率为 1.00029，这样得到的各物质的折射率称为常用折射率，也称作对空气的相对折射率。同一物质两种折射率之间的关系为：

绝对折射率＝常用折射率×1.00029

根据式(2-7-1)可知，当光线从一种折射率小的介质 $A(n_A)$ 射入折射率大的介质 $B(n_B)$ 时($n_A<n_B$)，入射角 α 一定大于折射角 $\beta(\alpha>\beta)$。当入射角增大时，折射角也增大。

当入射角 $\alpha=90°$ 时，折射角为 β_0，我们将此折射角称为临界角。因此，当在两种介质的界面上以不同角度射入光线时(入射角 α 从 0°～90°)，光线经过折射率大的介质后，其折射角 $\beta\leqslant\beta_0$。其结果是大于临界角的部分无光线通过，成为暗区；小于临界角的部分有光线通过，成为亮区。临界角成为明暗分界线的位置，如图 2-7-2 所示。

根据式(2-7-1)可得：

$$n_A=n_B\frac{\sin\beta_0}{\sin\alpha}=n_B\sin\beta_0 \tag{2-7-2}$$

因此在固定一种介质时，临界折射角 β_0 的大小与被测物质的折射率是简单的函数关系，阿贝折射仪就是根据这个原理而设计的。

二、阿贝折射仪的结构

阿贝折射仪的光学示意图如图 2-7-3 所示。

两个 $n=1.75$ 的玻璃直角棱镜，上部为测量棱镜，是光学平面镜，下部为辅助棱镜。其斜面是粗糙的毛玻璃，两者之间有 0.1～0.15 mm 厚度空隙，用于装待测液体，并使液体展开成一薄层。当从反射镜反射来的入射光进入辅助棱镜至粗糙表面时，产生漫散射，以各种角度透过待测液体，从各个方向进入测量棱镜而发生折射。其折射角都落在临界角 β_0 之内，因为棱镜的折射率大于待测液体的折射率，因此入射角从 0°～90°的光线都通过测量棱镜发生折射。具有临界角 β_0 的光线从测量棱镜出来反射到目镜上，此时若将目镜十字线调节到适当位置，则会看到目镜上呈半明半暗状态。折射光都应落在临界角 β_0 内，成为亮区，其他部分为暗区，构成了明暗分界线。

根据式(2-7-2)可知，只要已知棱镜的折射率 $n_{棱}$，通过测定待测液体的临界角 β_0，就能求得待测液体的折射率 $n_{液}$。实际上，测定 β_0 值很不方便，当折射光从棱镜出来进入空气又产生折射，折射角为 θ(图 2-7-4)。$n_{液}$ 与 θ 之间的关系为：

$$n_{液}=\sin\delta\sqrt{n_{棱}^2-\sin^2\theta}+\cos\delta\sin\theta \tag{2-7-3}$$

式中：δ 为常数；$n_{棱}=1.75$。测出 θ 即可求出 $n_{液}$。因为在设计折射仪时已将 θ 换算成 $n_{液}$ 值，故从折射仪的标尺上可直接读出液体的折射率。

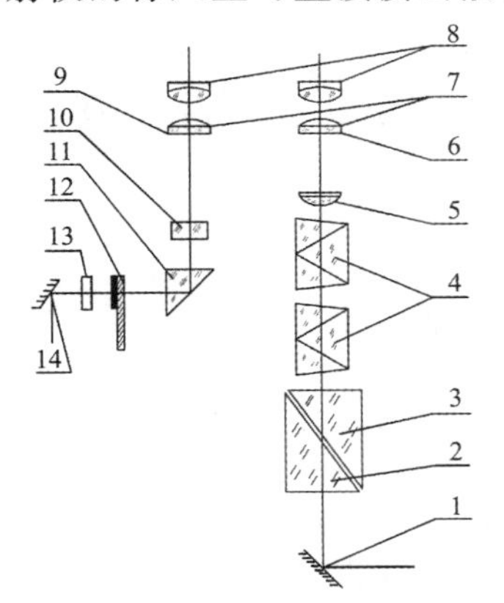

1. 反射镜；2. 辅助棱镜；3. 测量棱镜；4. 消色散棱镜；5. 物镜；6. 分划板；7、8. 目镜；9. 分划板；10. 物镜；11. 转向棱镜；12. 照明度盘；13. 毛玻璃；14. 小反光镜

图 2-7-3　阿贝折射仪光学系统示意图

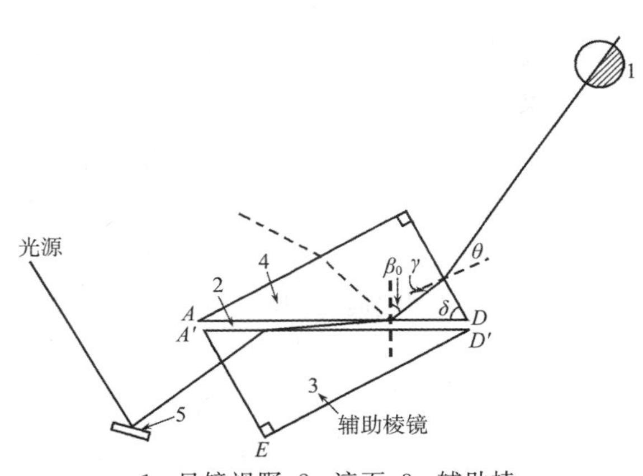

1. 目镜视野；2. 液面；3. 辅助棱镜；4. 基本棱镜；5. 反射镜

图 2-7-4　光线折射示意图

在实际测量折射率时，我们使用的入射光不是单色光，而是由多种单色光组成的普通白光。因不同波长的光的折射率不同而产生色散，在目镜中看到一条彩色的光带，而没有清晰的明暗分界线。为此，在阿贝折射仪中安置了一套消色散棱镜(又叫作补偿棱镜)。通过调节消色散棱镜，使测量棱镜出来的色散光线消失，明暗分界线清晰，此时测得的液体的折射率相当于用单色光钠光 D 线所测得的折射率 n_D。

三、阿贝折射仪的使用方法

(一) 仪器的安装

将阿贝折射仪安放在光亮处，但应避免阳光的直接照射，以免液体试样受热迅速蒸发。将超级恒温槽与其相连接使恒温水通入棱镜夹套内，检查棱镜上温度计的读数是否符合要求，一般选用(20.0±0.1)℃或(25.0±0.1)℃。

（二）仪器校正

折射仪刻度盘上的标尺的零点有时会发生移动，须加以校正。校正的方法是用一种已知折射率的标准液体，一般是用纯水，将平均值与标准值比较，其差值即为校正值。纯水在20℃时的折射率为1.3330，25℃时的折射率为1.3325。

（三）加样

旋开测量棱镜和辅助棱镜的闭合旋钮，使辅助棱镜的磨砂斜面处于水平位置。若棱镜表面不清洁，可滴加少量丙酮，用擦镜纸顺着单一方向轻擦镜面（不可来回擦）。待镜面洗净干燥后，用滴管滴加数滴试样于辅助棱镜的毛镜面上，迅速合上辅助棱镜，旋紧闭合旋钮。若液体易挥发，动作要迅速，或先将两棱镜闭合，然后用滴管从加液孔中注入试样（注意切勿将滴管折断在孔内）。

（四）对光

转动左右手柄，使彩带消失，只剩明暗光线，且明暗线通过十字中心。同时，从测量望远镜中观察，使视场最亮，十字最清晰，分界线正好处于×形交点上。

（五）读数

从读数望远镜中读出右边刻度盘上的折射率数值（左边是含糖量）。常用的阿贝折射仪可读至小数点后的第4位，一般应将试样重复测量3次，每次相差不能超过0.0002，然后取平均值。

四、注意事项

阿贝折射仪是一种精密的光学仪器，使用时应注意以下几点。

1. 使用时要注意保护棱镜，清洗时只能用擦镜纸而不能用滤纸等。加试样时不能将滴管口触及镜面。对于酸碱等腐蚀性液体不得使用阿贝折射仪。

2. 每次测定时，试样不可加得太多，一般只需加2～3滴即可。

3. 要注意保持仪器清洁，保护刻度盘。每次实验完毕，要在镜面上加几滴丙酮，并用镜纸擦干。最后用两层擦镜纸夹在两棱镜镜面之间，以免镜面损坏。

4. 读数时，有时在目镜中观察不到清晰的明暗分界线，而是彩色畸形的，这是由于棱镜间未充满液体或镜面不干净。若出现弧形光环，则可能是由于光线未经过棱镜而直接照射到聚光透镜上。

5. 若待测试样折射率不在1.3～1.7范围内，则阿贝折射仪不能测定，也看不到明暗分界线。

6. 实验结束后应用纸套套在两个目镜上。

五、数字阿贝折射仪

数字阿贝折射仪的工作原理与上面讲的完全相同，都是基于测定临界角。它由角度一数字转换系统将角度量转换成数字量，再输入微机系统进行数据处理，而后数字显示出被测样品的折光率。下面是一种WAY-S型数字阿贝折射仪，其外形结构如图2-7-5所示。

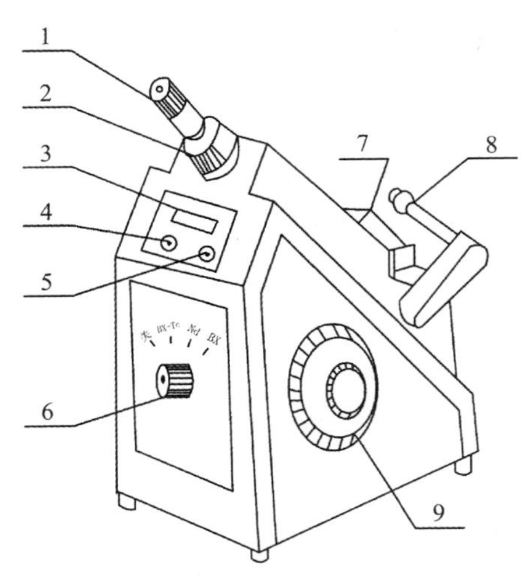

1. 望远镜系统;2. 色板校正系统;3. 数字显示窗;4. 测量显示按钮;5. 温度显示按钮;6. 方式选择按钮;7. 折射棱镜系统;8. 聚光照明系统;9. 调节手轮

图 2-7-5 WYA-S 数字阿贝折射仪结构示意图

六、阿贝折射仪的应用

1. 可以鉴定物质的纯度,因为阿贝折射仪可以将液体的折射率测得很准。

2. 可用来测量二元体系的组成,如左边一行示值 0~95%,表示蔗糖水溶液的浓度。

3. 可用来判断物质的某些结构特征。因为折射率与物质内部的电子运动状态有关,是物质结构中某些状态函数,如摩尔折射度 R。

七、仪器的维护与保养

1. 仪器应放在干燥、空气流通和温度适宜的地方,以免仪器的光学零件受潮发霉。

2. 仪器使用前后及更换试样时,必须先清洗擦净折射棱镜的工作表面。

3. 被测液体试样中不可含有固体杂质,测试固体样品时应防止折射镜工作表面拉毛或产生压痕,严禁测试腐蚀性较强的样品。

4. 仪器应避免强烈振动或撞击,以防止光学零件震碎、松动而影响精度。

5. 仪器不用时应用塑料罩将仪器盖上或放入箱内。

6. 使用者不得随意拆装仪器,如发生故障或达不到精度要求时,应及时送修。

第二节 旋光仪

旋光仪是测定物质旋光度的仪器。通过对样品旋光度的测量,可以分析确定物质的浓度、含量及纯度等。旋光仪广泛应用于制药、药检、制糖、食品、香料、味精以及化工、石油等工业生产、科研、教学部门,用于化验分析或过程质量控制。

一、基本原理

(一) 旋光现象、旋光度和比旋光度

通过旋光度的研究,可以了解物质立体结构的许多重要规律。圆偏振光(自然光或

非偏振光）:由一般光源发出，光波在垂直于传播方向的一切方向上振动的光；平面偏振光：光波只在一个方向上振动的光。

物质的旋光性：某些物质在一束平面偏振光通过时，能使其振动方向旋转一定角度的性质。这种现象称为物质的旋光现象。振动的角度称为旋光度，以 α 表示。物质的这种使偏振光的振动面旋转的性质叫作物质的旋光性。凡有旋光性的物质称为旋光物质。

偏振光通过旋光物质时，我们对着光的传播方向看，如果使偏振面向右（即顺时针方向）旋转的物质，叫作右旋性物质；如果使偏振面向左（逆时针）旋转的物质，叫作左旋性物质。

物质的旋光度是旋光物质的一种物理性质，只有相对含义。除主要决定于物质的立体结构外，还因实验条件的不同而有很大的不同。因此，人们又提出"比旋光度"的概念作为量度物质旋光能力的标准。

规定：以钠光 D 线作为光源，温度为 293.15 K 时，一根 10 cm 长的样品管中，装满含有 1 $g \cdot cm^{-3}$ 旋光物质溶液后所产生的旋光度，称为该溶液的比旋光度，即：

$$[\alpha]_t^D = \frac{10\alpha}{Lc} \tag{2-7-4}$$

式中：D 表示光源；通常为钠光 D 线；t 为实验温度；α 为旋光度；L 为液层厚度，单位为厘米；c 为被测物质的浓度（以每毫升溶液中含有样品的克数表示）。为区别右旋和左旋，常在左旋光度前加"—"号。如蔗糖 $[\alpha]_t^D = 52.5°$ 表示蔗糖是右旋物质。而果糖的比旋光度为 $[\alpha]_t^D = -91.9°$，表示果糖为左旋物质。如应用公式 $[\alpha]_t^D = \frac{100\alpha}{Lc}$，则式中：$L$ 为液层厚度（dm）；c 为被测物质的浓度（$g \cdot (100\ mL)^{-1}$）。

通过旋光仪主要应用在两个方面：

（1）能定量测定旋光性物质的浓度，如制糖工业中测定糖的含量。查出 $[\alpha]_t^D$，用一定长度的旋光管，20℃时测出未知溶液的旋光度 α，然后根据式（2-7-4）即可计算出未知溶液的浓度。

（2）能测定有机物的结构。根据标准物质的比旋光度值，测定出有机物质的比旋光度，即可知道有机物的结构。

（二）旋光仪的构造和测试原理

旋光度用旋光仪进行测定，旋光仪的主要元件是两块尼柯尔棱镜。尼柯尔棱镜是由两块方解石直角棱镜沿斜面用加拿大树脂黏合而成，如图 2-7-6 所示。由于自然光可在垂直于传播方向的一切方向上震动，如果我们借助于某种方法，从这种光源中挑选出只在平面内的方向上震动的光，就能达到制作旋光仪的目的。尼柯尔棱镜就是根据这一原理设计的。

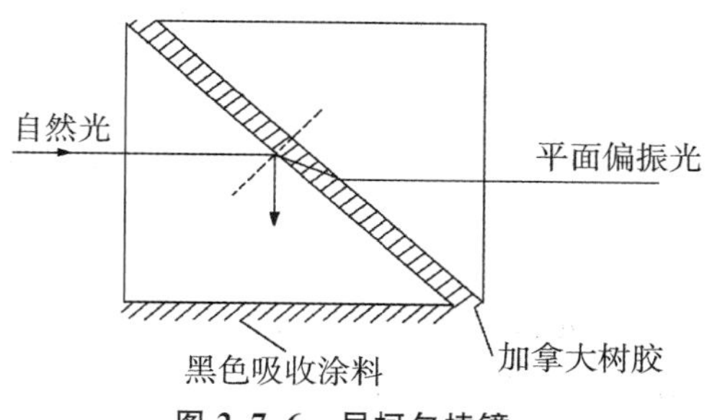

图 2-7-6　尼柯尔棱镜

偏振光的生成：实践证明，当一束单色光照射到尼柯尔棱镜时，分解为两束相互垂直的平面偏振光，一束折射率为 1.658 的寻常光，一束折射率为 1.486 的非寻常光。这两束光线到达加拿大树脂黏合面时，折射率大的寻常光（约 76° 的角度射入加拿大树脂层）

加拿大树脂的折射率为 1.550，小于方解石对寻常光的折射率（$n=1.6583$），故入射角 76°已经超过临界角（69°15′），因此在树胶层上被全反射而不能透过。到底面上的墨色涂层被吸收，而折射率小的非寻常光则通过棱镜。这样就获得了一束单一的平面偏振光，平行于方解石的竖端面。用于产生平面偏振光的棱镜称为起偏镜，如让起偏镜产生的偏振光照射到另一个透射面与起偏镜透射面平行的尼柯尔棱镜，则这束平面偏振光也能通过第二个棱镜。如果第二个棱镜的透射面与起偏镜的透射面垂直，则由起偏镜出来的偏振光完全不能通过第二个棱镜。如果第二个棱镜的透射面与起偏镜的透射面之间的夹角 θ 在 0°～90°之间，则光线部分通过第二个棱镜，此第二个棱镜称为检偏镜。通过调节检偏镜，能使透过的光线强度在最强和零之间变化。如果在起偏镜与检偏镜之间放有旋光性物质，则由于物质的旋光作用，使来自起偏镜的光的偏振面改变了某一角度，只有检偏镜也旋转同样的角度，才能补偿旋光线改变的角度，使透过的光的强度与原来相同。旋光仪就是根据这种原理设计的，如图 2-7-7 和 2-7-8 所示。

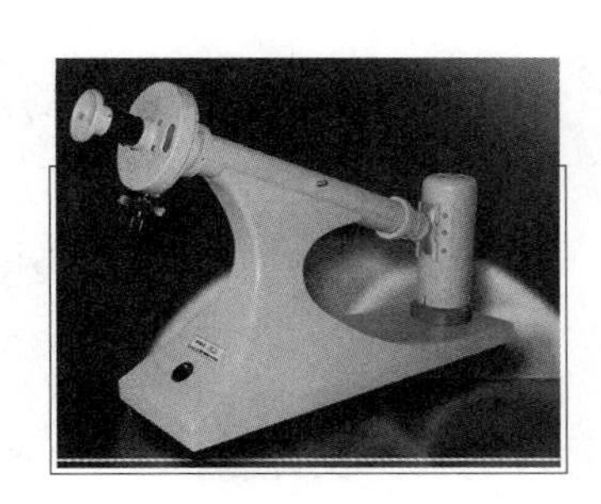

图 2-7-7　手动旋光仪外观

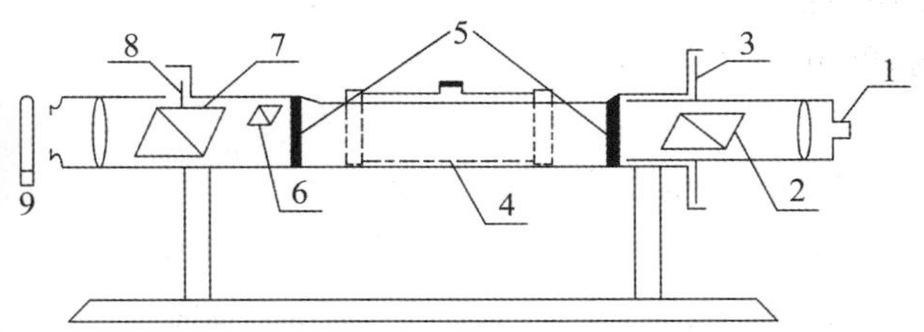

1. 目镜；2. 检偏棱镜；3. 圆形标尺；4. 样品管；5. 窗口；6. 半暗角器件；7. 起偏棱镜；8. 半暗角调节；9. 灯

图 2-7-8　旋光仪构造示意图

通过检偏镜用肉眼判断偏振光通过旋光物质前后的强度是否相同是十分困难的，这样会产生较大的误差，为此设计了一种在视野中分出三分视界的装置。原理是：在起偏镜后放置一块狭长的石英片，由起偏镜透过来的偏振光通过石英片时，由于石英片的旋光性，使偏振旋转了一个角度 Φ，通过镜前观察，光的振动方向如图 2-7-9 所示。

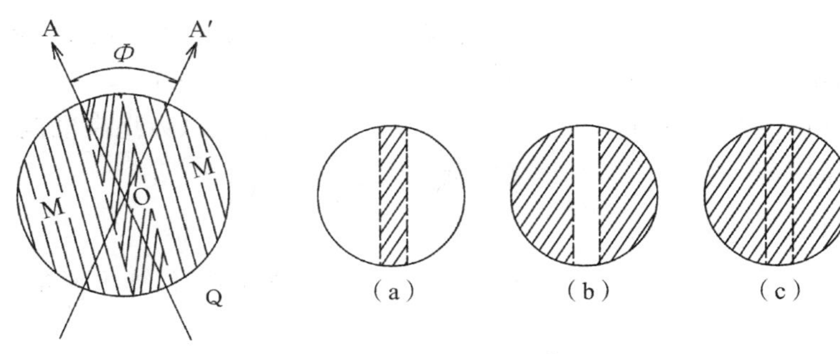

图 2-7-9　三分视野示意图

A 是通过起偏镜的偏振光的振动方向，A'是又通过石英片旋转一个角度后的振动方向，此两偏振方向的夹角 Φ 称为半暗角（$\Phi=2°\sim3°$）。如果旋转检偏镜使透射光的偏振面与 A'平行时，在视野中将观察到：中间狭长部分较明亮，而两旁较暗。这是由于两旁的偏振光不经过石英片，如图 2-7-9(b)所示。如果检偏镜的偏振面与起偏镜的偏振面平行

(即在 A 的方向时),在视野中将是:中间狭长部分较暗而两旁较亮,如图 2-7-9(a)所示。当检偏镜的偏振面处于 $\Phi/2$ 时,两旁直接来自起偏镜的光偏振面被检偏镜旋转了 $\Phi/2$,而中间被石英片转过角度 Φ 的偏振面对被检偏镜旋转角度 $\Phi/2$,这样中间和两边的光偏振面都被旋转了 $\Phi/2$,故视野呈微暗状态,且三分视野内的暗度是相同的,如图 2-7-9(c)所示。将这一位置作为仪器的零点,在每次测定时,调节检偏镜使三分视界的暗度相同,然后读数。

(三)影响旋光度的因素

1. 浓度的影响。

由式(2-7-4)可知,对于具有旋光性物质的溶液,当溶剂不具旋光性时,旋光度与溶液浓度和溶液厚度成正比。

2. 温度的影响。

温度升高会使旋光管膨胀而长度加长,从而导致待测液体的密度降低。另外,温度变化还会使待测物质分子间发生缔合或离解,使旋光度发生改变。通常温度对旋光度的影响,可用式(2-7-5)表示。

$$[\alpha]_t^\lambda=[\alpha]_t^D+Z(t-20) \tag{2-7-5}$$

式中:t 为测定时的温度;Z 为温度系数。

不同物质的温度系数不同,一般在$-(0.01\sim0.04)$℃$^{-1}$之间。为此,在实验测定时必须恒温,旋光管上装有恒温夹套,与超级恒温槽连接。

3. 浓度和旋光管长度对比旋光度的影响。

在一定的实验条件下,常将旋光物质的旋光度与浓度视为成正比,因为将比旋光度作为常数。而旋光度和溶液浓度之间并不是严格地呈线性关系。因此严格地讲,比旋光度并非常数,在精密的测定中比旋光度和浓度间的关系可用下面的三个方程之一表示。

$$[\alpha]_t^\lambda=A+Bq \tag{2-7-6}$$

$$[\alpha]_t^\lambda=A+Bq+Cq^2 \tag{2-7-7}$$

$$[\alpha]_t^\lambda=A+\frac{Bq}{C+q} \tag{2-7-8}$$

式中:q 为溶液的百分浓度;A、B、C 为常数,可以通过不同浓度的多次测量来确定。

旋光度与旋光管的长度成正比。旋光管通常有 10 cm、20 cm、22 cm 3 种规格。经常使用的有 10 cm 长度的。但对旋光能力较弱或者较稀的溶液,为提高准确度,降低读数的相对误差,需用 20 cm 或 22 cm 长度的旋光管。

二、旋光仪的使用方法

1. 打开钠光灯,等 5 min,待光源稳定后,从目镜中观察视野,如不清楚可调节目镜焦距。

2. 仪器零点的校正:洗净的样品管内,充满蒸馏水(应无气泡),放入旋光仪的样品管槽中,调节检偏镜的角度使三分视野消失,读出刻度盘上的刻度并将此角度作为旋光仪的零点。

3. 旋光度的测定:零点确定后,将样品管中蒸馏水换成待测溶液,按同样方法测定,此时刻度盘上的读数与零点时读数之差即为该样品的旋光度。

三、注意事项

1. 旋光仪在使用时，需通电预热几分钟，但钠光灯使用时间不宜过长。
2. 旋光仪是比较精密的光学仪器，使用时，仪器金属部分切忌沾上酸碱液，防止被腐蚀。
3. 光学镜片部分不能与硬物接触，以免损坏镜片。
4. 不能随便拆卸仪器，以免影响精度。

四、自动指示旋光仪结构及测试原理

目前国内生产的旋光仪，其三分视野检测、检偏镜角度的调整，采用光电检测器。通过电子放大及机械反馈系统自动进行，最后数字显示。该旋光仪体积小，灵敏度高、读数方便，减少人为观察三分视野明暗度相同时产生的误差，对弱旋光性物质同样适应。

WZZ 型自动数字显示旋光仪，其结构原理如图 2-7-10 所示。

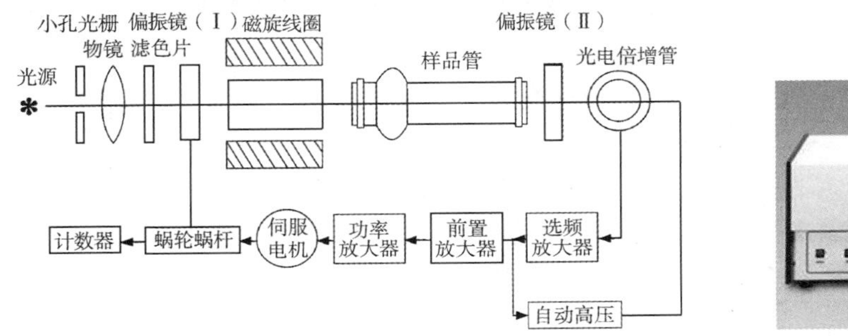

图 2-7-10　WZZ 型自动数字显示旋光仪结构原理(左)和外观(右)图

该仪器用 20 W 钠光灯为光源，并通过可控硅自动触发恒流电源点燃，光线通过聚光镜、小孔光柱和物镜后形成一束平行光，然后经过起偏镜后产生平行偏振光。这束偏振光经过有法拉第效应的磁旋线圈时，其振动面产生 50 Hz 的一定角度的往复振动。该偏振光线通过检偏镜透射到光电倍增管上，产生交变的光电讯号。当检偏镜的透光面与偏振光的振动面正交时，即为仪器的光学零点，此时出现平衡指示。而当偏振光通过一定旋光度的测试样品时，偏振光的振动面转过一个角度 α。此时光电讯号就能驱动工作频率为 50 Hz 的伺服电机，并通过蜗轮杆带动检偏镜转动 α 角而使仪器回到光学零点。此时，读数盘上的示值即为所测物质的旋光度。

第三节　分光光度计

一、吸收光谱原理

物质中分子内部的运动如表 2-7-2 所示的形式。

表 2-7-2　物质中分子内部的运动形式

物质内部运动	电子运动	原子振动	分子自身的转动
具有的能级	电子能级	振动能级	转动能级
需用的电流	1～20 eV	1～0.025 eV	0.025～0.003 eV
光谱	紫外—可见光谱	红外线光谱	远红外线

当分子被光照射时，将吸收能量引起能级跃迁，即从基态能级跃迁到激发态能级。而三种能级跃迁所需能量是不同的，需用不同波长的电磁波去激发。电子能级跃迁所需的能量较大，一般在 1～20 eV，吸收光谱主要处于紫外及可见光区，这种光谱称为紫外及可见光谱。如果用红外线(能量为 1～0.025 eV)照射分子，此能量不足以引起电子能级的跃迁，而只能引发振动能级和转动能级的跃迁，得到的光谱为红外光谱。若以能量更低的远红外线(0.025～0.003 eV)照射分子，只能引起转动能级的跃迁，这种光谱称为远红外光谱。由于物质结构的不同对上述各能级跃迁所需能量都不一样，因此对光的吸收也就不一样，各种物质都有各自的吸收光带，因而就可以对不同物质进行鉴定分析，这是光度法进行定性分析的基础。

分光光度法遵从的理论依据是朗伯-比耳定律：当入射光波长、溶质、溶剂以及溶液的温度一定时，溶液的光密度与溶液层厚度及溶液的浓度成正比，若液层的厚度一定，则溶液的光密度只与溶液的浓度有关。

$$T=I/I_0 \tag{2-7-9}$$

$$E=-\lg T=\lg(1/T)=\varepsilon lc \tag{2-7-10}$$

式中：c 为溶液浓度；E 为某一单色波长下的光密度(又称吸光度)；I_0 为入射光强度；I 为透过光强度；T 为透光率；ε 为摩尔消光系数；l 为液层厚度。

在待测物质的厚度 l 一定时，光密度与被测物质的浓度成正比，这就是光度法定量分析的依据。如用已知溶液浓度的光密度，求未知溶液的浓度 $E_1=\varepsilon lc_1$，$E_2=\varepsilon lc_2$。

为了提高测量的精确度，常用溶液的最大吸收光的波长进行吸光度的测定，故在测定未知浓度或其他分析之前，首先做溶液的吸收光谱，找出最大吸收波长，然后根据最大吸收波长进行光谱的测定。

二、分光光度计的构造原理

(一) 分光光度计的类型

分光光度计根据波长范围分为：① 分光光度计；② 紫外-可见分光光度计；③ 红外分光光度计；④ 远红外分光光度计。

分光光度计的基本构造：光源—单色器—样品吸收池—检色器—放大器—指示器(或记录器)。

1. 单光束分光光度计。

单光束分光光度计示意图见图 2-7-11。每次测量只能允许参比溶液或样品溶液的一种进入光路中。

优点：结构简单，价格便宜，主要适用于定量分析。

缺点：测量结果受电源波动的影响大，容易给定量结果带来较大误差；操作麻烦，不适于作定性分析。

2. 双光束分光光度计。

两光束同时分别通过参比溶液和样品溶液，可以消除光源强度变化带来的误差。目前较高档仪器都采用双光束分光光度计(图 2-7-12)。

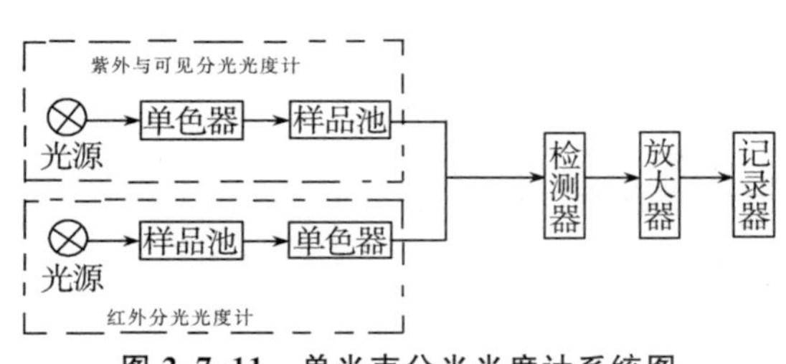

图 2-7-11　单光束分光光度计系统图

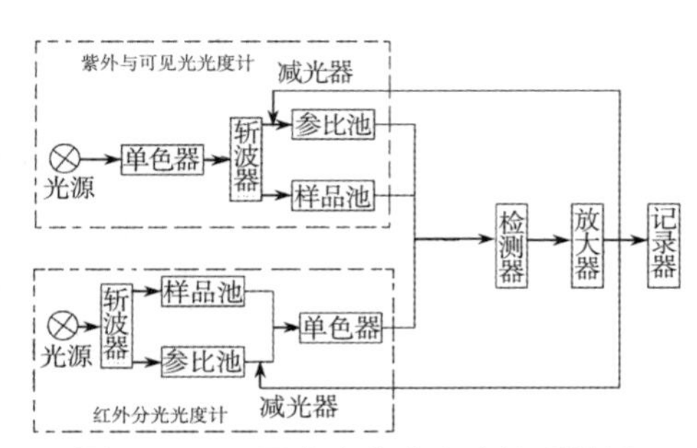

图 2-7-12　双光束分光光度计系统图

3. 双波长分光光度计。

双波长分光光度计示意图见图 2-7-13。在可见一紫外类单光束和双光束分光光度计中，就测量波长而言，都是单波长的，它们测得是参比溶液和样品溶液吸光度之差。而双波长分光光度计由同一光源发出的光被分成两束，分别经过两个单色器，从而可以同时得到两个不同波长(λ_1和λ_2)的单色光。它们交替地照射同一液体，得到的信号是两波长处吸光度之差 ΔA，$\Delta A=A_{\lambda 1}-A_{\lambda 2}$，当两个波长保持 1～2 nm 同时扫描时，得到的信号将是一阶导数，即吸光度的变化率曲线。

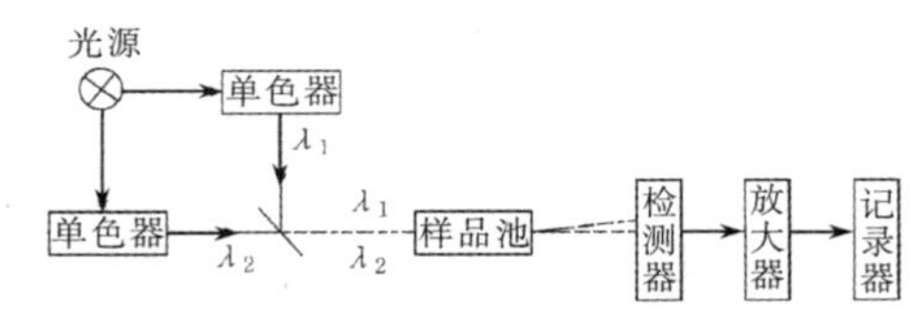

图 2-7-13　双波长分光光度计系统图

双波长分光光度计的优点为：

① 可消除误差(吸收池参数不同，位置不同，污垢以及制备参比液的误差)。

② 不仅能测量高浓度、多组分试样，而且能测定一般分光光度计不宜测定的浑浊试样以及相互干扰的混合试样。

③ 操作简单，且精度高。

(二) 光学系统的各部分简述

分光光度计种类很多，生产厂家也很多。限于篇幅，本书主要介绍光学系统中的几个重要部件。

1. 光源。

光源指一种可以发射出供溶液或吸收物质选择性吸收的光。光源应在一定光谱区域内发射出连续光谱，并有足够的强度和良好的稳定性，在整个光谱区域内光的强度不应随波长和时间有明显的变化。光散射后到达监测器的能量又不能太弱。

可见光分光光度计常用光源是钨灯，能发射出 350～2500 nm 波长范围的连续光谱，适用范围是 360～1000 nm。现在常用光源是卤钨灯，其特点是发光效率大大提高，灯的使用寿命也大大延长。

紫外光光度计常用氘或氢灯作为光源，其发射波长的范围为 150～400 nm。因为玻璃吸收紫外光而石英不吸收紫外光，因而氢灯灯壳用石英制成。为了使光源稳定，分光光度计均配有稳压装置。

红外光光度计用硅碳棒或能斯特灯作为光源。

2. 单色器。

单色器是将复合光分散为单色光的装置，一般可用滤光片、棱镜、光栅、全息栅等元件。现在比较常用的是棱镜和光栅。

单色器材料：可见分光光度计所用的材料为玻璃；紫外分光光度计所用的材料为石英；而红外分光光度计则为 LiF、CaF_2及 KBr 等材料。

(1) 棱镜：棱镜是分光的主要元件之一，一般是三角柱体。由于其构成材料不同，透光范围也就不同。比如，用玻璃棱镜可得到可见光谱，用石英棱镜可得到可见及紫外光谱，用溴化钾(或氯化钠)棱镜可得到红外光谱等。棱镜单色器示意图如图 2-7-14 所示。

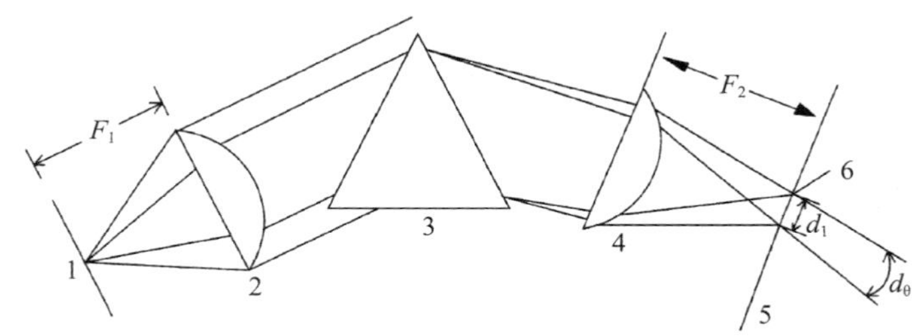

1. 入射狭缝；2. 准直透镜；3. 色散元件；4. 聚焦透镜；5. 焦面；6. 出射狭缝

图 2-7-14　棱镜单色器示意图

原理：光线通过一个顶角为 θ 的棱镜，从 AC 方向射向棱镜，如图 2-7-15 所示。在 C 点发生折射，光线经过折射后在棱镜中沿 CD 方向到达棱镜的另一个界面上，在 D 点又一次发生折射，最后光在空气中沿 DB 方向行进。这样，光线经过此棱镜后，传播方向从 AA'变为 BB'，两方向的夹角 δ 称为偏向角。偏向角与棱镜的顶角 θ、棱镜材料的折射率以及入射角 i 有关。如果平行的入射光由 λ_1，λ_2，λ_3 三色光组成，且 $\lambda_1 < \lambda_2 < \lambda_3$，通过棱镜后，就分成三束不同方向的光，且偏向角不同。波长越短、偏向角越大。如图 2-7-16 所示，$\delta_1 > \delta_2 > \delta_3$，这即为棱镜的分光作用，又称光的色散。棱镜分光器就是根据此原理来设计的。

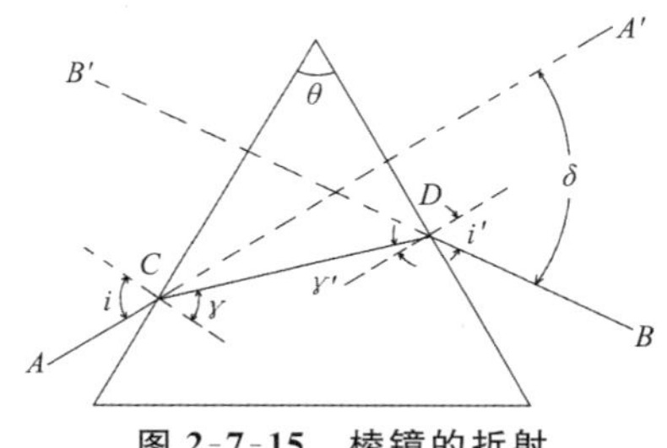

图 2-7-15　棱镜的折射

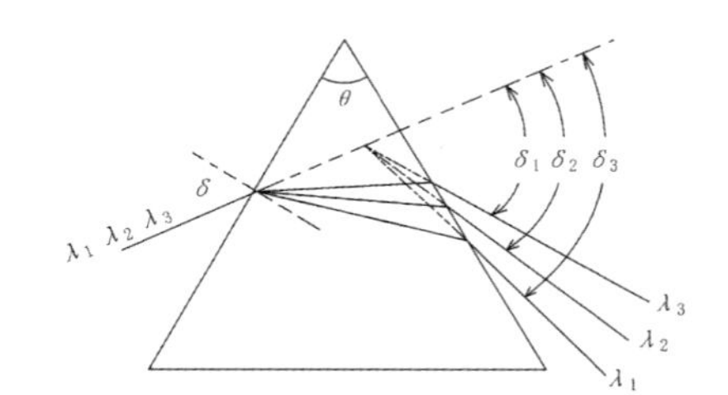

图 2-7-16　不同波长的光在棱镜中的色散

(2) 光栅。单色器还可以用光栅作为色散元件。反射光栅是由磨平的金属表面上刻上许多平行的、等距离的槽构成。辐射由每一刻槽反射，反射光束之间的干涉造成色散如图 2-7-17 所示。光栅是分光光度计常用的一种分光装置，其特点是波长范围宽，可用于紫外、可见和近红外光区，而且分光能力强，光谱中各谱线的宽度均匀一致。

反射式衍射光栅是在衬底上周期地刻上许多微细刻槽，系列平行刻槽的间隔与波长相当，光栅表面涂上一层高反射金属膜。光栅沟槽表面反射的辐射相互作用产生衍射和干涉。对于某波长，在大多数方向消失，只在一定的方向显示，这些方向确定了衍射级次，如图 2-7-17(a)所示，光栅刻槽垂直辐射入射平面，入射光束与光栅法线的夹角为入射角α，衍射角为 θ，刻槽间距为 d，衍射级次为 m，其详细原理和光栅方程直阅仪器分析课程。

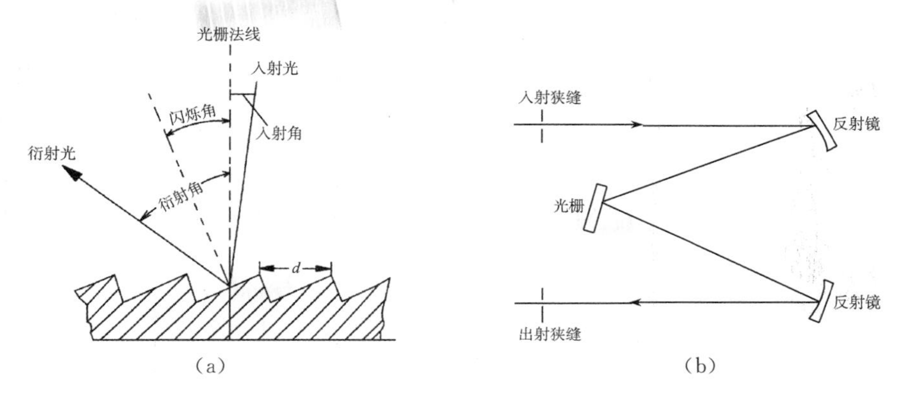

图 2-7-17　光栅截面高倍放大示意图(a)和简单光栅单色器示意图(b)

当一束复合光进入光谱仪的入射狭缝，首先由光学准直镜准直成平行光，再通过衍射光栅色散为分开的波长(颜色)，利用不同波长离开光栅的角度不同，由聚焦反射镜再成像于出射狭缝，如图 2-7-17(b)。通过选择或电脑控制可以精确地改变出射波长。

3. 样品池(比色皿)。

在紫外及可见分光光度法中，一般使用液体试液。对样品池的要求，主要是能透过有关辐射线。通常，可见区域可以用玻璃样品池，紫外区域用石英样品池，测量红外光谱时由于上述两种材料都在红外区域有吸收，因此不能用其作透光材料，一般选用 NaCl、KBr 及 KRS-5 等材料，因此红外区域测定的液体样品中不能有水。比色皿的光径 0.1～10 cm，一般为 1 cm。同一台分光光度计上的比色皿，其透光度应一致，在同一波长和相同溶液下，比色皿间的透光度误差应小于 0.5%。使用时应对比色皿进行校准。

4. 监测器用于检测透过的光波。是将透过溶液的光信号转换为电信号，并将电信号放大的装置。常用的检测器为光电管和光电倍增管。

5. 放大器用于放大监测器通过的光信号。

6. 显示器是将光电管或光电倍增管放大的电流通过仪表显示出来的装置。常用的显示器有检流计、微安表、记录器和数字显示器。检流计和微安表可显示透光度($T\%$)和吸光度(A)。数字显示器可显示 $T\%$、A 和 C(浓度)。

三、操作步骤

分光光度计的型号非常多，操作步骤不同，只列出基本步骤。

1. 开启电源，预热仪器。

2. 选择测量纵坐标方式，一般为吸光度或透过率。

3. 选择测试波长，自动扫描仪器选择扫描范围，手动选择单一波长。

4. 选择合适的样品池，加入参比和样品溶液并放入样品池室的支架上。

5. 用参比溶液(一般为水)，先调“0”后，再调节光密度旋钮电位器校正电表显示“100”，再打到光密度，使数字显示为“000.0”。

6. 将样品推入光路中读取所要的数值。

7. 测量完毕后，关闭电源，取出样品池洗净、放好，盖好比色皿室箱盖和仪器。

四、注意事项

1. 根据测定体系和波长正确选择样品池材质。

2. 不能用手触摸样品池(比色皿)光面的表面。

3. 仪器配套的比色皿不能与其他仪器的比色皿单个调换。如需增补，应经校正后方可使用，或整套调换。

4. 开关样品室盖时，应小心操作，防止损坏光门开关。

5. 不测量时，应使样品室盖处于开启状态，否则会使光电管疲劳，数字显示不稳定。

6. 当光线波长调整幅度较大时，需稍等数分钟才能工作。因光电管受光后，需有一段响应时间。

7. 仪器要保持干燥、清洁。

8. 仪器使用半年或搬动后，要检查波长的精确性。

思考题

1. 尼柯尔棱镜由哪些原件组成？

2. 平面偏振光是怎样产生的？

3. 分光光度计中使用的单色器的作用是什么？

4. 测定电解质溶液的电导率时，应用什么仪器，用哪一种配套电极？

5. 物理化学实验中，丙酮碘化反应实验用的是什么分光光度计？

6. 分光光度计由哪些主要部件组成？它根据什么原理来测定溶液的光密度？

7. 分光光度计中单色器有几种？这些单色器的制作材料分别是什么？

8. 物质的旋光性是由尼科尔棱镜测定的，对吗？为什么？怎样测定？

9. 用阿贝折射仪测定溶液的折射率时，目镜中黑白两个视场的产生是因为物质的色散作用对吗？为什么？

10. 有一厂家生产的某一旋光性物质若干克，要求测定出这种物质的比旋光度值。请设计出一个完整的实验方案。

11. 在手册或文献中，查到某一液体折射率的符号记作 n_{25}^{D}，试说明 n，25，D 各代表什么？

12. 化学实验中所用到的光学仪器有哪些？

(魏西莲编写)

第八章　密度、溶液黏度、介电常数测定与仪器

第一节　物质密度的测定

密度定义为质量除以体积，用字母 ρ 表示，单位是千克・立方米$^{-1}$（符号表示 $kg \cdot m^{-3}$）。

$$\rho=\frac{w}{V} \tag{2-8-1}$$

物质的密度与物质的本性有关，并受外界条件（温度、压力）的影响。压力对固体、液体的影响可以忽略，但温度的影响不能忽略。因此，在标明密度时应注明温度。

相对密度是指物质的密度与参考物质的密度在各自规定的条件下之比。符号为 d，无量纲，一般参考物质为空气或水。当以空气作为参考物质时，在标准状态（0℃和 101325 Pa）下，干燥空气的密度为 1.293 $kg \cdot m^{-3}$（或 1.293 $g \cdot L^{-1}$）。纯物质的相对密度在特定条件下为不变的常数。如果物质不纯，则相对密度会随着纯度的变化而改变。因此，密度的测定可用于鉴定化合物的纯度。本节重点介绍液体密度的测定。

一、液体密度的测定

（一）比重计法

市售比重计为成套购买，是在一定温度下标定的，根据液体相对密度的大小，选择其中一只比重计，在比重计所示的温度下插入液体中，从液面处的刻度可以直接读出该液体的密度。操作简单、方便，但不够精确。

（二）常量法

一般方法是取干燥的 10 mL 容量瓶在分析天平上精确称重，然后注入待测液体至一定刻度，再称量。将两次测量值差除以 10 mL，即得该温度下液体的密度。该方法适用于挥发程度不大的液体。

（三）比重瓶法

测定易挥发液体的密度一般用比重瓶（图 2-8-1）或比重管（图 2-8-2）来测定。其方法如下（比重瓶与比重管的公式和操作相同）。

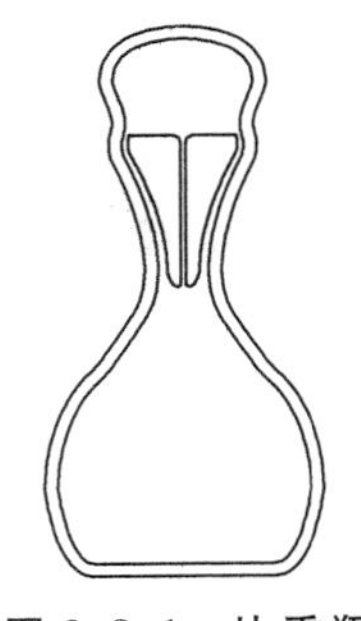

图 2-8-1 比重瓶

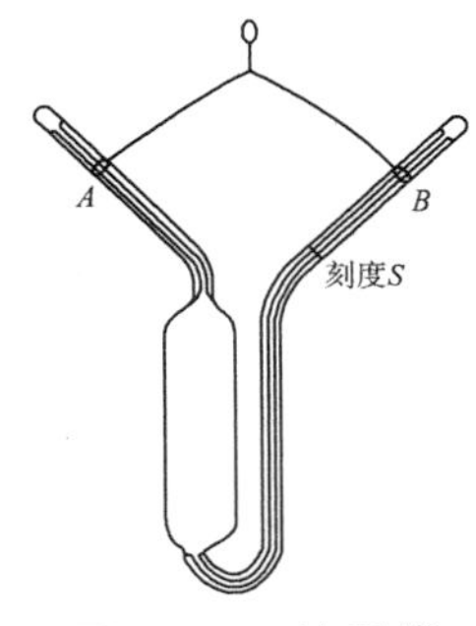

图 2-8-2 比重管

1. 将比重管(瓶)洗净干燥。盖上两端小帽,称量为 W_0

2. 将蒸馏水从 B 管注入值刻度 S,盖上 A、B 两支管磨口两端小帽,将比重瓶吊在恒温槽中恒温 5～10 min,取出擦干称重为 W_1。比重瓶的体积为:

$$V=\frac{w_1-w_0}{\rho_{水}} \tag{2-8-1}$$

3. 倒掉水,吹干,加入所测液体,同样恒温 5～10 min,取出擦干,再称重为 W_2,则所测液体密度即为某时刻温度下的密度为:

$$\rho_{液}^{t℃}=\frac{w_2-w_0}{w_1-w_0}\rho_{水}^{t℃} \tag{2-8-2}$$

用比重瓶操作同上。

(四) 密度计法

用精密密度计测量,可精确到 0.01 $mg\cdot cm^{-3}$。操作方法可查阅相关文献。

二、固体密度的测定

规则的固体,直接测量固体的体积即可,但小颗粒状的固体按下列方法测定。

1. 用比重瓶测定。

(1) 先称空瓶为 m_1,注满已知密度的液体(该液体要润湿固体,但不溶解固体),恒温后取出擦干称重 m_2。则:

$$V_{总}=\frac{m_2-m_1}{\rho_1} \tag{2-8-3}$$

(2) 倒掉液体,吹干比重瓶,放入固体称重 m_3(量不要满),再注入液体,放在真空干燥箱中吹干,然后用油泵抽气 5 min,吸干吸附于固体表面的空气。

(3) 再将瓶中注满液体,恒温后擦干再称重得 m_4,根据公式求出待测液体的比重。

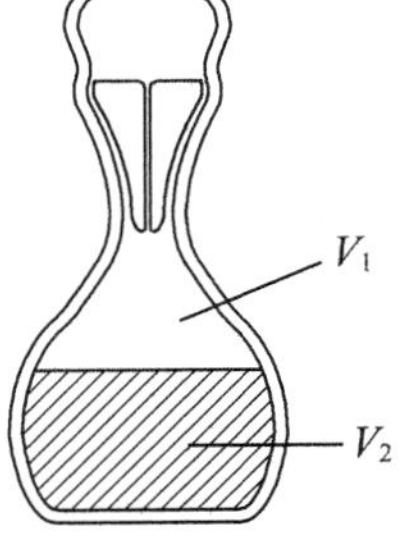

$$V_1=\frac{m_4-m_3}{\rho_1} \qquad V_2=\frac{m_3-m_1}{\rho_s}$$

得到:$\dfrac{m_3-m_1}{\rho_s}=\dfrac{m_2-m_1}{\rho_1}-\dfrac{m_4-m_3}{\rho_1}=\dfrac{(m_2-m_1)-(m_4-m_3)}{\rho_1}$

图 2-8-3 固体密度的测定

整理得:

$$\rho_s=\frac{m_3-m_1}{(m_2-m_1)-(m_4-m_3)}\rho_1 \tag{2-8-4}$$

2. 用浮力法测定。

根据阿基米德原理,固体浸在液体中所受的浮力为其所排开的同样体积液体的质量。由此可计算固体密度，其公式为：

$$(W-W_0)=\frac{W}{\rho_s^t}\rho_l^t \tag{2-8-5}$$

$$\rho_s^t=\frac{W}{W-W_0}\rho_l^t \tag{2-8-6}$$

式中：c 为固体在空气中的质量；W_0 为固体在液体中的质量；ρ 为液体密度。

其原理是：纯固体的晶体悬浮在液体中时，既不下沉到底部也不浮在液面，此时固体的密度与液体相等。

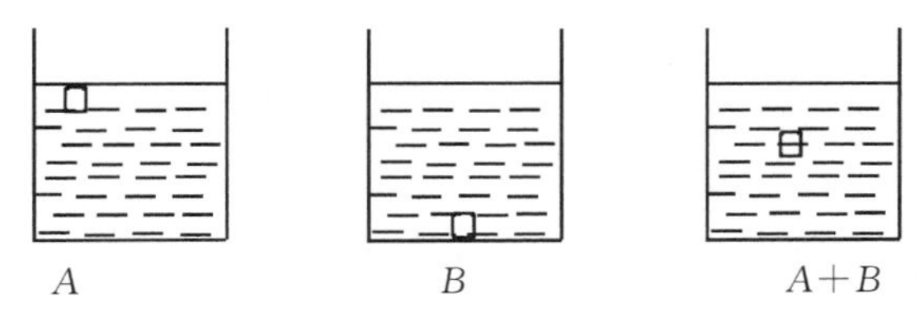

图 2-8-4 浮力法测定固体密度

只需测出液体密度便可知道固体密度。但要注意，首先必须选择合适的液体。图2-8-4中，A 是晶体浮在液体界面（液体 A 的密度大于晶体密度），液体 B 是晶体沉在底部（液体 B 的密度小于晶体密度），最后是 A 和 B 的混合液，晶体悬浮在其中。测定混合液体密度，即为该固体的密度。注意固体在 A 和 B 中不能溶解和吸附。

三、气体密度的测定

用杜马氏法，有兴趣的同学可查阅有关资料。原理是：测定已知容量且抽真空的玻璃球的质量后，装入待测气体。再称其质量。根据密度的定义计算气体密度，装置如图2-8-5。A 的容积为 100～200 mL。

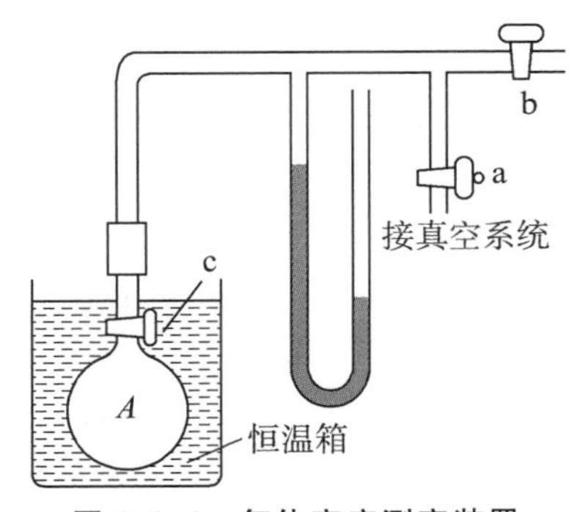

图 2-8-5 气体密度测定装置

先称 A 球的质量 W_0，然后装入蒸馏水，置于恒温槽内恒温。当温度平衡后，关闭活塞 C，擦干外壁称其质量为 W_1。设 T℃时水的密度为 ρ_1^t，球的容积为 V，质量为 $W_{瓶}$，先求出球的体积 V：

$$W_1=\rho_1^t V+W_{瓶}=\rho_1^t+W_0-W_{空} \tag{2-8-7}$$

（$W_0=W_{瓶}+W_{空}$　$W_{瓶}=W_0-W_{空}$　$W_{空}=0.0012V$，0.0012 为 1 mL 空气的质量）

$$\rho_1^t V-0.0012V=W_1-W_0 \tag{2-8-8}$$

$$V=\frac{W_1-W_0}{\rho_1^t-0.0012} \tag{2-8-9}$$

求出V后，将此球连接真空系统，减压抽出水分后，再放入空气。如此往复，抽干小球内水分，并干燥后尽量将小球内抽成真空，将活塞c关闭，并精确称其质量(g)。然后打开活塞b、c，关闭a，当待测气体进入A球并达到适当压力时，关闭b，并在压力计上读出压力，关闭c，将球拿去擦干，精确称其质量(G)，则气体密度为：

$$\rho_g^t=\frac{G-g}{V}$$

注意：A球内真空度应达到13.3 Pa以下，否则会有残留气体。

第二节　溶液黏度的测定

黏度是物质的一种物理化学性质，是相邻流体层以不同速度运动时所产生的内摩擦力的一种度量。

黏度分为相对黏度和绝对黏度。相对黏度为某液体黏度与标准液体黏度之比，无量纲；绝对黏度分为动力黏度和运动黏度两种。动力黏度是指当单位面积的层流以单位速度相对于单位距离的流层流出时所需的切向力，用希腊字母η表示黏度系数(俗称黏度)，单位帕斯卡·秒，用符号Pa·s表示。运动黏度是液体的动力黏度与同温度下该液体的密度ρ之比，用符号v表示，单位平方米每秒($m^2\cdot s^{-1}$)。

一、毛细管黏度计的种类

实验室中常用毛细管黏度计测量液体黏度。此外，恩格勒黏度计、落球式黏度计、旋转黏度计也比较常用。

毛细管黏度计有乌氏黏度计和奥氏黏度计两种，比较精确且使用方便，适合于测定液体黏度和高分子摩尔质量。

使用原理：测量黏度时通常测定一定体积的流体流经一定长度的垂直的毛细管所需的时间，然后根据泊肃叶定律计算其黏度。

$$\eta=\pi pr^4t/8Vl \tag{2-8-10}$$

式中：V为时间t时间内流经毛细管的液体体积；p为毛细管两端的压力差；r为毛细管半径；l为毛细管的长度。

直接由实验测定液体的绝对黏度是很困难的。通常采用测定液体对标准液体(水)的相对黏度。已知标准液体的黏度就可以标出待测液体的绝对黏度。

假设相同体积的待测液体和水，分别流经同一毛细管黏度计，则：

$$\eta_1=\pi r^4t_1p_1/8Vl$$

$$\eta_水=\pi r^4t_2p_2/8Vl$$

两式相比得到：$\eta_待/\eta_水=t_1p_1/t_2p_2=hgt_1\rho_1/hgt_2\rho_2=t_1\rho_1/t_2\rho_2$　　(2-8-11)

式中：h为液体流经毛细管的高度；ρ_1，ρ_2分别为待测液体和水的密度；t_1，t_2分别为待测液体和水流经毛细管的时间。

因此，用同一根毛细管黏度计，在相同条件下，两种液体黏度比等于它们的密度与流经时间的乘积比。如将水作为已知黏度的标准液(可从附录十中查到)，则可通过式(2-8-11)计算出待测液体的黏度。

（一）乌氏黏度计

乌氏黏度计的外形有不同样式，但基本构造相同，如图 2-8-6 所示。使用方法见基础实验二十三。

（二）奥氏黏度计

奥氏黏度计结构如图 2-8-7 所示，适合于测定低黏滞液体的相对黏度，测试方法与乌氏黏度计及类似。但黏度计结构不同，乌氏黏度计有一支管 C，测定时，管 B 中的液体在毛细管下端出口处与管 A 中的液体断开，形成气承悬液柱。这样，溶液下流时所受压力差 $gh\rho$ 与管 A 中的液面高度无关，即与所加的待测液体的体积无关，故可以在黏度计中稀释液体。而奥氏黏度计测定时，标准液和待测液的体积必须相同，因为液体下流时所受到的压力差 $gh\rho$ 与管 2 中的液面高度有关。

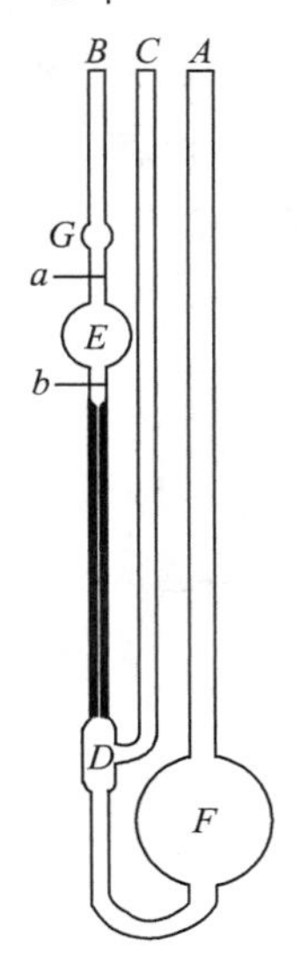

A. 加液管；B. 测量管；C. 支管；D. 悬挂水平储液器；E. 测量球；F. 储液器；G. 缓冲球；a. b. 环形刻度线

图 2-8-6　乌氏黏度计

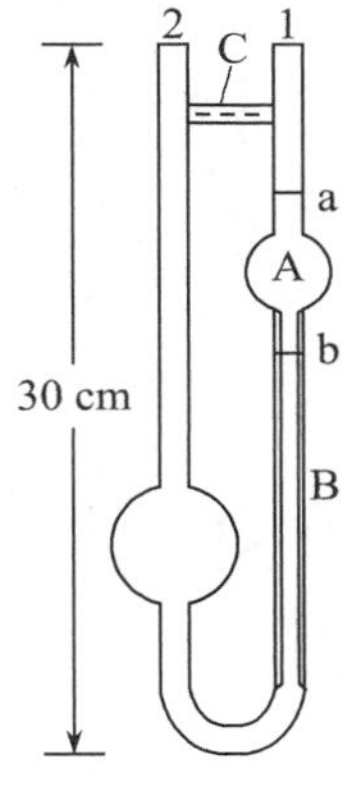

1. 测量管；2. 储液管；A. 测量球；B. 毛细管；C. 加固玻璃柱；a. b. 环形刻度线

图 2-8-7　奥氏黏度计

二、毛细管黏度计的注意事项

1. 黏度计必须洁净，使用前先经砂芯漏斗过滤的洗液浸泡一天。如洗液不能洗干净，则改用 5% 的氢氧化钠乙醇溶液浸泡，再用水冲净，直到毛细管壁不挂水珠。洗干净的黏度计置于 110℃ 的烘箱中烘干。

2. 黏度计使用完毕后立即清洗干净。特别是测量高分子化合物时，要注入纯溶剂浸泡，以免残存的高聚物黏在毛细管壁上而影响毛细管孔径，导致堵塞。洗净后的黏度计倒挂放置或在黏度计内注满蒸馏水并加塞，防止落入灰尘。

3. 黏度计使用时应垂直固定在恒温槽内，以免倾斜造成液位差变化，引起测量结果误差，同时会使流经毛细管的时间变长。

4. 由于溶液的黏度与温度有关，因此测定时一定要恒温，温差要控制在±0.3℃。

5. 黏度计毛细管的内径选择，可以根据所测物质的黏度而定，太粗和太细都会造成误差。一般选择测水时流经毛细管的时间大于 100 s,120 s 为最好。相关数据见表2-8-1。

表 2-8-1　乌氏黏度计相关常数

毛细管内径/mm	测定球容积/mL	毛细管长/mm	常数 k	测量范围/($10^{-6}\mathrm{m}^2\cdot\mathrm{s}^{-1}$)
0.55	5.0	90	0.01	1.5～10
0.75	5.0	90	0.03	5～30
0.90	5.0	90	0.05	10～50
1.1	5.0	90	0.5	20～100
1.6	5.0	90	0.5	100～500

毛细管黏度计种类较多,除了乌氏黏度计和奥氏黏度计以外,还有平氏黏度计(图 2-8-8)和芬氏黏度计(图 2-8-9)。乌氏黏度计和奥氏黏度计适用于测定相对黏度,平氏黏度计适用于测定石油产品的运动黏度,而芬氏黏度计是平氏黏度计的改良,测量误差小。

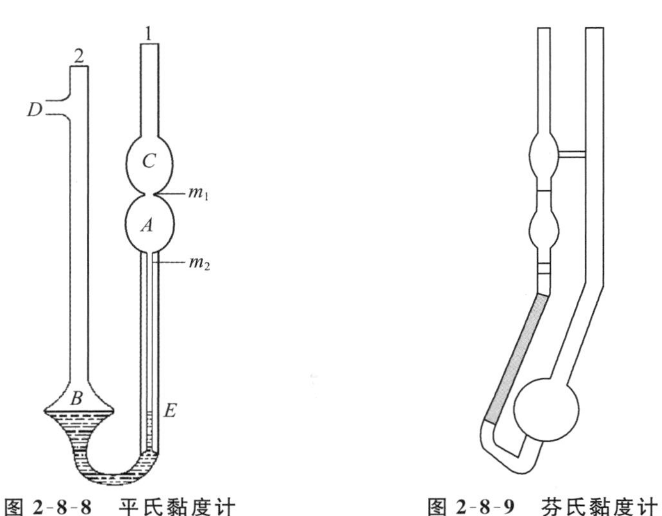

图 2-8-8　平氏黏度计　　图 2-8-9　芬氏黏度计

第三节　介电常数的测定

一、介电常数与浓度的关系

介电常数是一个重要的物理量,其定义为:

$$\varepsilon=C/C_0 \tag{2-8-12}$$

式中:C_0 为电容器在真空时的电容;C 为充满待测液时的电容。由于空气的电容非常接近于 C_0,故式(2-8-12)改写成:

$$\varepsilon=C/C_{空} \tag{2-8-13}$$

对于溶液,介电常数与溶液浓度有关。对于稀溶液,可以近似表示为:

$$\varepsilon_{溶}=\varepsilon_1(1+\alpha x_1) \qquad (2\text{-}8\text{-}14)$$

式中：ε_1 为溶剂的介电常数；$\varepsilon_{溶}$，x_2 分别为溶液的介电常数和溶质的摩尔分数；α为常数。

式(2-8-14)表明稀溶液的介电常数与溶液的浓度呈线性关系。

二、电解质溶液的介电常数

1. 配制一系列已知浓度的电解质稀溶液，并分别测定介电常数。
2. 以 $\varepsilon_{溶}$ 对 x_2 作图，作为标准曲线。
3. 做未知浓度溶液的介电常数，在 $\varepsilon_{溶}\sim x_2$ 图上查出未知溶液的物质的量分数。

测定仪器一般采用小电容测量仪(PGM-Ⅱ型数字小电容测试仪)。

三、小电容仪测试原理

该仪器由信号、桥路、指示放大器、数字显示器、电源等几部分组成，另外再配备一只电容池。电容池如图 2-8-10 所示。

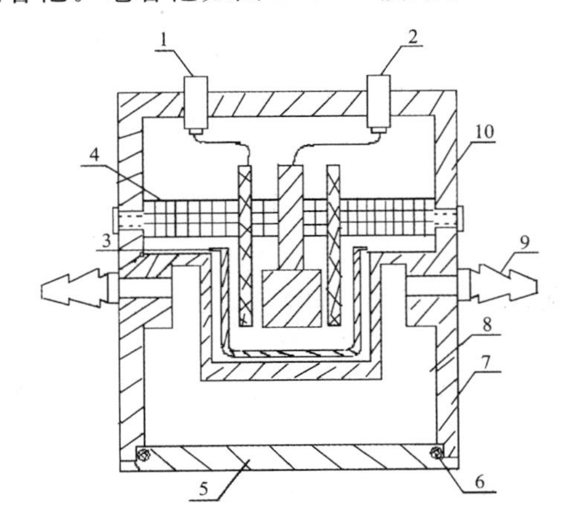

1. 外电极；2. 内电极；3. 样品杯；4. 绝缘板；5. 底座盖；6. 密封圈；7. 底座；8. 恒温器；9. 恒温接嘴；10. 上盖

图 2-8-10 电容池

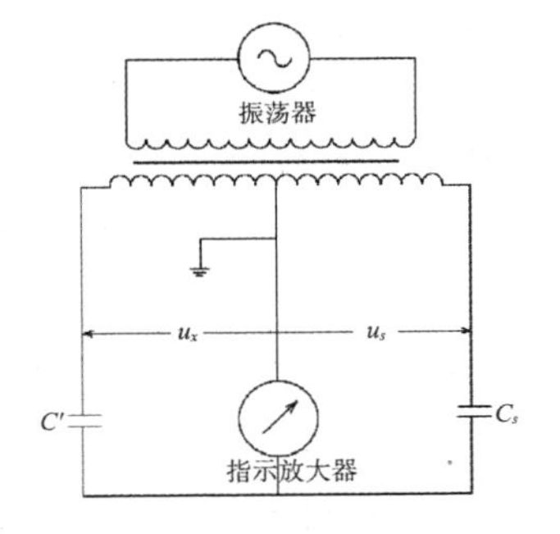

图 2-8-11 电容电桥示意图

电桥法测定电容，其桥路为变压器比例臂电桥，如图 2-8-11 所示，电桥平衡的条件是：

$$\frac{C'}{C_S}=\frac{u_s}{u_x} \qquad (2\text{-}8\text{-}15)$$

式中：C'为电容池两极间的电容；C_S为标准差动电器的电容。

调节差动电容器，当 $C'=C_S$ 时，$u_S=u_X$，此时指示放大器的输出趋近于零。C_S 可从刻度盘上读出，这样 C' 即可测得。由于整个测试系统存在分布电容，所以实测的电容 C' 是样品电容 C 和分布电容 C_d 之和，即：

$$C'=C+C_d \qquad (2\text{-}8\text{-}16)$$

显然，为了求 C 首先就要确定 C_d 值。方法是：先测定无样品时空气的电空 $C'_{空}$，则有：

$$C'_{空}=C_{空}+C_d \qquad (2\text{-}8\text{-}17)$$

再测定一已知介电常数($\varepsilon_{标}$)的标准物质的电容 $C'_{标}$，则有：

$$C'_{标}=C_{标}+C_d=\varepsilon_{标}C_{空}+C_d \tag{2-8-18}$$

由(2-8-17)和(2-8-18)式可得：

$$C_d=\frac{\varepsilon_{标}C'_{空}-C'_{标}}{\varepsilon_{标}-1} \tag{2-8-19}$$

将 C_d 代入(2-8-16)和(2-8-17)式即可求得 $C_{溶}$ 和 $C_{空}$。这样就可计算待测液的介电常数。

四、测量方法

PGM-11 型小电容测量仪面板如图 2-8-12 所示。

测量方法：

1. 将电容池两端分别接入电容仪的 C_1，C_2(注意与电容池的内、外电极对应)。

2. 接通电源，仪器预热 5～10 min。

3. 按下采零旋钮仪器数值归零。

4. 按下量程开关，根据被测样品选择量程。此时仪器显示的是 $C'_{空}$。

5. 用 1 mL 移液管量取约 1 mL 被测样品注入电容池(注意：视电容池容积大小调节，每次加入量必须相同)，并加盖盖严。数字显示为溶液的电容值 C'。

6. 用针筒抽出样品，用洗耳球吹干，此时电容仪显示 $C'_{空}$。若与步骤 4 数字有差异，说明电容池还存有待测溶液，需要重新吹干。

五、注意事项

1. 水是极性分子，介电常数很大，所以在测定时电容池上随时加盖，既防止样品吸水，又防止样品挥发。

2. 要保持电容池清洁干燥，测定样品后一定要用洗耳球吹干，待数字显示恢复到空气的电容 $C'_{空}$ 才可以进行另外样品的测定。

3. 如发现电容仪接上电容池以后，刚开始的数据异常大，则表明池内已被污染或是吸潮，有时可能上次测定完实验后存有介电常数较大的极性物质。

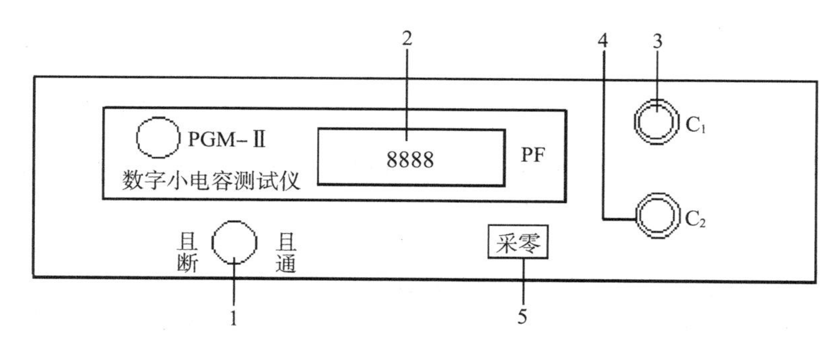

1. 电源开关；2. LED 显示窗口—显示所测介质的电容量；3. "C_1"插座—与电容池的外电极 C_1 插座相连接；4. "C_2"插座—与电容池的内电极 C_2 插座相连接绝缘板；5. 采零键—按一下此键，消除系统的零位漂移

图 2-8-12　小电容仪测量仪面板

(魏西莲编写)

第三部分　基础与拓展实验

基础实验

第一章　化学热力学部分

基础实验一　液体饱和蒸汽压的测定

一、实验目的

1. 使用静态法测定乙醇在不同温度下的饱和蒸汽压，并计算乙醇的摩尔汽化热以及正常沸点。

2. 明确克劳修斯—克拉伯龙方程的基本意义及使用方法。

3. 熟悉玻璃恒温水浴、真空泵、精密数字压力计等一系列实验装置的使用方法。

二、实验原理

在一定温度下(距离临界温度较远时)，与液体处于相平衡的蒸气所具有的压力称为饱和蒸汽压，简称为蒸汽压。液体的蒸汽压随温度而变化。温度升高时，分子热运动增强，单位时间内从液面逸出的分子数增多，蒸汽压增大；反之亦然。液体蒸发时吸收热量，蒸发 1 mol 液体所吸收的热量称为该温度下液体的摩尔汽化热。由于摩尔汽化热在很大的温区范围内变化幅度都较小，所以在实验处理中，可以将其当作常数项来处理。当蒸汽压等于外界压力时，液体便沸腾，此时的温度称为沸点。外压不同时，液体沸点将相应改变，当外压为 1 atm(101.325 kPa)时，液体的沸点为该液体的正常沸点。

液体饱和蒸汽压与温度之间的关系可以使用克劳修斯—克拉伯龙方程加以描述：

$$\frac{\mathrm{d}\ln p}{\mathrm{d}T}=\frac{\Delta_{\mathrm{vap}}H_m}{RT^2} \tag{3-1-1}$$

式中：R 为摩尔气体常数；T 为热力学温度；$\Delta_{\mathrm{vap}}H_m$ 为在温度 T 时纯液体的摩尔汽化热。

假定 $\Delta_{\mathrm{vap}}H_m$ 与温度无关，或因温度范围较小，$\Delta_{\mathrm{vap}}H_m$ 可以近似作为常数，积分上式，得：

$$\ln p=-\frac{\Delta_{\mathrm{vap}}H_m}{R}\cdot\frac{1}{T}+C \tag{3-1-2}$$

式中：C 为积分常数。由式(3-1-2)可以看出，以 $\ln p$ 对 $1/T$ 作图，应为一直线，直线的斜率为$-\frac{\Delta_{vap}H_m}{R}$,由斜率可求算液体的$\Delta_{vap}H_m$。

测定蒸汽压的方法通常有静态法和动态法。静态法:把待测物质放在一个封闭体系中,在不同的温度下,蒸汽压与外压相等时直接测定外压;或在不同外压下测定液体的沸点。动态法:常用的有饱和气流法,即通过一定体积的待测物质所饱和的气流,用某物质完全吸收。然后称量吸收物质增加的质量,求出蒸汽的分压力即为该物质的饱和蒸汽压。

静态法测定液体饱和蒸汽压,是指在某一温度下,直接测量饱和蒸汽压,此法一般适用于蒸汽压比较大的液体。静态法测量不同温度下纯液体的饱和蒸汽压,有升温法和降温法两种。本次实验采用升温法测定不同温度下纯液体的饱和蒸汽压,所用仪器是纯液体的饱和蒸汽压测定装置,如图 3-1-1 所示:平衡管由 A 球和 U 形管 B、C 组成。平衡管上接一冷凝管,以橡皮管与压力计相连。A 内装待测液体,当 A 球的液面上纯粹是待测液体的蒸汽,而 B 管与 C 管的液面处于同一水平时,则表示 B 管液面上的(即 A 球液面上的蒸汽压)与加在 C 管液面上的外压相等。此时,体系气液两相平衡的温度称为液体在此外压下的沸点。

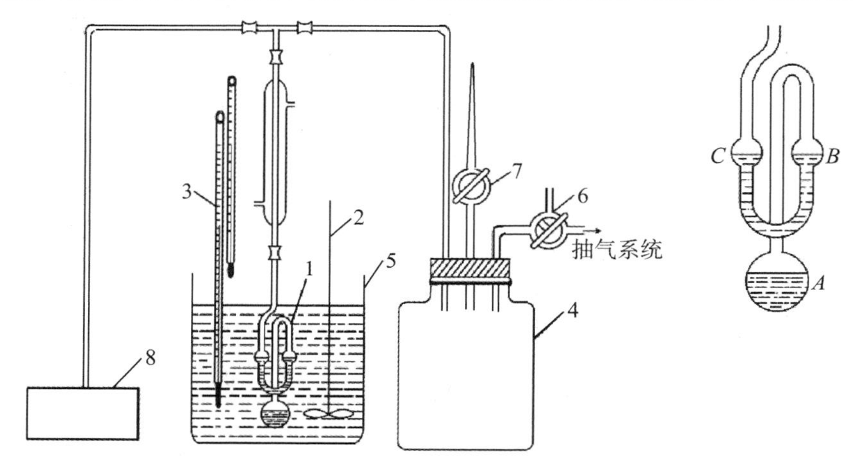

1. 平衡管;2. 搅拌器;3. 温度计;4. 缓冲罐;5. 恒温水浴;
6. 三通活塞;7. 直通活塞;8. 精密数字真空压力计

图 3-1-1 液体饱和蒸汽压测定装置图

三、仪器与试剂

饱和蒸汽压测定装置 1 套;超级恒温水浴 1 只;真空泵 1 台。

无水乙醇(A. R.)。

四、实验步骤

(一) 装样

通过进样口加入乙醇,通过手动倾转平衡管,使 A 球内的乙醇到达体积的 1/2 位置,BC 管内的乙醇到达 B、C 球的 1/2 位置。

(二) 装置的气密性检查

首先将精密式数字压力计与大气连通,然后按下压力计面板上的采零按键。压力计数值归零,记录下当前的大气压力。此后打开真空泵,开启抽气阀,开始对体系进行抽气。待整个体系压力抽至-60 k~-70 kPa 时,停止抽气,关闭抽气阀,观察体系压力是否能够达到稳定。如果体系压力能够达到稳定，则证明整个装置气密性良好；否则，则需要重新检查气路，然后进行抽气。

（三）排除系统内的空气

打开抽气阀，继续进行抽气。待体系压力下降至－93 kPa 时，继续抽气 2 min，此后可以认为整个体系内的空气基本被排净。

（四）不同温度下液体饱和蒸汽压的测定

在当前水温下，缓慢打开放气阀，调节 *BC* 管内两端液面相平，然后读出压力计上所示的压力，此压力即为当前温度下液体的饱和蒸汽压。继而升温 2～3℃，待压力稳定后，重新放气调平，即可得第二个温度下液体的饱和蒸汽压。此后每次温度升高 2～3℃，然后放气调平，即可得下一个温度下液体的饱和蒸汽压。依次共测量出 8 个温度下液体的饱和蒸汽压。

（五）实验结束

实验结束以后，放掉平衡管内的真空，关闭冷凝水，关闭压力表、恒温控制仪、恒温水浴电源并拔下电源插头，整理实验装置，实验结束。

附缓冲储气罐的使用说明（图 3-1-2）。

1. 安装。

用橡胶管或塑料管分别将进气阀与气泵、装置 1 接口，装置 2 接口与数字压力表连接。安装时应注意连接管插入接口的深度要≥15 mm，并扣紧，否则会影响气密性。

2. 首次使用或长期未使用而重新启用时，应先作整体气密性检查。

（1）将进气阀、平衡阀 2 打开，平衡阀 1 关闭（二阀均为顺时针关闭，逆时针开启）。启动油泵加压（或抽气）至 100 k～200 kPa，数字压力表的显示值即为压力罐中的压力值。

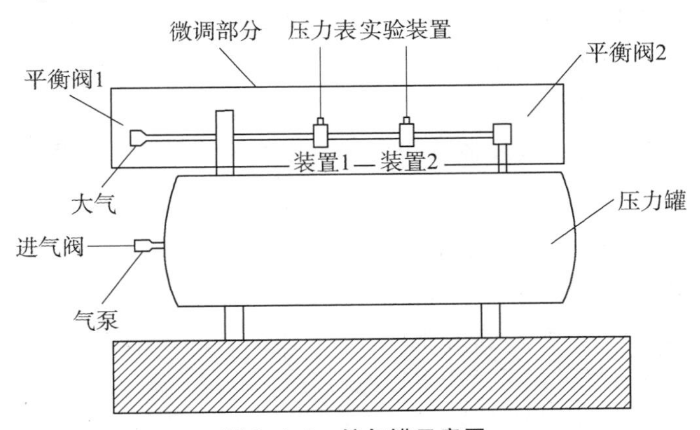

图 3-1-2　储气罐示意图

（2）关闭进气阀，停止抽气，检查平衡阀 2 是否开启，平衡阀 1 是否完全关闭。观察数字压力表，若显示数字降值在标准范围内（小于 0.01 $kPa \cdot s^{-1}$），说明整体气密性良好。否则需查找并清除漏气原因直至合格。

（3）再作微调部分的气密性检查。

关闭平衡阀 1，开启平衡阀 2，调整微调部分的压力，使之低于压力罐中压力的 1/2，观察数字压力表，其变化值在标准范围内（小于±0.01 kPa/4 min），说明气密性良好。若压力值上升并超过标准，说明平衡阀 2 泄漏；若压力值下降并超过标准，说明平衡阀 1 泄漏。

3. 与被测系统连接进行测试。

（1）用橡胶管将装置 2 接口与被测系统连接、装置 1 接口与数字压力计连接。打开进气阀与平衡阀2，关闭平衡阀1，启动气泵，加压(或抽气)，从数字压力计即可读出压力罐中的压力值。

(2) 测试过程中需调整压力值时，使压力表显示的压力略高于所需压力值，然后关闭进气阀，停止气泵工作，关闭平衡阀2，调节平衡阀1使压力值至所需值。采用此方法可得到所需的不同压力值。

五、注意事项

1. 减压系统不能漏气，否则抽气时达不到本实验要求的真空度。

2. 抽气速度要合适，必须防止平衡管内液体沸腾过剧，致使 B 管内液体快速蒸发。

3. 实验过程中，必须充分排净 AB 弯管空间中的全部空气，使 B 管液面上空只含液体的蒸气分子。AB 管必须放置于恒温水浴中的水面以下，否则其温度与水浴温度不同。

4. 测定中，打开进空气活塞时，切不可太快，以免空气倒灌入 AB 弯管的空间中。如果发生倒灌，则必须重新排除空气。

六、数据处理

1. 使用 $\ln p$ 对 $1/T$ 作图，求算出斜率，根据斜率的值计算出摩尔汽化热；

2. 将所测 p-T 中的一组代入克拉伯龙方程，计算出常数 C，接着代入 $p=101325$ Pa，所对应的 T 值即为正常沸点。

七、思考题

1. 试分析引起本实验误差的因素有哪些？

2. 为什么 AB 弯管中的空气要排干净？怎样操作？怎样防止空气倒灌？

3. 本实验方法能否用于测定溶液的饱和蒸汽压？为什么？

4. 试说明压力计中所读数值是否是纯液体的饱和蒸汽压？

5. 为什么实验完毕后必须使体系和真空泵与大气相通才能关闭真空泵？

八、实验讨论

用降温法测定不同温度下纯水的饱和蒸汽压。

接通冷凝水，调节三通活塞使系统降压13 kPa(约100 mm汞柱)，加热水浴至沸腾，此时 A 管中的水部分汽化，水蒸气夹带 AB 弯管内的空气一起从 C 管液面逸出，继续维持10 min以上，以保证彻底驱尽 AB 弯管内的空气。

停止加热，控制水浴冷却速度在1℃·$\min^{-1}$内，此时液体的蒸汽压(即 B 管上空的压力)随温度下降而逐渐降低，待降至与 C 管的压力相等时，则 B、C 两管液面应平齐，立即记下此瞬间的温度(精确至1/100℃)和压力计之压力，同时读取辅助温度计的温度值和露茎温度，以备对温度计进行校正。读数后立即旋转三通活塞抽气，使系统再降压10 kPa(约80 mm汞柱)并继续降温，待 B、C 两管液面再次平齐时，记下此瞬间的温度和压力。如此重复10次(注意实验中每次递减的压力要逐渐减小)，分别记录一系列的 B、C 管液面平齐时对应的温度和压力。

在降温法测定中，当 B、C 两管中的液面平齐时，读数要迅速，读毕应立即抽气减压，防止空气倒灌。若发生倒灌现象，必须重新排净 AB 弯管内的空气。

(曾涑源编写)

基础实验二　溶解热的测定

一、实验目的

1. 了解电热补偿法测定热效应的基本原理及仪器使用方法。

2. 测定硝酸钾在水中的积分溶解热，并使用作图法求解其微分冲淡热、积分冲淡热和微分溶解热。

二、实验原理

物质溶解过程所产生的热效应称为溶解热，按照溶解过程中体系浓度的变化情况可分为积分溶解热和微分溶解热两类。积分溶解热是指一定温度压力下把 1 mol 物质溶解在 n_0 mol 溶剂中时所产生的热效应。由于在溶解过程中溶液浓度不断改变，因此又称为变浓溶解热，以 $\Delta_{sol}H$ 表示。微分溶解热是指一定温度压力下把 1 mol 物质溶解在某一确定浓度无限量溶液中所产生的热效应，以 $\left(\frac{\partial \Delta_{sol}H}{\partial n}\right)_{T,p,n_0}$ 表示。由于该溶解过程中浓度可视为不变，微分溶解热又被称为定浓溶解热，即定温、定压、定溶剂状态下，由微小的溶质增量所引起的热量变化。

冲淡热是指溶剂添加到溶液中，使溶液稀释过程中产生的热效应，又称为稀释热。它也可以分为积分(变浓)冲淡热和微分(定浓)冲淡热两种。积分冲淡热是指一定温度、压力下把含 1 mol 溶质和 n_{01} mol 溶剂的溶液冲淡到含 n_{02} mol 溶剂时的热效应，它为两浓度的积分溶解热之差。微分冲淡热是指将 1 mol 溶剂加到某一浓度的无限量溶液中所产生的热效应，以 $\left(\frac{\partial \Delta_{sol}H}{\partial n_0}\right)_{T,p,n}$ 表示，即定温、定压、定溶质状态下，由微小的溶剂增量所引起的热量变化。

积分溶解热的大小与浓度有关，但不具有线性关系。通过实验测定，可绘制出一条积分溶解热 $\Delta_{sol}H$ 与相对于 1 mol 溶质的溶剂量 n_0 之间的关系曲线，如图 3-2-1 所示，其他三种热效应由 $\Delta_{sol}H \sim n_0$ 曲线求得。

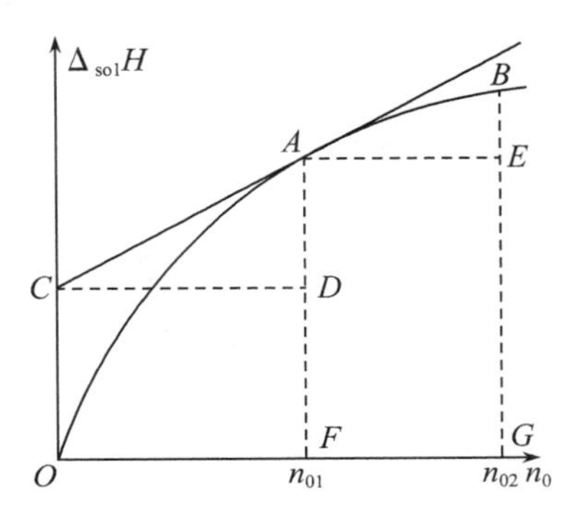

图 3-2-1　$\Delta_{sol}H \sim n_0$ 曲线

设纯溶剂、纯溶质的摩尔焓分别为 H_{m1} 和 H_{m2}，溶液中溶剂和溶质的偏摩尔焓分别为 H_1 和 H_2，对于由 n_1 mol 溶剂和 n_2 mol 溶质组成的体系，在溶质和溶剂未混合前，体系总焓为：

$$H=n_1H_{m1}+n_2H_{m2} \tag{3-2-1}$$

将溶剂和溶质混合后，体系的总焓为：

$$H'=n_1H_1+n_2H_2 \tag{3-2-2}$$

因此，溶解过程的热效应为：

$$\Delta H=n_1(H_1-H_{m1})+n_2(H_2-H_{m2})=n_1H_1+n_2H_2 \tag{3-2-3}$$

在无限量溶液中加入 1 mol 溶质，(3-2-3)式中第一项可以认为不变，在此条件下所产生的热效应为(3-2-3)式中第二项中的 ΔH_2，即微分溶解热。同理，在无限量溶液中加入1 mol溶剂，(3-2-3)式中第二项可以认为不变，在此条件下所产生的热效应为(3-2-3)式中第一项中的 ΔH_1，即微分稀释热。

根据积分溶解热的定义，有：

$$\Delta_{sol}H=\frac{\Delta H}{n_2} \tag{3-2-4}$$

将式(3-2-3)代入，可得：

$$\Delta_{sol}H=\Delta H_1+\Delta H_2=n_{01}\Delta H_1+\Delta H_2 \tag{3-2-5}$$

此式表明，在 $\Delta_{sol}H\sim n_0$ 曲线上，对一个指定的 n_{01}，其微分稀释热为曲线在该点的切线斜率，即图 3-2-1 中的 AD/CD。n_{01} 处的微分溶解热为该切线在纵坐标上的截距，即图 3-2-1 中的 OC。

在含有 1 mol 溶质的溶液中加入溶剂，使溶液量由 n_{01} mol 增加到 n_{02} mol，所产生的积分溶解热即为曲线上 n_{01} 和 n_{02} 两点处 $\Delta_{sol}H$ 的差值。

本实验测定硝酸钾溶解在水中的溶解热，是一个溶解过程中温度随反应的进行而降低的吸热反应，故采用电热补偿法测定。实验时先测定体系的起始温度，溶解过程中温度不断降低，继而使用电加热法使体系复原至起始温度，根据所耗电能求出溶解过程中的热效应 Q。

$$Q=I^2Rt=UIt \tag{3-2-6}$$

式中：I 为通过加热器电阻丝(电阻为 R)的电流强度(A)；U 为电阻丝两端所加的电压(V)；t 为通电时间(s)。

三、仪器与试剂

SWC-RJ 一体式溶解热测量装置(图 3-2-2)；称量瓶 8 只；研钵 1 只；电子分析天平 1 台；台秤 1 台。

硝酸钾(AR，于实验前 120℃下，烘干 24 h)。

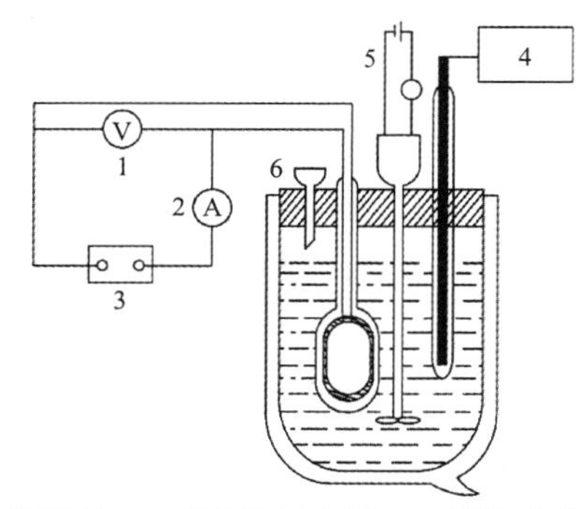

1. 伏特计；2. 直流毫安表；3. 直流稳压电源；4. 测温部件；5. 搅拌器；6. 漏斗

图 3-2-2　量热器及其电路图

四、实验步骤

1. KNO_3的称量：取 8 个称量瓶，先称空瓶，再依次加入约为 2.5 g、1.5 g、2.5 g、3.0 g、3.5 g、4.0 g、4.0 g、4.5 g 的硝酸钾，粗称后放至分析天平上准确称量，称完后置于干燥器中保存。

2. 水的称量：首先将实验中用的杜瓦瓶用蒸馏水洗净，之后用电吹风吹干。待杜瓦瓶完全冷却后，用台秤称量 200 g 蒸馏水待用。

3. 在杜瓦瓶中安装好温度计，加入搅拌磁子，待确认搅拌正常后封闭杜瓦瓶。搅拌 10 min 后读取水温，此温度即为初始水温。继而调整加热器加热功率至 2.5 W，将杜瓦瓶中水的温度加热至高于初始水温 1.5 度，此温度即为该实验的起始温度。在此温度下，加入第一份硝酸钾样品，同时开始计时。待温度重新上升至起始温度时，加入第二份硝酸钾样品，记录下第一个加热过程的时间。依此，将 8 份硝酸钾样品全部加完，记录下 8 个加热时间。

4. 在分析天平上称取 8 个空称量瓶的质量，根据两次质量之差计算加入的硝酸钾的质量。打开杜瓦瓶，检查硝酸钾是否完全溶解，如硝酸钾已经完全溶解，则实验成功。如未完全溶解，则需要重新开始实验。倒去杜瓦瓶中的溶液（注意别丢了搅拌子），洗净烘干，用蒸馏水洗涤加热器和测温探头。关闭仪器电源，整理实验桌面，罩上仪器罩。

五、注意事项

1. 实验过程中要求 I、U 值恒定，故应随时注意调节。

2. 磁子的搅拌速度是实验成败的关键，磁子的转速不可过快，以防搅拌磁子无法正常工作。

3. 实验过程中切勿把秒表按停读数，直到最后方可停表。

4. 固体 KNO_3 易吸水，故称量和加样动作应迅速。在实验前务必将固体 KNO_3 研磨成粉状，并在 120℃下烘干 12 h。

5. 量热器绝热性能与盖上各孔隙的密封程度有关，实验过程中要注意盖好，减少热损失。

六、数据处理

1. 数据记录：本实验记录的数据包括水的质量、8 份样品的质量、加热功率以及加入每份样品后温差归零时的累积时间。

2. 将数据输入计算机，计算 $n_{水}$ 和各次加入的 KNO_3质量、各次累积加入的 KNO_3的物质的量。根据功率和时间值计算向杜瓦瓶中累积加入的电能 Q。

3. 在 origin 中绘制 $\Delta_{sol}H \sim n_0$ 关系曲线，并对曲线拟合得曲线方程。

4. 积分熔解热、积分稀释热、微分熔解热、微分稀释热的求算。

七、思考题

1. 本实验装置是否适用于放热反应的热效应的测定？

2. 本实验产生温差的主要原因有哪几方面？如何修正？

八、实验讨论

1. 实验开始前，插入测温探头时，要注意探头插入的深度，防止搅拌子和测温探头相碰，影响搅拌。另外，实验前要测试转子的转速，以便在实验室选择适当的转速控制挡位。

2. 进行硝酸钾样品的称量时，称量瓶要编号并按顺序放置，以免次序错乱而导致数据错误。另外，固体 KNO_3 易吸水，称量和加样动作应迅速。

3. 本实验应确保样品完全溶解，因此，在进行硝酸钾固体的称量时，应选择粉末状的硝酸钾。

4. 实验过程中要控制好加样品的速度，若速度过快，将导致转子卡住不能正常搅拌，影响硝酸钾的溶解；若速度过慢，一方面会导致加热过快，温差始终在 0℃ 以上，无法读到温差过零点的时刻，另一方面可能会造成环境和体系有过多的热量交换。

5. 实验是连续进行的，一旦开始加热就必须把所有的测量步骤做完，测量过程中不能关掉各仪器点的电源，也不能停止计时，以免温差零点变动及计时错误。

6. 实验结束后应检查杜瓦瓶中是否有硝酸钾固体残余，若硝酸钾未全部溶解，则要重做实验。

（曾涑源编写）

基础实验三　完全互溶双液系相图的绘制

一、实验目的

1. 测定常压下环己烷-无水乙醇二元系统的气液平衡数据，绘制沸点一组成相图。
2. 掌握双组分沸点的测定方法，通过实验进一步理解分馏原理。
3. 掌握阿贝折射仪、超级恒温槽等一系列实验装置的使用方法。

二、实验原理

由两种液体物质混合而成的二组分体系称为双液系。根据两组分间溶解度的差异，可分为完全互溶、部分互溶和完全不互溶三种情况。两种挥发性液体混合形成完全互溶体系时，如果两组分的蒸汽压不同，则平衡时液相的组成与气相的组成不同。当压力保持一定时，混合物沸点与两组分的相对含量有关。

恒定压力下，真实的完全互溶双液系的气-液平衡相图（T-x 图），根据体系对拉乌尔定律的偏差情况，可分为三类：

（1）一般偏差：混合物的沸点介于两种纯组分之间，如甲苯-苯体系，如图 3-3-1(a) 所示。

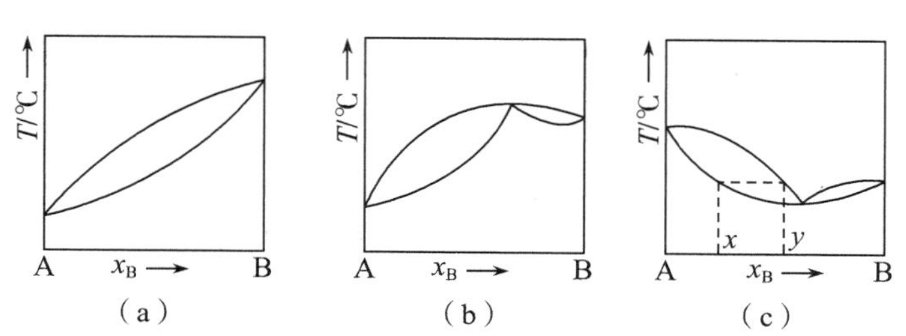

图 3-3-1　二组分真实液态混合物气-液平衡相图（T-x 图）

(2) 最大负偏差：存在一个最小蒸汽压值，比两个纯液体的蒸汽压都小，混合物存在着最高沸点，如盐酸-水体系，如图 3-3-1(b)所示。

(3) 最大正偏差：存在一个最大蒸汽压值，比两个纯液体的蒸汽压都大，混合物存在着最低沸点，如正丙醇-水体系，如图 3-3-3(c)所示。

对于后两种情况，为具有恒沸点的双液系相图。它们在最低或最高恒沸点时的气相和液相组成相同，因而不能和第一类相图那样通过反复蒸馏的方法而使双液系的两个组分相互分离，而只能采取精馏等方法分离出一种纯物质和另一种恒沸混合物。

根据相律 $f=C-\Phi+2$，对于一个气-液共存的二组分体系，其自由度 $f=2$，若再确定一个变量，整个体系的存在状态就可以用二维图形来描述，通常测定一系列不同配比溶液的沸点及气液两相的组成，就可绘制气-液相图。因此，本实验需要解决的关键问题主要包括两点：气相与液相物质的分离、气相冷凝物与液相物质的组成测定。

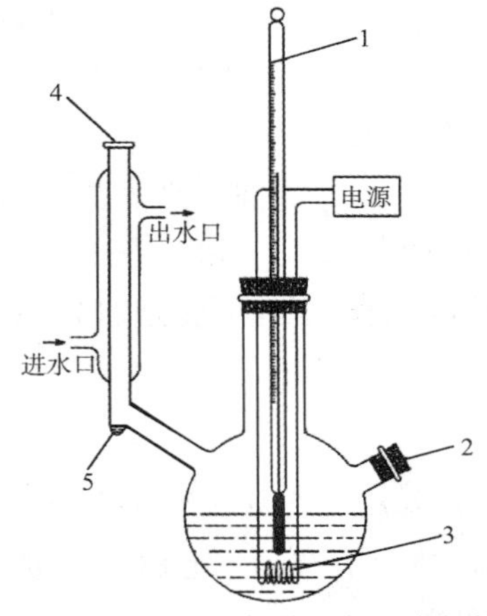

1. 温度计；2. 液相取液处；3. 电加热丝；4. 冷凝管；5. 气相取液处

图 3-3-2　沸点仪的结构示意图

本实验所用的沸点仪如图 3-3-2 所示。本实验利用回流-冷凝法来绘制相图。取不同组成的溶液在沸点仪中回流，测定其沸点及气、液相组成。沸点数据可直接由温度计获得，气、液相组成可通过测定其折光率，然后由组成—折射率曲线最后确定。

三、仪器与试剂

仪器：超级恒温器 1 台；阿贝折射仪 1 台；具塞试管 9 支；精密电子温度计 1 台；恒流电源 1 台；移液管 4 支(0.5 mL，1 mL，5 mL，10 mL)；滴管 2 根。

试剂：环已烷(AR)；无水乙醇(AR)。

四、实验步骤

1. 开启超级恒温槽，设定水温 30℃，通循环水至阿贝折射仪中。

2. 工作曲线的绘制：配置 9 份具有不同组成的环已烷与乙醇的混合溶液，然后依次测定其折射率。环已烷与乙醇的总量为 1 mL，环已烷的量依次取 0.9 mL，0.8 mL，0.7 mL，0.6 mL，0.5 mL，0.4 mL，0.3 mL，0.2 mL，0.1 mL，乙醇的用量依次为0.1 mL，0.2 mL，0.3 mL，0.4 mL，0.5 mL，0.6 mL，0.7 mL，0.8 mL 和 0.9 mL。依次测定出这一系列溶液的折射率，继而使用折射率对组成进行绘图，所得曲线即本实验的工作曲线。

3. 相图的绘制。

(1) 无水乙醇沸点的测定。

将干燥的沸点仪安装好。从侧管加入约 20 mL 无水乙醇于蒸馏瓶内,并将传感器(温度计)放入液体内。冷凝管接通冷凝水。将稳流电源电流调至 1.8～2.0 A,使加热丝将液体加热至缓慢沸腾。液体沸腾后,待温度计的读数稳定后应再维持 2～5 min 以使体系达到平衡。记下温度计度数,即为无水乙醇的沸点,同时记录大气压力。

(2) 环己烷沸点的测定。

同(1)的操作,测定环己烷的沸点。测定前应注意,必须将沸点仪洗净并干燥。

(3) 测定系列待测溶液的沸点和折光率。

(4) 同(1)的操作。因为最初在冷凝管下端小槽内的液体不能代表平衡气相的组成,为加速达到平衡,需连同支架一起倾斜蒸馏瓶,使小槽内的气相冷凝液回到蒸馏瓶内,重复 3 次(注意:加热时间不应太长,以免物质挥发),待温度稳定后,记下温度计的读数,即为溶液的沸点。之后切断电源,停止加热,分别用吸管从小槽中吸取气相冷凝液、从侧管吸取少量液相混合液,迅速测定各自的折光率。

本相图测定时以恒沸点为界,分成左右两个半支分别进行测量。右半支为 20 mL 乙醇,各组实验中环己烷的量分别为 1 mL,1.5 mL,2 mL,4 mL,6 mL,8 mL,12 mL。左半支环己烷的初始加入量为 15 mL,乙醇的加入量分别为 0.5 mL,1 mL,1.5 mL,2 mL,4 mL,6 mL,8 mL。

五、注意事项

1. 在加热电阻丝时一定要将其浸没在欲测液体中,否则通电加热时可能会引起有机液体燃烧;所加电压不能太大,加热丝上有小气泡逸出即可。

2. 取样时,先停止通电再取样。

3. 每次取样量不宜过多,取样管一定要干燥,不能留有上次的残液,气相部分的样品要取干净。

4. 阿贝折射仪的棱镜不能用硬物触及(如滴管),擦拭棱镜需用擦镜纸。

六、数据处理

1. 作出环己烷-乙醇标准溶液的折光率-组成关系曲线。

2. 根据工作曲线插值求出各待测溶液的气相和液相平衡组成。以组成为横轴,沸点为纵轴,绘出气相与液相的沸点-组成(T-x)平衡相图。

3. 由图找出其恒沸点及恒沸组成。

七、思考题

1. 取出的平衡气液相样品,为什么必须在密闭的容器中冷却后方可用以测定其折射率?

2. 平衡时,气液两相温度是否应该一样,实际是否一样,对测量有何影响?

3. 如果要测纯环己烷、纯乙醇的沸点,蒸馏瓶必须洗净,而且烘干,而测混合液沸点和组成时,蒸馏瓶则不洗也不烘,为什么?

4. 如何判断气-液已达到平衡状态? 讨论此溶液蒸馏时的分离情况。

5. 为什么工业上常生产 95%酒精？只用精馏含水酒精的方法是否可能获得无水酒精？

八、实验讨论

1. 测量过程中一定要达到气液平衡状态，即体系的温度保持稳定，才能测定其沸点及气相冷凝液和液相的折射率。

2. 在测定其气相冷凝液和液相的折射率时要保持温度一致。

3. 使用阿贝折射仪时，棱镜上不能接触硬物，擦拭棱镜时需要用擦镜纸等柔软的纸。

4. 电阻丝不能露出液面，一定要浸没于溶液中，以免通电红热后引起有机溶剂燃烧。电阻丝两端电压不能过大，过大会引起有机溶剂燃烧或烧断电阻丝。

（曾涑源编写）

基础实验四　凝固点降低法测定摩尔质量

一、实验目的

1. 测定水的凝固点降低值，计算尿素的摩尔质量。

2. 掌握测定溶液凝固点的技术，加深对稀溶液依数性的理解。

3. 掌握 SWC-Ⅱ数字贝克曼温度计的使用方法。

二、实验原理

稀溶液具有依数性，凝固点降低是依数性之一，当稀溶液凝固析出纯固体溶剂时，溶液的凝固点低于纯溶剂的凝固点，溶剂凝固点降低值与溶液质量摩尔浓度的关系为：

$$\Delta T_f = T_f^* - T_f = K_f m_2 \qquad (3\text{-}4\text{-}1)$$

式中：ΔT_f 为凝固点降低值；T_f^* 为纯溶剂的凝固点；T_f 为溶液的凝固点；m_2 为溶液中溶质的质量摩尔浓度；K_f 为溶剂的质量摩尔凝固点降低常数，它的数值仅与溶剂的性质有关。

若称取一定量的溶质 W_2(g)和溶剂 W_1(g)，配成稀溶液，则此溶液的质量摩尔浓度为：

$$m_2 = \frac{W_2}{M_2 W_1} \times 10^3 \qquad (3\text{-}4\text{-}2)$$

式中：M_2 为溶质的相对分子质量。将该式代入式(3-4-1)，整理得：

$$M_2 = K_f \frac{W_2}{\Delta T_f W_1} \times 10^3 (\text{g} \cdot \text{mol}^{-1}) \qquad (3\text{-}4\text{-}3)$$

若已知某溶剂的凝固点降低常数 K_f 值，通过实验测定此溶液的凝固点降低值 ΔT_f，即可根据式(3-4-3)计算溶质的分子量 M_2。

很明显，整个实验操作归结为凝固点的精确测量。常用的方法是：将溶液逐渐冷却为过冷溶液，然后通过搅拌或加入晶种促使溶剂结晶，放出的凝固热使体系温度回升。当放热与散热达到平衡时，温度不再改变，固液两相平衡共存的温度即为溶液的凝固点。本实验测纯溶剂与溶液凝固点之差，由于差值较小，所以测温采用较精密的 SWC-Ⅱ数字式贝克曼温度计。

从相律看，溶剂与溶液的冷却曲线形状不同。对纯溶剂两相共存时，自由度 $f^* = 1$

$-2+1=0$，冷却曲线形状如图 3-4-1(1)所示，水平线段的位置对应着纯溶剂的凝固点。对溶液两相共存时，自由度 $f^*=2-2+1=1$，温度仍可下降。由于溶剂凝固时放出凝固热而使温度回升，并且回升到最高点又开始下降，其冷却曲线如图 3-4-1(2)所示，不出现水平线段。由于溶剂析出后，剩余溶液浓度逐渐增大，溶液的凝固点也要逐渐下降，在冷却曲线上得不到温度不变的水平线段。如果溶液的过冷程度不大，可以将温度回升的最高值作为溶液的凝固点；若过冷程度太大，则回升的最高温度不是原浓度溶液的凝固点，严格的做法应作冷却曲线，并按图 3-4-1(2)中所示的方法加以校正。

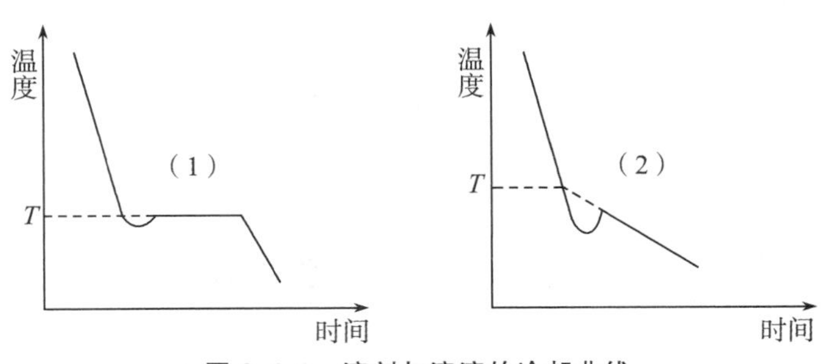

图 3-4-1　溶剂与溶液的冷却曲线

三、仪器与试剂

凝固点测定仪 1 套；SWC-Ⅱ数字贝克曼温度计 1 台；分析天平；普通温度计（$-50\sim50$℃）1 支；25 mL 移液管 1 支。

尿素(A. R.)；粗盐；冰。

四、实验步骤

（一）调节寒剂的温度

取适量经过研磨的粗盐与冰水混合，使寒剂温度为 $-3\sim-4$℃，注意不要无限制地加盐。在实验过程中不断搅拌并不断补充碎冰，使寒剂保持此温度。

（二）溶剂凝固点的测定

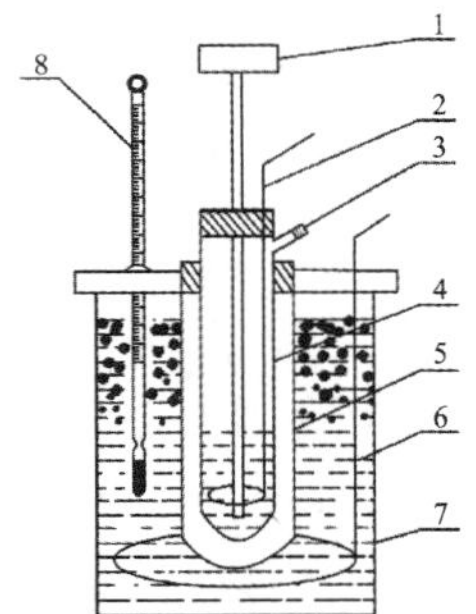

1. 贝克曼温度计；2. 内管搅棒；3. 投料支管；4. 凝固点管；5. 空气套管；6. 寒剂搅棒；7. 冰槽；8. 温度计

图 3-4-2　凝固点降低实验装置

其仪器装置如图 3-4-2 所示。用移液管向清洁、干燥的凝固点管内加入 25 mL 纯水，并记下水的温度，插入贝克曼温度计，拉动搅拌听不到碰壁与摩擦声。

先将盛水的凝固点管直接插入寒剂中，上下移动搅拌棒（勿拉过液面，约每秒钟一次），使水的温度逐渐降低。当过冷到水凝固点以下时，要快速搅拌（用搅棒下端擦管底），幅度要尽可能小，待温度回升后，恢复原来的搅拌，观察温度计读数，直到温度回升稳定为止，此温度即为水的近似凝固点。

取出凝固点管，用手捂住管壁片刻，同时不断搅拌，使管中固体全部熔化，将凝固点管放在空气套管中，缓慢搅拌，使温度逐渐降低。当温度降至比粗测凝固点低 0.7℃时，快速搅拌，待温度回升后，再改为缓慢搅拌。直到温度回升到稳定为止，记下稳定的温度值，重复测定 3 次，每次之差不超过 0.006℃，3 次平均值作为纯水的凝固点。

（三）溶液凝固点的测定

取出凝固点管，如前将管中冰融化，用分析天平精确称重约 0.24 g 尿素，其重量约使凝固点下降 0.3℃。将样品加入凝固点管中，待全部溶解后测定溶液的凝固点。测定方法与纯水的相同，先测近似的凝固点，再精确测定。但溶液凝固点是取回升后所达到的最高温度。重复 3 次，取平均值。

五、注意事项

1. 搅拌速度的控制是做好本实验的关键，每次测定应按要求的速度搅拌，并且测溶剂与溶液凝固点时搅拌条件要完全一致；此外，准确读取温度也是实验的关键所在。

2. 寒剂温度对实验结果也有很大影响，过高会导致冷却太慢，过低则测不出正确的凝固点。

3. 纯水过冷度 0.7～1℃（取决于搅拌速度的快慢），为了减少过冷度，可加入少量晶种，每次加入晶种的大小应尽量一致。

4. 为防止 SWC-Ⅱ数字贝克曼温度计出现数据溢出问题，使用时先测定体系的温度，当体系温度降至 10℃以下，再改测温差。

六、数据处理

1. 由水的密度，计算所取水的重量 W_A。

2. 将实验数据列入表 3-4-1 中。

表 3-4-1　凝固点降低测量结果

物质	质量/g	凝固点/℃				凝固点降低值/℃
		测量值			平均值	
水						
尿素						

3. 由所得数据，根据公式 $M_2 = K_f \dfrac{W_2}{m_2 W_1} \times 10^3 (\mathrm{g \cdot mol^{-1}})$ 计算尿素的相对分子质量，并计算与理论值的相对误差。

七、思考题

1. 为什么要先测近似凝固点？

2. 根据什么原则考虑加入溶质的量？太多或太少，影响如何？

3. 为什么会产生过冷现象？如何控制过冷程度？

4. 为什么测定溶剂的凝固点时，过冷程度大一些对测定结果影响不大，而测定溶液凝固点时却必须尽量减少过冷现象？

5. 在冷却过程中，冷冻管内固液相之间和寒剂之间，有哪些热交换？它们对凝固点的测定有何影响？

6. 凝固点降低法测定摩尔质量，选择溶剂时应考虑哪些因素？

7. 当溶质在溶液中有离解、缔合和生成配合的情况时，对其摩尔质量的测定值有何影响？

八、实验讨论

1. 对于单组分体系，当两相平衡共存时即可达到凝固点；但实际上只有固相完全分解到液相中，即固液两相的接触面相当大时，平衡才能达到。如将冷冻管放到冰浴后温度不断降低，达到凝固点后，因为固相是逐渐析出的，当凝固热放出速度小于冷却速度时，温度还可能不断下降，因而准确确定凝固点比较困难，故采用过冷法先使液体过冷，然后突然搅拌，使之产生晶核，很快固相会骤然析出形成大量的微小结晶，这就保证了两相充分接触；与此同时，液体的温度也因为凝固热的放出慢慢回升，一直达到凝固点，此时，恒定温度只维持很短时间，然后又开始下降。

2. 液体在逐渐冷却过程中，当温度达到或稍低于其凝固点时，由于新相形成需要一定的能量，故结晶并未析出，这就是过冷现象。在冷却过程中，稍有过冷现象是合乎要求的，但过冷太厉害或寒剂温度过低，则凝固热抵偿不了散热，此时温度不能回升到凝固点，在温度低于凝固点时完全凝固，就得不到正确的凝固点。因此，实验操作中必须注意体系的过冷程度。

3. 当溶质在溶液中有离解、缔合、溶剂化和络合物生成等情况时，会影响溶质在溶剂中的表观摩尔质量。因此为获得准确的分子量数据，常用外推法，即以公式(3-4-3)计算得到的相对分子质量为纵坐标，以溶液浓度为横坐标作图，外推至浓度为零而求得较准确的分子量数据。

（郝洪国编写）

基础实验五　中和热的测定

一、实验目的

1. 掌握中和热的测定方法。
2. 测定强酸与强碱、弱酸与强碱、强酸与弱碱发生中和反应的中和热。
3. 通过中和热的测定计算弱酸或弱碱的解离热。

二、实验原理

在一定的温度、压力和浓度下，1 mol 酸和 1 mol 碱中和时放出的热量叫作中和热。强酸和强碱在水溶液中几乎完全电离，热化学方程式可用离子方程式表示。

$$H^+ + OH^- \longrightarrow H_2O$$

在足够稀释的情况下中和热几乎是相同的，在 25℃时：

$$\Delta H_{中和} = -57.3\ kJ \cdot mol^{-1}$$

若所用溶液相当浓，则所测得的中和热值常较高。这是由于溶液相当浓时，存在较强的离子间相互作用力及酸、碱混合过程的稀释效应。若所用的酸（或碱）只是部分电离的，当和强碱（或强酸）发生中和反应时，其热效应是中和热和电离热的代数和。例如，醋酸和氢氧化钠的反应，则与上述强碱、强酸的中和反应不同，因为在中和反应之前，首先是弱酸进行解离，然后才与强碱发生中和反应，反应为：

$$HAc \longrightarrow H^+ + Ac^-$$

$$H^+ + OH^- \longrightarrow H_2O$$

总反应为：
$$HAc + OH^- \longrightarrow H_2O + Ac^-$$

由此可见，强碱与弱酸反应包括了中和和解离两个过程。根据盖斯定律可知：$\Delta H = \Delta H_{解离} + \Delta H_{中和}$。如果测得这一类反应中的热效应 ΔH 以及 $\Delta H_{中和}$，就可以通过计算求出弱酸的解离热 $\Delta H_{解离}$。

本实验中酸碱中和热是通过量热法测定的。量热法所用的仪器称为量热计，本实验采用绝热量热计。首先采用标准物质法进行量热计热容的测定。实验中采用水作为标准物质，然后对量热计通电加热，测定通电过程中温度升高值，根据通电产生的热量，即可求出量热计的热容。

$$C=\frac{Q}{\Delta T_1}=\frac{UIt}{\Delta T_1} \tag{3-5-1}$$

式中：Q 为通电所产生的热量(J)；I 为电流强度(A)；U 为电压(V)；t 为通电时间(s)；ΔT_1 为通电使温度计升高的数值(℃)。

强碱强酸中和热为：

$$\Delta H_{中和}=-\frac{C\Delta T_2}{cV}\times 1000 \tag{3-5-2}$$

强碱弱酸中和热效应为：

$$\Delta H=-\frac{C\Delta T_3}{cV}\times 1000 \tag{3-5-3}$$

式中：c 为溶液的浓度；V 为溶液的体积；ΔT_2 和 ΔT_3 分别为各自体系的温度升高值。

三、仪器与试剂

实验装置 1 套(见图 3-5-1，仪器中包括杜瓦瓶、搅拌器、加热器、精密测温仪或贝克曼温度计、漏斗，该仪器使用溶解热的实验装置，使用时将漏斗稍加改装即可)；直流稳压电源；直流毫安表；直流伏特计；秒表；吹风机。

0.1 mol·dm^{-3} CH_3COOH 溶液；1 mol·dm^{-3} NaOH 溶液；0.1 mol·dm^{-3} HCl 溶液。

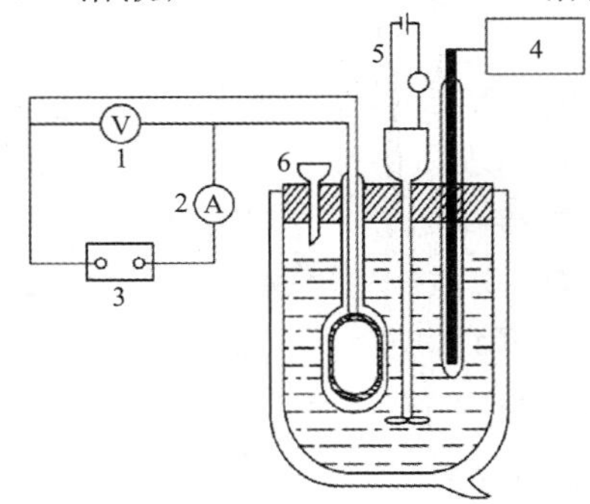

1. 伏特计；2. 直流毫安表；3. 直流稳压电源；4. 测温部件；5. 搅拌器；6. 漏斗

图 3-5-1 中和热测定实验装置

四、实验步骤

(一) 测定量热计常数

量取 220 mL 蒸馏水放入干净的杜瓦瓶中，轻轻盖紧瓶塞。开动搅拌器进行搅拌，当水温恒定后读取准确温度。接通电源，快速调整加热器功率约为 2.5 W，调整电流在 1 A 左右，选定某一值。切断电源，迅速搅拌，观察至温度不变。此时，杜瓦瓶内的水已达到热平衡，记录水温。再接通电源，同时开始计时，记录电流和电压数据，并充分搅拌使瓶内各部分温度均匀，每隔半分钟记录一次水温。待水温升高 3℃，停止加热，并记录加热时间。继续搅拌并记录 10 次温度即可停止实验。用温度-时间数据做雷诺图，求出 ΔT_1。

（二）测定强酸强碱中和热

量取 200 mL 0.1 mol·dm^{-3} HCl 溶液置于干净的杜瓦瓶中。存碱管下端用凡士林涂封，注入 20 mL 1 mol·dm^{-3}的 NaOH 溶液，然后固定在杜瓦瓶盖上，悬于杜瓦瓶中。开始搅拌至温度基本稳定后，开始每隔一分钟记录一次温度，读取 8 次后用洗耳球将气体压入存碱管，使碱液与酸液混合并发生中和反应。加入碱液后每半分钟记录一次温度。当温度达到最高点后每一分钟记录一次温度，记录 8 个温度数据即可停止实验。用温度-时间数据做雷诺图，求出 ΔT_2。

（三）测定强碱弱酸中和热

用 200 mL 0.1 mol·$dm^{-3}$$CH_3COOH$ 溶液替代 HCl，其他条件不变，进行测定，用温度-时间数据做雷诺图，计算 ΔT_3。

五、注意事项

1. 实验过程中应保持加热功率恒定。
2. 整个测量过程要尽可能保持绝热，减少热损失。

六、数据处理

1. 将实验数据列表处理。
2. 利用雷诺曲线求 ΔT_1，ΔT_2，ΔT_3。
3. 计算量热计热容 c、中和热。

七、思考题

1. 弱酸的电离过程是吸热还是放热？如何通过实验确定？
2. 实验过程中引起实验误差的因素有哪些？

八、实验讨论

1. 中和热实验是酸碱在绝热容器中进行恒压绝热反应，通过测定体系及量热计总热容及用外推法求出准确温升，从而求出中和热的方法。然而目前我们所用的实验装置不同程度地存在着一些不足，如搅拌棒与胶塞之间的缝隙难免有热量损失，同时此种方法搅拌不够均匀，导致测量误差；可以将杜瓦瓶放在一个较大的厚壁恒温夹套中，使恒温夹套和杜瓦瓶之间有一空气夹层。因为空气导热系数很小，这样可以减少热量的散失，可以起到较好的绝热效果，减少实验误差。

2. 根据 3-5-3 式，利用盖斯定律可以求出弱的分子的摩尔解离热 ΔH 解离，即：$\Delta H_{解离}=\Delta H-\Delta H_{中和}$。

（刘彩华编写）

基础实验六　二组分金属相图的绘制——热分析法

一、实验目的

1. 掌握步冷曲线[*]的测定和绘制。学会用步冷曲线法绘制 Sn-Bi 二组分金属相图。

---

* 表示温度与时间关系的曲线称为步冷曲线。

2. 了解纯物质的步冷曲线和混合物的步冷曲线形状的不同以及其相变点温度的如何确定。

3. 了解热电偶测温原理和进行热电偶校正的方法。

二、实验原理

研究多相系统的状态如何随温度、压力和浓度等变量的改变而发生变化，并用图形来表示系统状态的变化，这种图就叫作相图。对具有简单低共熔物的二元相图，可用热分析法和溶解度法进行绘制。对于固态熔融的二组分金属相图，热分析法是常用的绘制相图的基本方法之一。其原理是将一种金属或两种金属混合物熔融后，使之均匀冷却，每隔一定时间记录一次温度。当熔融体系在均匀冷却过程中无相变时，其温度随时间均匀地(或线性地)下降得到一平滑的步冷曲线；当体系内发生相变时，则因金属凝固放出的凝固热与自然冷却时体系放出的热量相叠加，步冷曲线就会出现转折或水平线段(前者表示温度随时间的变化率发生了变化，后者表示在水平线段内，温度不随时间而变化)；转折点所对应的温度，即为该体系在对应组成下的相变温度。利用多条步冷曲线所得到的一系列组成和所对应的相变温度数据，以横轴表示混合物的组成，纵轴上标出步冷曲线出现转折或/和水平线段出现的温度，把这些点连接起来，就可绘出二组分金属相图。具有简单低共熔二元体系的步冷曲线及相图绘制方法如图 3-6-1 所示。

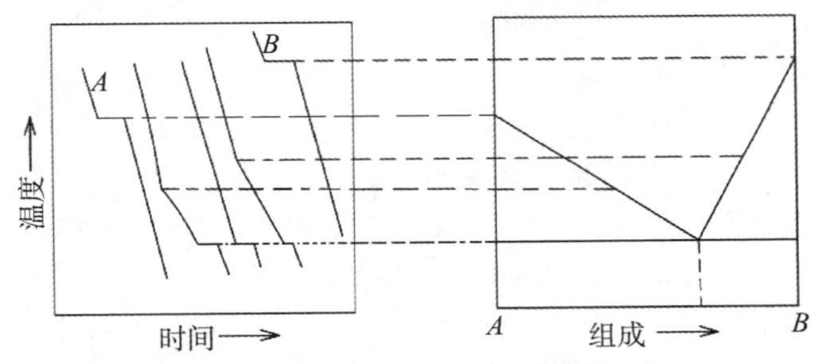

图 3-6-1　根据步冷曲线绘制相图的示意图

用热分析法测绘二元金属相图时，被测体系必须时时处于或接近相平衡状态，因此必须保证冷却速度足够慢才能得到较好的结果。此外，在冷却过程中，一个新的固相出现以前，常常会发生过冷现象，轻微过冷会有利于测量相变温度，但严重过冷现象，却会使折点发生起伏，使相变温度的确定产生困难(图 3-6-2)。遇此情况，可延长 dc 线与 ab 线相交，交点 e 即为转折点。

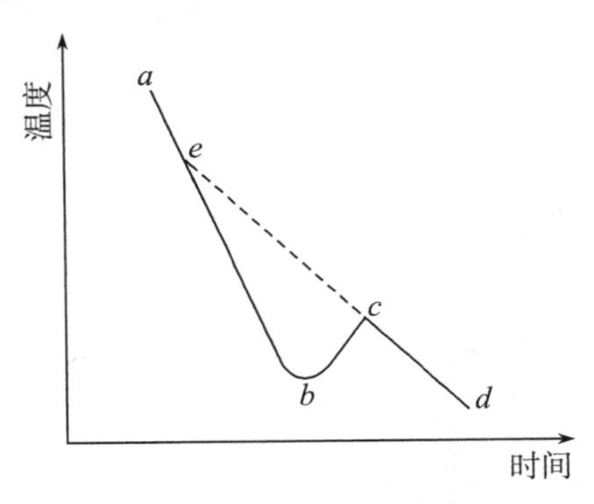

图 3-6-2　有过冷现象时的步冷曲线

三、仪器与试剂

金属相图测定实验装置1套；不锈钢样品管4～8个；250 mL 烧杯1个。

Sn 粉（化学纯）；Bi 粉（化学纯）；液状石蜡；石墨粉。

四、实验步骤

（一）样品配制

用感量0.1 g的台秤分别称取纯 Sn 粉、纯 Bi 粉各50 g，另配制含 Sn 20%、40%、60%、80%的铋锡混合物各50 g，分别置于不锈钢样品中，在样品上方各覆盖一层石墨粉。

如样品已称量好，则跳过该步骤。

（二）绘制步冷曲线

（1）将热电偶放入相应待测样品的不锈钢样品管中。

（2）样品管放入加热炉，通过目标温度的设置控制炉温最高温度不超过400℃。加热，待样品熔化后停止加热。

（3）停止加热后检查热电偶的尖端是否置于样品中央，以便反映出体系的真实温度。

（4）按定时键，时间间隔调为30或60 s，在指示音的提示下，即可每隔一定时间读取一次温度，待出现转折点和平台后，温度均匀下降约5 min 即可停止读数。

（5）用上述方法绘制所有样品的步冷曲线。

（6）用小烧杯装一定量的水，在电炉上加热，将热电偶插入水中绘制出水沸腾时的水平线。如不需校正则跳过该步骤。

（7）实验完毕后，将炉体的档位复原，所用仪器恢复，关闭电源。

附：金属相图测试实验装置操作步骤

① 将温度传感器插入样品管细管中，将样品管放入加热炉，炉体的挡位拨至相应炉号。

② 按"设置"按钮，温度显示器（左）显示"C"，表示为设置目标温度（100～500℃），按"+1"增加，按"−1"减少，按"X10"左移一位扩大10倍，相应显示在加热功率显示器（右）上。

③ 再按"设置"按钮，温度显示器显示"P1"，设置加热功率（50～500 W），按"+1"增加，按"−1"减少，按"X10"左移一位扩大10倍，显示在加热功率显示器（右）上。

④ 再按"设置"按钮，温度显示器显示"P2"，设置保温功率（1～50 W），按"+1"增加，按"−1"减少，按"X10"左移一位扩大10倍，显示在加热功率显示器（右）上。

⑤ 再按"设置"按钮，温度显示器显示"t1"设置报警间隔时间（1～99 s），按"+1"增加，按"−1"减少，按"X10"左移一位扩大10倍，显示在加热功率显示器（右）上。

⑥ 再按"设置"按钮，温度显示器显示"n"，设置是否报警，$n=1$ 表示报警（蜂鸣器发声），$n=0$ 表示不报警（蜂鸣器不发声），显示在加热功率显示器（右）上。

⑦ 再按"设置"按钮，为确定。

⑧ 按"加热"按钮，加热器开始加热，此时加热炉上的指示灯亮。按"停止"按钮，加热器停止加热或自动停止加热。

五、注意事项

1. 按下"加热"按钮前，一定要检查不锈钢样品管所在加热炉的编号是否与炉体挡位编号相对应。

2. 目标温度的设置一定要合理，如最后炉体的温度过高则样品易氧化变质；温度过低或加热时间不够则样品没有完全熔化，步冷曲线转折点测不出。

3. 热电偶热端应插到样品中心部位，可在套管内注入少量的液状石蜡，将热电偶浸入油中，以改善其导热情况。搅拌时要注意勿使热端离开样品，金属熔化后常使热电偶偏离中心，这些因素都会导致测温点变动，必须注意。

4. 在测定样品的步冷曲线时，如体系有两个转折点，必须待第二个转折点测完后方可停止实验，否则须重新测定。

5. 该实验为高温实验，在整个测量过程中尤其高温时切勿用手碰触不锈钢样品管，要小心防止烫伤。

6. 实验过程中禁止拖动炉体，以防炉底螺丝划伤桌面。

六、数据处理

1. 根据记录的数据，以温度为纵坐标，时间为横坐标，绘制各组分的步冷曲线。

2. 找出各步冷曲线中拐点和平台对应的温度值。

3. 以温度为纵坐标，以物质组成为横坐标，绘出 Sn—Bi 二组分金属相图，并表示出各区域的相数、自由度和意义等。

七、思考题

1. 试用相律分析各步冷曲线上出现平台的原因。为什么在不同组分的融熔液的步冷曲线上，最低共熔点的水平线段长度不同？

2. 作二组分相图还有哪些方法？作图时应注意哪些问题？

3. 做好步冷曲线的关键是什么？

4. 为什么要缓慢冷却合金做步冷曲线？

5. 是否可以用升温曲线来做相图？

6. 为什么样品中严防进入杂质？如果进入杂质则步冷曲线会出现什么情况？

7. 不同组分熔融液的步冷曲线上的平台线段有什么区别？

8. 用相律解释各步冷曲线出现水平线段的原因。

9. 有一失去标签的 Sn-Bi 合金样品，用什么方法可以确定其组成？

10. 如何防止样品发生氧化变质？

八、实验讨论

1. 本实验成败的关键是步冷曲线上转折点和水平线段是否明显。步冷曲线上温度变化的速率取决于体系与环境间的温差、体系的热容量、体系的热传导率等因素。若体系析出固体放出的热量抵消散失热量的大部分，转折变化明显，否则就不明显，故控制好样品的降温速度很重要。一般控制在 6～8 ℃ · min^{-1}，在冬季室温较低时，就需要给体系降温过程加以一定的电压(约 20 V)来减缓降温速率。

2. 本实验所用体系一般为 Sn-Bi、Cd-Bi、Pb-Zn 等低熔点金属体系，但它们的蒸气对人体健康有危害，因而要在样品上方覆盖石墨粉或液状石蜡，防止样品的挥发和氧化。液状石蜡的沸点较低(大约为 300℃)，故电炉加热样品时注意不宜升温过高，特别是样品接近熔化时所加电压不宜过大，以防止液状石蜡的挥发和炭化。

3. Bi-Sn 相图是具有代表性的部分互溶固-液体系相图。这种体系有三个两相区和一条三相共存线。但是两侧各有一个固溶区，以 Sn 为主要成分的 α 区和以 Bi 为主要成

分的 β 区。一个相图的完整绘制，除了采用热分析法外，常需借助其他技术。例如，$\alpha\beta$ 相的存在和固溶区线的确定，可用金相显微镜、X-射线衍射方法以及化学分析法等。

（刘杰、李静编写）

基础实验七　燃烧热的测定

一、实验目的

1. 通过测定十六醇的燃烧热，掌握有关热化学实验的一般知识和技术。
2. 了解恒压燃烧热与恒容燃烧热的区别与联系。
3. 掌握氧弹式量热计的原理、构造及其使用方法。
4. 掌握高压钢瓶的有关知识并能正确使用。

二、实验原理

燃烧热是在指定的 T、P 下，1 mol 物质完全燃烧时所产生的热效应，用符号 H 表示，是热化学中重要的基本数据。一般化学反应的热效应，往往因为反应太慢或反应不完全，不是不能直接测定，就是测不准。但是，通过盖斯定律可用燃烧热数据间接求算。因此，燃烧热广泛地用在各种热化学计算中。许多物质的燃烧热和反应热已经被测定。测定燃烧热的氧弹式量热计是重要的热化学仪器，在热化学、生物化学以及某些工业部门中应用广泛。

燃烧热可在恒容或恒压的情况下测定。由热力学第一定律可知：在不做非膨胀功的情况下，恒容反应热 Q_V 等于体系内能变化 ΔU，恒压反应热 Q_p 等于焓变 ΔH。在氧弹式量热计中所测燃烧热为 Q_V，而一般热化学计算用的值为 Q_p，这两者可通过式(3-7-1)进行换算。

$$Q_p = Q_v + \Delta nRT \tag{3-7-1}$$

式中：Δn 为反应前后生成物与反应物中气体的物质的量之差；R 为气体摩尔体积常数；T 为反应温度(K)。

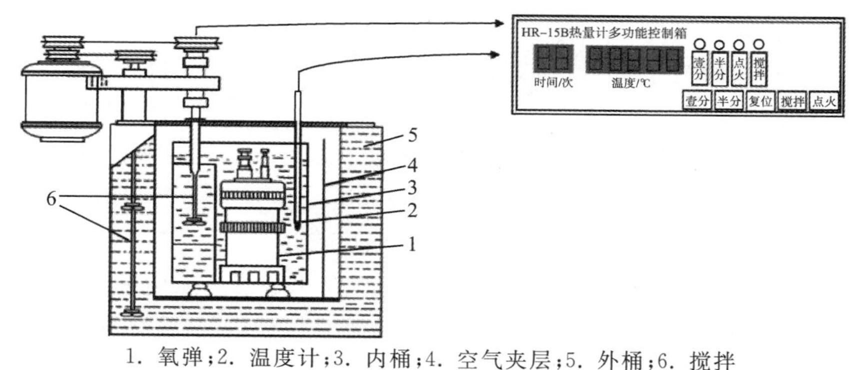

1. 氧弹；2. 温度计；3. 内桶；4. 空气夹层；5. 外桶；6. 搅拌

图 3-7-1　环境恒温式氧弹量热计装置

氧弹式量热计依据能量守恒定律：在盛有一定量水的内桶中，放入内装有一定量的样品和过量氧气的密闭氧弹，然后使样品完全燃烧，放出的热量通过氧弹传给周围的水和热量计有关的附件，引起温度的升高。通过测量体系在燃烧前后温度的变化值，由公式(3-7-2)可获得待测样品的恒容燃烧热。

$$Q_V = -\frac{M}{W}K(T_{终} - T_{始}) \tag{3-7-2}$$

式中：M 是样品的摩尔质量($g \cdot mol^{-1}$)；W 为样品质量；K 为样品燃烧放热使水和仪器相关附件每升高 1 度所需要的热量，称为水当量($J \cdot K^{-1}$)。

量热计水当量的具体数值通过标准物质标定法获得。在保持水量不变的情况下，用已知燃烧热的物质(本实验用苯甲酸)放在量热计中燃烧，测定其始、终态温度，通过公式(3-7-2)求出 K。本实验所用的环境恒温式量热计和氧弹构造分别如图 3-7-1 和 3-7-2 所示。

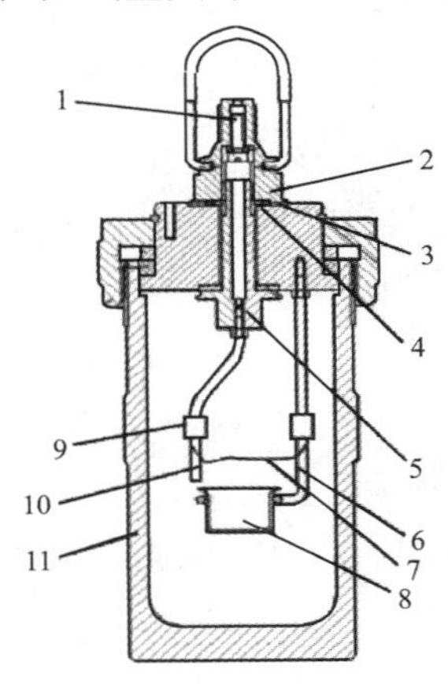

1. 气阀柄；2. 弹顶螺母；3. 大绝缘垫；4. 绝缘管；5. 气阀；6. 导电柱；
7. 燃烧丝；8. 坩埚；9. 导电套圈；10. 导电柱；11. 氧弹弹筒

图 3-7-2　氧弹的构造图

由图 3-7-1 可知，环境恒温式氧弹量热计的最外层是温度恒定的水夹套，当氧弹中的样品开始燃烧时，内桶与外层水夹套之间有少许热交换，因此不能直接测出初温和最高温度，需要由温度-时间曲线进行确定(即雷诺校正，详见讨论部分)。

三、仪器与试剂

SHR-15A 环境恒温式量热计 1 套；氧气钢瓶 1 只；充气机 1 台；压片机 2 台；1 L 容量瓶 1 个；氧弹头架 1 个；分析天平 1 台；直尺 1 把。

苯甲酸(A. R)；十六醇(A. R)；燃烧丝；棉线。

四、实验步骤

(一) 水当量 K 的测定

1. 仪器预热：将量热计及其全部附件清理干净，将有关仪器通电预热 5 min，同时记录外桶水温 $T_{环}$。

2. 样品压片：粗称 1.0 g 左右苯甲酸，在压片机中压成片状；取约 15 cm 长的燃烧丝和棉线各一根，分别在分析天平上准确称重；用棉线把燃烧丝绑在苯甲酸片上，准确称重。

3. 氧弹充氧：将氧弹的弹头放在弹头架上，把燃烧丝的两端分别紧绕在氧弹头上的两根电极上。把弹头放入弹杯中，拧紧。(精密测量中，还需要在氧弹中加入 10 mL 蒸馏水)

当充氧时，开始先充约0.5 MPa氧气，然后开启出口，借以赶出氧弹中的空气。再充入1 MPa氧气。氧弹放入量热计中，接好点火线。

4. 装置量热计：用容量瓶准确量取已被调好的低于外桶水温1～2℃的蒸馏水3000 mL，置于内桶中；然后将充好氧气的氧弹置于内桶中，接好电极线；最后盖好搅拌盖，并将热电偶插入内桶中。

5. 测定水当量：打开搅拌器，待温度稳定后开始记录温度，每隔30 s记录1次，记录10次。开启“点火”按钮，当温度明显升高时，说明点火成功，同时点火后记录10～20个数据；待温度再次稳定后，再记录10个数据，实验结束。

停止搅拌，取出氧弹，放出余气，打开氧弹盖，若氧弹中无灰烬，表示燃烧完全，将剩余燃烧丝称重。最后倒掉氧弹和内桶中的水，并擦拭干净。

（二）十六醇燃烧热的测定

称取0.8 g左右十六醇，重复上述步骤即可。

五、注意事项

1. 压片时注意压片机要专用。
2. 内筒中加入3000 mL水后若有气泡逸出，说明氧弹漏气，应设法排除。
3. 燃烧样品十六醇时，内筒水要更换且需调温。
4. 氧气瓶在开总阀前要检查减压阀是否关好；实验结束后要关上钢瓶总阀，注意排净余气，使指针回零。
5. 拔电极时注意不要拔线。

六、数据处理

1. 原始数据记录(表3-7-1)：初始燃烧丝重________g；棉线重________g；样品重________g；剩余燃烧丝重________g；外筒水温________℃。

表3-7-1 燃烧前后温度数据记录

反应前期		反应期		反应后期	
时间	温度	时间	温度	时间	温度

2. 由实验数据分别求出苯甲酸、十六醇燃烧前后的$T_{始}$和$T_{终}$。

3. 由苯甲酸数据求出水当量K。

$$Q_{总热量}=Q_{样品}\cdot(W/M)+Q_{燃丝}\cdot W_{燃丝}+Q_{棉线}\cdot W_{棉线}=-K\cdot(T_{终}-T_{始}) \qquad (3)$$

式中：25℃时，苯甲酸$Q_p=-3228.0\ \mathrm{kJ\cdot mol^{-1}}$；$Q_{镍铬丝}=-1400.8\ \mathrm{J\cdot g^{-1}}$；$Q_{棉线}=-17479\ \mathrm{J\cdot g^{-1}}$。

4. 求出十六醇的燃烧热Q_V，换算成Q_p。

5. 将所测十六醇的燃烧热值与文献值比较(注意要统一温度)，求出误差，分析误差产生的原因。

七、思考题

1. 为什么要进行雷诺校正？

2. 本实验中，哪些为体系，哪些为环境？实验过程中有无热损耗，如何降低热损耗？

3. 测量体系与环境之间有没有热量的交换（即测量体系是否是绝热体系）？如果有热量交换的话，能否定量准确地测量出所交换的热量？

4. 在环境恒温式氧弹量热计中，为什么内筒水温要比外筒水温低，低多少合适？

5. 欲测定液体样品的燃烧热，你能想出测定方法吗？

6. 说明恒容热和恒压热的关系。

7. 苯甲酸物质在本实验中起到什么作用？

8. 实验中的最大误差是哪种？提高本实验的准确度应该从哪方面考虑？

9. 在氧弹里加 10 mL 蒸馏水起什么作用？在具体做实验时，为什么我们不再在氧弹里加 10 mL 蒸馏水？

10. 为什么称取的苯甲酸和十六醇的质量不同？

八、实验讨论

1. 热化学实验常用的量热计中还有绝热式量热计，其构造如图 3-7-3 所示。绝热式量热计的外筒中有温度控制系统，在实验过程中，环境与实验体系的温度始终相同或始终略低 0.3℃，热损失可以降低到极微小程度。因而，可以直接测出初温和最高温度。

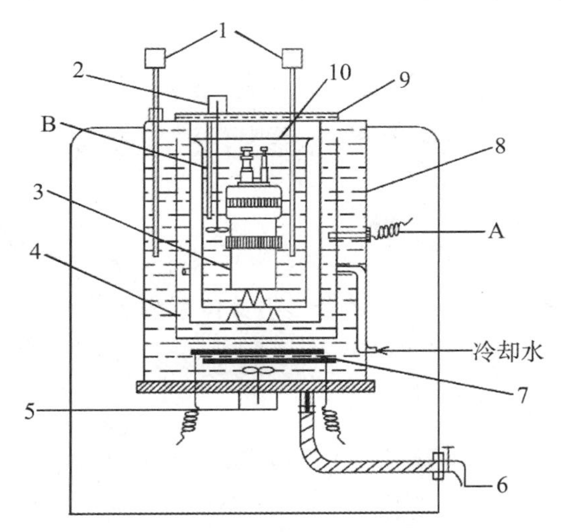

1. 数字温差测量仪；2. 内桶搅拌器；3. 氧弹；4. 外筒搅拌筒；5. 外筒搅拌器；6. 外桶放水龙头；7. 加热板；8. 外桶；9. 水帽；10. 内桶

图 3-7-3 绝热式氧弹量热计

2. 在燃烧过程中，当氧弹内存在微量空气时，N_2 的氧化会产生热效应，在精确的实验中，这部分热效应应予校正。方法如下：用 0.1 mol · dm^{-3} NaOH 溶液滴定洗涤氧弹内壁的蒸馏水，每毫升 0.1 mol · dm^{-3} NaOH 溶液相当于 5.983 J（放热）。

3. 环境恒温式氧弹量热计由雷诺曲线求得 ΔT 的方法如图 3-7-4 所示，详细步骤如下。

将样品燃烧前后历次观察的水温对时间作图，联成 $FHIDG$ 折线（图 3-7-4），图中 H 相当于开始燃烧之点，D 为观察到的最高温度读数点，作相当于室温之平行线 JI 交折线于 I 过 I 点作 ab 垂线，然后将 FH 线和 GD 线外延交 ab 线 A、C 两点，A 点与 C 点所表示的温度差即为欲求温度的升高 ΔT。图中 AA' 为开始燃烧到温度上升至室温这一段时

间 Δt_1 内，由环境辐射进来和搅拌引进的能量而造成体系温度的升高必须扣除，CC' 为温度由室温升高到最高点 D 这一段时间 Δt_2 内，体系向环境辐射出能量而造成体系温度的降低，因此需要添加上。由此可见，AC 两点的温差是较客观地表示了由于样品燃烧致使量热计温度升高的数值。

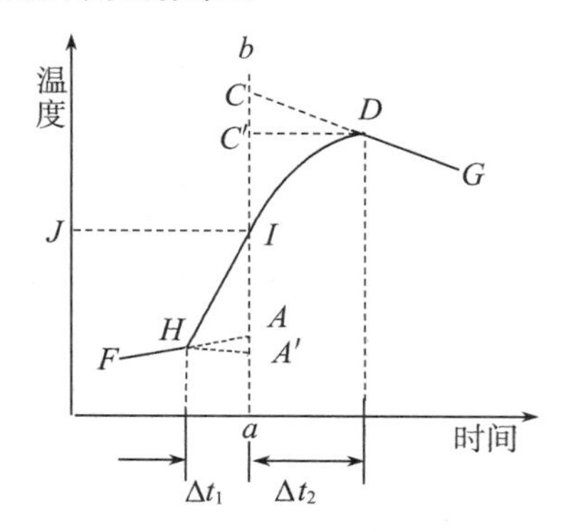

图 3-7-4　绝热较差时的雷诺校正图

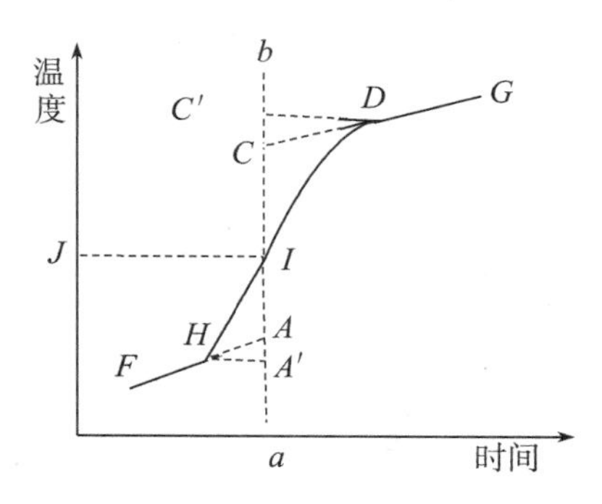

图 3-7-5　绝热良好时的雷诺校正图

有时量热计的绝热情况良好，热漏小，而搅拌器功率大，不断稍微引进能量使得燃烧后的最高点不出现(图 3-7-5)。这种情况下，ΔT 仍然可以按照同样方法校正。

（李静编写）

基础实验八　三液系等温相图的绘制—溶解度法

一、实验目的

1. 熟悉相律，掌握用三角形坐标表示三组分体系相图的方法。
2. 掌握用溶解度法绘制相图的基本原理。

二、实验原理

对于三组分体系，当处于恒温恒压条件时，根据相律，其条件自由度 f^{**} 为：

$$f^{**}=3-\Phi \tag{3-8-1}$$

式中：Φ 为体系的相数。体系最大条件自由度 $f^{**}_{max}=3-1=2$。

因此，浓度变量最多只有两个，可用平面图表示体系状态和组成之间的关系，通常是用等边三角形坐标表示，称之为三元相图(图 3-8-1)。

等边三角形的三个顶点分别表示纯物 A、B、C，三条边 AB、BC、CA 分别表示 A 和 B、B 和 C、C 和 A 所组成的二组分体系的组成，三角形内任何一点都表示三组分体系的组成。图 3-8-1 中，O 点的组成表示如下。

经 O 点作平行于三角形三边的直线，与三边交于 D、E、F 三点。若将三边均分成 100 等份，则 O 点的 A、B、C 组成分别为：$A\%=OE=DC$，$B\%=OD=AF$，$C\%=OF=BE$。

苯-醋酸-水是属于具有一对共轭溶液的三液体体系，即三组分中二对液体 A 和 B，A 和 C 完全互溶，而另一对 B 和 C 只能有限度地混溶，即醋酸和苯、醋酸和水完全互溶，苯和水部分互溶，其相图如图 3-8-2 所示。

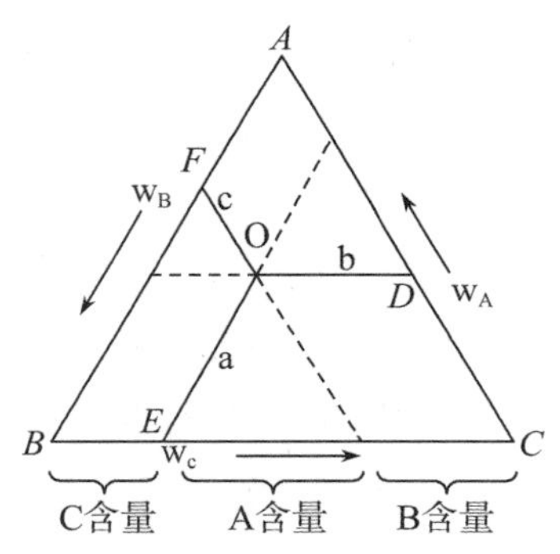

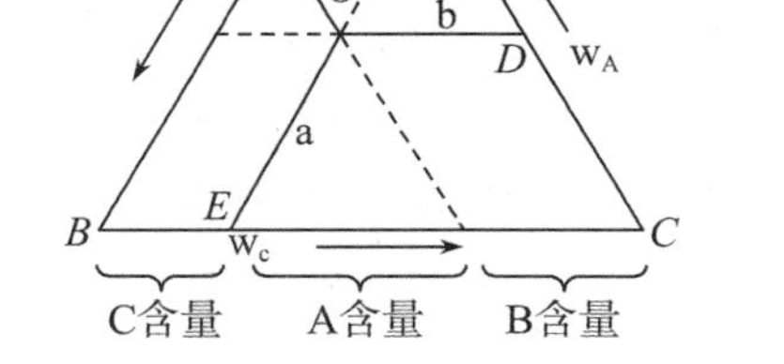

图 3-8-1　等边三角形法表示三元相图

图 3-8-2　共轭溶液的三元相图

图 3-8-2 中，E、K_2、K_1、P、L_1、L_2、F 点构成溶解度曲线，K_1L_1 和 K_2L_2 是连接线。帽形区内是两相区，即一相是苯在水中的饱和溶液，另一相是水在苯中的饱和溶液。帽形区外是单相区。因此，利用体系在相变化时出现的清浊现象，可以判断体系中各组分间互溶度的大小。一般来说，溶液由清变浑时，肉眼较易分辨。所以本实验是用均相的苯-醋酸体系中滴加水使之变成二相混合物的方法，以确定苯和水二相间的相互溶解度。

三、仪器与试剂

具塞锥形瓶(100 mL)2 只；(25 mL)4 只；酸式滴定管(20 mL)1 只；碱式滴定管(50 mL)1 只；移液管(1 mL、2 mL)各 1 只；刻度移液管(10 mL、20 mL)各 1 只；锥形瓶(150 mL)2 只。

冰醋酸(分析纯)；苯(分析纯)；标准 NaOH 溶液(0.2 mol · dm^{-3})；酚酞指示剂。

四、实验步骤

(一) 测定互溶度曲线

在洁净的酸式滴定管内装水。

用移液管移取 10.00 mL 苯及 4.00 mL 醋酸，置于 100 mL 干燥的具塞锥形瓶中，然后在不停摇动下慢慢地滴加水，至溶液由清变浑时，即为终点，记下水的体积。向此瓶中再加入 5.00 mL 醋酸，使体系成为均相，继续用水滴定至终点。然后依次用同样方法加入 8.00 mL、8.00 mL 醋酸，分别再用水滴至终点，记录每次各组分的用量。最后 1 次加入 10.00 mL 苯和 20.00 mL 水，加塞摇动，并每间隔 5 min 摇动 1 次，30 min 后用此溶液测连接线。

另取一只干燥的 100 mL 具塞锥形瓶，用移液管移入 1.00 mL 苯及 2.00 mL 醋酸，用水滴至终点。之后依次加入 1.00 mL、1.00 mL、1.00 mL、1.00 mL、2.00 mL、10.00 mL醋酸，分别用水滴定至终点，并记录每次各组分的用量。最后加入 15.00 mL 苯和 20.00 mL 水，加塞摇动，每隔 5 min 摇一次，30 min 后用于测定另一条连接线。

(二) 连接线的测定

上面所得的两份溶液，经半小时后，待二层液分清，用干燥的移液管(或滴管)分别吸取约 5 mL 上层液和约 1 mL 下层液于已称重的 4 个 25 mL 具塞锥形瓶中，再称其重量，然后用水洗入 150 mL 锥形瓶中，以酚酞为指示剂，用 0.2 mol · dm^{-3} 标准氢氧化钠溶液滴定各层溶液中醋酸的含量。

五、注意事项

1. 因所测体系含有水的成分，故玻璃器皿均需干燥。

2. 在滴加水的过程中须一滴一滴地加入，且需不停地摇动锥形瓶，由于分散的“油珠”颗粒能散射光线，所以体系出现浑浊，如在 2～3 min 内仍不消失，即到终点。当体系醋酸含量少时要特别注意慢滴，含量多时开始可快些，接近终点时仍然要逐滴加入。

3. 在实验过程中注意防止或尽可能减少苯和醋酸的挥发，测定连接线时取样要迅速。

4. 用水滴定如超过终点，可加入 1.00 mL 醋酸，使体系由浑变清，再用水继续滴定。

六、数据处理

1. 根据附录六和七计算实验温度时苯、醋酸和水的密度。

$t_{室温}$ =_________℃；$\rho_{t(苯)}$ =_________；$\rho_{t(醋酸)}$ =_________；$\rho_{t(水)}$ =_________。

2. 溶解度曲线的绘制。

① 根据实验数据及试剂的密度，算出各组分的质量分数，列入表 3-8-1。

表 3-8-1　各组分质量分数

No.	醋酸		苯		水		总质量	质量分数(%)		
	mL	g	mL	g	mL	g	g	醋酸	苯	水

② 将以上组成数据在三角形坐标纸上作图，即得溶解度曲线。

3. 连接线的绘制 。

c_{NaOH} =_________。

表 3-8-2　连接线测量结果记录

溶液		重量/g	V_{NaOH}/mL	醋酸含量/w%
Ⅰ	上层			
	下层			
Ⅱ	上层			
	下层			

① 计算两瓶中最后醋酸、苯、水的质量分数，标在三角形坐标纸上，即得相应的物系点 Q_1 和 Q_2。

② 将标出的各相醋酸含量点画在溶解度曲线上，上层醋酸含量画在含苯较多的一边，下层画在含水较多的一边，即可作出 K_1L_1 和 K_2L_2 两条连接线，它们应分别通过物系点 Q_1 和 Q_2。

七、思考题

1. 为什么根据体系由清变浑的现象即可测定相界？

2. 如连接线不通过物系点，其原因可能是什么？

3. 本实验中根据什么原理求出苯-醋酸-水体系的连接线？

八、实验讨论

该相图的另外一种绘制方法是：在两相区内以任一比例将此三种液体混合置于一定的温度下，使之平衡，然后分析互成平衡的二共轭相的组成，在三角形坐标纸上标出这些点，且连成线，但此种方法较为烦琐。

（刘杰编写）

基础实验九　差热分析

一、实验目的

1. 掌握差热分析的原理，了解差热分析仪的基本构造，学会差热分析仪的操作及软件设置。

2. 了解热电偶的测温原理。

3. 用差热分析仪绘制 $CuSO_4 \cdot 5H_2O$ 等样品的差热图。

二、实验原理

差热分析法(Differential Thermal Analysis，DTA)是一种重要的热分析方法。该方法可以对物质本身的热力学性质进行分析，从而进一步对物质进行定性或定量的分析，广泛应用于生产和科学研究。

物质在外界温度变化过程中，达到某一特定条件，会产生相应的物理、化学变化，如熔化、凝固、晶型转变、分解、化合、吸脱附等。在变化过程中伴随着焓变，同时产生热效应，表现为物质与外界环境的热交换。由于体系与环境热交换的复杂性，直接测量热效应比较困难，因此，引入一种对温度稳定的物质，或者在某一温度区间稳定的物质（一般选择 α-Al_2O_3）作为参比物质，通过测定该物质与参比物的温度差对时间或温度的函数关系，来鉴别物质或确定组成结构以及转化温度、热效应等物理化学性质。这就是差热分析法。

差热分析法测量系统简单描述为三个系统：升温系统、测温系统和数据采集处理系统。

如图 3-9-1 所示，升温系统包括电炉单元、程序温度控制单元；测温系统包括热电偶、差热放大单元；数据采集处理系统即为计算机。

通过两只型号相同的热电偶，分别置于样品和参比物样品台，相同端并联在一起(B端)。A,B 两端接入数据采集处理系统，测定记录炉温信号，B、C 两端接入差热放大单元，采集记录差热信号，并同步输入数据采集处理系统。

若试样不发生任何变化，试样和参比物的温度相同，两支热电偶产生的热电势大小相等，方向相反，所以 $\Delta U_{AC}=0$。此时采集结果为一条直线，如图 3-9-2 中的 AB、CD 等段，视为基线；与之相反，若试样发生了某种物理、化学变化，并随之产生热效应，而参比物质不发生变化，那么 $\Delta U_{AC}\neq 0$，此时会产生差热峰，如图 3-9-2 中 ABC 所示，向下的峰表明试样吸收热量，向上表明试样释放热量。图 3-9-2 所示曲线即为完整的差热图，也称热谱图。

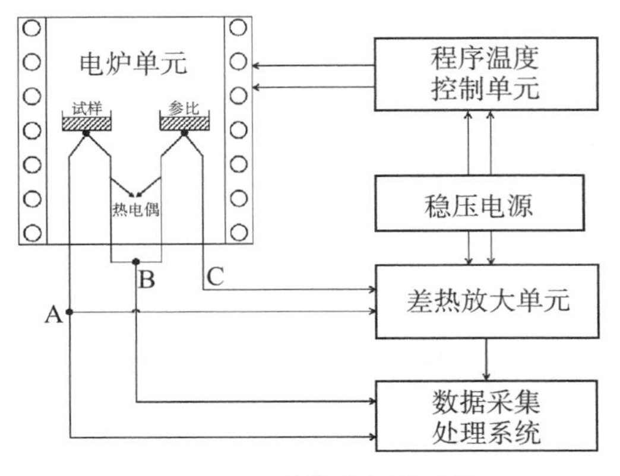

图 3-9-1 差热分析原理图

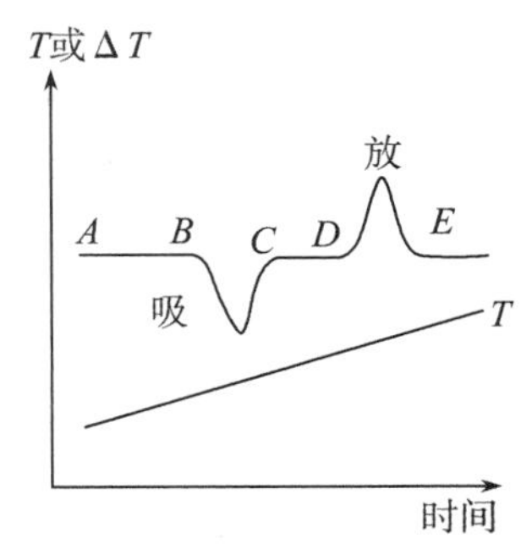

图 3-9-2 理想的差热曲线

从差热图(3-9-2)上可清晰地看到差热峰的数目、位置、方向、宽度、高度、对称性以及峰面积等。峰的数目表示物质发生物理化学变化的次数;峰的位置表示物质发生变化的转化温度(如图 3-9-2 中 T_B);峰的方向表明体系发生热效应的正负性;峰面积说明热效应的大小:相同条件下,峰面积大的表示热效应也大。在相同的测定条件下,许多物质的热谱图具有特征性:即确定的物质就有确定的差热峰的数目、位置、方向、峰温等,因此,可通过与已知的热谱图的比较来鉴别样品的种类、相变温度、热效应等物理化学性质。因此,差热分析广泛应用于化学、化工、冶金、陶瓷、地质和金属材料等领域的科研和生产部门。从理论上讲,可通过峰面积的测量对物质进行定量分析。

样品的相变热 ΔH 可按式(3-9-1)计算:

$$\Delta H=\frac{K}{m}\int_{B}^{C}\Delta T\mathrm{d}t \tag{3-9-1}$$

式中:m 为样品质量;B、C 分别为峰的起始、终止时刻;ΔT 为时间 t 内样品与参比物的温差;$\int_{B}^{C}\Delta T\mathrm{d}t$ 代表峰面积;K 为仪器常数,可用数学方法推导,但比较麻烦,本实验用已知热效应的物质进行标定。已知纯锡的熔化热为 $59.36\times10^{-3}\ \mathrm{J\cdot mg^{-1}}$,可由锡的差热峰面积求得 K 值。

另外,热电偶是工业中常用的温度测量元件,具有如下优点。

(1) 测量精度高:热电偶与被测对象直接接触,不受中间介质的影响。

(2) 热响应时间快:热电偶对温度变化反应灵敏。

(3) 测量范围大:热电偶从−40～+1600℃均可连续测温。

(4) 性能可靠,机械强度好。

(5) 使用寿命长,安装方便。

热电偶主要由两种不同材料的均匀质地的导体组成闭合回路。当两端存在温度梯度时,就会产生 seebeck 电动势(seebeck 效应),也称热电动势,此时回路中产生电流,经信号放大采集后转换成被测介质的温度(图 3-9-3)。

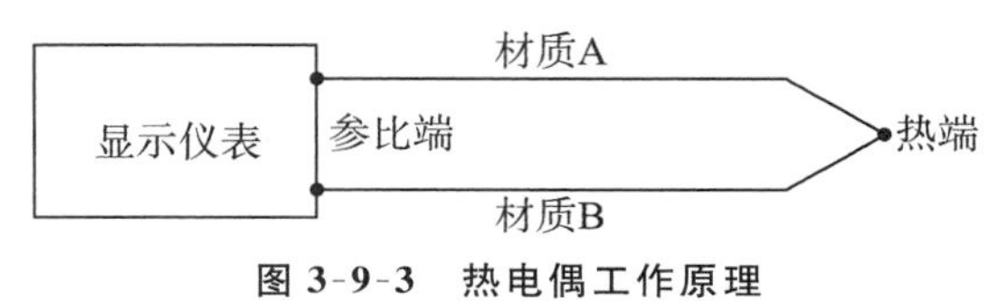

图 3-9-3 热电偶工作原理

三、仪器与试剂

差热分析仪1套。

分析纯 $CuSO_4 \cdot 5H_2O$;基准物 Sn;参比物 α-Al_2O_3。

四、实验步骤

(一) 仪器操作及样品测量步骤

1. 打开仪器各控制单元的电源开关,进行 DTA 实验开机及仪器面板设置。

① 开启"温控单元"电源,预热 10 min;

② 再按"温控单元"电炉启动;

③ 开启"差热放大单元"电源;"量程"设置±100 μV 档,斜率已调好,请不要随意改动。

④ 打开"数据站接口单元"电源;

⑤ 打开计算机。

待全部单元电源接通后,请再预热 20 min 左右。

2. 开启冷却水(缓慢开启,连续出水即可)。

3. 取两只空坩埚,分别称取 5 mg $CuSO_4 \cdot 5H_2O$(样品,放在样品台左边)和α-Al_2O_3(参比物,放在样品台右边),放在差热分析仪电炉中的两个样品台内。

4. 数据采集。

① 点击桌面上的"快捷方式 SAMPLE",进入"数据采集"主界面;

② 选择菜单栏的"实验类型",当显示为"DTA"时,即是做差热分析实验;

③ 点击"清程序段",再在"起始温度""结束温度""速率/恒温(分)"框中输入实验控温程序参数,再按"输入正确",系统提示打开实验冷却水,点击"确定";

参数设置:

起始温度:20~30℃;

结束温度:320℃;

升温速率:10 ℃ · min^{-1}。

④ 所有参数输入完毕,点击"参数设置"按钮,出现"参数输入"对话框,接着输入"样品名、日期、操作者、样品量"等信息,输入完成点选"数据存储",选择保存路径,并输入实验文件名(≤7 个字符),输入完毕按"确定";

⑤ 点选"运行"键,然后设置好"采样始温";

⑥ 点击 4P 采样,采样开始。

5. 实验完毕,点击菜单栏"结束采样"选项,若出现"是否保存图谱"提示,按"确定"。

6. 点击"停止"选项,至此次采样完毕。

7. 测量标准品标定常数 K:等炉壁温度降到 100℃时。打开炉盖,继续降温,待炉温降至 50℃以下时,换上标准品 Sn,按上述步骤操作。

8. 实验结束后,待炉温降到 50℃,打开炉盖,用镊子取出坩埚,处理样品残渣及坩埚,先关闭计算机,再关闭电炉,接着关闭各组件电源冷却水及总电源。

(二) 差热曲线处理

1. 双击桌面"快捷方式 PROCESS",进入"数据处理"主界面。

2. 点击菜单栏的"数据类型",选择"DTA"。选择"打开"菜单项,选择要打开的曲线文件，点击“确认”。

3. 点击“处理菜单”中的“设置”项，出现一个“计算内容设置”窗口，在窗口左边的“任务”框中选择“常规计算”，然后输入要计算的峰的数目，再点击“确定”按钮。

4. 确定峰的起终点，积分；保存数据。

① 选择“起点”快捷键，将鼠标位置移到曲线上该峰的起点上，点击鼠标左键。

② 选择“终点”快捷键，将鼠标位置移到曲线上该峰的终点上，点击鼠标左键。

③ 屏幕上将画出该峰的积分基线，然后自动求出外延起始点的位置。

④ 选择“计算”菜单项（或快捷键），系统将进行有关的计算，然后在峰附近列出“起点、终点、峰顶点、外延起始点的温度、峰面积、焓变”等结果。

⑤ 用同样方法确定其他峰的相应参数。

⑥ 点击“报告”菜单下的“计算结果保存”，后缀为“. dta”，点击“确定”可保存当前结果。

⑦ 点击“报告”菜单下的“屏幕”菜单项，可查看结果。

五、注意事项

1. 坩埚一定要清理干净，否则埚垢不仅影响导热，而且杂质在受热过程中可能发生物理化学变化，影响实验结果的准确性。

2. 样品必须研磨得很细，否则差热峰不明显；但也不要太细。一般差热分析样品研磨到 200 目为宜。样品要均匀地平铺在坩锅底部，否则做出的曲线不平整。

3. 样品要均匀地平铺在坩锅底部，并在桌面轻敲坩埚以保证样品之间有良好的接触，否则做出的曲线基线不平整。

4. 实验过程中注意避免桌面震动。

5. 采样过程中严禁关闭“各个单元”电源。

六、数据处理

1. 由所测样品的差热图，求出各峰的起始温度和终点温度，将数据列表记录。

2. 根据公式(3-9-1)由锡的差热峰面积求得 K 值，然后求出所测样品的热效应值(ΔH)。

3. 样品 $CuSO_4 \cdot 5H_2O$ 的三个峰各代表什么变化，写出相应的反应方程式。根据实验结果，结合无机化学知识，画出 $CuSO_4 \cdot 5H_2O$ 中 5 个 H_2O 的结构状态。

七、思考题

1. DTA 实验中如何选择参比物？常用的参比物有哪些？

2. 差热曲线的形状与哪些因素有关？影响差热分析结果的主要因素是什么？

3. DTA 和简单热分析(如步冷曲线法)有何异同？

4. 试分析差热曲线上的热力学平衡和非平衡线段。

5. DTA 实验中，若把样品和参比物位置放颠倒，对所测差热图谱有何影响？对实验结果有无误差？为什么？

6. 差热峰前后基线不在同一水平线上，是何原因？

八、实验讨论

1. 差热仪根据使用温度的不同而选用不同材料的热电偶，不同热电偶的使用范围可查阅文献。同样材料的热电偶，在相同的温度下，其热电势也不尽相同。差热分析实验所用的两根热电偶，应事先挑选，选择热电势尽可能相同的热电偶以配对，否则基线会有较大的漂移。差热分析基线平稳的条件有以下几点：① 有加热均匀的保持器和适当的基准物；② 选用热电势尽可能相同的热电偶；③ 加热速度不宜太快；④ 热电偶要插在保持器孔眼的中心。

2. 从理论上讲，差热曲线峰面积(S)的大小与试样所产生的热效应(ΔH)大小呈正比，即：$\Delta H=KS$，K 为比例常数。将未知试样与已知热效应物质的差热峰面积相比，就可求出未知试样的热效应。实际上，由于样品和和参比物之间往往存在着比热、导热系数、粒度、装填紧密程度等方面的不同，在测定过程中又存在熔化、分解转晶等物理、化学性质的改变，未知物试样和参比物的比例常数 K 并不相同，所以用它来进行定量计算误差较大。但差热分析可用于鉴别物质，与 X 射线衍射、质谱、色谱、热重法等方法配合可确定物质的组成、结构及动力学等方面的参数。

（陈宝丽编写）

基础实验十　固/液二组分体系相图的绘制——溶解度法

一、实验目的

1. 学会用溶解度法测绘硫酸铵-水二组分固液体系相图。
2. 了解纯物质的步冷曲线和混合物的步冷曲线的形状差异以及相变点温度的确定。

二、实验原理

当所考虑平衡不涉及气相而仅涉及固相和液相时，则体系常称为“凝聚相体系”或“固液体系”。固体和液体的可压缩性甚小，一般除在高压下以外，压力对平衡性质的影响可忽略不计，故可将压力视为恒量。对于三组分体系有：

$$f^{*}=3-\Phi \tag{3-10-1}$$

因体系最少相数为 $\Phi=1$，故在恒压下二组分体系的最多自由度数 $f^{*}=2$，仅需用两个独立变量就足以完整地描述体系的状态。由于常用变量为温度和组成，故在二组分固液体系中最常遇到的是 T-x(温度-物质的量分数)或 T-ω(温度-质量分数)图。

二组分固-液体系涉及范围比较广泛，最常遇到的是合金体系、水盐体系、双盐体系和双有机物体系等。这类体系在液相中可以互溶，而在固相中溶解度可以有差别。故以其差异分为三类：① 固相完全不互溶体系；② 固相完全互溶体系和；③ 固相部分互溶体系，进一步分类可以归纳如下：

- 固液体系
  - 固相完全不互溶体系
    - 形成简单低共熔体系
    - 形成化合体系
      - 相合熔点化合物体系
      - 不相合熔点化合物体系
  - 固相完全互溶体系
    - 无最低及最高熔点型
    - 最低熔点型
    - 最高熔点型
  - 固相部分互溶体系
    - 低共熔点型
    - 转熔点型

研究固液体系最常用实验方法为"热分析"法及"溶解度"法。本实验用溶解度法绘制水-硫酸铵二组分固液体系相图。

图 3-10-1 为硫酸铵在不同温度下在水中的溶解度实验数据绘制的水盐体系相图，这类构成相图的方法称为"溶解度法"。纵坐标为温度 t(℃)，横坐标为硫酸铵质量分数(以 ω 表示)。图中 FE 线是冰与盐溶液平衡共存的曲线，它表示水的凝固点随盐的加入而下降的规律，故又称为水的凝固点降低曲线。ME 线是硫酸铵与其饱和溶液平衡共存的曲线，它表示出硫酸铵的溶解度随温度变化的规律(在此例中盐溶解度随温度的升高而增大)，故称为硫酸铵的溶解度曲线。一般盐的熔点甚高，大大超过其饱和溶液的沸点，所以 ME 不可向上任意延伸。FE 线和 ME 线上都满足 $\Phi=2$，$f^*=1$，这意味温度和溶液浓度两者之中只有一个可以自由变动。

FE 线与 ME 线交于 E 点，在此点上必然出现冰、盐和盐溶液三相共存。当 $\Phi=3$ 时，$f^*=0$，表明体系的状态处于 E 点时，体系的温度和各相的组成均有固定不变的数值；在此例中，温度为−18.3℃，相应的硫酸铵浓度为 39.8%。不管原先盐水溶液的组成如何，温度一旦降至−18.3℃，体系就出现有冰(Q 点表示)、盐(I 点表示)和盐溶液(E 点表示)的三相平衡共存，连接同处此温度的三个相点构成水平线 QEI，因同时析出冰、盐共晶体，故也称共晶线。此线上各物系点(除两端点 Q 和 I 外)均保持三相共存，体系的温度及三个相的组成固定不变。倘若从此类体系中取走热量，则会结晶出更多的冰和盐，而相点为 E 的溶液的量将逐渐减少直到消失。溶液消失后体系中仅剩下冰和盐两固相，$\Phi=2$，$f^*=1$，温度可继续下降即体系将落入只存在冰和盐两个固相共存的双相区。若从上向下看，E 点的温度是代表冰和盐一起自溶液中析出的温度，可称为"共析点"。反之，若由下往上看，E 点温度是代表冰和盐能够共同熔化的最低温度，可称为"最低共熔点"。溶液 E 凝成的共晶机械混合物，称为"共晶体"或"简单低共熔物"。

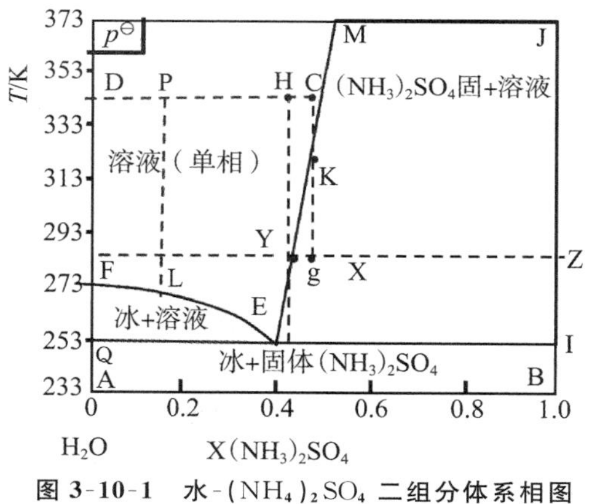

图 3-10-1　水-$(NH_4)_2SO_4$ 二组分体系相图

FE 线和 EM 线的上方区域是均匀的液相区，因 $f^*=3-\Phi=3-1=2$，故只有同时指定温度和盐溶液浓度两个变量才能确定一个物系点。FQE 是冰-盐溶液两相共存区。$MEIJ$ 是盐与饱和盐溶液两相共存区。在受制约的两相区内 $\Phi=2$，$f^*=1$，只能有一个自由度，即液相的组成随温度而变。而 $QABI$ 为一不受制约的区域，温度及总组成可以任意变动，但因各相组成(纯态)固定，故常选温度为独立变量，即仍为 $f^*=1$。

三、仪器与试剂

低温浴槽1套(带试管架);精密加热电炉装置1套;具塞试管10只;250 mL烧杯1个。硫酸铵(分析纯);二次蒸馏水;直尺1把。

四、实验步骤

1. 样品配制。

用分析天平分别称取纯硫酸铵固体并装入试管,加蒸馏水至硫酸铵含量分别为5%、10%、15%、20%、25%、30%、35%、39.8%、45%、50%,加盖密封。

2. 参照相图3-10-1,将上述试管分别加热相应的溶解温度以上至全部溶解。然后停止加热,将试管移至低温浴槽中,不断搅拌使之逐渐冷却,观察和记录不同组分结冰时的温度。

3. 同组分样品重复测量3次,取平均值。

五、注意事项

1. 使用加热电炉时注意加热速度不要太快,加热试管时要注意搅拌。

2. 目标温度的设置一定要合理,如每个样品结晶温度不同,加热时注意到溶解温度以上5℃即可。

3. 将加热后的试管移至低温浴槽中降温时,注意视组分差异逐渐调节浴槽的温度。

4. 在整个测量过程中注意高温时切勿用手碰触试管,要防止烫伤。

5. 实验过程中禁止拖动炉体,以防炉底螺丝划伤桌面。

六、数据处理

1. 根据记录的数据,找出不同组分结冰时对应的温度值。

2. 以温度为纵坐标,以物质组成为横坐标,绘出水-硫酸铵二组分固液平衡相图,并表示出各区域的相数、自由度和意义等。

七、思考题

1. 试用相律分析图3-10-1中K、Y、E、L点的相数、组分数和自由度数。

2. 用相律分析P、H、C所指的加热和冷却过程。

3. 如何从稀的硫酸铵溶液中制备大量硫酸铵晶体?

八、实验讨论

1. 不同的水盐体系,其低共熔物的总组成以及最低共熔点各不相同,表3-10-1中列举了几种常见的水盐体系的有关数据。

表3-10-1 某些盐和水的最低共熔点及其组成

盐	最低共熔点/℃	最低共熔物组成 ω %
NaCl	−21.1	23.3
NaBr	−28.0	40.3
NaI	−31.5	39.0
KCl	−10.7	19.7
KBr	−12.6	31.3

（续表）

盐	最低共熔点/℃	最低共熔物组成 ω %
KI	−23.0	52.3
$(NH_4)_2SO_4$	−18.3	39.8
$MgSO_4$	−3.9	16.5
Na_2SO_4	−1.1	3.84
KNO_3	−3.0	11.20
$CaCl_2$	−5.5	29.9
$FeCl_3$	−55	33.1
NH_4Cl	15.4	19.7

可以根据表 3-10-1 中的数据绘制其他二组分盐-水体系相图。

2. 应用溶解度法也可以测定能生成稳定中间化合物的二组分体系相图。

3. 本实验成败的关键是降温时冰点出现的温度是否正确，因此降温时注意过冷现象的产生。降温速率取决于体系与环境间的温差、体系的热容量、体系的热传导率等因素。故控制好样品的降温速度很重要，一般控制在 2～4 ℃ · min^{-1}。在冬季室温较低时，就需要给体系降温过程加以一定的电压(20 V 左右)来减缓降温速率。

（魏西莲编写）

基础实验十一　差热-热重实验

一、实验目的

1. 掌握差热分析(DTA)、热重法(Thermogravimetry，TG)的实验原理，学会利用差热-热重曲线解析样品。

2. 了解 ZRY-2P 综合热分析仪的工作原理，学会使用 ZRY-2P 综合热分析仪。

3. 用综合热分析仪测定样品的差热-热重曲线，并通过计算机处理差热-热重数据。

二、实验原理

（一）差热分析法原理

参见基础实验九。

（二）热重法(TG)

某些物质在升温过程中，由于本身性质不稳定，而在某个温度下发生某些化学反应，从而引起质量的变化，如失水、热分解等。那么，通过测量在升温过程中质量的变化，就可以了解物质本身的热力学性质。热重法(TG)就是在程序控制温度下，测量物质质量与温度关系的一种实验技术。热重法得到的曲线称为热重曲线(TG 曲线)。

热重分析通常有静态法和动态法两种。

静态法又称等温热重法，是在恒温下测定物质质量变化与温度的关系，通常把试样在各给定温度加热至恒重。该法比较准确，常用来研究固相物质热分解的反应速度和测定反应速度常数。

动态法又称非等温热重法，是在程序升温下测定物质质量变化与温度的关系，采用连续升温连续称重的方式。该法简便，易于与其他热分析法组合在一起，实际中采用较多。

热重测量仪器的主要组成与差热分析仪器大致相同，不同的是测量系统由将热电偶替换为热天平（图 3-11-1）。

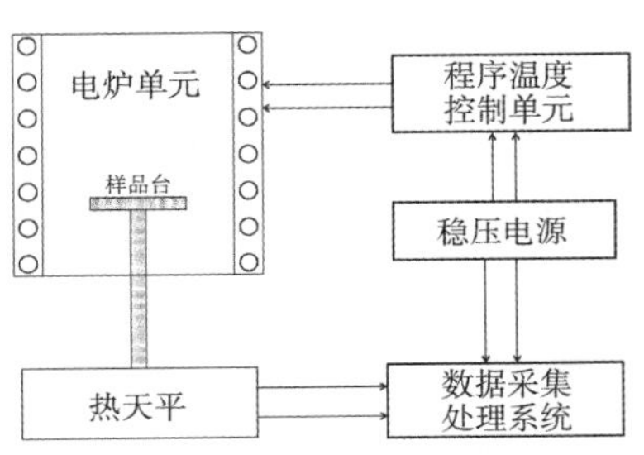

图 3-11-1　热重分析仪简要原理图

热重法派生出微商热重法（Derivative Thermogravimetry，DTG）也称导数热重法，即 TG 曲线对温度（或时间）的一阶导数。DTG 曲线可以精确地反映出反应起始温度、达到最大反应速率的温度和反应终止的温度，同时 DTG 曲线能够很好地区分各个反应阶段，其峰面积可以精确地对应变化质量，这是 TG 所达不到的，因此 DTG 可以进行精确的定量分析。

本实验采用 ZRY-2P 型综合热分析仪。该仪器主要由以下几个部件组成：加热炉、程序控温单元、热天平及天平放大单元、气氛单元、差热单元、数据采集处理系统。

三、仪器与试剂

综合热分析仪 1 套（ZRY-2P 型）。

分析纯 $CaC_2O_4 \cdot H_2O$ 或分析纯 $CuSO_4 \cdot H_2O$。

四、实验步骤

1. 开机预热，设定仪器基本参数。
2. 样品称重。
3. 温控编程及采样。
4. 数据处理。
5. 关闭仪器。

五、注意事项

1. 坩埚中加入样品的量要合适，一般少于坩埚容积的 4/5，基本上为 1/3～2/3 即可。
2. 本实验 ZRY-2P 综合热分析仪参数的设定：

① DTA 量程 100 μV，斜率 5。

② TG 单元量程 2 mg，倍率 10。

③ DTG 单元量程×0.5。

④ 气氛单元氮气钢瓶输出压力为 0.2 MPa，流量 30 $mL \cdot min^{-1}$。

⑤ 温控程序参数：

$CaC_2O_4 \cdot H_2O$:起始温度为0℃,终止温度为1000℃,升温速率为10 ℃ · min^{-1},在1000℃下保持50 min。

$CuSO_4 \cdot 5H_2O$:起始温度为0℃,终止温度为500℃,升温速率为10 ℃ · min^{-1}。

3. 使用温度在500℃以上时,要使用气氛(N_2),减少天平误差。实验过程中气流保持稳定。

4. 坩埚轻拿轻放,减少天平摆动。

六、数据处理

1. 调入数据文件,分别作热重数据处理和差热数据处理。

2. 依据TG和DTG曲线,由失重百分比推断反应的化学方程式。

七、思考题

1. 如何依据失重百分比,推断反应的化学方程式。

2. 各项实验参数对曲线测定分别有什么作用?

3. DTA-TG热分析中影响实验结果的因素及规律有哪些?

八、实验讨论

1. 差热分析和热重法各有优缺点,因此将二者组合在一起,能够实现互补的目的,更好地对物质在升温过程中的物理化学变化进行分析。其主要优缺点如下。

① 能够方便区分物理变化和化学变化。

② TG和DTA曲线分别表示于同一反应的两个重要侧面,一一对应,便于比较,相互补充,可以得到较为准确的数据。

③ 节省人力、时间和开支,也可节省占地面积。

④ 一般来说,同时热分析中的每一技术往往不及单一热分析技术灵敏度高,重现性好。

2. 随着热分析方法的不断发展,差热—热重技术的应用领域也在不断扩大:如确定物质的热稳定性、使用寿命以及热分解温度和热分解产物;物质升华过程及蒸汽压测定;一些含水物质的脱水过程及相关的动力学;聚合物的热氧化裂解;爆炸物质的分解;金属在高温下不同气氛的腐蚀;固态反应;石油和木材的裂解、共聚物组成以及添加剂的含量测定、新化合物的发现、物质的磁学性质如强磁性体居里点的测定等。在其他建筑材料、矿物、土壤以及煤炭行业都有应用。

(陈宝丽编写)

第二章　化学电化学部分

基础实验十二　电导的测定及应用

一、实验目的

1. 掌握电解质溶液电导的测量原理及测量方法。

2. 理解溶液的电导、电导率和摩尔电导率的概念，掌握电导率仪的使用方法。

3. 学会用电导法测量弱电解质溶液的电导率，计算弱电解质溶液的电离常数及难溶盐溶液的 K_{sp}。

二、实验原理

导体的导电能力常用电阻的倒数来表示。

$$G=\frac{1}{R} \tag{3-12-1}$$

式中：G 称为电导，单位是西门子 S。导体的电阻与其长度和截面积的关系为：

$$R=\rho\frac{l}{A} \tag{3-12-2}$$

式中：ρ 为比例常数，称为电阻率。根据公式(3-12-1)，则有：

$$G=\kappa\frac{A}{l} \tag{3-12-3}$$

κ 称为电导率或比电导，其物理意义：在平行且相距 1 m、面积均为 1 m^2 的两电极间，电解质溶液的电导称为该溶液的电导率，其单位以 $S\cdot m^{-1}$ 表示：

$$\kappa=\frac{l}{A}G=\frac{l}{A}\cdot\frac{1}{R} \tag{3-12-4}$$

对于确定的电导池，l/A 为一常数，称为电导池常数，以 K_{cell} 表示，由于电极的 l 和 A 不易精确测量，因此实验中用一种已知电导率值的溶液，先求出电导池常数 K_{cell}，然后把待测溶液注入该电导池测出其电导值，再根据式(3-12-4)求其电导率。

本实验利用电导法测定弱电解质的电离常数 K_c 和难溶盐的溶度积 K_{sp}。

(一) 弱电解质电离常数的测定

弱电解质在溶液中只能部分电离，对于 AB 型弱电解质在溶液中达到电离平衡时，电离平衡常数 K_c 与原始浓度 c 和电离度 α 有以下关系。

$$K_c=\frac{c\alpha^2}{1-\alpha} \tag{3-12-5}$$

在一定温度下，K_c 是常数，因此可以通过测定 AB 型弱电解质在不同浓度时的 α 代入式(3-12-5)求出 K_c。

溶液的摩尔电导率是指把含有 1 mol 电解质的溶液置于相距为 1 m、面积均为 1 m^2 的两平行板电极之间的电导，以 Λ_m 表示，其单位为 $S \cdot m^2 \cdot mol^{-1}$。

摩尔电导率与电导率的关系为：

$$\Lambda_m = \kappa / 1000c \tag{3-12-6}$$

式中：c 为该溶液的浓度，其单位为 $mol \cdot dm^{-3}$。对于弱电解质溶液来说，可以认为：

$$\alpha = \Lambda_m / \Lambda_m^\infty \tag{3-12-7}$$

Λ_m^∞ 是溶液在无限稀释时的摩尔电导率。

将式(3-12-7)代入式(3-12-5)可得：

$$K_c = \frac{c\Lambda_m^2}{\Lambda_m^\infty(\Lambda_m^\infty - \Lambda_m)} \tag{3-12-8}$$

或

$$c\Lambda_m = (\Lambda_m^\infty)^2 K_c \frac{1}{\Lambda_m} - \Lambda_m^\infty K_c \tag{3-12-9}$$

以 $c\Lambda_m$ 对 $1/\Lambda_m$ 作图，其直线斜率为 $(\Lambda_m^\infty)^2 K_c$，若已知 Λ_m^∞ 值，可求算 K_c。

作为弱电解质的乙酸溶液，其电离度可用电导法来测定。

(二) CaF_2(或 $BaSO_4$、$PbSO_4$)饱和溶液溶度积(K_{sp})的测定

同样，利用电导法能够方便地求出微溶盐的溶解度，进而得到其溶度积值。例如，CaF_2 的溶解平衡可表示为：

$$CaF_2 \rightleftharpoons Ca^{2+} + 2F^-$$

$$K_{sp} = c(Ca^{2+})[c(F^-)]^2 = 4c^3 \tag{3-12-10}$$

微溶盐的溶解度很小，饱和溶液的浓度则很低，所以式(3-12-6)中 Λ_m 可以认为就是 Λ_m^∞(盐)，c 为饱和溶液中微溶盐的溶解度。

$$\Lambda_m^\infty(盐) = \frac{\kappa_{盐}}{1000c} \tag{3-12-11}$$

$\kappa_{盐}$是纯微溶盐的电导率。实验中所测定的饱和溶液的电导率值为盐与水的电导率之和。

$$\kappa_{溶液} = \kappa_{H_2O} + \kappa_{盐} \tag{3-12-12}$$

这样，可由测得的微溶盐饱和溶液的电导率利用式(3-12-12)求出 $\kappa_{盐}$，再利用式(3-12-11)求出溶解度，最后求出 K_{sp}。

三、仪器与试剂

电导(率)仪 1 台；超级恒温槽 1 台；电导池 1 只；电导电极 1 支；容量瓶(100 mL，5 只)；移液管(25 mL，1 支；50 mL，1 支)；洗瓶 1 只；洗耳球 1 个。

KCl($0.0100\ mol \cdot dm^{-3}$)；HAc($0.1000\ mol \cdot dm^{-3}$)；$CaF_2$(或 $BaSO_4$、$PbSO_4$)。

四、实验步骤

(一) HAc 电离常数的测定

1. 溶液的配制。在 100 mL 容量瓶中配制浓度为原始乙酸($0.1000\ mol \cdot dm^{-3}$)浓度的 1/4、1/8、1/16、1/32、1/64 的溶液 5 份。

2. 将恒温槽温度调至(25.0±0.1)℃或(30.0±0.1)℃。

3. 测定电导水的电导(率)　用电导水洗涤电导池和铂黑电极 2～3 次，然后注入电

导水，恒温后测其电导（率）值，重复测定3次。

4. 测定电导池常数 K_{cell}　倾去电导池中蒸馏水。将电导池和铂黑电极用少量的0.0100 mol·dm^{-3} KCl溶液洗涤2～3次后，装入0.0100 mol·dm^{-3} KCl溶液，恒温后，用电导仪测其电导，重复测定3次。

5. 测定HAc溶液的电导（率）　倾去电导池中的液体，将电导池和铂黑电极用少量待测溶液洗涤2～3次，最后注入待测溶液。恒温约10 min，用电导（率）仪测其电导（率），每份溶液重复测定3次。按照浓度由小到大的顺序，测定5种不同浓度HAc溶液的电导（率）。

（二）CaF_2（或 $BaSO_4$、$PbSO_4$）饱和溶液溶度积 K_{sp} 的测定

取约1 g CaF_2（或 $BaSO_4$、$PbSO_4$），加入约80 mL电导水，煮沸3～5 min，静置片刻后倾掉上层清液。再加电导水、煮沸、再倾掉清液，连续进行5次。第4次和第5次的清液放入恒温筒中恒温，分别测其电导（率）。若两次测得的电导（率）值相等，则表明 CaF_2（或 $BaSO_4$、$PbSO_4$）中的杂质已清除干净，清液即为饱和 CaF_2（或 $BaSO_4$、$PbSO_4$）溶液。

实验完毕后仍将电极浸在蒸馏水中。

五、数据处理

1. 由KCl溶液电导率值计算电导池常数。

2. 将实验数据列表3-12-1并计算乙酸溶液的电离常数。

HAc原始浓度：________。

表3-12-1　HAc溶液的数据记录

c /mol·dm^{-3}	G/S	κ /S·m^{-1}	Λ_m /S·m^2·mol^{-1}	Λ_m^{-1} /S^{-1}·m^{-2}·mol	$c\Lambda_m/10^{-3}$ S·m^{-1}	α	K_c /mol·dm^{-3}	$\overline{K_c}$ /mol·dm^{-3}

3. 按公式(3-12-9)以 $c\Lambda_m$ 对 $1/\Lambda_m$ 作图应得一直线，直线的斜率为 $(\Lambda_m^{\infty})^2K_c$，由此求得 K_c，并与上述结果进行比较。

4. 计算 CaF_2（或 $BaSO_4$、$PbSO_4$）的 K_{sp}

G（电导水）：________；K（电导水）：________。

表3-12-2　不同盐溶液的数据记录

G(溶液)/S	κ(溶液)/S·m^{-1}	G(盐)/S	κ(盐)/S·m^{-1}	c/mol·dm^{-3}	K_{sp}/mol·dm^{-3}

六、注意事项

1. 本实验配制溶液时，均须用电导水。

2. 电导电极不用时，应将其浸泡在蒸馏水中，以免干燥致使表面发生改变。

3. 温度对电导有较大的影响，所以整个实验必须在同一温度下进行。恒温槽的温度控制在(25.0±0.1)℃或(30.0±0.1)℃。

4. 测定前，必须将电导电极及电导池洗涤干净，以免影响测定结果。

七、思考题

1. 本实验为什么要测水的电导率？

2. 为什么要测电导池常数,如何得到该常数?

3. 实验中为什么要用镀铂黑电极?使用镀铂黑电极时注意事项有哪些?

4. 测电导时为什么要恒温?实验中测电导池常数和溶液电导,温度是否一致?

5. 电导、电导率、摩尔电导率与电解质的浓度有何关系?弱电解质的电离度、电离常数分别与哪些因素有关?电导的测定还有哪些方面的应用?

八、实验讨论

1. 电导与温度有关,当测试温度不是25℃时,可用式(3-12-13)进行计算。

$$G_t = G_{25℃}\left[1+\frac{1.3}{100}(t-25)\right] \tag{3-12-13}$$

2. 普通蒸馏水中常溶有CO_2和氨等杂质,故存在一定电导。因此实验所测的电导值是欲测电解质和水的电导的总和。做电导实验时需要纯度较高的水,这种水称为电导水。其制备方法为在蒸馏水中加入少许高锰酸钾,用石英或硬质玻璃蒸馏器再蒸馏一次。

3. 铂电极镀铂黑的目的在于减少极化现象,且增加电极表面积,使测定电导时有较高灵的敏度。铂黑电极不用时,应保存在蒸馏水中,不可使之干燥。

(张庆富编写)

基础实验十三　原电池电动势的测定及应用

能够把化学能转化为电能的装置称为原电池(或电池、化学电源)。它是由两个半电池(电极)和连通两个电极的电解质溶液组成的。可逆电池电动势的测量在物理化学实验中占有非常重要的地位,应用十分广泛,如平衡电极电势、溶液pH、溶度积、浓差电池的电势、活度系数、络合常数、溶液中离子的活度以及某些热力学函数的改变量等,均可以通过电池电动势的测定求得。要准确测定电池电动势,就必须在可逆的情况下进行(即无电流的情况下进行),而对消法可使电池无电流(或极小电流)通过。

对消法测定电池电动势的原理、测定方法等有关知识见基础知识与技术部分第四章中的有关内容。本实验包括以下几项内容:① 电动势的测定;② 溶液pH的测定;③ 溶度积的测定;④ 求电池反应的$\Delta_r G_m$、$\Delta_r S_m$、$\Delta_r H_m$、$\Delta_r G_m^\theta$。

(一)原电池电动势的测定

一、实验目的

1. 掌握对消法测定电池电动势的原理,以及电位差计、检流计和标准电池的使用方法和注意事项。

2. 学会一些金属电极和盐桥的制备方法,并掌握几种金属电极电势的测定方法。

二、实验原理

可逆电池的电动势为组成该电池的两个半电池(电极)电势的代数和,即正、负两个电极的电势之差。设正极电势为φ_+,负极电势为φ_-,则:

$$E=\varphi_+ - \varphi_-$$

电极电势的绝对值无法测定,手册上所列的电极电势均为相对电极电势,即以标准氢电极（其电极电势规定为零）作为标准，与待测电极组成一电池，所测电池电动势就是待测电极的电极电势。由于氢电极使用不便，常用另外一些易制备、电极电势稳定的电极作为参比电极，如甘汞电极、银-氯化银电极等。

本实验是测定几种金属电极的电势。将待测电极与饱和甘汞电极组成如下电池。

$$Hg(l)\text{-}Hg_2Cl_2(S)|KCl(饱和溶液)\parallel M^{n+}(a_{\pm})|M(S)$$

金属电极的反应为：

$$M^{n+}+ne\longrightarrow M$$

甘汞电极的反应为：

$$2Hg+2Cl^{-}\longrightarrow Hg_2Cl_2+2e$$

电池电动势为：

$$E=\varphi_{+}-\varphi_{-}=\varphi^{\theta}_{M^{n+},M}+\frac{RT}{nF}\ln a(M^{n+})-\varphi(饱和甘汞) \qquad (3\text{-}13\text{-}1)$$

式中：φ(饱和甘汞)$=0.24240-7.6\times10^{-4}(t-25)$（$t$ 为温度，单位℃），$a=\gamma_{\pm}m$。

三、仪器与试剂

原电池测量装置 1 套；锌电极 1 只；铜电极 1 只；银电极 1 只；饱和甘汞电极 1 只；盐桥。

$ZnSO_4$（0.1000 mol·kg^{-1}）；$CuSO_4$（0.1000 mol·kg^{-1}）；$AgNO_3$（0.1000 mol·kg^{-1}）；KNO_3 饱和溶液；KCl 饱和溶液。

四、实验步骤

（一）金属电极的处理

将锌电极在稀硫酸溶液中浸泡片刻，取出洗净，浸入汞或饱和硝酸亚汞溶液中约 10 s，表面上即生成一层光亮的汞齐，用水冲洗晾干后，插入 0.1000 mol·kg^{-1} $ZnSO_4$ 溶液中待用。汞齐化的目的是消除金属表面机械应力不同的影响使它获得重复性较好的电极势。将铜电极和银电极用金相砂纸打磨至光亮，然后用蒸馏水洗净备用。

（二）测定以下 4 个原电池的电动势

（1）$Hg(l)-Hg_2Cl_2(S)|$饱和 KCl 溶液$\parallel CuSO_4$(0.1000 mol·kg^{-1})$|Cu(S)$

（2）$Hg(l)-Hg_2Cl_2(S)|$饱和 KCl 溶液$\parallel AgNO_3$(0.1000 mol·kg^{-1})$|Ag(S)$

（3）$Zn(S)|ZnSO_4$(0.1000 mol·kg^{-1})$\parallel$KCl(饱和)$|Hg_2Cl_2(S)-Hg(l)$

（4）$Zn(S)|ZnSO_4$(0.1000 mol·kg^{-1})$\parallel CuSO_4$(0.1000 mol·kg^{-1})$|Cu(S)$

五、数据处理

由测定的电池电动势数据，利用公式（3-13-1）计算银、铜、锌的标准电极电势。其中，离子平均活度系数 $\gamma_{\pm}$（25℃）见附录二十九。

本节实验中的注意事项、思考题、讨论见（四）化学反应热力学函数的测定。

（二）溶液 pH 的测定

一、实验目的

1. 掌握通过测定可逆电池电动势测定溶液 pH 的方法。
2. 了解氢离子指示电极的构成。

二、实验原理

利用各种氢离子指示电极与参比电极组成电池，即可从电池电动势算出溶液的 pH，常用的指示电极有氢电极、醌氢醌电极和玻璃电极。本节主要讨论醌氢醌($Q \cdot QH_2$)电极。$Q \cdot QH_2$为醌(Q)与氢醌(QH_2)等物质的量混合物,在水溶液中部分分解。

$$(Q \cdot QH_2) \rightleftharpoons (Q) + (QH_2)$$

它在水中溶解度很小。将待测 pH 溶液用 $Q \cdot QH_2$饱和后,再插入一只光亮 Pt 电极就构成了 $Q \cdot QH_2$电极,可用它构成如下电池。

$Hg(l)-Hg_2Cl_2(S)$|饱和 KCl 溶液‖由 $Q \cdot QH_2$饱和的待测 pH 溶液(H^+)|Pt(S)

$Q \cdot QH_2$电极反应为:

$$Q+2H^+ +2e \longrightarrow QH_2$$

因为在稀溶液中 $a_{H+}=C_{H^+}$,所以:

$$\varphi_{Q,QH_2}=\varphi^{\theta}_{Q,QH_2}-\frac{2.303RT}{F}pH \tag{3-13-2}$$

可见,$Q \cdot QH_2$电极的作用相当于一个氢电极,电池的电动势为:

$$E=\varphi_+ - \varphi_- = \varphi^{\theta}_{Q,QH_2}-\frac{2.303RT}{F}pH-\varphi(饱和甘汞) \tag{3-13-3}$$

$$pH=(\varphi^{\theta}_{Q \cdot QH_2}-E-\varphi(饱和甘汞))\div\frac{2.303RT}{F} \tag{3-13-4}$$

式中:$\varphi^{\theta}_{Q \cdot QH_2}=0.6994-7.4\times10^{-4}(t-25)$,$\varphi$(饱和甘汞)见(一)原电池电动势测定。

三、仪器与试剂

原电池测量装置 1 套;Pt 电极 1 只;饱和甘汞电极 1 只;盐桥。

KCl 饱和溶液;醌氢醌(固体);未知 pH 溶液。

四、实验步骤

测定以下电池的电动势:

$Hg(l)-Hg_2Cl_2(S)$|饱和 KCl 溶液‖由 $Q \cdot QH_2$饱和的待测 pH 溶液(H^+)|Pt(S)

五、数据处理

根据公式(3-13-4)计算未知溶液的 pH。

本节实验中的注意事项、思考题、讨论见(四)化学反应热力学函数的测定。

(三)难溶盐 AgCl 溶度积的测定

一、实验目的

1. 学会银电极以及银-氯化银电极的制备方法。
2. 掌握利用电化学方法测定 AgCl 的溶度积。

二、实验原理

设计电池如下。

$Ag(s)-AgCl(S)$|$HCl(0.1000\ mol \cdot kg^{-1})$‖$AgNO_3(0.1000\ mol \cdot kg^{-1})$|Ag(S)

银电极反应为：

$$Ag^{+}+e \longrightarrow Ag$$

银-氯化银电极反应为：

$$Ag+Cl^{-} \longrightarrow AgCl+e$$

总的电池反应为：

$$Ag^{+}+Cl^{-} \longrightarrow AgCl$$

$$E=E^{\ominus}-\frac{RT}{F}\ln\frac{1}{\alpha_{Ag^{+}}\alpha_{Cl^{-}}} \quad (3\text{-}13\text{-}5)$$

$$E^{\ominus}=E+\frac{RT}{F}\ln\frac{1}{\alpha_{Ag^{+}}\alpha_{Cl^{-}}} \quad (3\text{-}13\text{-}6)$$

又

$$\Delta_{r}G_{m}^{\ominus}=-nFE^{\ominus}=-RT\ln\frac{1}{K_{sp}} \quad (3\text{-}13\text{-}7)$$

式(3-13-7)中 $n=1$，在纯水中 AgCl 溶解度极小，所以活度积就等于溶度积。因此：

$$-E^{\ominus}=\frac{RT}{F}\ln K_{sp} \quad (3\text{-}13\text{-}8)$$

将(3-13-8)代入(3-13-6)化简之有：

$$\ln K_{sp}=\ln\alpha_{Ag^{+}}+\ln\alpha_{Cl^{-}}-\frac{EF}{RT} \quad (3\text{-}13\text{-}9)$$

已知测得的电池动势 E，即可求 K_{sp}。

三、仪器与试剂

原电池测量装置 1 套；Pt 电极两只；银电极两只；盐桥。

HCl 溶液（0.1000 mol · kg^{-1}）；$AgNO_3$ 溶液（0.1000 mol · kg^{-1}）；镀银液；HCl 溶液（1 mol · dm^{-3}）；稀 HNO_3 溶液（1 ∶ 3）；KNO_3 饱和溶液；琼脂（C. P.）。

四、实验步骤

（一）电极的制备

（1）银电极的制备。

将欲镀银的两只电极用细砂纸轻轻打磨至露出新鲜的金属光泽，再用蒸馏水洗净。将欲用的两只 Pt 电极浸入稀硝酸溶液片刻，取出用蒸馏水洗净。将洗净的电极分别插入盛有镀银液（镀液组成为 100 mL 水中加入 1.5 g 硝酸银和 1.5 g 氰化钠）的小瓶中，按图 3-13-1接好线路，并将两个小瓶串联，控制电流为 0.3 mA，镀 1 h，得白色紧密的镀银电极两只。

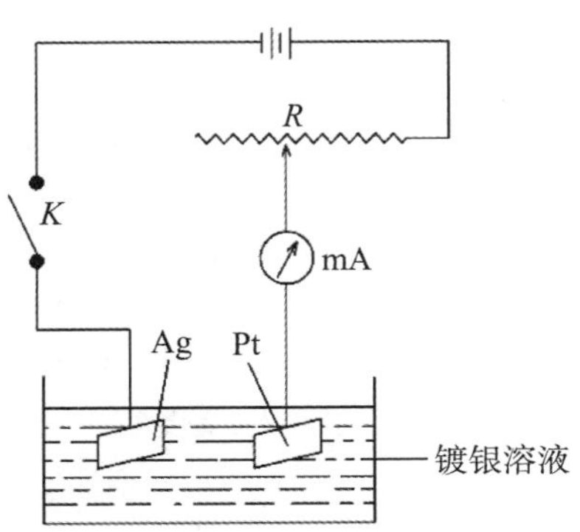

图 3-13-1　镀银线路图

（2）Ag-AgCl 电极的制备。

将上面制成的一支银电极用蒸馏水洗净，作为正极，以 Pt 电极作负极，在约 1 mol · dm^{-3} 的 HCl 溶液中电镀，线路同图 3-13-1。控制电流为 2 mA 左右，电镀 30 min，可得呈紫褐色的 Ag-AgCl 电极，该电极不用时应保存在 KCl 溶液中，贮藏于暗处。

（二）测定以下电池的电动势

$$Ag(S)\text{-}AgCl(S)\,|\,HCl(0.1000\ mol\cdot kg^{-1})\,\|\,AgNO_3(0.1000\ mol\cdot kg^{-1})\,|\,Ag(S)$$

五、数据处理

根据公式(3-13-9)计算 AgCl 的溶度积。

t℃时 0.1000 mol·kg^{-1} HCl 的 $\gamma_{\pm}$ 可按式(3-13-10)计算：

$$-\log\gamma_{\pm}=-\log 0.8027+1.620\times10^{-4}t+3.13\times10^{-7}t^{2} \tag{3-13-10}$$

本节实验中的注意事项、思考题、讨论见(四)化学反应热力学函数的测定。

(四) 化学反应热力学函数的测定

一、实验目的

掌握用电动势法测定化学反应的热力学函数的原理及方法。

二、实验原理

化学反应的热效应可以用量热计直接测量，也可以用电化学方法测定。由于电池电动势可以得到比较准确的数据，因此所得到的结果较热化学方法更为可靠。

在恒温、恒压、可逆操作条件下，电池所做的电功是最大有用功。利用对消法测定电池得电动势 E，即可根据公式：

$$(\Delta_r G_m)_{T,P}=-nFE \tag{3-13-11}$$

$$\Delta_r S_m=nF\left(\frac{\partial E}{\partial T}\right)_p \tag{3-13-12}$$

$$\Delta_r H_m=-nFE+nFT\left(\frac{\partial E}{\partial T}\right)_p \tag{3-13-13}$$

$$\Delta_r G_m^{\theta}=-nFE^{\ominus}=-\frac{RT\ln 1}{K_{sp}} \tag{3-13-14}$$

计算电池反应的 $\Delta_r G_m$、$\Delta_r S_m$、$\Delta_r H_m$ 和 $\Delta_r G_m^{\theta}$。

三、仪器与试剂

与(三)难溶盐 AgCl 溶度积的测定所用仪器试剂相同。

四、实验步骤

1. 设计电池如下。

Ag(s)-AgCl(s) | HCl(0.1000 mol·kg^{-1}) ‖ $AgNO_3$(0.1000 mol·kg^{-1}) | Ag(s)

2. 调节恒温槽温度在 20～50℃之间，每隔 5～10℃测定一次电动势。每改变一次温度，需待热平衡后才能测定。

五、数据处理

将步骤(1)中所得的电动势 E 与热力学温度 T 作图，并由图上曲线求取 25℃、30℃、35℃温度下的 $\left(\frac{\partial E}{\partial T}\right)_p$，并利用公式(3-13-11)(3-13-12)(3-13-13)和(3-13-14)计算 25℃、30℃、35℃时的 $\Delta_r G_m$、$\Delta_r S_m$、$\Delta_r H_m$ 和 $\Delta_r G_m^{\theta}$。

六、注意事项

1. 标准电池属精密仪器，使用时一定要注意，不可横放、倒置或摇动。连接正、负两极的导线不可相碰，以免短路。

2. 连接仪器时，切勿将正、负极接错。

3. 测试时必须先按电位计上“粗”按钮，待检测计指示零后，再按“细”按钮，以免检测计偏转过猛而损坏；按按钮时间要短，不可超过 1 s，以防止过多电量通过标准电池或待测电池，造成严重极化现象，破坏电池的电化学可逆状态。测量过程中，检流计受到冲击，应迅速按下短路按钮，保护检流计。

4. 汞齐化时注意，汞蒸气有剧毒，用过的滤纸应放到有水的带盖广口瓶中，杜绝随便丢弃。如果购买的锌电极纯度很高，也可以直接用金相砂纸打磨成品锌电极至光亮即可使用。

5. 饱和甘汞电极使用时要将电极帽取下，用毕后用饱和氯化钾溶液浸泡。

6. 盐桥内不能有气泡。

7. 工作电源的电压会发生变化，故在测量过程中要经常标准化。另外，新制备的电池电动势不够稳定，应隔数分钟测一次，取其平均值。

8. 制备盐桥时，注意加入的琼脂不能太多，以免测定时出现盐桥不通路的现象。另外，做盐桥的 U 形管不能太粗。

9. 实验完毕，把盐桥放入水中加热溶解，洗净，其他各仪器复原，检流计短路放置。

七、思考题

1. 电位差计、标准电池、检流计及工作电池各有什么作用？如何保护及正确使用？

2. 参比电极应具备什么条件？它有什么功用？

3. 盐桥有什么作用？对用作盐桥的物质应有什么要求？如果制备盐桥的 U 形管太粗会导致什么结果？

4. UJ-25 型电位差计测定电动势过程中，有时检流计总往一个方向偏转，试分析原因。

八、实验讨论

1. 在使用醌氢醌电极时，pH 大于 8.5 时，氢醌会发生电离，对氧化还原电势产生很大影响，在有其他强氧化剂或强还原剂存在时亦不能使用。

2. 电动势测定还可应用于求氧化还原反应的平衡常数，如反应 $H_2Q + 2Ag^+ \longrightarrow Q + 2Ag\downarrow + 2H^+$（式中：$H_2Q$ 为对苯二酚；Q 为醌）以及弱电解质的解离常数如醋酸、丙酸及丁酸等。

3. 对于反应 $H_2(p_{H_2}) + 2AgCl(s) \longrightarrow 2Ag(s) + 2HCl(c)$。根据能斯特公式和德拜一休克尔极限定律还可以计算电解质溶液的活度系数。

4. 通过电池电动势的测定，也可以提示人们根据联系热力学和电化学关系的桥梁公式来解决热力学平衡和化学反应进程问题。

（张庆富编写）

基础实验十四　离子迁移数的测定

当电流通过电解质溶液时，在两电极上发生氧化还原反应，反应物质的量与通过电量的关系服从法拉第定律。同时，溶液中的正、负离子各自向阴、阳两极迁移，由于各种离子的迁移速度不同，各自所带过去的电量也必然不同。每种离子所带过去的电量与通过溶液的总电量之比，称为该离子在此溶液中的迁移数。若阴、阳离子传递的电量分别为 q^+ 和 q^-，通过溶液的总电量为 Q，则阴、阳离子的迁移数分别为：

$$t^+=q^+/Q;t^-=q^-/Q \qquad (3\text{-}14\text{-}1)$$

离子迁移数与浓度、温度、溶剂的性质有关，一般增加某种离子的浓度，离子迁移数也相应增加；温度改变，离子迁移数也会发生变化。但温度升高，阴、阳离子的迁移数差别较小。同一种离子在不同电解质中迁移数是不同的。

离子迁移数的常见测定方法有希托夫法、界面移动法和电动势法等。

（一）希托夫法

一、实验目的

1. 掌握希托夫法测定离子迁移数的原理及操作方法。
2. 学习库仑计的使用原理及方法。
3. 测定 $CuSO_4$ 溶液中 Cu^{2+} 和 SO_4^{2-} 的迁移数。

二、实验原理

用希托夫法测定 $CuSO_4$ 溶液中 Cu^{2+} 和 SO_4^{2-} 的迁移数时，在溶液中间区浓度不变的条件下，分析通电前原溶液及通电后阳极区（或阴极区）溶液的浓度，比较等重量溶剂所含 MA 的量，可计算出通电后迁移出阳极区（或阴极区）的 MA 的量。通过溶液的总电量 Q 由串联在电路中的电量计测定，可算出 t_+ 和 t_-。

在迁移管中，两电极均为 Cu 电极，其中放入 $CuSO_4$ 溶液。通电时，溶液中的 Cu^{2+} 在阴极上发生还原反应，而在阳极上金属铜溶解生成 Cu^{2+}。通电时一方面阳极区有 Cu^{2+} 迁移出，另一方面电极上 Cu 溶解生成 Cu^{2+}，因而阳极区有：

$$n_{迁}=n_{原}+n_{电}-n_{后} \qquad (3\text{-}14\text{-}2)$$

阴极区则为：

$$n_{迁}=n_{后}+n_{电}-n_{原} \qquad (3\text{-}14\text{-}3)$$

$$t_{Cu^{2+}}=\frac{n_{迁}}{n_{电}},t_{SO_4^{2-}}=1-t_{Cu^{2+}} \qquad (3\text{-}14\text{-}4)$$

式中：$n_{迁}$ 表示迁移出阳极区的电荷的量；$n_{原}$ 表示通电前阳极区所含电荷的量；$n_{后}$ 表示通电后阳极区所含 Cu^{2+} 的量。$n_{电}$ 表示通电时阳极上 Cu 溶解（转变为 Cu^{2+}）的量，也等于铜电量计阴极上析出铜的量的 2 倍。

可以看出，希托夫法测定离子的迁移数至少包括两个假定：

（1）电的输送者只是电解质的离子，溶剂水不导电，这一点与实际情况接近。

（2）不考虑离子水化现象。

实际上阴、阳离子所带水量不一定相同，因此电极区电解质浓度的改变，部分是由于水迁移所引起的，这种不考虑离子水化现象所测得的迁移数称为希托夫迁移数。

三、仪器与试剂

迁移管 1 套（图 3-14-1）；铜电极 2 只；离子迁移数测定仪 1 台；铜电量计 1 台；分析天平 1 台；台秤 1 台；碱式滴定管（250 mL）1 只；碘量瓶（100 mL）3 只；碘量瓶（250 mL）2 只；移液管（20 mL）3 只。

KI 溶液(10%);淀粉指示剂(0.5%);硫代硫酸钠溶液(0.12 mol·dm^{-3});$K_2Cr_2O_7$ 溶液(0.015 mol·dm^{-3});H_2SO_4(2 mol·dm^{-3});硫酸铜溶液(0.05 mol·dm^{-3});KSCN 溶液(10%);HCl 溶液(4 mol·dm^{-3})。

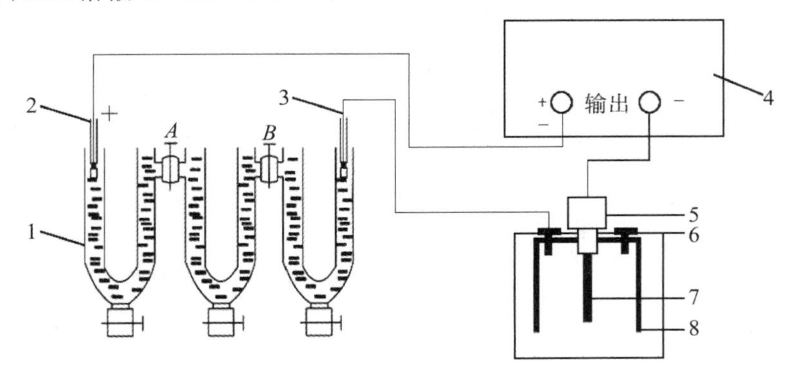

1. 迁移管;2. 阳极;3. 阴极;4. 库仑计;5. 阴极插座;6. 阳极插座;7. 阴极铜片;8. 阳极铜片

图 3-14-1 希托夫法测定离子迁移数装置图

四、实验步骤

1. 用水洗干净迁移管,然后用 0.05 mol·dm^{-3}的 $CuSO_4$溶液洗净迁移管,并安装到迁移管固定架上。电极表面有氧化层用细砂纸打磨。

2. 将铜电量计中的阴极铜片取下,先用细砂纸磨光,除去表面氧化层,用蒸馏水洗净,用乙醇淋洗并吹干,在分析天平上称重,装入电量计中。

3. 连接好迁移管、离子迁移数测定仪和铜电量计(注意铜电量计中的阴、阳极切勿接错)。

4. 接通电源,按下"稳流"键,调节电流强度为 20 mA,连续通电 90 min。

5. $Na_2S_2O_3$ 溶液的滴定。

取 3 个碘量瓶,洗净,烘干,冷却,台秤称重(如用分析天平称则不能带盖称,防止加入溶液后称量时超出量程)。用 $K_2Cr_2O_7$ 标准溶液标定,记下 $Na_2S_2O_3$ 溶液的用量。

6. 停止通电后,迅速取阴、阳极区溶液以及中间区溶液称重,滴定(从迁移管中取溶液时电极需要稍稍打开,尽量不要搅动溶液,阴极区和阳极区的溶液需要同时放出,防止中间区溶液的浓度改变)。

$Na_2S_2O_3$ 标准液的滴定:

准确移取 20 mL 标准 $K_2Cr_2O_7$ 溶液$\left[c\left(\frac{1}{6}K_2Cr_2O_7\right)=0.1000\text{ 或 }0.0500\text{ mol}\cdot\text{dm}^{-3}\right]$于 250 mL 碘量瓶中,加入 4 mL 6 mol·dm^{-3}的 HCl 溶液、8mL 10%的 KI 溶液,摇匀后放在暗处 5 min,待反应完全后,加入 80 mL 蒸馏水,立即用待滴定的 $Na_2S_2O_3$ 溶液滴定至近终点,即溶液呈淡黄色,加入 0.5%的淀粉指示剂 1 mL(大约 10 滴),继续用 $Na_2S_2O_3$ 溶液滴定至溶液呈现亮绿色为终点。

$$c(Na_2S_2O_3)=\frac{c(K_2Cr_2O_7)V(K_2Cr_2O_7)}{V(Na_2S_2O_3)}\times 6 \qquad (3\text{-}14\text{-}5)$$

$CuSO_4$ 溶液的滴定:

每 10 mL $CuSO_4$ 溶液(约 10.03 g)中,加入 1 mL 2 mol·dm^{-3} H_2SO_4 溶液,加入3 mL

10%的 KI 溶液,塞好瓶盖,振荡,置暗处 5~10 min,以 $Na_2S_2O_3$ 标准溶液滴定至溶液呈淡黄色,然后加入 1 mL 淀粉指示剂(指示剂不用加倍),继续滴定至浅蓝色,再加入2.5 mL 10%的 KSCN 溶液,充分摇匀(蓝色加深),继续滴定至蓝色恰好消失(粉白色)为终点。

五、注意事项

1. 实验中的铜电极必须是纯度为 99.999%的电解铜。

2. 实验过程中凡是能引起溶液扩散、搅动等因素必须避免。电极阴、阳极的位置能对调,迁移数管及电极不能有气泡,两极上的电流密度不能太大。

3. 本实验中各部分的划分应正确,不能将阳极区与阴极区的溶液错划入中部,这样会引起实验误差。

4. 本实验由铜库仑计的增重计算电量,因此称量及前处理都很重要,需仔细进行。

六、数据处理

1. 将所测数据列表 3-14-1。

室温:________;大气压:________;铜库仑计中阴极铜片电解前的质量 W_1:________ g;铜库仑计中阴极铜片电解后的质量 W_2:________ g;电解的电流:________ mA;电解的时间:________ min。

表 3-14-1 滴定数据记录

溶液	锥形瓶重/g	锥形瓶重+溶液重/g	溶液重/g	$V(Na_2S_2O_3)$/mL	$V(CuSO_4)$/mL
原始溶液					
中间液					
阴极液					
阳极液					

2. 计算实际析出量 $n_{析出}$ 和总迁移电量 $n_{总}$。

3. 以 10 mL 溶液中 Cu^{2+} 的浓度及含水量,换算出相应电极区中水的总量 $W_{水}$ 或者对应总体积 $V_{水}$。

4. 计算阴极区离子的迁移数 $t_{Cu^{2+}}$ 和 $t_{SO_4^{2-}}$。

5. 与阳极区的计算结果进行比较分析。

七、思考题

1. 通过电量计阴极的电流密度为什么不能太大?

2. 通电前后中间区溶液的浓度若发生改变,须重做实验,为什么?

3. 0.1 mol·dm^{-3} KCl 和 0.1 mol·dm^{-3} NaCl 中的 Cl^- 迁移数是否相同?

4. 如以阳极区电解质溶液的浓度计算 $t(Cu^{2+})$ 应如何进行?

(二) 界面移动法

一、实验目的

1. 用界面移动法测定 HCl 水溶液中的离子迁移数,掌握其方法与技术。

2. 观察在电场作用下离子的迁移现象。

二、实验原理

利用界面移动法测迁移数的实验可分为两类:一类是使用两种指示离子,造成两个界面；另一类是只用一种指示离子，有一个界面。近年来，这种方法已经代替了第一类方法，其原理如下。

实验在图 3-14-2 所示的迁移管中进行。设 M^{Z+} 为欲测的阳离子，M'^{Z+} 为指示阳离子。M′A 放在上面或下面，须视其溶液的密度而定。为了防止由于重力而产生搅动作用时，保持界面清晰，应将密度大的溶液放在下面。当有电流通过溶液时，阳离子向阴极迁移，原来的界面 aa' 逐渐上移动，经过一定时间 t 到达 bb'。设 aa' 和 bb' 间的体积为 V，$t_{M^{Z+}}$ 为 M^{Z+} 的迁移数。

据定义有：

$$t_{M^{Z+}}=\frac{VFc}{Q}$$

式中：$F=96500\ C\cdot mol^{-1}$；c 为$\left(\frac{1}{Z}M^{Z+}\right)$的量浓度；$Q$ 为通过溶液的总电量；V 为界面移动的体积，可用称量充满 aa' 和 bb' 间的水的重量校正之。

本实验用 Cd^{2+} 作为指示离子，测定 H^+ 在 0.1 $mol\cdot dm^{-3}$ HCl 中的迁移数。因为 Cd^{2+} 淌度(U)较小，即 $U_{Cd^{2+}}<U_{H^+}$。

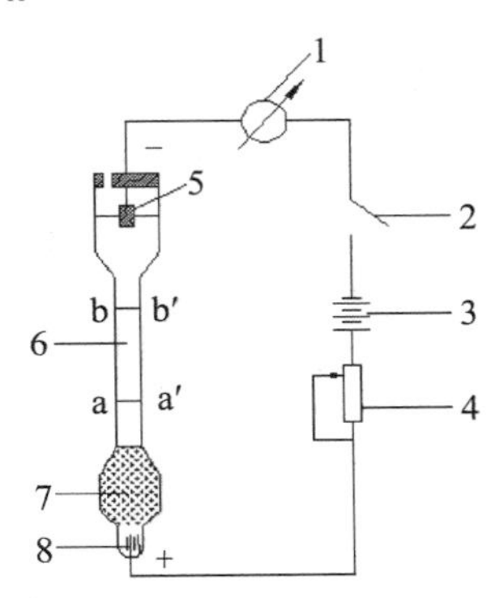

1. 毫安表；2. 开关；3. 电源；4. 可变电阻；5. Pt 电极；6. HCl 溶液；7. $CdCl_2$ 溶液；8. Cd 电极

图 3-14-2　界面移动法测离子迁移数装置示意图

在图 3-14-2 的实验装置中，通电时，H^+ 向上迁移，Cl^- 向下迁移，在 Cd 阳极上 Cd 氧化，进入溶液生成 $CdCl_2$，逐渐顶替 HCl 溶液，在管中形成界面。由于溶液要保持电中性，且任一截面都不会中断传递电流，H^+ 迁移走后的区域，Cd^{2+} 紧紧地跟上，离子的移动速度(V)是相等的，$V_{Cd^{2+}}=V_{H^+}$ 由此可得：

$$U_{Cd^{2+}}\frac{dE'}{dL}=U_{H^+}\frac{dE}{dL}\qquad(3\text{-}14\text{-}6)$$

结合 $U_{Cd^{2+}}<U_{H^+}$ 得：

$$\frac{dE'}{dL}>\frac{dE}{dL}\qquad(3\text{-}14\text{-}7)$$

即在 $CdCl_2$ 溶液中电位梯度是较大的，如图 3-14-3 所示。因此，若 H^+ 因扩散作用落入 $CdCl_2$ 溶液层。它就不仅比 Cd^{2+} 迁移得快，而且比界面上的 H^+ 也要快，能赶回到 HCl 层。同样，若任何 Cd^{2+} 进入低电位梯度的 HCl 溶液，它就要减速，一直到它们重又落后于 H^+ 为止，这样界面在通电过程中保持清晰。

三、仪器与试剂

精密稳压电源；直流毫安表；电迁移法迁移数测定仪1套。

盐酸溶液(0.1 mol·dm^{-3})；$CdCl_2$ 溶液(0.1 mol·dm^{-3})；甲基橙(或甲基紫)指示剂。

四、实验步骤

1. 洗净界面移动测定管，先放置 $CdCl_2$ 溶液，然后小心放置盛有甲基橙的0.1 mol·dm^{-3} HCl溶液，按图3-14-3连接线路，将稳压电源的“电压调节旋钮”旋至最小处，关闭开关。经教师检查线路后，方可接通电源，并旋转“调压旋钮”，使电流强度为5～7 mA，注意实验过程中如变化较大要及时调节，直至实验完毕。

2. 随电解进行Cd电极不断失去电子而变成 Cd^{2+} 溶解下来，由于 Cd^{2+} 的迁移速度小于 H^+，因而过一段时间后(约20 min)，在迁移管下部会形成一个清晰的界面：界面以下是中性的 $CdCl_2$ 溶液，呈橙色；界面以上是酸性的HCl溶液，呈红色，从而可以清楚地观察到界面，且渐渐向上移动。每隔10 min读一次刻度数据，记下相应的时间和界面迁移体积数据以及电流值，共读8套数据。

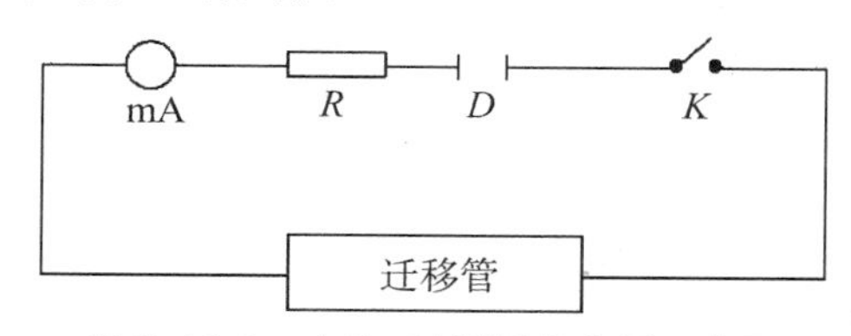

图3-14-3　电流-时间测总电量示意图

五、注意事项

1. 迁移管要洗干净，以免受其他离子干扰。向测定管中加溶液时，要小心缓慢，避免气泡产生。

2. 甲基橙不能加得太多，否则会影响HCl溶液的浓度。

3. 通过后由于 $CdCl_2$ 层的形成电阻加大，电流会渐渐变小，因此应不断调节电流使其保持不变。

4. 通电过程中，迁移管应避免振动，以保持界面清晰。

5. Cd^{2+} 有毒，废液应倒入回收瓶。

六、数据处理

1. 原始数据的记录表3-14-2。

表3-14-2　迁移数测定结果记录

迁移时间(t/s)	
迁移体积(V/m^2)	
通电电流(I/A)	

2. 做出 $V—It$ 关系图，由直线斜率求出 $dV/d(It)$。

3. 根据原理公式计算 t_{H^+} 和 t_{Cl^-}。

七、思考题

1. 本实验的关键何在，应注意哪些事项？

2. 测量某一电解质离子迁移数时，指示离子应如何选择，指示剂应如何选择？

八、实验讨论

1. 讨论与解释观察到的实验现象，将结果与文献值加以比较。

2. 在离子迁移数的实验中，测总电量的方法除了库仑法和气体电量计法外，还有电流—时间法。

电流—时间法实验装置如图 3-14-3 所示，其操作方法如下。

接通开关 K 与电源 D 相通，调节电位器 R 保持电流在 5～7 mA 之间。随电解的进行在迁移管下部形成一个清晰的界面。当界面移动到第一个刻度时，立即开动秒表，此时要随时调节电位器 R，使电流 I 保持定值。当界面移到第二个刻度时，立即记下时间(但不停秒表)，继续通电和计时，记录界面达到第三个刻度和第四个刻度的时间。

（孔玉霞编写）

基础实验十五　碳钢在碳酸铵溶液中极化曲线的测定

一、实验目的

1. 学会稳态恒电位法测定金属极化曲线的基本原理和测试方法。

2. 学会恒电位仪的使用方法。

3. 了解恒电位仪测定极化曲线的意义和应用。

二、实验原理

(一) 极化现象与极化曲线

极化曲线的测定是探索电极过程的重要方法之一。在研究可逆电池的电动势和电池反应时，电极上几乎没有电流通过，每个电极反应都是在接近于平衡状态下进行的，电极反应是可逆的；但当有电流明显通过电池时，电极的平衡状态被破坏，电极反应处于不可逆状态，且随着电极上电流密度的增加，电极反应的不可逆程度也随之增大。由于电流通过电极而导致电极电势偏离平衡值的现象称为电极的极化。描述电流密度与电极电势之间关系的曲线称作极化曲线，如图 3-15-1 所示。

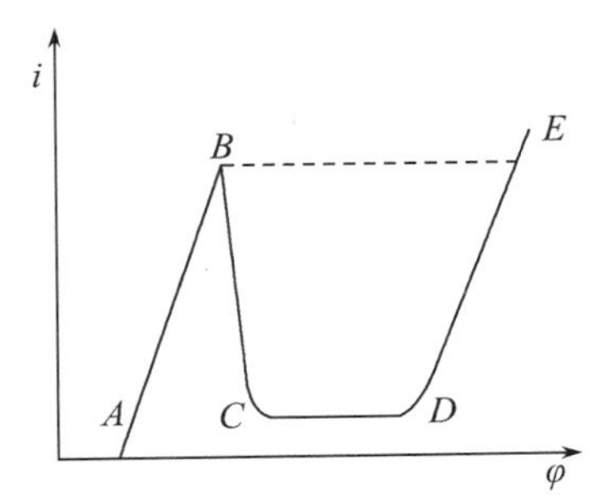

$A \sim B$：活性溶解区；B：临界钝化点；$B \sim C$：过渡钝化区；$C \sim D$：稳定钝化区；$D \sim E$：超(过)钝化区

图 3-15-1　极化曲线

金属的阳极过程是指金属作为阳极时在一定的外电势下发生的阳极溶解过程，如下式所示。

$$M \longrightarrow M^{n+} + ne$$

此过程只有在电极电势正于其热力学电势时才能发生。阳极的溶解速度随电位变正而逐渐增大，这是正常的阳极溶出。但当阳极电势正到某一数值时，其溶解速度达到最大值。此后阳极溶解速度随电势变正反而大幅度降低，这种现象称为金属的钝化现象。图 3-15-1 中曲线表明，从 *A* 点开始，随着电位向正方向移动，电流密度也随之增加，电势超过 *B* 点后，电流密度随电势的增加迅速减至最小。这是因为在金属表面生产了一层电阻高、耐腐蚀的钝化膜。*B* 点对应的电势称为临界钝化电势，对应的电流称为临界钝化电流。电势到达 *C* 点以后，随着电势的继续增加，电流却保持在一个基本不变的很小的数值上，该电流称为维钝电流、直到电势升到 *D* 点，电流才又随着电势的上升而增大，表示阳极又发生了氧化过程，可能是产生高价金属离子也可能是水分子放电析出氧气，*DE* 段称为过钝化区。

（二）极化曲线的测定

（1）恒电位法。

恒电位法就是将研究电极依次恒定在不同的数值上，然后测量对应于各电位下的电流。极化曲线的测量应尽可能接近体系稳态。稳态体系指被研究体系的极化电流、电极电势、电极表面状态等基本上不随时间改变。在实际测量中，常用的控制电位测量方法有以下两种。

静态法：将电极电势恒定在某一数值，测定相应的稳定电流值，如此逐点地测量一系列各个电极电势下的稳定电流值，以获得完整的极化曲线。对某些体系，达到稳态可能需要很长时间，为节省时间，提高测量重现性，往往人们自行规定每次电势恒定的时间。

动态法：控制电极电势以较慢的速度连续地改变（扫描），并测量对应电位下的瞬时电流值，以瞬时电流与对应的电极电势作图，获得整个极化曲线。为测得稳态极化曲线，人们通常依次减小扫描速度测定若干条极化曲线，当测至极化曲线不再明显变化时，可确定此扫描速度下测得的极化曲线即为稳态极化曲线。

上述两种方法都已经获得了广泛应用，由于动态法可以自动测绘，扫描速度可控制，测量结果重现性好，特别适用于对比实验。

（2）恒电流法。

恒电流法就是控制研究电极上的电流密度依次恒定在不同的数值下，同时测定相应的稳定电极电势值。采用恒电流法测定极化曲线时，给定电流后，电极电势往往不能立即达到稳态，不同的体系，电势趋于稳态所需要的时间也不相同，因此在实际测量时一般电势接近稳定（如 1～3 min 内无大的变化）即可读值，或人为自行规定每次电流恒定的时间。

三、仪器与试剂

恒电位仪 1 台；毫安表 1 只；饱和甘汞电极 1 支；碳钢电极 1 支；铂电极 1 支；三室电解槽 1 只（见图 3-15-2）；砂纸 1 张；电烙铁 1 台。

2 $mol \cdot dm^{-3}$ $(NH_4)_2CO_3$ 溶液；0.5 $mol \cdot dm^{-3}$ H_2SO_4 溶液；0.5 $mol \cdot dm^{-3}$ $H_2SO_4 + 5.0 \times 10^{-3}$ $mol \cdot dm^{-3}$ KCl 混合溶液；0.5 $mol \cdot dm^{-3}$ $H_2SO_4 + 0.1$ $mol \cdot dm^{-3}$ KCl 混合溶液；丙酮；N_2。

四、实验步骤

（一）碳钢预处理

用金相砂纸将碳钢研究电极打磨至镜面光亮，在丙酮中除油后，留出 1 cm^2 面积，用石蜡涂封其剩余部分。以铂电极为阳极，处理后的碳钢电极为阴极，在0.5 $mol \cdot dm^{-3}$ H_2SO_4 溶液中浸泡 10 s，去除电极上的氧化膜，然后用蒸馏水洗净备用。

（二）电解线路连接

将 2 $mol \cdot dm^{-3}$ $(NH_4)_2CO_3$ 溶液倒入电解池中，按照图 3-15-2 中所示安装好电极并与相应恒电位仪上的接线柱相接，将电流表串联在电流回路中。通电前在溶液中通入 5～10 min N_2，以除去电解液中的氧气，为保证除氧效果可打开电磁搅拌器。

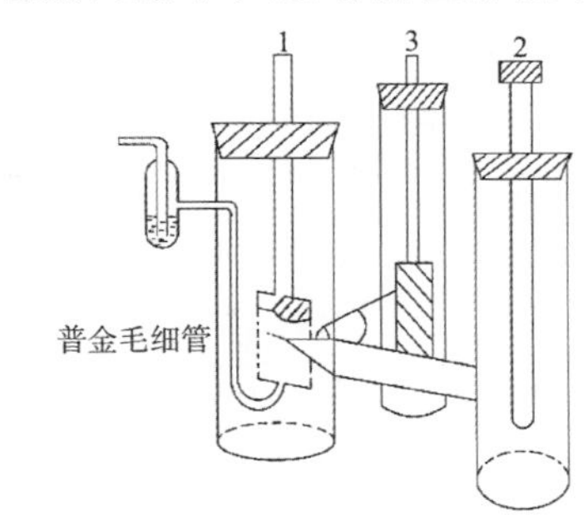

1. 研究电极；2. 参比电极；3. 辅助电极

图 3-15-2　三室电解槽

（三）恒电位法测定阳极和阴极极化曲线

（1）静态法。

开启恒电位仪，先测“参比”对“研究”的自腐电位（电压表示数应该在 0.8 V 以上方为合格，否则需要重新处理研究电极），然后调节恒电位仪从 +1.2 V 开始，每次改变0.02 V，逐点调节电位值，同时记录其相应的电流值，直到电位达到 −1.0 V为止。

（2）动态法。

① 测试仪器以 LK98-Ⅱ 为例。

② 将测试体系的研究电极、辅助电极和参比电极分别和仪器上对应的接线柱相连

③ 在 windows98 操作平台下运行“LK98BⅡ”，进入主控菜单；打开主机电源开关，按下主机前面板的“RESET”键，主控菜单显示“系统自检通过”，否则应重新检查各连接线。

④ 选择仪器所提供的方法中的“线性扫描伏安法”。“参数设定”中，“初始电位”设为 −1.2 V，“终止电位”设为 1.0 V，“扫描速度”设为 10 $mV \cdot s^{-1}$，“等待时间”设为 120 s。选择“控制”子菜单中的“开始实验”，记录并保存实验结果。

⑤ 依次降低扫描速度至所得曲线不再明显变化，保存该曲线为实验测定的稳态极化曲线。

（四）恒电流法测定阳极极化曲线

采用恒电位仪，电路连接同上静态法。恒定电流值从 0 mA 开始，每次变化 0.5 mA，并测量相应的电极电势值，直到所测电极电势突变后，再测定数个点为止。

五、注意事项

1. 按照实验要求，严格进行电极处理。

2. 将研究电极置于电解槽时，要注意与鲁金毛细管之间的距离每次应保持一致。研究电极与鲁金毛细管应尽量靠近，但管口离电极表面的距离不能小于毛细管本身的直径。

3. 每次做完测试后，应在确认恒电位仪在非工作的状态下，关闭电源，取出电极。

六、数据处理

1. 对静态法测试的数据应列出表格。

2. 以电流密度为纵坐标，电极电势(相对饱和甘汞)为横坐标，绘制极化曲线。

3. 讨论所得实验结果及曲线的意义，指出钝化曲线中的活性溶解区、过渡钝化区、稳定钝化区、过钝化区，并标出临界钝化电流密度(电势)、维钝电流密度等数值。

七、思考题

1. 比较恒电流法和恒电位法测定极化曲线有何异同，并说明原因。

2. 测定阳极钝化曲线为何要用恒电位法？

3. 做好本实验的关键有哪些？

4. 讨论 Cl^- 对镍阳极钝化的影响。

【附 HDV-7C 晶体恒电位仪的使用步骤】

A 准备工作：仪器开启前，“工作电源”置于“关”，“电位量程”置于“20 V”，“补偿衰减”置于“0”，“补偿增益”置于“2”，“电流量程”置于“200 mA”，“工作选择”置于“恒电位”，“电位测量选择”置于“参比”。

B 通电：插上电源，“工作电源”置于“自然”档，指示灯亮，电流显示为 0，电位表显示的电位为“研究电极”相对于“参比电极”的稳定电位，称为自腐电位，其绝对值大于 0.8 V 可以开始下面的操作，否则需要重新处理电极。

C“电位测量选择”置于“给定”，仪器预热 5～15 min。电位表指示的给定电位为预设定的“研究电极”相对于“参比电极”的电位。

D 调节“恒电位粗调”和“恒电位细调”使电位表指示的给定电位为自腐电位，“工作电源”置于“极化”。

E 阴极极化：调节“恒电位粗调”和“恒电位细调”每次减少 10 mV，直到减少200 mV，每减少一次，测定 1 min 后的电流值。测完后，将给定电位调回自腐电位值。

F 阳极极化：将“工作电源”置于“自然”，“电位测量选择”置于“参比”，等待电位逐渐恢复到自腐电位±5 mV，否则需要重新处理电极。重复 C、D、F 步骤，F 步骤中给定电位每次增加 10 mV，直到做出完整的极化曲线。提示：到达极化曲线的平台区，给定电位可每次增加 100 mV。

G 实验完成，“电位测量选择”置于“参比”，“工作电源”置于“关”。

八、实验讨论

1. 三电极体系。

极化曲线描述的是电极电势与电流密度之间的关系。被研究电极过程的电极被称为研究电极或工作电极。与工作电极构成电流回路，以形成对研究电极极化的电极称为辅助电极，也叫作对电极。其面积通常要较研究电极为大，以降低该电极上的极化。参比电极是测量研究电极电势的比较标准，与研究电极组成测量电池。参比电极应是一个电极电势已知且稳定的可逆电极，该电极的稳定性和重现性要好。为减少电极电势测试过程中的溶液电位降，通常两者之间以鲁金毛细管相连。鲁金毛细管应尽量但也不能无限制靠近研究电极表面，以防对研究电极表面的电力线分布造成屏蔽效应。

2. 影响金属钝化过程的几个因素。

金属的钝化现象是常见的，人们已对它进行了大量的研究工作。影响金属钝化过程及钝化性质的因素，可以归纳为以下几点：

① 溶液的组成。溶液中存在的 H^+、卤素离子以及某些具有氧化性的阴离子，对金属的钝化现象起着颇为显著的影响。在中性溶液中，金属一般比较容易钝化，而在酸性或某些碱性的溶液中，钝化则困难得多，这与阳极产物的溶解度有关系。卤素离子，特别是氯离子的存在，则明显地阻滞了金属的钝化过程，已经钝化了的金属也容易被它破坏（活化），而使金属的阳极溶解速度重新增大。溶液中存在的某些具有氧化性的阴离子（如 CrO_4^{2-}）则可以促进金属的钝化。

② 金属的化学组成和结构。各种纯金属的钝化性能不尽相同，以铁、镍、铬三种金属为例，铬最容易钝化，镍次之，铁较差些。因此添加铬、镍可以提高钢铁的钝化能力及钝化的稳定性。

③ 外界因素（如温度、搅拌等）。一般来说，温度升高以及搅拌加剧，可以推迟或防止钝化过程的发生，这显然与离子的扩散有关。

（张军红编写）

第三章　化学动力学部分

基础实验十六　蔗糖水解反应速率常数的测定

一、实验目的

1. 了解旋光仪的构造、工作原理，掌握旋光仪的使用方法。

2. 测定不同温度时蔗糖水解反应的速率常数和半衰期，并求算蔗糖水解反应的活化能。

二、实验原理

化学动力学的基本任务是了解反应的速率，了解各种因素对反应速率的影响，并研究反应历程。反应速率可以用反应物或产物的浓度随时间的变化来表示，若要通过实验测定反应速率，必须测出在不同时刻反应物或生成物的浓度，绘制物质浓度随时间的变化曲线，即动力学曲线，然后在图中 t 时刻作该曲线的切线得出 t 时刻反应的速率。

测定反应物或生成物在不同时刻的浓度有化学方法和物理方法两种。化学方法是在某一时刻取出一部分物质，并设法迅速使反应停止(可用骤冷、冲稀、加阻化剂或去除催化剂等方法)，然后进行化学分析，这样可直接得到不同时刻某物质浓度的数值，但实验操作往往较为烦琐。物理方法是在反应过程中对某一种与物质浓度有对应关系的物理量进行连续监测，获得原位反应数据。通常采用的方法有测定压力、体积、旋光度、折射率、吸收光谱、电导、电动势、介电常数、黏度、热导率或进行比色等。由于物理方法不是直接测量物质的浓度，所以要首先知道浓度与这些物理量之间的依赖关系，最好选择与浓度变化呈线性关系的一些物理量。

本实验采用物理方法来跟踪反应过程中物质浓度的变化，选择的物理量是旋光度。

蔗糖水解反应为：

$$\underset{\text{蔗糖}}{C_{12}H_{22}O_{11}} + H_2O \longrightarrow \underset{\text{葡萄糖}}{C_6H_{12}O_6} + \underset{\text{果糖}}{C_6H_{12}O_6}$$

为使水解反应加速，常以酸为催化剂，故反应在酸性介质中进行。由于反应中水是大量的，可以认为整个反应中水的浓度基本是恒定的，H^+ 是催化剂，其浓度也是固定的，所以此反应可视为准一级反应，其动力学方程为：

$$-\frac{dc}{dt}=kc \tag{3-16-1}$$

式中：k 为反应速率常数；c 为 t 时的反应物浓度。

将式(3-16-1)积分得：

$$\ln c=-kt+\ln c_0 \tag{3-16-2}$$

式中，c_0 为反应物的初始浓度。

当 $c=1/2c_0$ 时，t 可用 $t_{1/2}$ 表示，即为反应的半衰期。由式(3-16-2)可得：

$$t_{1/2}=\frac{\ln 2}{k}=\frac{0.693}{k} \tag{3-16-3}$$

蔗糖及水解产物均为旋光性物质，但它们的旋光能力不同，故可以利用体系在反应过程中旋光度的变化来衡量反应的进程。溶液的旋光度与溶液中所含旋光物质的种类、浓度、溶剂的性质、液层厚度、光源波长及温度等因素有关。

为了比较各种物质的旋光能力，引入比旋光度的概念。通常，规定旋光管的长度 l 为 1 dm，待测物质溶液的浓度 c 为 1 g・mL^{-1}，在此条件下测得的旋光度叫作该物质的比旋光度，用$[\alpha]$表示。比旋光度仅决定于物质的结构，是物质特有的物理常数。比旋光度可用式(3-16-4)表示。

$$[\alpha]_\lambda^t=\frac{\alpha}{lc} \tag{3-16-4}$$

式中：t 为实验温度(℃)；λ 为光源波长，一般选用钠黄光，用符号 D 表示；α 为旋光度。比旋光度的单位一般简写为度(°)。

由式(3-16-4)可知，当其他条件不变时，旋光度 α 与浓度 c 成正比，即：

$$\alpha=Kc \tag{3-16-5}$$

式(3-16-5)中的 K 是一个与物质旋光能力、液层厚度、溶剂性质、光源波长、温度等因素有关的常数。

在蔗糖的水解反应中，反应物蔗糖是右旋性物质，其比旋光度为 66.6°；产物中葡萄糖也是右旋性物质，比旋光度为 52.5°；产物中的果糖则是左旋性物质，其比旋光度为 −91.9°。因此，随着水解反应的进行，右旋角不断减小，最后经过零点变成左旋。旋光度与浓度成正比，并且溶液的旋光度为各组成的旋光度之和。若反应时间为 $0,t,\infty$ 时溶液的旋光度分别用 $\alpha_0,\alpha_t,\alpha_\infty$ 表示，则：

$$\alpha_0=K_{反}\,c_0\text{（表示蔗糖未水解）} \tag{3-16-6}$$

$$\alpha_\infty=K_{生}\,c_0\text{（表示蔗糖已完全水解）} \tag{3-16-7}$$

式(3-16-6)、(3-16-7)中的 $K_{反}$ 和 $K_{生}$ 分别为对应反应物与产物之比例常数。

$$\alpha_t=K_{反}\,c+K_{生}(c_0-c) \tag{3-16-8}$$

由(3-16-6)、(3-16-7)、(3-16-8)三式联立可以解得：

$$c_0=\frac{\alpha_0-\alpha_\infty}{K_{反}-K_{生}}=K'(\alpha_0-\alpha_\infty) \tag{3-16-9}$$

$$c=\frac{\alpha_t-\alpha_\infty}{K_{反}-K_{生}}=K'(\alpha_t-\alpha_\infty) \tag{3-16-10}$$

将(3-16-9)、(3-16-10)两式代入式(3-16-2)即得：

$$\ln(\alpha_t-\alpha_\infty)=-kt+\ln(\alpha_0-\alpha_\infty) \tag{3-16-11}$$

由式(3-16-11)可见，以 $\ln(\alpha_t-\alpha_\infty)$ 对 t 作图为一直线，由该直线的斜率即可求得反应速率常数 k，进而可求得半衰期 $t_{1/2}$。

根据阿累尼乌斯公式，$\ln\dfrac{k_2}{k_1}=\dfrac{E_a(T_2-T_1)}{RT_1T_2}$，可求出蔗糖水解反应的活化能 E_a。

三、仪器与试剂

旋光仪 1 台；恒温旋光管 1 只；恒温槽 1 套；台秤 1 台；停表 1 块；烧杯(250 mL)1 个；

移液管(25 mL)2 只;带塞三角瓶(100 mL)2 只。

HCl 溶液($3.000\ mol \cdot dm^{-3}$);蔗糖(分析纯)。

四、实验步骤

1. 将恒温槽调节到(25.0±0.1)℃,恒温,然后在恒温旋光管中接上恒温水。

2. 旋光仪零点的校正,洗净恒温旋光管,向管内注入蒸馏水,使管内无气泡(或小气泡)存在,勿使之漏水。用吸水纸擦净旋光管,再用擦镜纸将管两端的玻璃片擦净。放入旋光仪中盖上槽盖,按下清零键,即为旋光仪的零点。

3. 蔗糖水解过程中 α_t 的测定,用台秤称取 20 g 蔗糖,放入 250 mL 烧杯中,加入 100 mL 蒸馏水配成溶液(若溶液混浊则需过滤)。用移液管取 25 mL 蔗糖溶液置于 100 mL 带塞三角瓶中。移取 $3.000\ mol \cdot dm^{-3}$ HCl 溶液 25 mL 置于另一 100 mL 带塞三角瓶中,一起放入恒温槽内,恒温 10 min。取出两只三角瓶,将 HCl 溶液迅速倒入蔗糖溶液中,来回倒置 3 次,使之充分混合。在加入 HCl 溶液时开始计时,将混合液装入旋光管(操作同蒸馏水相同),擦净旋光管外壁后立刻将其置于旋光仪中,盖上槽盖。测量不同时间 t 时溶液的旋光度 α_t。每隔一定时间,读取一次旋光度,开始时,可每 3 min 读一次,30 min 后,每5 min读一次。测定 1 h。

4. α_∞ 的测定:将步骤 3 剩余的混合液置于近 60℃的水浴中,恒温 30 min 以加速反应,然后冷却至实验温度,按上述操作,测定其旋光度,此值即为 α_∞。

5. 另取 30 mL 蔗糖溶液,将恒温槽调节到(30.0±0.1)℃恒温,按实验步骤 3、4 测定 30.0℃时的 α_t 及 α_∞。

6. 本实验也可采用自动旋光仪进行测定,其操作步骤与本实验相同。

五、注意事项

1. 在测定 α_∞ 时,通过加热使反应速度加快水解完全;但加热温度不要超过 60℃,加热过程要防止溶剂挥发,溶液浓度变化。

2. 由于酸对仪器有腐蚀,操作时应特别注意,避免酸液滴漏到仪器上。实验结束后必须将旋光管洗净。

3. 速率常数 k 与 H^+ 的浓度有关,所以酸的浓度必须精确。

4. 温度对 K 的影响不能忽视,为此实验过程应尽可能保持恒温。

5. 蔗糖溶液的浓度可粗略配制,因为蔗糖溶液的浓度不影响速率常数,且我们是通过测旋光度来计算速率常数。

六、数据处理

1. 将实验数据记录于表 3-16-1:

温度:________;盐酸浓度:________;α_∞:________。

表 3-16-1 实验数据记录

反应时间	α_t	$\alpha_t - \alpha_\infty$	$\ln(\alpha_t - \alpha_\infty)$

2. 以 $\ln(\alpha_t - \alpha_\infty)$ 对 t 作图,由所得直线的斜率求出反应速率常数 k。

3. 计算蔗糖水解反应的半衰期 $t_{1/2}$。

4. 由两个温度测得的 k 值计算反应的活化能 E_a。

七、思考题

1. 实验中，为什么用蒸馏水来校正旋光仪的零点？在蔗糖水解反应过程中，所测的旋光度 α_t 是否需要零点校正？为什么？

2. 蔗糖溶液为什么可粗略配制？这对结果有无影响？

3. 蔗糖的水解速率常数 k 与哪些因素有关？

4. 试分析本实验误差来源，怎样减少实验误差？

5. 该反应按一级反应进行的条件是什么？

6. 蔗糖水解用的蔗糖水溶液为什么必须现配而不能久置再用？

八、实验讨论

1. 如考虑到 H^+ 对反应速率的影响，则有：

$$k = k_0 + k(H^+)c^n(H^+)$$

式中：k_0 为 $c(H^+) \longrightarrow 0$ 时的反应速率常数；$k(H^+)$ 为酸催化速率常数；k 为表观速率常数；n 为 H^+ 的反应级数。

分别测定 3 mol · dm^{-3}、2 mol · dm^{-3}、1 mol · dm^{-3} 和 0.5 mol · dm^{-3} 盐酸的速率常数 k_3、k_2、k_1 和 $k_{0.5}$，做 k-$c(H^+)$ 图，将曲线外推可求 k_0，做 $\lg(k-k_0)-\lg[c(H^+)/\text{mol}\cdot\text{dm}^{-3}]$ 直线图，由直线斜率可求反应级数 n。

在低酸度(2 mol · dm^{-3}、1 mol · dm^{-3})时反应速率较慢，测 1 h 即可，不必至旋光角由右旋变为左旋。

在 6 h 内测完 4 个浓度的数据，蔗糖溶液可一次配制而成(约 200 mL)。

2. 测定旋光度有以下几种用途：① 鉴定物质的纯度；② 测定物质在溶液中的浓度或含量；③ 测定溶液的密度；④ 光学异构体的鉴别等。

(刘彩华编写)

基础实验十七　乙酸乙酯皂化反应速率常数的测定

一、实验目的

1. 掌握由电导率测定乙酸乙酯皂化反应速率常数的方法。

2. 掌握电导率仪的使用方法。

3. 求不同温度下的皂化反应的反应速率常数 k 和活化能 E_a。

4. 了解二级反应动力学规律及特征。

二、实验原理

在反应速率方程中，浓度项的指数和等于 2 的反应称为二级反应，如乙酸乙酯的皂化、碘化氢的热分解反应等。对于二级反应 $A+B \longrightarrow P$，如果两个反应物起始浓度均为 a，则反应速率表达式为：

$$\frac{dx}{dt}=k\ (a-x)^2 \tag{3-17-1}$$

式中:x 为反应时间 t 时反应物消耗的浓度;k 为反应速率常数。将式(3-17-1)积分后表示为:

$$\frac{x}{a(a-x)}=kt \tag{3-17-2}$$

因为初始浓度 a 已知,只要由实验测得不同时间 t 时的 x 值,以 $x/(a-x)$ 对 t 作图,若所得为一条直线,则可证明该反应是二级反应。从直线的斜率可求得反应速率常数 k。但是在实验进行中,跟踪不同反应时间下反应物(生成物)的浓度是不易实现的,因此在实验中选择一中间量表征浓度的变化。

乙酸乙酯皂化是一个二级反应,其反应的化学方程式为:

$$CH_3COOC_2H_5+OH^-\longrightarrow CH_3COO^-+C_2H_5OH$$

在该反应中,参与导电的离子有 OH^-、Na^+、CH_3COO^-,由于反应体系是很稀的水溶液,可认为 CH_3COONa 是全部电离的,反应前后 Na^+ 浓度不变,随着反应的进行,导电能力强的 OH^- 逐渐被导电能力弱的 CH_3COO^- 取代,致使溶液的电导逐渐减小。因此,可用电导率仪测量皂化反应进程中电导率随时间的变化,从而达到跟踪反应物浓度随时间变化的目的。

令反应初始零时刻的电导为 G_0,t 时刻的电导为 G_t,反应完毕 $t=\infty$时溶液的电导为 G_∞。在稀溶液中,电导值的减小量与 CH_3COO^- 的生成浓度 x 值成正比,设 K 为比例常数,则:

$$t=t\text{ 时},x=x,x=K(G_0-G_t)$$

$$t=\infty\text{时},x=a,a=K(G_0-G_\infty)$$

两式相减得:

$$a-x=K(G_t-G_\infty)$$

因此,x 和 a—x 值可用相应的电导值表示,将其带入速率方程积分式(3-17-2)中得:

$$\frac{1}{a}\frac{G_0-G_t}{G_t-G_\infty}=kt \tag{3-17-3}$$

将该式重新整合成关于 G_t的表达式,即:

$$G_t=\frac{1}{ak}\cdot\frac{G_0-G_t}{t}+G_\infty \tag{3-17-4}$$

从式(3-17-4)中可以看出,只要测得不同反应时间溶液的电导值 G_t和初始溶液的电导值 G_0,然后以 G_t对$(G_0-G_t)/t$ 作图应得一条直线,直线的斜率是 $1/(ak)$,初始浓度 a 已知,由此可求出某温度下的反应速率常数 k 值。实际实验中,直接测得的物理量为电导率,将电导与电导率 κ 的关系式 $G=\kappa A/l$ 代入式(3-17-4)中得:

$$\kappa_t=\frac{1}{ak}\cdot\frac{\kappa_0-\kappa_{tt}}{t}+K_\infty \tag{3-17-5}$$

通过实验测得不同反应时间 t 时刻溶液的 κ_t 和 $t=0$ 时的 κ_0,以 κ_t 对$(\kappa_0-\kappa_t)/t$ 作图,也得到一条直线,从直线的斜率即可求出反应速率常数 k。

若计算反应的活化能 E_a,根据 Arrhenius 公式:通过实验测定两个不同温度下的反应速率常数即可计算该反应的活化能。

$$\ln\frac{k(T_2)}{k(T_1)}=\frac{E}{R}\left(\frac{1}{T_1}-\frac{1}{T_2}\right) \tag{3-17-6}$$

三、仪器与试剂

电导率仪1台；DJS-1C铂黑电极1支；Y形反应管两只；恒温水浴1套；停表1只；移液管(10 mL，3支；1 mL，2支)；容量瓶(100 mL，2支)；三角瓶1个。

NaOH溶液(约1 mol·dm^{-3}，使用前须精确标定)；乙酸乙酯(A. R)。

四、实验步骤

1. 打开恒温槽，设置25℃恒温，打开电导率仪预热，调节电导率仪，清洗电导电极备用。检查容器是否干净，不干净的洗干净备用。

2. 用100 mL容量瓶精确配制浓度为0.02 mol·dm^{-3} NaOH溶液及乙酸乙酯溶液。(NaOH用标准浓度的溶液进行稀释配制，乙酸乙酯溶液的配制方法是根据室温下分析纯溶液的密度为0.9 g·mL^{-1}，计算配制100 mL的乙酸乙酯水溶液所需的乙酸乙酯的体积数V，然后用1 mL移液管移取V mL乙酸乙酯注入100 mL容量瓶中，稀释至刻度即可)，此步骤应注意计算准确。

3. 从容量瓶中量取10 mL配制好的0.02 mol·dm^{-3} NaOH溶液和10 mL蒸馏水于Y形管1中，放置在25.0℃恒温槽中恒温5～10 min，将电导电极放入反应管中，测得K_0。

4. 量取0.02 mol·dm^{-3}的NaOH溶液和乙酸乙酯溶液各10 mL分别置于Y形管2的两个支管，恒温5～10 min，混合均匀，同时开始计时，测定不同反应时刻溶液的电导率κ_t。要求每2 min测定一次电导率，共测定40 min，记录κ_t和对应的时间t。

5. 另一温度下κ_0和κ_t的测定：调节恒温槽温度为(35.0℃)，重复上述3，4步骤，测定该温度下的κ_0和κ_t。要求每2 min测定一次电导率，共测定30 min。实验结束后，关闭电源，清洗电极，并置于电导水中保存待用。

五、注意事项

1. 测量溶液要现配现用，以免$CH_3COOC_2H_5$挥发或水解、NaOH吸收CO_2。
2. $CH_3COOC_2H_5$和NaOH溶液的浓度必须相同，配制溶液时注意计算准确。
3. $CH_3COOC_2H_5$和NaOH溶液混合前应提前恒温，混合后注意混合均匀。
4. 恒温过程一定加塞子，防止溶剂蒸发，影响浓度。
5. 不能用滤纸擦拭电导电极的铂黑。

六、数据处理

1. 将实验温度，κ_0，反应时间t，κ_t和$(\kappa_0-\kappa_t)/t$数据记录列于表3-17-1。

实验温度：________；κ_0：________。

表3-17-1 电导率测定结果

反应时间 t	κ_t	$\kappa_0-\kappa_t$	$(\kappa_0-\kappa_t)/t$

2. 以两个温度下的κ_t对$(\kappa_0-\kappa_t)/t$作图，分别得一直线，由直线的斜率计算各温度下的速率常数$k(T_1)$、$k(T_2)$。

3. 由两个温度下的速率常数，根据 Arrhenius 公式(3-17-6)计算反应的活化能。

4. 查文献值，计算实验误差。

七、思考题

1. 为什么以 0.01 mol·dm^{-3} NaOH 溶液的电导率就可认为是 κ_0？如何直接测量两温度下反应的 κ_∞？

2. 该实验用电导率法测定的依据是什么？如果 NaOH 和 $CH_3COOC_2H_5$ 溶液为浓溶液时能否用此法求 k 值，为什么？

3. 如果两种反应物起始浓度不相等，试问应怎样计算 k 值？

4. 为何本实验要在恒温条件下进行，且 NaOH 和 $CH_3COOC_2H_5$ 溶液在混合前要预先恒温？

5. 清洗铂黑电极时应注意什么问题？

八、实验讨论

1. 实验过程中记录的是绝对反应时间，即从两种溶液混合时开始计时，且应记录准确的反应时间，否则会影响作图时直线的斜率。

2. 乙酸乙酯皂化反应是吸热反应，混合后系统温度降低，所以混合后几分钟内所测溶液的电导率偏低。乙酸乙酯微溶于水，溶于醇、酮、醚、氯仿等多数有机溶剂。而且，刚开始反应时，乙酸乙酯和水分层，会出现混合不均匀的现象。随着水解的进行，生成的乙醇和乙酸乙酯及水能互溶，均相下测定的结果才更准确。因此数据处理时可舍弃前几分钟的测量值。

3. 本实验还可通过 pH 酸度法测定乙酸乙酯皂化反应的速率常数。其原理均是利用反应进行中跟踪溶液的某一物理化学性质来表征浓度变化。以酸度法测出的 $10^{(14-\mathrm{pH})}$ 为纵坐标、t 为横坐标做直线，则斜率便是速率常数 k。

（李钧编写）

基础实验十八　丙酮碘化反应速率常数的测定

一、实验目的

1. 测定用酸做催化剂时丙酮碘化反应的速率常数及活化能。

2. 初步认识复杂反应的机理，了解复杂反应表观速率常数的求算方法。

3. 掌握分光光度计的使用方法。

二、实验原理

实验证明：酸催化的丙酮碘化反应是一个复杂反应，对于复杂反应(非基元反应)，不能只根据反应式写出其反应速率方程，而必须根据实验测定的结果，推导出反应的机理。因此丙酮碘化可以使用如下的反应方程式来表示：

$$\underset{\mathrm{A}}{H_3C-\overset{\overset{\displaystyle O}{\|}}{C}-CH_3} + I_2 \xrightarrow{H^+} \underset{\mathrm{E}}{H_3C-\overset{\overset{\displaystyle O}{\|}}{C}-CH_2I} + I^- + H^+$$

一般认为该反应按以下两步进行的。

$$\underset{\text{A}}{\mathrm{H_3C{-}\overset{\overset{\displaystyle O}{\|}}{C}{-}CH_3}} \xrightleftharpoons{H^+} \underset{\text{B}}{\mathrm{H_3C{-}\overset{\overset{\displaystyle OH}{|}}{C}{=}CH_2}} \tag{3-18-1}$$

$$\underset{\text{B}}{\mathrm{H_3C{-}\overset{\overset{\displaystyle OH}{|}}{C}{-}CH_2}} + I_2 \longrightarrow \underset{\text{E}}{\mathrm{H_3C{-}\overset{\overset{\displaystyle O}{\|}}{C}{-}CH_2I}} + I^- + H^+ \tag{3-18-2}$$

反应(3-18-1)是丙酮的烯醇化反应，它是一个很慢的可逆反应。反应(3-18-2)是烯醇的碘化反应，它是一个快速且趋于进行到底的反应。因此，丙酮碘化反应的总速率是由丙酮的烯醇化反应的速率决定，丙酮的烯醇化反应的速率取决于丙酮及氢离子的浓度。如果以碘化丙酮浓度的增加来表示丙酮碘化反应的速率，则此反应的动力学方程式可表示为：

$$\frac{\mathrm{d}c_E}{\mathrm{d}t} = kc_A c_{\mathrm{H}^+} \tag{3-18-3}$$

式中：c_E 为碘化丙酮的浓度；c_{H^+} 为氢离子的浓度；c_A 为丙酮的浓度；k 表示丙酮碘化反应总的速率常数。

由反应(3-18-2)可知：

$$\frac{\mathrm{d}c_E}{\mathrm{d}t} = -\frac{\mathrm{d}c_{\mathrm{I}_2}}{\mathrm{d}t} \tag{3-18-4}$$

因此，如果测得反应过程中各时刻碘的浓度，就可以求出 $\mathrm{d}c_E/\mathrm{d}t$。由于碘在可见光区有一个比较宽的吸收带，所以可利用分光光度计来测定丙酮碘化反应过程中碘的浓度，从而求出反应的速率常数。若在反应过程中，丙酮的浓度远大于碘的浓度且催化剂酸的浓度也足够大时，则可把丙酮和酸的浓度看作不变，把式(3-18-3)代入式(3-18-4)积分得：

$$c_{\mathrm{I}_2} = -kc_A c_{\mathrm{H}^+} t + B \tag{3-18-5}$$

按照朗伯-比耳(Lambert-Beer)定律，某指定波长的光通过碘溶液后的光强为 I，通过蒸馏水后的光强为 I_0，则透光率可表示为：

$$T = I/I_0 \tag{3-18-6}$$

并且透光率与碘的浓度之间的关系可表示为：

$$\lg T = -\varepsilon d c_{\mathrm{I}_2} \tag{3-18-7}$$

式中：T 为透光率；d 为比色槽的光径长度；ε 是取以 10 为底的对数时的摩尔吸收系数。

将式(3-18-5)代入式(3-18-7)得：

$$\lg T = k\varepsilon d c_A c_{\mathrm{H}^+} t + B' \tag{3-18-8}$$

由 $\lg T$ 对 t 作图可得一直线，直线的斜率为 $k\varepsilon d c_A c_{\mathrm{H}^+}$。式中，$\varepsilon d$ 可通过测定一已知浓度的碘溶液的透光率，由式(3-18-7)求得，当 c_A 与 c_{H^+} 浓度已知时，只要测出不同时刻丙酮、酸、碘的混合液对指定波长的透光率，就可以利用(3-18-8)式求出反应的总速率常数 k。

由两个或两个以上温度的速率常数，就可以根据阿累尼乌斯(Arrhenius)关系式计算反应的活化能。

$$E_a = 2.303R\frac{T_1T_2}{T_2 - T_1}\lg\frac{k_2}{k_1}$$

或

$$E_a = \frac{RT_1T_2}{T_2 - T_1}\ln\frac{k_2}{k_1} \tag{3-18-9}$$

为了验证上述反应机理，可以进行反应级数的测定。根据总反应方程式，可建立如下关系式。

$$V = \frac{dc_E}{dt} = kc_A^{\alpha}c_{H^+}^{\beta}c_{I_2}^{\gamma}$$

式中：α,β,γ 分别表示丙酮、氢离子和碘的反应级数。

若保持氢离子和碘的起始浓度不变，只改变丙酮的起始浓度，分别测定在同一温度下的反应速率，则：

$$\frac{V_2}{V_1} = \left(\frac{c_A(2)}{c_A(1)}\right)^{\alpha} \qquad \alpha = \lg\frac{V_2}{V_1} \div \lg\left(\frac{c_A(2)}{c_A(1)}\right) \tag{3-18-10}$$

同理，可求出 β,γ

$$\beta = \lg\left(\frac{V_3}{V_1}\right) \div \lg\left(\frac{c_{H^+}(2)}{c_{H^+}(1)}\right) \qquad \gamma = \lg\frac{V_4}{V_1} \div \lg\left(\frac{c_A(2)}{c_A(1)}\right) \tag{3-18-11}$$

三、仪器与试剂

分光光度计 1 套；容量瓶（50 mL）4 只；超级恒温槽 1 台；带有恒温夹层的比色皿 1 个；移液管（10 mL）3 只；停表 1 块。

碘溶液（含 4% KI）（0.03 mol · dm^{-3}）；标准盐酸溶液（1 mol · dm^{-3}）；丙酮溶液（2 mol · dm^{-3}）。

四、实验步骤

1. 实验准备。

恒温槽恒温（25.0±0.1）℃或（30.0±0.1）℃。开启有关仪器，分光光度计要预热 30 min。

取 4 个洁净的 50 mL 容量瓶：第一个装满蒸馏水；第二个用移液管移入 5 mL I_2 溶液，用蒸馏水稀释至刻度；第三个用移液管移入 5 mL I_2 溶液和 5 mL HCl 溶液；第四个先加入少许蒸馏水，再加入 5 mL 丙酮溶液。然后将四个容量瓶放在恒温槽中恒温备用。

2. 透光率 100% 的校正。

分光光度计波长调在 565 nm；控制面板上工作状态调在透光率挡。比色皿中装入蒸馏水，在光路中放好。恒温 10 min 后调节蒸馏水的透光率为 100%。

3. 测量 εd 值。

取恒温好的碘溶液注入恒温比色皿，在（25.0±0.1）℃时，置于光路中，测其透光率。

4. 测定丙酮碘化反应的速率常数。

将恒温的丙酮溶液倒入盛有酸和碘混合液的容量瓶中，用恒温好的蒸馏水洗涤盛有丙酮的容量瓶 3 次。洗涤液均倒入盛有混合液的容量瓶中，最后用蒸馏水稀释至刻度，混合均匀，倒入比色皿少许，洗涤 3 次倾出；然后再装满比色皿，用擦镜纸擦去残液，置于光路中，测定透光率，并同时开启停表。以后每隔 2 min 读一次透光率，直到光点指在透光率 100% 为止。

5. 测定各反应物的反应级数。

各反应物的用量见表 3-18-1。

表 3-18-1　各溶液量取的体积数

编号	2 mol·dm^{-3}丙酮溶液	1 mol·dm^{-3}盐酸溶液	0.03 mol·dm^{-3}碘溶液
2	10 mL	5 mL	5 mL
3	5 mL	10 mL	5 mL
4	5 mL	5 mL	2.5 mL

测定方法同步骤 3,温度仍为(25.0±0.1)℃或(30.0±0.1)℃。

6. 改变实验条件,重复 1～4 的操作。

将恒温槽的温度升高到(35.0±0.1)℃,重复上述操作 1～4,但测定时间应相应缩短,可改为 1 min 记录一次透光率。

五、注意事项

1. 温度影响反应速率常数,实验时体系始终要恒温。

2. 混合反应溶液时操作必须迅速准确。

3. 测定过程中比色皿的位置不得变化。

六、数据处理

1. 把实验数据填入表 3-18-2。

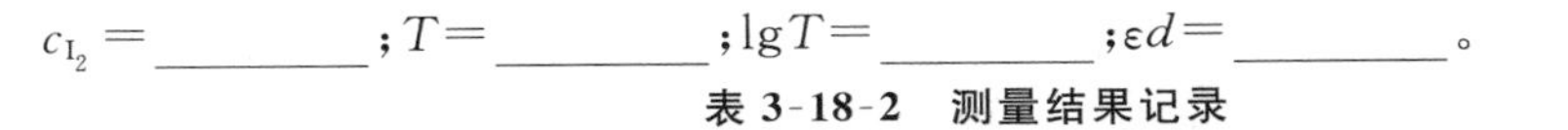

c_{I_2}= ________;T= ________;$\lg T$= ________;εd= ________。

表 3-18-2　测量结果记录

时间/min	透光率 T		LgT	
	25.0℃	35.0℃	25.0℃	35.0℃

2. 将 $\lg T$ 对时间 t 作图,得一直线,从直线的斜率,可求出反应的速率常数。

3. 利用 25.0℃及 35.0℃时的 k 值求丙酮碘化反应的活化能。

4. 反应级数的求算:由实验步骤 4、5 中测得的数据,分别以 $\lg T$ 对 t 作图,得到 4 条直线。求出各直线斜率,即为不同起始浓度时的反应速率,代入式(3-18-10)、(3-18-11)可求出 α、β、γ。

七、思考题

1. 本实验中,是将丙酮溶液加到盐酸和碘的混合液中,但没有立即计时,而是当混合物稀释至 50 mL,摇匀倒入恒温比色皿测透光率时才开始计时,这样做是否影响实验结果?为什么?

2. 影响本实验结果的主要因素是什么?

3. 丙酮碘化反应每人记录的反应起始时间各不相同,这对所测反应速度常数有何影响?为什么?

4. 对丙酮碘化反应实验,为什么要固定入射光的波长?

5. 配制丙酮碘化反应液时,把碘与丙酮放在同一瓶中恒温,而 HCl 在另一瓶中恒温，再混合测定它，可以吗？为什么？

6. 丙酮碘化反应中，$\lg T$ 对 t 作图应为直线，但常发现反应初期往往偏离直线，为什么？

八、实验讨论

1. 根据多年的实验统计，丙酮碘化在不同温度下的速率常数列于表3-18-3（可以参考统计值检验实验结果）。

表3-18-3　不同温度下丙酮碘化速率常数的统计值范围

温度/℃	15	25	30	35
$k\times10^3/\text{mol}\cdot\text{dm}^{-3}\cdot\text{min}^{-1}$	0.6～0.7	1.0～2.0	2.5～3.6	3.5～6.0

2. 从表观上看，反应式(3-18-1)和(3-18-2)中除 I_2 外没有其他物质吸收可见光，但实际上反应体系中却还存在着一个次要反应，即溶液中存在着 I_2、I^- 和 I_3^- 的平衡。

$$I_2+I^- \rightleftharpoons I_3^- \tag{3-18-12}$$

其中，I_2 和 I_3^- 都吸收可见光。因此，反应体系的吸光度不仅取决于 I_2 的浓度而且与 I_3^- 的浓度有关。根据朗伯-比尔定律知，在含有 I_3^- 和 I_2 的溶液的总光密度 E 可以表示为 I_3^- 和 I_2 两部分消光度之和。

$$E=E_{I_2}+E_{I_3^-}=\varepsilon_{I_2}dc_{I_2}+\varepsilon_{I_3^-}dc_{I_3^-} \tag{3-18-13}$$

而摩尔消光系数 ε_{I_2} 和 $\varepsilon_{I_3^-}$ 是入射光波长的函数。在特定条件下，即波长 $\lambda=565$ nm 时，$\varepsilon_{I_2}=\varepsilon_{I_3^-}$，所以式(3-18-13)就可变为：

$$E=\varepsilon_{I_2}d(c_{I_2}+c_{I_3^-}) \tag{3-18-14}$$

也就是说，在565 nm这一特定的波长条件下，溶液的光密度 E 与总碘量($I_2+I_3^-$)成正比。因此常数 εd 就可以由测定已知浓度的碘溶液的总光密度 E 来求出，所以本实验必须选择的工作波长为565 nm。

（历晓蕾编写）

基础实验十九　B-Z振荡反应

一、实验目的

1. 了解Belousov-Zhabotinski振荡反应（简称B-Z振荡反应）的基本原理及研究化学振荡反应的方法。

2. 掌握在硫酸介质中以金属铈离子做催化剂时，丙二酸被溴酸氧化体系的基本原理。

3. 了解化学振荡反应的电势测定方法。通过测定电位-时间曲线求得化学振荡反应的表观活化能。

二、实验原理

人们通常所研究的化学反应，其反应物和产物的浓度呈单调变化，最终达到不随时间变化的平衡状态。而在一些自催化反应体系中，会出现非平衡非线性现象，即有些组分的浓度会随时间（或空间）发生周期性变化，该现象称为化学振荡。为了纪念最先发现、研究这类反应的两位科学家别诺索夫(Belousov)和柴波廷斯基(Zhabotinski),人们将可呈现化学振荡现象的含溴酸盐的反应系统笼统地称为B-Z振荡反应。例如,丙二酸在溶有硫酸铈铵的酸性溶液中被溴酸钾氧化的反应就是一个典型的B-Z振荡反应。

1972年,R J Fiela,E K oros,R Noyes等人通过实验对上述振荡反应进行了深入研究,提出了FKN机理,具体如下。

开始时的反应:$H^+ + 2BrO_3^- + 2CH_2(COOH)_2 \longrightarrow 2BrCH(COOH)_2 + 3CO_2 + 4H_2O$

$$4Ce^{4+} + BrCH(COOH)_2 + H_2O \longrightarrow 4Ce^{3+} + HCOOH + CO_2 + 5H^+ + Br^-$$

以上两个反应是诱导期的反应,只要有了Br^-,反应就可振荡下去,分为以下三个过程。

过程A (1) $Br^- + BrO_3^- + 2H^+ \longrightarrow HBrO_2 + HBrO$ (3-19-1)

(2) $Br^- + HBrO_2 + H^+ \longrightarrow 2HBrO$ (3-19-2)

过程B (3) $HBrO_2 + BrO_3^- + H^+ \longrightarrow BrO_2 + H_2O$ (3-19-3)

(4) $BrO_2 + Ce^{3+} + H^+ \longrightarrow HBrO_2 + Ce^{4+}$ (3-19-4)

(5) $2HBrO_2 \longrightarrow BrO_3^- + H^+ + HBrO$ (3-19-5)

过程C (6) $4Ce^{4+} + BrCH(COOH)_2 + H_2O + HBrO \longrightarrow 2Br^- + 4Ce^{3+} + 3CO_2 + 6H^+$ (3-19-6)

过程A是消耗Br^-,产生能进一步反应的中间产物$HBrO_2$、HBrO。

过程B是一个自催化过程,在Br^-消耗到一定程度后,$HBrO_2$才按式(3-19-3)、(3-19-4)进行反应,并使反应不断加速,与此同时,Ce^{3+}被氧化为Ce^{4+}。$HBrO_2$的累积还受到式(3-19-5)的制约。

过程C为诱导期时被溴化的$BrCH(COOH)_2$与Ce^{4+}反应生成Br^-使Ce^{4+}还原为Ce^{3+}。

过程C对化学振荡非常重要,如果只有A和B,就是一般的自催化反应,进行一次就完成了,正是C的存在,以丙二酸的消耗为代价,重新得到Br^-和Ce^{3+},反应得以再启动,形成周期性的振荡。

该体系的总反应为:

$$3H^+ + 3BrO_3^- + 5CH_2(COOH)_2 \xrightarrow{Ge^{3+}} 2BrCH(COOH)_2 + 4CO_2 + 5H_2O + 2HCOOH$$

振荡的控制离子是Br^-。

由上述可见,产生化学振荡需满足以下三个条件。

(1) 反应必须远离平衡态。化学振荡只有在远离平衡态并具有很大的不可逆程度时才能发生。在封闭体系中,振荡是衰减的;在敞开体系中,可以长期持续振荡。

(2) 反应历程中应包含有自催化的步骤。产物之所以能加速反应,因为是自催化反应,如过程A中的产物$HBrO_2$同时又是反应物。

(3) 体系必须有两个稳态存在,即具有双稳定性。

化学振荡体系的振荡现象可以通过多种方法观察到,如观察溶液颜色的变化,测定吸光度随时间的变化,测定电势随时间的变化等。

本实验通过记录离子选择性电极上的电势(E)随时间(t)变化的E-t曲线,观察B-Z振荡反应的现象(图3-19-1),同时研究不同温度对振荡过程的影响。通过测定不同温度下的诱导期和振荡周期求出表观活性能。按照文献的方法，根据 $\ln\frac{1}{t}=-\frac{E}{RT}+C$，由 $t_{诱}$，t_1，t_2 的数据可建立 $\ln\frac{1}{t}\sim\frac{1}{T}$的关系式，从而得出表观活化能。

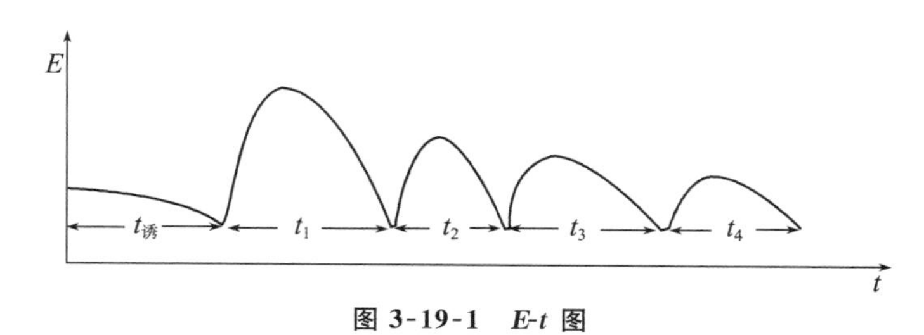

图 3-19-1　*E-t* 图

三、仪器与试剂

50 mL 恒温反应器 1 只；超级恒温槽 1 台；磁力搅拌器 1 台；*B-Z* 振荡反应记录仪 1 套。

丙二酸(A. R)；溴酸钾(G. R)；硫酸铈铵(A. R)；浓硫酸(A. R)。

四、实验步骤

1. 配制溶液：配制 100 mL 0.45 mol·dm^{-3}丙二酸溶液，100 mL 0.25 mol·dm^{-3}溴酸钾溶液，100 mL 3.00 mol·dm^{-3}硫酸溶液，100 mL 4×10^{-3} mol·dm^{-3}的硫酸铈铵溶液。

2. 连接好仪器，如图 3-19-2 所示，将所有仪器开关打开，注意数据站接口是否连接，将超级恒温槽温度调节到(25.0±0.1)℃。将电极线接好(Pt 为正极，参比电极为负极)。

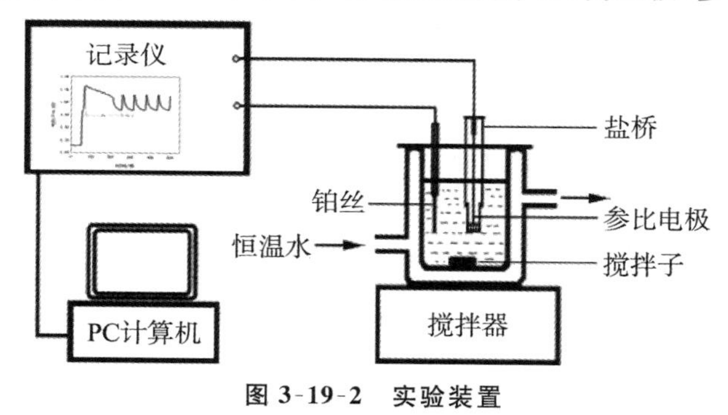

图 3-19-2　实验装置

3. 在恒温反应器中加入已配好的丙二酸溶液、溴酸钾溶液和硫酸溶液各 10 mL，搅拌恒温 10 min 后加入硫酸铈铵溶液 10 mL，观察溶液颜色的变化，同时记录相应的电势-时间曲线。

4. 用上述方法，分别在 30℃、35℃、40℃、45℃、50℃下，重复上述实验。

五、注意事项

1. 实验所用试剂均需用不含 Cl^- 的去离子水配制，而且参比电极不能直接使用甘汞电极。若用 217 型甘汞电极时要用 1 mol·dm^{-3} H_2SO_4 做液接溶液，可用硫酸亚汞参比电极，也可使用双盐桥甘汞电极，外面夹套中充入饱和 KNO_3 溶液，这是因为其中所含的 Cl^- 会抑制振荡的发生和持续。

2. 配制 4×10^{-3} mol · dm^{-3} 硫酸铈铵溶液时，一定在 0.20 mol · dm^{-3} 硫酸介质中配制，防止发生水解而变混浊。

3. 实验中溴酸钾试剂纯度要求高，所使用的反应容器一定要冲洗干净，磁力搅拌器中转子位置及速度都必须加以控制。

4. 设置程序时，注意不要漏掉项目。溶液要按顺序加到恒温夹套内。搅拌速率不能太快。

5. 实验开始后，如果不出现信号，一定检查电极是否接反，电极接触是否不好。

六、数据处理

1. 作电位-时间图：从 E-t 曲线中得到诱导期和第一、二振荡周期，如图 3-19-1 所示。

2. 作图 $\ln(1/t_{诱})$-$1/T$ 和 $\ln 1/t_{1振}$-$1/T$：根据 $t_{诱}$，$t_{1振}$，$t_{2振}$ 和 T 的数据，作 $\ln(1/t_{诱})-1/T$ 和 $\ln 1/t_{1振}-1/T$ 直线的斜率，求出表观活化能 $E_{诱}$ 和 $E_{振}$。

七、思考题

1. 影响诱导期和振荡周期的主要因素有哪些？

2. 在 B-Z 振荡反应实验中，如果用溴离子选择电极和甘汞电极组成电池电极，则实验中测定的是什么离子的电势数据？测定出的曲线是什么形状？

3. 如果用铂电极测量丙二酸的电极曲线，形状应该是怎样的？

4. 在 B-Z 振荡反应实验中，我们是通过测定什么数据来观察反应的振荡现象的？

5. 在 B-Z 振荡反应实验中，改变体系中的哪些物质就可使用饱和氯化钾填充的甘汞电极？

八、实验讨论

1. 本实验是在一个封闭体系中进行的，所以振荡波逐渐衰减。若把实验放在敞开体系中进行，则振荡波可以持续不断地进行，并且周期和振幅保持不变。

2. 本实验也可以通过替换体系中的成分来实现：如将丙二酸换成焦性没食子酸、各种氨基酸等有机酸或将碘酸盐、氯酸盐等替换溴酸盐或用锰离子、亚铁菲绕啉离子或铬离子代换铈离子等来进行实验都可以发生振荡现象，但振荡波形、诱导期、振荡周期、振幅等都会发生变化。

（李静编写）

第四章　胶体与界面化学部分

基础实验二十　溶液表面张力的测定

(一) 最大气泡法

一、实验目的

1. 理解表面张力的性质以及表面张力与吸附的关系。

2. 掌握最大气泡法测定表面张力的原理和技术。

3. 测定不同浓度正丁醇溶液的表面张力,计算表面吸附量并理解吸附量与浓度之间的关系。

4. 了解气液界面的吸附作用,计算表面层被吸附分子的截面积及吸附层的厚度。

二、实验原理

液体的表面张力是指作用于液体表面并使液体表面缩小的力,是表示将液体分子从体相达到表面上所做的功的大小。力学的定义是作用于液体表面上任何部分单位长度直线上的收缩力,力的方向与该直线垂直并与液面相切,单位为 $mN \cdot m^{-1}$;产生的原因是由于液体与气体接触的表面存在一个薄层-表面层,表面层中的分子比液体内部稀疏,分子间距大于液体内部,分子间的相互作用表现为引力。

在一定温度下,纯液体表面层的组成与内部相同,故表面张力为定值。当加入溶质形成溶液时,表面张力发生变化,溶质的性质和加入量的多少影响着表面张力变化的大小。根据能量最低原理,溶质能降低溶剂的表面张力时,表面层中溶质的浓度比溶液内部大;反之,溶质使溶剂的表面张力升高时,它在表面层中的浓度比在内部的浓度低,这种表面浓度与内部浓度不同的现象叫作溶液的表面吸附。

在指定的温度和压力下,溶质的吸附量与溶液的表面张力及溶液的浓度有关,它们的关系遵守吉布斯(Gibbs)吸附方程。

$$\Gamma = -\frac{c}{RT}\left(\frac{d\sigma}{dc}\right)_T \tag{3-20-1}$$

式中:Γ 为溶质在表层的吸附量;σ 为表面张力;c 为吸附达到平衡时溶质在介质中的浓度。当 $\left(\frac{d\sigma}{dc}\right)_T < 0$ 时,$\Gamma > 0$ 称为正吸附;当 $\left(\frac{d\sigma}{dc}\right)_T > 0$ 时,$\Gamma < 0$ 称为负吸附。

能够使溶剂表面张力显著降低的物质叫作表面活性物质,它在液层中的浓度决定了被吸附的表面活性物质分子在界面层中的排列,如图 3-20-1 所示。图 3-20-1 中,(1)和(2)是不饱和层中分子的排列,(3)是饱和层分子的排列。

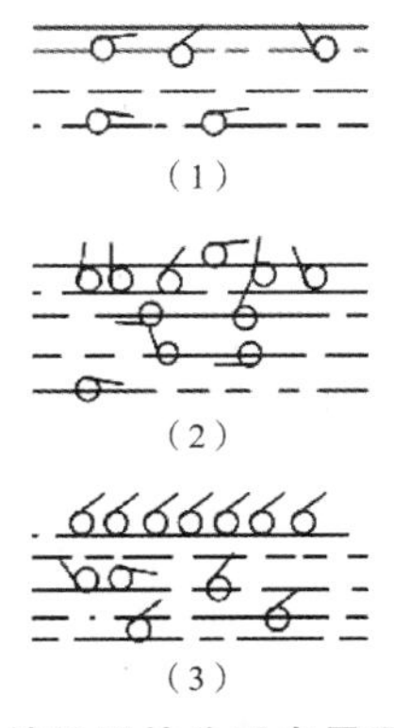

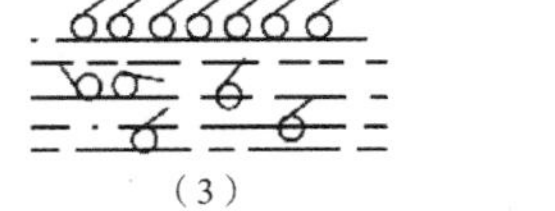

图 3-20-1　被吸附的分子在界面上的排列图

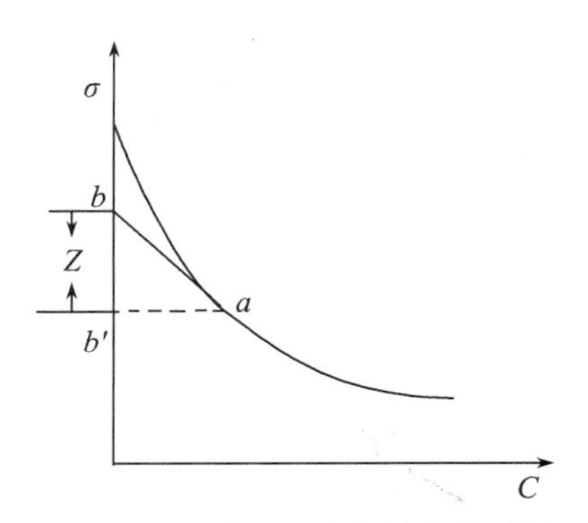

图 3-20-2　表面张力和浓度关系图

当增大界面上被吸附分子的浓度时，它的排列方式也随之改变。当浓度足够大时，被吸附分子铺满了所有界面的位置，形成了饱和吸附层，分子排列方式如图 3-20-1(3)所示。随着被吸附分子在界面上的排列亦愈紧密，界面上的表面张力也逐渐减小。如果在恒温下绘制表面张力随浓度变化的曲线 $\sigma=f(c)$（吸附等温线），当 c 增加，表面张力 σ 在开始时显著下降，随后下降逐渐缓慢，直到 σ 的数值恒定为某一常数（图 3-20-2）。

图解法是计算吸附量的有效方法，如图 3-20-2 所示，经过切点 a 作平行于横坐标的直线并交纵坐标于 b' 点，经过切点 a 做切线与纵坐标交于 b 点，得到切线和平行线在纵坐标上截距间的距离 Z。根据斜率计算可得：

$$\left(\frac{\mathrm{d}\sigma}{\mathrm{d}c}\right)_T=-\frac{Z}{c} \tag{3-20-2}$$

显然，Z 的长度等于 $c\cdot\left(\frac{\mathrm{d}\sigma}{\mathrm{d}c}\right)_T$。

$$Z=-\left(\frac{\mathrm{d}\sigma}{\mathrm{d}C}\right)_T\cdot c \tag{3-20-3}$$

$$\Gamma=-\frac{c}{RT}\left(\frac{\mathrm{d}\sigma}{\mathrm{d}c}\right)_T=\frac{Z}{RT} \tag{3-20-4}$$

通过作图法得到不同浓度对应的吸附量，吸附量对浓度作图可做出曲线 $\Gamma=f(c)$，称为吸附等温线。

根据朗格谬尔(Langmuir)公式：

$$\Gamma=\Gamma_\infty\frac{kc}{1+kc} \tag{3-20-5}$$

式中：Γ_∞ 为饱和吸附量，即溶液表面被吸附分子铺满时的 Γ。可进一步处理公式(3-20-5)，得到下面的结果：

$$\frac{c}{\Gamma}=\frac{kc+1}{k\Gamma_\infty}=\frac{c}{\Gamma_\infty}+\frac{1}{k\Gamma_\infty} \tag{3-20-6}$$

以 c/Γ 对 c 作图，得一直线，该直线斜率的倒数即为 Γ_∞。

由所求得的 Γ_∞ 代入 $A=1/\Gamma_\infty L$ 可求被吸附分子的截面积（L 为阿伏伽德罗常数）。

若已知溶质的密度 ρ，分子量 M，可根据式(3-20-7)计算出吸附层厚度 δ。

$$\delta=\frac{\Gamma_\infty\cdot M}{\rho} \tag{3-20-7}$$

测定溶液表面张力的方法有很多，较为常用的有最大气泡法和扭力天平法。下面叙述最大气泡法测定溶液表面张力的过程。

最大气泡法的仪器装置如图 3-20-3 所示：

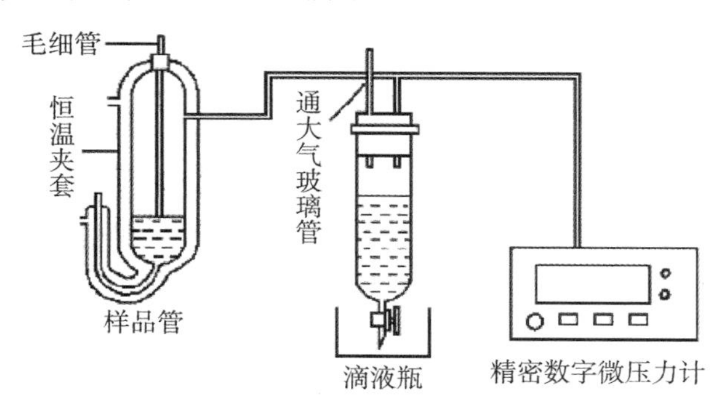

图 3-20-3　表面张力测定装置

将毛细管的端面与液面相切，液面即沿毛细管上升。打开滴液瓶活塞，让水缓慢地滴下，系统压力减小，不断向系统压入空气，毛细管内溶液受到的压力比样品管中液面上来得大，液面下降。当液面到达毛细管出口时，将出现一小气泡，并不断增大。若毛细管足够细，管下端气泡将呈球缺形，液面可视为球面的一部分。随着小气泡的变大，气泡的曲率半径将变小。当气泡的半径等于毛细管的半径时，气泡的曲率半径最小，大气对液面的附加压力达到最大。此后气泡若再增大，气泡半径也将增大，气泡将从管口逸出。当此压力差在毛细管端面上产生的作用力稍大于毛细管口液体的表面张力时，毛细管口的气泡即被压出，从数字压力计上可以读出压差的最大值，其关系为：

$$p_{最大}=p_{大气}-p_{系统}=\Delta p \tag{3-20-8}$$

如果毛细管的半径为 r，气泡由毛细管口逸出时受到向下的总压力为 $\pi r^2 p_{最大}$，气泡在毛细管口受到的表面张力引起的作用力为 $2\pi r\sigma$，两个压力相等，即：

$$\pi r^2 p_{最大}=\pi r^2\Delta p=2\pi\sigma$$

$$\sigma=r\Delta p/2=K\Delta p \tag{3-20-9}$$

对于同一支毛细管来说，式中的 K 值为一常数，称为仪器常数，用表面张力已知的液体为标准，即可求得其他液体的表面张力。

三、仪器与试剂

电子微压差计；吸耳球；移液管（分别为 25 mL 和 1 mL）；烧杯（500 mL）。

正丁醇（AR）；蒸馏水。

四、实验步骤

（一）仪器常数的测定

（1）连接装置。微压差计预热 10 min，置零，即将系统内大气压设为 0 Pa。

（2）向表面张力管中加入 25 mL 蒸馏水，并使毛细管端面与液面相切。

（3）打开滴液漏斗使水缓慢流下，气泡从毛细管口缓慢逸出，调节气泡逸出速度为 5～10 s 一个气泡。读出最大压差，读 3 次取平均值。

（二）待测溶液表面张力的测定

依次取 0.1 mL，0.1 mL，0.1 mL，0.25 mL，0.25 mL，0.5 mL，0.5 mL 正丁醇加入

水中，测定最大压力差。每个浓度读3次，取平均值。

五、注意事项

1. 仪器系统不能漏气。

2. 所用毛细管必须干净、干燥，应保持垂直，其管口刚好与液面相切。

3. 读取压力计的压差时，应取气泡单个逸出时的最大压力差，气泡逸出速度不能过快且每次测量时出泡速率保持一致。

4. 加入正丁醇后要用洗耳球打气数次，保证正丁醇充分溶解。

六、数据处理

1. 计算仪器常数 K 和溶液表面张力 σ，绘制 σ-c 等温线。

2. 作切线求 Z，并求出 Γ，c/Γ。

3. 绘制 Γ-c，C/Γ-c 等温线求 Γ_∞，并计算 A 和 δ。

七、思考题

1. 毛细管尖端为何必须与液面相切？如果不相切对实验有何影响？

2. 最大气泡法测定溶液表面张力时为什么要读最大压力差？如果气泡逸出得很快，或几个气泡一齐出，对实验结果有无影响？

3. 本实验选用的毛细管尖的半径大小对实验测定有何影响？若毛细管不清洁会不会影响测定结果？

（二）拉环法

一、实验目的

1. 掌握环法测定溶液表面张力的原理。

2. 掌握扭力天平的使用方法。

二、实验原理

拉环法是一种应用广泛的测试方法，它既可以测定纯液体溶液的表面张力也可测定液体的界面张力。测试时先将一个金属环(如铂丝环)浸入液面下2～3 mm，然后再慢慢将铂金环向上提，如图3-20-4所示，环与液面会形成一个膜。膜对铂金环会有一个向下拉的力，测量整个铂金环上提过程中膜对环的所作用的最大拉力 P 值，金属环从该液体拉出所需的拉力 P 是由液体表面张力、环的内径及环的外径所决定。设环被拉起时带起一个液体圆柱(图3-20-4)，则将环拉离液面所需总拉力 P 等于液柱的重量。

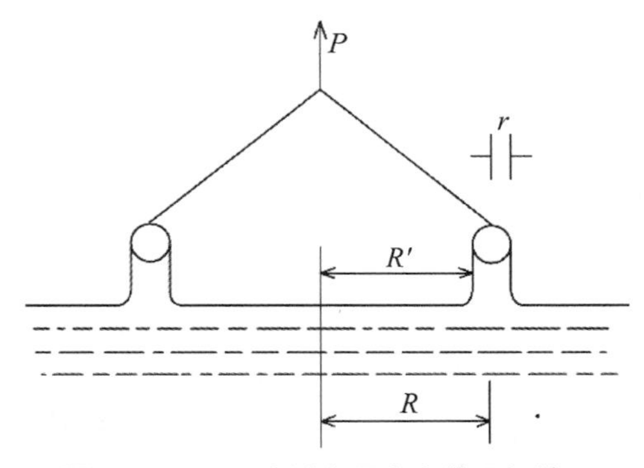

图3-20-4　环法测表面张力的理想情况

$$P=mg=2\pi\sigma R'+2\pi\sigma(R'+2r)=4\pi\sigma(R'+r)=4\pi R\sigma \tag{3-20-10}$$

式中：m 是液柱重量；R'是环的内半径；r 是环丝半径；R 是环的平均半径，即 $R=R'+r$；σ 是液体的表面张力。

实际上，式(3-20-10)是理想情况，与实际不相符合，因为被环拉起的液体并非是圆柱形，而是如图 3-20-5 所示。实验证明，环所拉起的液体形态是 R^3/V（V 是圆环带起来的液体体积，可用 $P=mg=V\rho g$ 的关系求出，ρ 为液体的密度）和 R/r 的函数，同时也是表面张力的函数。因此式(3-20-10)必须乘以校正因子 F 才能得到正确结果。对于式(3-20-10)的校正方程为：

图 3-20-5　环法测表面张力的实际情况

$$PF=4\pi R\sigma \tag{3-20-11}$$

$$\sigma=\frac{PF}{4\pi R} \tag{3-20-12}$$

拉力 P 可通过扭力丝天平测出。

$$W_{扭力}=\frac{\pi\alpha r\theta}{2Ld} \tag{3-20-13}$$

式中：r 为铂丝半径；L 为铂丝长度；α 为铂丝切变弹性系数；d 为力臂长度；θ 为扭转的角度。

当 r，L，d 和 α 不变时，则：

$$W_{扭力}=K\theta=4\pi\sigma R \tag{3-20-14}$$

K 为常数，W 扭力仅与 θ 有关，所以 σ 与 θ 有关，根据 θ 即可求得 σ 值，该值为 $\sigma_{表观}$。根据式(3-20-16)，实际的表面张力为：

$$\sigma_{实际}=\sigma_{表观}F \tag{3-20-15}$$

校正因子 F 可由式(3-20-16)计算：

$$F=0.7250+\sqrt{\frac{0.01452\sigma_{表观}}{L^2\rho}+0.04534-1.679\frac{r}{R}} \tag{3-20-16}$$

式中：L 为铂环周长；ρ 为溶液密度；R 为铂环半径；r 为铂丝半径。

拉环法的优点是可以快速测定表面张力，缺点是因为拉环过程环经过移动，很难避免液面的振动，这就降低了准确度。另外，环要放在液面上，如果偏 1°，将引起误差 0.5%；如果偏 2°，误差达 1.6%。因此，环必须保持水平。拉环法要求接触角为零，即环必须完全被液体所润湿，否则结果偏低。

三、仪器与试剂

环法界面张力仪（即扭力天平）1 台（图 3-20-6）；100 mL 容量瓶 2 个；50 mL 容量瓶 6 个；5 mL、10 mL 移液管各 2 只。

正丁醇(A.R)。

四、实验步骤

1. 先取 2 个 100 mL 容量瓶，分别配制 0.80 mol・dm^{-3}、0.50 mol・dm^{-3}正丁醇水溶液。然后取 6 个 50 mL 容量瓶，用已配制的溶液，按逐次稀释的方法配制 0.40 mol・dm^{-3}、0.30 mol・dm^{-3}、0.20 mol・dm^{-3}、0.10 mol・dm^{-3}、0.05 mol・dm^{-3}、0.02 mol・dm^{-3}

的正丁醇水溶液。

2. 将仪器放在不振动和平稳的地方，用横梁上的水准泡，调节螺旋 E 把仪器调到水平状态。

3. 用热洗液浸泡铂丝环和玻璃杯（或用结晶皿），然后用蒸馏水洗净，烘干。铂丝环应十分平整，洗净后不许用手触摸。

4. 将铂丝环悬挂在吊杆臂的下末端，旋转蜗轮把手 M 使刻度盘指“0”。然后，把臂的制止器 J 和 K 打开，使臂上的指针与反射镜上的红线重合。如果指针与红线重合，可以进行下一步测量，如果不重合，则旋转微调蜗轮把手 P 进行调整。

5. 用少量待测正丁醇水溶液洗玻璃杯，然后注入该溶液（从最稀的溶液开始测量），将玻璃杯置于平台 A 上。

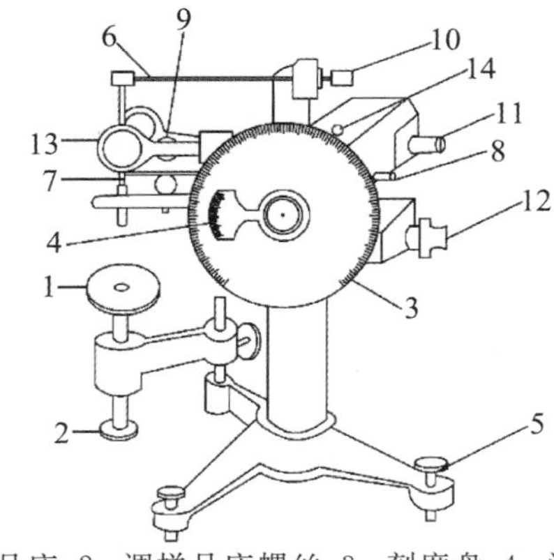

1. 样品座；2. 调样品座螺丝；3. 刻度盘；4. 游标；5、6. 臂；7. 调水平螺丝；8、9. 制止器；10. 游码；11. 微调；12. 蜗轮把手；13. 放大镜；14. 水准仪

图 3-20-6 扭力天平结构图

6. 旋转 B 使样品台 A 升高，直到玻璃杯上液体刚好同铂丝环接触为止（注意：环与液面必须呈水平）。在臂上的指针与反射镜上的红线重合的条件下，旋转蜗轮把手 M 来增加钢丝的扭力，并利用样品台下旋钮 B 降低样品台位置。此操作需非常小心缓慢地进行，直到铂丝环离开液面为止，此时刻度盘上的读数即为待测液的表面张力值。连续测量 3 次，取其平均值（注意：每次测完后，逆时针旋转 M 使指针逆时针返回到零，否则扭力变化很大）。

7. 更换另一浓度的溶液，按上述方法测其表面张力。

8. 记录测定时的温度。

实验完毕，关闭仪器制止器，仔细清洗铂丝环和样品杯。

五、注意事项

1. 铂环易损坏、易变形，使用时要小心，切勿使其受力或碰撞。

2. 游标旋转至零时，应沿逆时针方向回转，切勿旋转 360°，使扭力丝受力，而损坏仪器。

六、数据处理

1. 将实验数据记录于表 3-20-1。

实验温度________℃；大气压________Pa。

表 3-20-1 实验数据记录

浓度（$mol \cdot dm^{-3}$）		0	0.02	0.05	0.10	0.20	0.03	0.40	0.50	0.60
$\sigma_{表观}$ $N \cdot m^{-1}$										
	平均值									

2. 根据式(3-20-16)求出校正因子 F,并求出各浓度正丁醇水溶液的 $\sigma_{实际}$。

3. 绘出 σ-c 图。在曲线上选取 6～8 个点作切线求出 Z 值。

4. 由 $\Gamma=ZRT$ 计算不同浓度溶液的 Γ 值,并作 Γ-c 图,求 Γ_{∞} 并计算 A 和 δ。

七、思考题

1. 影响本实验的主要因素有哪些?

2. 使用扭力天平时应注意哪些问题?

3. 扭力天平的铂环干净程度对测表面张力有何影响?

八、实验讨论

1. 测定液体表面张力有多种方法,例如环法、滴体积法、最大气泡压力法、毛细管法和滴重法等。拉脱法表面张力仪主要分为吊环法和吊片法两种,仪器有 JYW-200 全自动界面张力仪、BZY-3 数字表面张力仪等多种型号。

各种测定表面张力方法的比较:

垫片法和吊环法有相同的测量方式,但计算公式为:$\gamma=\dfrac{P}{2l}$。

式中:P 为吊片拉离表面的力,l 吊片的宽度(图 3-20-7)。

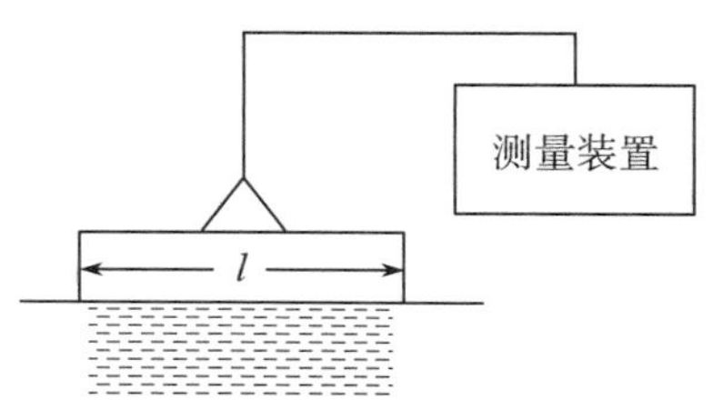

图 3-20-7　吊片法测表面张力示意图

2. 环法精确度在 1%以内,它的优点是测量快、用量少、计算简单。最大的缺点是控制温度困难。对易挥发性液体常因部分挥发使温度较室温略低。

滴体积法设备简单、操作方便、准确度高同时易于温度的控制,已在很多科研工作中应用,但对毛细管要求较严,要求下口平整、光滑、无破口。

最大气泡法所用设备简单,操作和计算也简单,但有气泡形成的化合物用此法很难测准,一般适用于有机化合物和无机盐的表面张力测定。

毛细管上升法最精确(精确度可达 0.05%)。但此法的缺点是对样品润湿性要求极严,毛细管直径不容易测量。

滴重法是一种相对精确而又可能是最方便的方法之一,它的样品制作简单,温度时间间隔长,只用简单的温度控制即可。可以用来测定气-液和液-液界面,且样品的用量少,但该方法只能用于液滴很小的情况。

(董云芸编写)

基础实验二十一　溶胶的制备及电泳

一、实验目的

1. 掌握 $Fe(OH)_3$ 溶胶的制备原理及纯化方法。

2. 掌握电泳法测定 $Fe(OH)_3$ 溶胶电动电势的原理和方法。

3. 明确亥姆霍兹方程式中各物理量的意义并求算电动电势 ζ。

二、实验原理

胶体是一种分散质粒子直径介于粗分散体系和溶液之间的一类分散体系，其分散相胶粒的粒径在 1～100 nm 之间，是一种高度分散的多相不均匀体系。

在胶体体系中，由于胶粒本身的电离或选择性地吸附某些离子，使胶体胶粒的表面带有一定的电荷，因此几乎所有的胶体体系都带有电荷。胶粒周围的介质分布着反离子。反离子所带电荷与胶粒表面电荷符号相反、数量相等，整个溶胶体系保持电中性。胶粒周围的反离子由于静电引力和热扩散运动的结果形成了两部分——紧密层和扩散层。紧密层有一两个分子层厚，紧密吸附在胶核表面上，而扩散层的厚度则随外界条件(温度、体系中电解质浓度及其离子的价态等)而改变，扩散层中的反离子符合玻兹曼分布。由于离子的溶剂化作用，紧密层结合有一定数量的溶剂分子，在电场的作用下，它和胶粒作为一个整体移动，而扩散层中的反离子则向相反的电极方向移动。这种在电场作用下分散相粒子相对于介质的运动称为电泳。发生相对移动的界面称为切动面，其与液体内部的电位差称为电动电位或 ξ 电位；而作为带电粒子的胶粒表面与液体内部的电位差称为质点的表面电势 φ^0。

电动电势的大小直接影响胶粒在电场中的移动速度。原则上，任何一种胶体的电动现象都可以用来测定电动电势，其中最方便的是用电泳现象中的宏观法来测定，也就是通过观察溶胶与另一种不含胶粒的导电液体的界面在电场中移动速度来测定电动电势。电动电势 ζ 与胶粒的性质、介质成分及胶体的浓度有关。在指定条件下，ζ 的数值可根据亥姆霍兹方程式计算，即：

$$\zeta=\frac{K\pi\eta}{\varepsilon E}\cdot u(\mathrm{V}) \tag{3-21-1}$$

式中：K 为与胶粒有关的常数(对于球形离子，$K=5.4\times10^{10}\ \mathrm{V^2\cdot s^2\cdot kg^{-1}\cdot m^{-1}}$；对于棒形离子 $K=3.6\times10^{10}\ \mathrm{V^2\cdot s^2\cdot kg^{-1}\cdot m^{-1}}$)；$E$ 为电势梯度($\mathrm{V\cdot m^{-1}}$)，$E=U/L$；U 为外加电压(V)；L 为两极间距离(m)；ε 为介质的介电常数；η 为介质的黏度(单位为 $\mathrm{kg\cdot m^{-1}\cdot s^{-1}}$ 或 $\mathrm{Pa\cdot s}$)；u 为电泳速度，($u=d/t$，其中：d 为胶粒移动的距离(m)；t 为通电时间(s))。20℃时水的 $\eta=1.0019\times10^{-3}(\mathrm{kg\cdot m^{-1}\cdot s^{-1}})$，介电常数 $\varepsilon=80.10$，其他温度查阅附录十(水在不同温度下的折射率、黏度和介电常数)。

从亥姆霍兹方程式可以看出，胶粒在电场中的移动速度和电动电势的大小直接相关，因此可以通过胶体的电泳现象来测定胶体的电动电势。电泳现象中的宏观法是比较常用的测定方法，具体是指通过溶胶与分散介质的界面在电场作用下的迁移速度来测定电动电势。由亥姆霍兹方程式可知，对于确定的溶胶而言，若确定了电势梯度 E 和胶粒的电泳速度，就可以求算出 ζ 电位。

溶胶的制备方法可分为分散法和凝聚法：分散法是用适当方法把较大的物质颗粒变为胶体大小的质点；凝聚法是先制成难溶物的分子（或离子）的过饱和溶液，再使之相互结合成胶体粒子而得到溶胶。

常用的分散法有：① 机械作用法，如用胶体磨或其他研磨方法把物质分散。② 电弧法，以金属为电极通电产生电弧，金属受高热变成蒸气，并在液体中凝聚成胶体质点。③ 超声波法，利用超声波场的空化作用，将物质撕碎成细小的质点，它适用于分散硬度低的物质或制备乳状液。④ 胶溶作用，由于溶剂的作用，使沉淀重新"溶解"成胶体溶液。

常用的凝聚法有：① 凝结物质蒸气。② 变换分散介质或改变试验条件（如降低温度），使原来溶解的物质变成不溶的物质。③ 在溶液中进行化学反应，生成一种不溶解的物质。

$Fe(OH)_3$ 溶胶的制备就是采用的化学法即通过化学反应使生成物呈过饱和状态，然后粒子再结合成溶胶。其结构式为：

$$\{m[Fe(OH)_3]nFeO^+(n-x)Cl^-\}^{x-}xCl^-$$

制成的胶体体系中常有其他杂质存在，而影响其稳定性，因此必须纯化。常用的纯化方法是半透膜渗析法。

三、仪器与试剂

直流稳压电源 1 台；万用电炉 1 台；电泳管 1 只；电导率仪 1 台；直流电压表 1 台；秒表 1 块；铂电极 2 只；锥形瓶（250 mL）1 只；烧杯（800mL，250mL，100 mL）各 1 个；超级恒温槽 1 台；容量瓶（100 mL）1 只。

火棉胶；10% $FeCl_3$ 溶液；1% KCNS 溶液；1% $AgNO_3$；稀 HCl 溶液（或 NaCl，KCl）。50% 盐酸。

四、实验步骤

（一）$Fe(OH)_3$ 溶胶的制备

采用水解法制备 $Fe(OH)_3$ 胶体。将 100 mL 蒸馏水加入到 250 mL 烧杯中，并在万用电炉上加热至沸腾。在搅拌条件下，向沸腾的蒸馏水中缓慢滴入 5 mL 10% $FeCl_3$ 溶液，滴加完成后继续保持沸腾 5 min，即可得到红棕色的 $Fe(OH)_3$ 溶胶，其结构式可表示为$\{m[Fe(OH)_3]nFeO^+(n-x)Cl^-\}^{x+}xCl^-$。在胶体体系中存在过量的 H^+、Cl^- 等离子需要除去。

（二）$Fe(OH)_3$ 溶胶的纯化

（1）半透膜的制备。

在一个内壁洁净、干燥的 250（或 150）mL 锥形瓶中，加入约 50（或 30）mL 火棉胶液，小心转动锥形瓶，使火棉胶液黏附在锥形瓶内壁上形成均匀薄层，倾出多余的火棉胶于回收瓶中。此时锥形瓶仍需倒置，并不断旋转，待剩余的火棉胶流尽，使瓶中的乙醚蒸发至已闻不出气味为止（此时用手轻触火棉胶膜，已不粘手）。然后再往瓶中注满水（若乙醚未蒸发完全，加水过早，则半透膜发白），浸泡 10 min。倒出瓶中的水，小心用手分开膜与瓶壁的间隙。慢慢注水于夹层中，使膜脱离瓶壁，轻轻取出，在膜袋中注入水，观察有否漏洞。制好的半透膜不用时，要浸放在蒸馏水中。

(2) 用热渗析法纯化 $Fe(OH)_3$ 溶胶。

将制得的 $Fe(OH)_3$ 溶胶，注入半透膜内用线拴住袋口，置于 800 mL 的清洁烧杯中。杯中加蒸馏水约 300 mL，维持温度在 60 ℃左右，进行渗析。每 20 min 换一次蒸馏水，4 次后取出 1 mL 渗析水，分别用 1% $AgNO_3$ 及 1% KCNS 溶液检查是否存在 Cl^- 及 Fe^{3+}。如果仍存在 Cl^- 及 Fe^{3+}，应继续换水渗析，直到检查不出为止，将纯化过的 $Fe(OH)_3$溶胶移入一清洁干燥的 100 mL 小烧杯中待用。

(三) HCl 辅助液的制备

调节恒温槽温度为(25.0±0.1) ℃，用电导率仪测定 $Fe(OH)_3$ 溶胶在 25℃时的电导率，然后配制与之相同电导率的 HCl 溶液。方法是根据附录三十所给出的 25℃时 HCl 电导率—浓度关系，用内插法求算与该电导率对应的 HCl 浓度，并在 100 mL 容量瓶中配制该浓度的 HCl 溶液。(本实验也可以用 NaCl 或 KCl 溶液做辅助液)。

(四) 仪器的安装

用蒸馏水洗净电泳管后，再用少量溶胶洗一次，先关闭活塞 5，将渗析好的 $Fe(OH)_3$ 溶胶从漏斗倒入电泳管中，慢慢开启活塞，使溶胶液面刚刚漏出活塞少许，然后关闭活塞。插入铂电极按装置图 3-21-1 连接好线路，并关闭电源。将自己配制的 HCl 辅助液(与溶胶的电导率相同)约 10 mL 从管口倒入电泳管。然后慢慢开启活塞，此时会看到清晰的溶胶界面推动辅助液缓慢上升，当界面上升到适当位置时，插入干净的两只铂电极，待两电极浸没到辅助液中部区域时关闭活塞 5。

(五) 溶胶电泳的测定

提前调节直流稳压电源 6 的输出电压为 40～45 V，将两只电极与直流稳压电源连接。并同时计时和准确记下溶胶在电泳管中液面位置。随后每隔 10 min 记录一次液面位置，0.5～1 h 后断开电源，记下准确的通电时间 t 和溶胶面上升和下降)的距离 d，从伏特计上读取电压 E，并且量取两极之间的距离 L。

实验结束后，折除线路。用自来水洗电泳管多次，最后用蒸馏水洗一次。

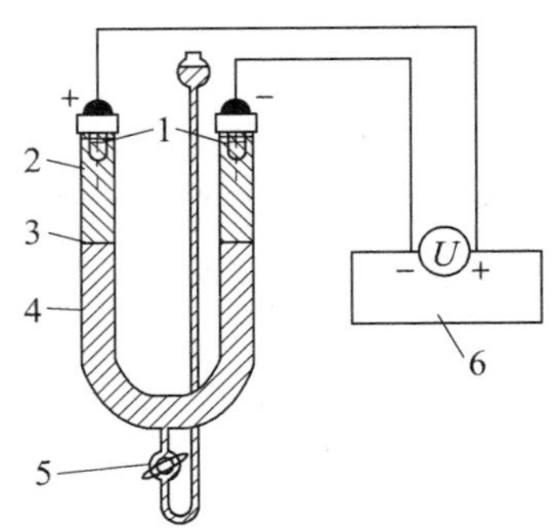

1. Pt 电极；2. HCl 辅助液；3. 溶胶界面；4. 溶胶；5. 活塞；6. 可调直流稳压电源

图 3-21-1　电泳仪装置图

五、注意事项

1. 在 $Fe(OH)_3$ 溶胶实验中制备半透膜时，一定要使整个锥形瓶的内壁上均匀地附着一层火棉胶液，注意挥发乙醚时不要太干，以免火棉胶与瓶壁粘的太牢不易取出。在取出半透膜时，一定要借助水的浮力将膜托出。

2. 制备 $Fe(OH)_3$ 溶胶时，$FeCl_3$ 一定要逐滴加入，并不断搅拌。

3. 纯化 $Fe(OH)_3$ 溶胶时，换水后要渗析一段时间再检查 Fe^{3+} 及 Cl^- 的存在。

4. 量取两电极的距离时，要沿电泳管的中心线量取。

六、数据处理

1. 将实验数据记录如下：

电泳时间(s)；电压(V)；两电极间距离 cm；溶胶液面移动距离 cm。

2. 将数据代入公式(3-21-1)中计算 ζ 电势。

七、思考题

1. 本实验中所用的稀盐酸溶液的电导为什么必须和所测溶胶的电导率相等或尽量接近？

2. 电泳的速度与哪些因素有关？

3. 在电泳测定中如不用辅助液体，把两电极直接插入溶胶中会发生什么现象？

4. 溶胶胶粒带何种符号的电荷？为什么它会带此种符号的电荷？

八、实验讨论

1. 电泳的实验方法有多种。本实验方法称为界面移动法，适用于溶胶或大分子溶液与分散介质形成的界面在电场作用下移动速度的测定。此外还有显微电泳法和区域电泳法。显微电泳法用显微镜直接观察质点电泳的速度，要求研究对象必须在显微镜下能明显观察到，此法简便，快速，样品用量少，在质点本身所处的环境下测定，适用与粗颗粒的悬浮体和乳状液。区域电泳是以惰性而均匀的固体或凝胶作为被测样品的载体进行电泳，以达到分离与分析电泳速度不同的各组分的目的。该法简便易行，分离效率高，用样品少，还可避免对流影响，现已成为分离与分析蛋白质的基本方法。

2. 本实验还可研究电泳管两极上所加电压不同、对 $Fe(OH)_3$ 溶胶胶粒 ζ 电位的测定有无影响。

3. $Fe(OH)_3$ 溶胶纯化时不用渗析法，而改为使用强酸强碱离子交换树脂来除去其他离子的方法来提纯溶胶。摸索此提纯方法的操作条件。

4. 分散体系在生物界和非生物界普遍存在，在实际生产中占有很重要的地位，根据需要有时要求分散相中的固体颗粒能稳定的分散于分散相介质中(如涂料)。有时则相反，希望固体颗粒聚沉(如废水处理过程中要求固体颗粒很快聚沉)。而胶体分散体系中固体颗粒的分散与聚沉都与动电势(ζ 电势)有密切关系。因此 ζ 电势是表征胶体特性的重要物理量之一，对于分析和研究分散体系的性能和应用有着重要意义。在一般憎液溶胶中，ζ 电位数值愈小，温度性越差。当 ζ 为零时，溶胶的聚焦稳定性最差，此时可观察到聚沉现象。

(董云芸编写)

基础实验二十二　固体比表面的测定

（一）固液吸附法

一、实验目的

1. 了解朗格缪尔（Langmuir）单分子层吸附理论和溶液吸附法测定比表面的基本原理。

2. 掌握溶液吸附法测定活性炭比表面的测定方法。

二、实验原理

比表面是指单位质量（或单位体积）的物质所具有的表面积，是粉末及多孔性物质的一个重要特性参数，它在催化、色谱、环保、纺织等许多生产和科研部门有着广泛应用，其数值与分散粒子大小有关。

测定固体比表面的方法很多，常用的有 BET 低温吸附法、电子显微镜法和气相色谱法，但它们都需要复杂的仪器装置或较长的实验时间。而溶液吸附法所使用的仪器则较为简单，操作方便。本实验用次甲基蓝水溶液吸附法测定活性炭的比表面。此法虽然误差较大，但比较实用。

据朗格缪尔单分子层吸附理论，当次甲基蓝与活性炭达到吸附饱和后，吸附与脱附处于动态平衡，这时次甲基蓝分子铺满整个活性炭粒子表面而不留下空位。此时吸附剂活性炭的比表面可按式（3-22-1）计算。

$$S_0=\frac{(c_0-c)G}{W}\times 2.45\times 10^6 \tag{3-22-1}$$

式中：S_0 为比表面（$m^2\cdot kg^{-1}$）；c_0 为原始溶液的浓度（$kg\cdot dm^{-3}$）；c 为平衡溶液的浓度（$kg\cdot dm^{-3}$）；G 为溶液的加入量（dm^3）；W 为吸附剂试样质量（kg）；2.45×10^6 是 1 kg 次甲基蓝可覆盖活性炭样品的面积（$m^2\cdot kg^{-1}$）。

本实验溶液浓度的测定是借助分光光度计来完成的，根据朗伯-比耳（Lambert-Beer）定律，当入射光为一定波长的单色光时，某溶液的吸光度与溶液中有色物质的浓度及溶液的厚度成正比，即：

$$A=KcL \tag{3-22-2}$$

式中：A 为吸光度；K 为吸光系数；c 为溶液浓度；L 为液层厚度。

实验首先测定一系列已知浓度的次甲基蓝溶液的吸光度，绘出 A-c 工作曲线，然后测定次甲基蓝原始溶液及平衡溶液的吸光度，再在 A-c 曲线上查得对应的浓度值，代入式（3-22-1）计算比表面。次甲基蓝具有以下矩形平面结构。

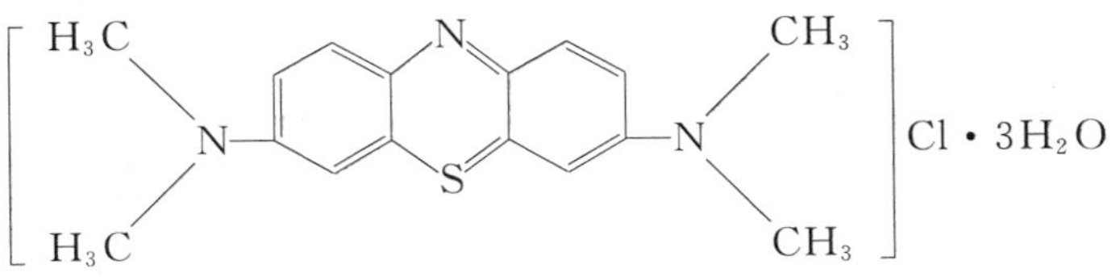

H_3C　N　CH_3
N　　　S　　　N　$Cl\cdot 3H_2O$
H_3C　　　CH_3

其摩尔质量为 373.9 $g\cdot mol^{-1}$。

三、仪器与试剂

分光光度计1套；振荡器1台；分析天平1台；离心机1台；台秤(0.1 g)1台；三角烧瓶(100 mL)3只；容量瓶(500 mL)4只、(100 mL)5只。

次甲基蓝原始溶液2.0000 g·dm^{-3}；次甲基蓝标准溶液0.1000 g·dm^{-3}；颗粒活性炭。

四、实验步骤

(一) 活化样品

将活性炭置于瓷坩埚中放入马弗炉中500℃下活化1 h(或在真空箱中300℃下活化1 h)，然后置于干燥器中备用。

(二) 溶液吸附

取100 mL三角烧瓶3只，各放入准确称量过的已活化的活性炭0.100 g，再加入40 g浓度为2.00 g·dm^{-3}左右的次甲基蓝原始溶液，塞上橡皮塞，然后放在振荡器上振荡3 h。

(三) 配制次甲基蓝标准溶液

用移液管分别量取4.00 mL、6.00 mL、8.00 mL、10.00 mL、12.00 mL浓度为0.10 mg·dm^{-3}的标准次甲基蓝溶液于100 mL容量瓶中，用蒸馏水稀释至刻度，即得浓度分别为4.0 mg·dm^{-3}、6.0 mg·dm^{-3}、8.0 mg·dm^{-3}、10.0 mg·dm^{-3}、12.0 mg·dm^{-3}的标准溶液。

(四) 原始溶液的稀释

为了准确测定原始溶液的浓度，用移液管量取浓度为2.0000 mg·dm^{-3}原始溶液2.50 mL放入500 mL容量瓶中，稀释至刻度。

(五) 平衡液处理

样品振荡3 h后，取平衡溶液5 mL放入离心管中，用离心机旋转10 min，得到澄清的上层溶液。取2.50 mL澄清液放入500 mL容量瓶中，并用蒸馏水稀释到刻度。

(六) 选择工作波长

用6 mg·dm^{-3}的标准溶液和0.5 cm的比色皿，以蒸馏水为空白液，在500～700 nm范围内测量吸光度，以最大吸收时的波长作为工作波长。

(七) 测量吸光度

在工作波长下，依次分别测定4 mg·dm^{-3}、6 mg·dm^{-3}、8 mg·dm^{-3}、10 mg·dm^{-3}、12 mg·dm^{-3}标准溶液的吸光度，以及稀释以后的原始溶液及平衡溶液的吸光度。

五、注意事项

1. 标准溶液的浓度要准确配制。
2. 活性炭颗粒要均匀并干燥，且3份质量应尽量接近。
3. 振荡时间要充足，以达到吸附饱和，一般不应小于3 h。

六、数据处理

(1) 把数据填入表3-22-1：

表3-22-1 吸光度测量结果

溶液/(mg·dm^{-3})	4	6	8	10	12	原始液	平衡液
吸光度							

2. 作 A-c 工作曲线。

3. 求次甲基蓝原始溶液的浓度 c_0 和平衡溶液的浓度 c。从 A-c 工作曲线上查得对应的浓度，然后乘以稀释倍数 200，即得 c_0 和 c。

4. 计算比表面，求平均值。

七、思考题

1. 比表面的测定与温度、吸附质的浓度、吸附剂颗粒、吸附时间等有什么关系？

2. 用分光光度计测定次甲基蓝水溶液的浓度时，为什么还要将溶液再稀释到 $mg \cdot dm^{-3}$ 的浓度才进行测量？

3. 固体在稀溶液中对溶质分子的吸附与固体在气相中对气体分子的吸附有何共同点和区别？

4. 溶液产生吸附时，如何判断其达到平衡？

八、实验讨论

1. 测定固体比表面时所用溶液中溶质的浓度要选择适当，即初始溶液的浓度以及吸附平衡后的浓度都选择在合适的范围内，既要防止初始浓度过高导致出现多分子层吸附，又要避免平衡后的浓度过低使吸附达不到饱和。本实验原始溶液的浓度为 2 g/dm^3 左右，平衡溶液的浓度不小于 1 $g \cdot dm^{-3}$。

2. 按朗谬尔吸附等温线的要求，溶液吸附必须在等温条件下进行，使盛有样品的三角瓶置于恒温器中振荡，使之达到平衡。本实验是在空气浴中将盛有样品的三角瓶置于振荡器上振荡。实验过程中温度会有变化，这样会影响测定结果。因此，振荡时可用具塞三角瓶，防止溶剂挥发，浓度发生变化。

（二）色谱法

一、实验目的

1. 掌握色谱法固体比表面的测定方法。

2. 掌握 SSA-3500 型全自动比表面积分析仪的测定原理和使用方法。

3. 了解 BET 多分子层吸附理论的基本假设，适用范围以及如何应用 BET 公式求算多孔固体的比表面积。

二、实验原理

1 g 多孔固体所具有的总表面积（包括外表面积和内表面积）定义为比表面，以 m^2/g 表示。在气固多相催化反应机理的研究中，大量事实证明，气、固多相催化反应是在固体催化剂表面上进行的。某些催化剂的活性与其比表面有一定的对应关系。因此测定固体的比表面，对多相反应机理的研究有着重要意义。测定多孔固体比表面的方法很多，而 BET 气相吸附法则是比较有效、准确的方法。

处在固体表面的原子，由于周围原子对它的作用力不对称，即原子所受的力不饱和，因而有剩余力场，可以吸附气体或者液体分子。当气体在固体表面被吸附时，固体叫作吸附剂，被吸附的气体叫作吸附质。当吸附质的温度接近于正常沸点的时候，往往发生多分子层吸附。

BET 吸附理论的基本假设是：多分子层吸附理论认为固体表面已经吸附了一层分子

之后，以后与被吸附的气体本身的范德华力，还可以继续发生多分子层吸附。在物理吸附中，吸附质与吸附剂之间的作用力是范德华力，而吸附分子之间的作用力也是范德华力；同一层吸附分子之间无相互作用；第二层及其以后各层分子的吸附热相同等于气体的液化热(简单地说，吸附可以是单分子层的，也可以是多分子层的；除第一层外其他各层的吸附热等于该吸附质的液化热)。根据这个假设，推导得到 BET 方程式如下。

$$\frac{p_{N_2}/p_S}{V_d(1-p_{N_2}/p_S)}=\frac{1}{V_mC}+\frac{C-1}{V_mC}\cdot\frac{p_{N_2}}{p_S} \tag{3-22-3}$$

式中：p_{N_2} 为混合气中氮的分压；p_S 为吸附平衡温度下吸附质的饱和蒸汽压；V_m 为铺满一单分子层的饱和吸附量(标准态)；C 为与第一层吸附热及凝聚热有关的常数；V_d 为不同分压下所对应的固体样品吸附量(标准状态下)。

或

$$\frac{p}{V(p_0-p)}=\frac{1}{V_mC}+\frac{(C-1)}{V_mC_0}\cdot\frac{p}{p_0}$$

式中：p 为气体的吸附平衡压力；p_0 为吸附平衡温度下被吸附气体的饱和蒸汽压；V 为平衡时的气体吸附量(换算成标准状态)；V_m 为吸附剂形成单分子层时所吸附的气体量(换算成标准状态)；C 为与温度、吸附热有关的常数。

选择相对压力 $\frac{p}{p_0}$ 在 0.05～0.35 范围内。实验得到与各相对 $\frac{p}{p_0}$ 相应的吸附量 V 后，根据 BET 公式，将 $\frac{p}{V(p_0-p)}$ 对 $\frac{p}{p_0}$ 作图，得一条直线，其斜率为 $\frac{(C-1)}{V_mC}$，截距 $\frac{1}{V_mC}$ 由斜率和截距可以求得单分子层饱和吸附量 V_m。

$$V_m=\frac{1}{a+b} \tag{3-22-4}$$

根据每一个被吸附分子在吸附表面上所占有的面积，即可计算出每克固体样品所具有的表面积。

$$A=\frac{V_m\times N_A\times\sigma}{22400\times W}(\mathrm{m^2\cdot g^{-1}}) \tag{3-22-5}$$

式中：N_A 为阿伏伽德罗常数；σ 为个吸附质分子的截面积；W 为吸附剂质量(g)。由于 V_m 的单位为毫升所以除以 22400(1 摩尔气体在标准条件下的毫升数)。

实验中，通常用 N_2 气作吸附质，在液氮温度下，每个 N_2 分子在吸附剂表面所占有的面积为 $16.2A^2$，因此，固体的比表面积可表示为

$$A=\frac{6.023\times10^{23}\times16.2\times10^{-20}}{22400}\times\frac{V_m}{W}=4.36\,\frac{V_m}{W}(\mathrm{m^2\cdot g^{-1}}) \tag{3-22-6}$$

实验采用 H_2 气作载气，故只能测量对 H_2 不产生吸附的样品。在液氮温度下，H_2 和 N_2 的混合气连续流动通过固体样品，固体吸附剂对 N_2 产生物理吸附。

BET 多分子层吸附理论的基本假设，使 BET 公式只适用于相对压力 $\frac{p}{p_0}$ 在 0.05～0.35之间的范围。因为在低压下，固体的不均匀性突出，各个部分的吸附热也不相同，建立不起多层物理吸附模型。在高压下，吸附分子之间有作用，脱附时彼此有影响，多孔性吸附剂还可能有毛细管作用，使吸附质气体分子在毛细管内凝结，也不符合多层物理吸附模型。

色谱法测定此表面是 Nelsen 和 Eggersen 1958 年首先提出的。由于该方法不需要复杂的真空系统，不接触汞，且操作和数据处理也较简单，因而得到广泛应用。

本设备以氢气为载气，氮气为吸附气体，二者按照 4∶1 的比例通入样品管。当样品

浸入液氮时，在低温作用下，混合气中的氮气被样品物理吸附，直至吸附饱和，在随后的样品管及样品的升温过程中，样品吸附的氮气全部解析出来，此时混合气体中的氮气的比例将发生变化。在此吸附和脱附过程中，高精度的热导检测器会完成相关的检测工作，再经过模数转换系统，把模拟电信号转换成数字信号，并通过微机处理系统进行基于BET的多层吸附理论及其公式计算出固体的比表面积。色谱法仍以氮吸附质，以氦气或氢气作载气。氮气和载气以一定比例在混合器中混合，达到指定的相对压力，混合后气体通过热导池的参考臂，然后通过吸附剂(即样品管)，再到热导池的测量臂，最后经过流量计再放空。当样品管置于液氮杯中时(约－195℃)，样品对混合气中氮气发生物理吸附，而载气不被吸附，这时，记录纸上出现一个吸附峰；当把液氮杯移去，样品管又回到室温环境，被吸的氮脱附出来，在记录上出现与吸附峰方向相反的脱附峰。脱附峰面积的大小与吸附量成比例，比例系数可以在保持相同的检测条件下采用直接标定法求得，因而根据脱附峰面积可测量物质吸附 N_2 的吸附量。

三、仪器与试剂

比表面测定仪 1 台；氢气发生器。

氮气(钢瓶气)；液氮；活性炭(标准样品，已知此表面 $X\ m^2 \cdot g^{-1}$)；Al_2O_3。

四、实验步骤

(一) 样品的准备

(1) 将适当筛目的(最好在 80～100 目范围内)固体样品放于蒸发皿中，在恒温干燥箱中 120℃下恒温干燥 2～4 h 后取出，立即放入干燥塔中封闭冷却。

(2) 取两只烘干的样品管(如需测定多个待测样品，则需按照待测样品数量确定样品管数)，在分析天平上准确称其质量 $W_{空_1}$、$W_{空_2}$。使用漏斗将标准样品(活性炭)和待测样品装入样品管中，在分析天平上称量为 $W_{空_1+标样}$、$W_{空_2+待测}$，可得到纯标准物和待测样品质量，样品质量控制在 200～300 mg。

(3) 把准确称量好的标准样品管和待测样品管接在测量室内样品管的接头上。注意此时一定要将样品管两端同时塞入，管上要有硅橡胶垫圈防止漏气，旋转螺帽时两手同时进行，以防样品管因受力不均匀而断裂。

(二) SSA-3500 仪器操作使用

(1) 打开氢气发生器，5～10 min 之后，打开氮气气瓶，调节减压阀在 0.1～0.2 MPa。

(2) 打开比表面测量仪的电源，观察仪器上的压力表的显示数据，稳定后用旋钮调节氢气(仪器上的氦气显示窗口)的流量为 80 左右(0.08 MPa)，氮气为 20 左右(0.02 MPa)。在整个测量中气流必须保持稳定。

(3) 计算机开机，点击 Pioneer 应用软件，在软件的图谱窗口下出现基线，等待基线平稳，需要 20 min 左右。然后在工具栏中选择“调零”。

(4) 在保温杯中倒入液氮，一样要注意安全，倒至杯中容量 3/4 即可。倾倒完成后将液氮保温杯放置到升降托盘中。

(5) 待基线稳定 3 min 后即开始测量，点击“测量”下的“开始测量”，弹出“进样器控制”，同时测量 2 中样品，其中 1 为标准物质。选择“1”“2”，点击“吸附”。升降托盘会匀速逐个上升，直到将 U 形管完全浸泡于杯中液氮中(注意操作前一定拿走保温杯的盖子)。

(6) 软件的图谱窗口上出现向下的吸附峰，时间跟被测样品的比表面积有关。需要

5～10 min。基线平稳后点击“调零”，让基线归零。

(7) 点击“测量”中“进样控制”，选择“1”，点击“脱附”。第一组升降托盘自动下降，对样品 1 进行脱附操作(注意：千万不能再点击“开始测量”，否则原来的曲线会消失)。

(8) 点击工具栏中“手切”，用出现的十字交叉线选择峰的起点和重点，在出现的“表面积数据属性”窗口中，选择“标准样品”，填入“名称”“重量”“表面积”。然后“保存”“关闭”，该信息以刚才的编号存在“报告窗口”里。注意：编号自动生成、标准样品的数据存储 1 次即可，标准样品为活性炭，表面积为 $X\ m^2 \cdot g^{-1}$。

(9) 基线“调零”，基线平稳后，点击“测量”中“进样控制”，选择“2”，点击“脱附”。第二组升降托盘自动下降，对样品 2 进行脱附操作。

(10) “手切”后在出现的“表面积数据属性”窗口中，选择“被测样品”，填入“重量”，比表面积自动生成，记录数据，然后点击“保存”“关闭”，完成了对被测样品的测量。

(11) 测量完毕后关闭 Pioneer 软件，然后关闭比表面仪器电源、氢气发生器电源，关闭氮气钢瓶。剩余的液氮倒回液氮瓶中，注意安全。

五、注意事项

1. 装样品管时，两个螺帽要同时旋转，以防止样品管因受力不均而断裂。

2. 实验时先通载气，再开电源；实验结束时，先关电源，再关载气。仪器未接通气体前，严禁接通电源。

3. 倾倒液氮时，一样要注意安全，保温杯放置在合适的地方，液氮不要太满，以免溅出冻伤，也不要太少，影响测试，倒至杯中容量 3/4 即可。不能倒得太快，到中间时最好停一下。

六、数据处理

用电脑进行数据处理，得出样品的比表面积，同时进行理论计算，比较误差。

$$A_1 = 4.36\frac{V_{m1}}{W_1} \quad A_2 = 4.36\frac{V_{m2}}{W_2} \quad 4.36 = \frac{A_1 W_1}{V_{m1}} = \frac{A_2 W_2}{V_{m2}} \text{则 } A_2 = \frac{A_1 W_1 V_{m2}}{V_{m1} W_2}$$

因此，由已知比表面积的物质 A_1，W_1 和 V_{m1} 标定仪器常数，即可求出未知物 A_2 的比表面积。

七、思考题

1. 本实验中，p/p_0 为何必须控制在 0.05～0.35 之间？

2. 实验误差主要来自哪几个方面？应怎样克服？

3. 为什么必须测量标准物质？

4. 讨论影响测量比表面积的因素有哪些？

八、讨论

1. 比较两种方法的优缺点。

2. 一般测量固体比表面用容量法和重量法都可以得出比较准确的结果，且重复性也好。但设备复杂，需用高真空系统，并且使用大量的汞。用流动法也可以得到比较正确的结果且仪器简单，但比较适合测量低比表面固体的物质。用色谱法测量适合于任何比表面的固体物质，但要求仪器精密。本实验仪器专为学生实验设计，元器件设计及操作上做了一些简化，得到的结果有较大的误差。

(张军红编写)

基础实验二十三　黏度法测定高聚物的摩尔质量

一、实验目的

1. 理解用黏度法测定高聚物相对分子量的基本原理和公式。
2. 掌握乌氏(Ubbelohde)黏度计测定溶液黏度的原理与方法。
3. 测定线性高聚物-聚乙烯醇或聚丙烯酰胺的摩尔质量。

二、实验原理

高聚物是由一种或几种简单低分子化合物经聚合而组成的分子量很大的化合物,又称高分子或大分子等。与一般的无机物或低分子的有机物不同,由于合成时聚合度不同,因此高聚物多是摩尔质量大小不同的大分子混合物,所以通常所测的高聚物摩尔质量是一个统计平均值。高聚物摩尔质量不仅反映了其分子的大小,而且直接关系到它的物理性能,是一个重要的基本参数。因此,高聚物摩尔质量的测量具有重要意义。

测定高聚物摩尔质量的方法很多,而不同方法所得的平均摩尔质量也有所不同。比较起来,黏度法设备简单,操作方便,并有很好的实验精度,是常用的方法之一。用该法求得的摩尔质量称为黏均摩尔(分子)质量。

高聚物稀溶液的黏度是它在流动时内摩擦力大小的反映,这种流动过程中的内摩擦主要有:纯溶剂分子间的内摩擦,记作 η_0;高聚物分子与溶剂分子间的内摩擦;以及高聚物分子间的内摩擦。这三种内摩擦的总和称为高聚物溶液的黏度,记作 η。实践证明,在相同温度下,$\eta > \eta_0$。为了比较这两种黏度,引入增比黏度的概念,以 η_{sp} 表示。

$$\eta_{sp} = (\eta - \eta_0)/\eta_0 = \eta/\eta_0 - 1 = \eta_r - 1 \qquad (3\text{-}23\text{-}1)$$

式中:η_r 称为相对黏度,反映的仍是整个溶液的黏度行为;而 η_{sp} 则是扣除了溶剂分子间的内摩擦以后仅仅是纯溶剂与高聚物分子间以及高聚物分子间的内摩擦之和。

其他有关黏度法测高聚物溶液摩尔质量时常用的名词及物理意义一并列于表 3-23-1 中。

表 3-23-1　常用名词及物理意义

符号	名称与物理意义
η_0	纯溶剂的黏度,溶剂分子与溶剂分子间的内摩擦表现出来的黏度
η	溶液的黏度,溶剂分子与溶剂分子之间、高分子与高分子之间和高分子与溶剂分子之间三者内摩擦的综合表现
η_r	相对黏度,$\eta_r = \eta/\eta_0$,溶液黏度对溶剂黏度的相对值
η_{sp}	增比黏度,$\eta_{sp} = (\eta - \eta_0)/\eta_0 = \eta/\eta_0 - 1 = \eta_r - 1$,反映了高分子与高分子之间,纯溶剂与高分子之间的内摩擦效应
η_{sp}/c	比浓黏度,单位浓度下所显示出的黏度
$[\eta]$	特性黏度,$\lim\limits_{c \to 0} \frac{\eta_{sp}}{c} = [\eta]$,反映了高分子与溶剂分子之间的内摩擦

高聚物溶液的 η_{sp} 往往随质量浓度 c 的增加而增加。为了便于比较，定义单位浓度的增比黏度 η_{sp}/c 为比浓黏度，定义 $\ln\eta_r/c$ 为比浓对数黏度。当溶液无限稀释时，高聚物分子彼此相隔甚远，它们的相互作用可以忽略，此时比浓黏度趋近于一个极限值，即：

$$\lim_{c\to 0}\frac{\eta_{sp}}{c}=\lim_{c\to 9}\frac{\ln\eta_r}{c}=[\eta] \tag{3-23-2}$$

式中：$[\eta]$主要反映了无限稀释溶液中高聚物分子与溶剂分子之间的内摩擦作用，称为特性黏度，可以作为高聚物摩尔质量的度量。由于 η_{sp} 与 η_r 均是无因次量，所以$[\eta]$的单位是浓度 c 单位的倒数。$[\eta]$的值取决于溶剂的性质及高聚物分子的大小和形态，可通过实验求得。

因为，根据实验，在足够稀的高聚物溶液中有如下经验公式：

$$\frac{\eta_{sp}}{c}=[\eta]+\kappa[\eta]^2c \tag{3-23-3}$$

$$\frac{\ln\eta_r}{c}=[\eta]+\beta[\eta]^2c \tag{3-23-4}$$

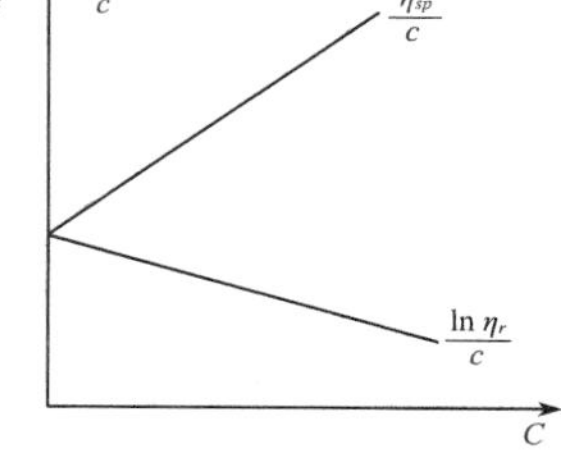

图 3-23-1　外推法求$[\eta]$

式中：κ 和 β 分别称为 Huggins 和 Kramer 常数。这是两个直线方程，因此我们获得$[\eta]$的方法如图 3-23-1 所示：一种方法是以 η_{SP}/c 对 c 作图，外推到 $c\to 0$ 的截距值；另一种是以 $\ln\eta_r/c$ 对 c 作图，也外推到 $c\to 0$ 的截距值，两根线应在纵坐标上相交于一点，这也可校核实验的可靠性。

在一定温度和溶剂条件下，特性黏度$[\eta]$和高聚物摩尔质量 M 之间的关系通常用带有两个参数的 Mark－Houwink 经验方程式来表示。

$$[\eta]=K\overline{M}^{\alpha} \tag{3-23-5}$$

式中：M 为黏均分子量；K 为比例常数；α 是与分子形状有关的经验参数。K 和 α 值与温度、聚合物、溶剂性质有关，也和分子量大小有关。K 值受温度的影响较明显，而 α 值主要取决于高分子线团在某温度下、某溶剂中舒展的程度，其数值介于 0.5～1 之间。

K 与 α 的数值可通过其他绝对方法确定，例如渗透压法、光散射法等，从黏度法只能测定得$[\eta]$。

由上述可以看出，高聚物摩尔质量的测定最后归结为特性黏度$[\eta]$的测定。本实验采用毛细管法测定黏度，通过测定一定体积的液体流经一定长度和半径的毛细管所需时间而获得。所使用的乌氏黏度计如图 3-23-2 所示，当液体在重力作用下流经毛细管时，其遵守泊肃叶(Poiseuille)定律：

$$\frac{\eta}{\rho}=\frac{\pi hgr^4t}{8VL}-m\frac{V}{8\pi Lt} \tag{3-23-6}$$

式中：η 为液体的黏度；ρ 为液体的密度为毛细管的长度；r 为毛细管的半径；t 为 V 体积液体的流出时间；h 为流过毛细管液体的平均液柱高度；V 为流经毛细管的液体体积；m 为毛细管末端校正的参数(一般在 $r/L\ll 1$ 时，可以取 $m=1$)。

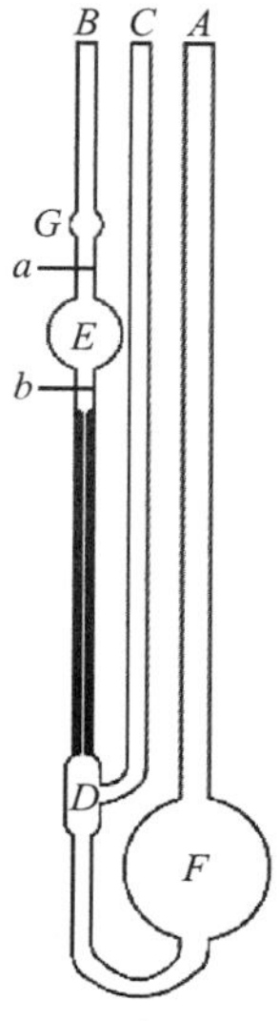

图 3-23-2　乌氏黏度计

对于某一只指定的黏度计而言，式(3-23-6)中许多参数是一定的，因此可以改写成：

$$\frac{\eta}{\rho}=At-\frac{B}{t} \tag{3-23-7}$$

式中：$B<1$，当流出的时间 t 在 2 min 左右（大于 100 s）。该项（亦称动能校正项）可以忽略，即 $\eta=A\rho t$。

又因通常是在稀溶液中进行测定（$c<1\times10^{-2}$ g·cm^{-3}），溶液的密度和溶剂的密度近似相等，因此可将 η_r 写成：

$$\eta_r=\frac{\eta}{\eta_0}=\frac{t}{t_0} \tag{3-23-8}$$

式中：t 为测定溶液黏度时液面从 a 刻度流至 b 刻度的时间；t_0 为纯溶剂流过的时间。所以通过测定溶剂和溶液在毛细管中的流出时间，从式(3-23-8)求得 η_r，再由图 3-23-1 求得$[\eta]$。

三、仪器与试剂

恒温槽 1 套；乌贝路德黏度计 1 支；分析天平 1 台；移液管（10 mL）2 支、（5 mL）1 支；秒表 1 支；洗耳球 1 支；螺旋夹 1 支；橡皮管（约 5 cm 长）2 根；吊锤 1 支。

聚乙烯醇（5 g·L^{-1}）。

四、实验步骤

（一）黏度计的洗涤

先用洗液（经砂心漏斗过滤）将黏度计浸泡，再用蒸馏水和丙酮反复冲洗几次，每次都要注意反复流洗毛细管部分，洗好后烘干备用。

（二）调节恒温槽温度

将恒温槽温度调至(25.0 或 30.0±0.1)℃，在黏度计的 B 管和 C 管上都套上橡皮管，然后将其垂直放入恒温槽，使水面完全浸没 G 球，并用吊锤检查是否垂直。

（三）溶液流出时间的测定

用移液管吸取 10 mL 已知浓度的聚乙烯醇溶液，由 A 管注入黏度计中，在 C 管处用洗耳球打气，使溶液混合均匀，浓度记为 c_1，恒温 15 min，进行测定。测定方法如下：将 C 管用夹子夹紧使之不通气，在 B 管处用洗耳球将溶液从 F 球经 D 球、毛细管、E 球抽至 G 球 2/3 处，解去 C 管夹子，让 C 管通大气，此时 D 球内的溶液即回入 F 球，使毛细管以上的液体悬空。毛细管以上的液体下落，当液面流经 a 刻度时，立即按停表开始记时间，当液面降至 b 刻度时，再按停表，测得刻度 a、b 之间的液体流经毛细管所需时间。重复这一操作至少 3 次，它们间相差不大于 0.3 s，取 3 次的平均值为 t_1。

然后依次由 A 管用移液管加入 5 mL、5 mL、10 mL、15 mL 蒸馏水，将溶液稀释，使溶液浓度分别为 c_2、c_3、c_4、c_5，用同法测定每份溶液流经毛细管的时间 t_2、t_3、t_4、t_5。应注意每次加入蒸馏水后，要充分混合均匀，并抽洗黏度计的 E 球和 G 球，使黏度计内溶液各处的浓度相等。

（四）溶剂流出时间的测定

用蒸馏水洗净黏度计，尤其要反复流洗黏度计的毛细管部分。然后由 A 管加入约 15 mL 蒸馏水。用同样的方法测定溶剂流出的时间 t_0。

实验完毕后，黏度计一定要用蒸馏水洗干净，并倒置夹放于铁架台上。

五、注意事项

1. 高聚物在溶剂中溶解缓慢，配制溶液时必须保证其完全溶解，否则会影响溶液的起始浓度，而导致结果偏低。可提前配制溶液。并用玻璃砂漏斗过滤后备用。

2. 黏度计必须洁净，高聚物溶液中若有絮状物不能将它移入黏度计中。

3. 本实验溶液的稀释是直接在黏度计中进行的，因此每加入一次溶剂进行稀释时必须混合均匀，并抽洗 E 球和 G 球。

4. 实验过程中恒温槽的温度要恒定，每次将溶液稀释至恒温后再测量流出时间。

5. 黏度计要垂直放置，实验过程中不要振动黏度计，否则影响结果的准确性。

六、数据处理

1. 将所测的实验数据及计算结果填入表 3-23-2 中。

原始溶液浓度 c_0________(g・cm^{-3})；恒温温度________℃

表 3-23-2　测定和计算数据记录

c/g・cm^{-3}	t_1/s	t_2/s	t_3/s	$t_{平均}$/s	η_r	$\ln\eta_r$	η_{SP}	η_{SP}/c	$\ln\eta_r/c$
c_1									
c_2									
c_3									
c_4									
c_5									

2. 作 $\eta_{SP}/c-c$ 及 $\ln\eta_r/c-c$ 图，并外推到 $c\to0$ 求得截距，以截距除以起始浓度即得[η]，由截距求出[η]。

由公式(3-23-5)计算聚丙烯酰胺的黏均摩尔质量 $\overline{M}_\eta$，K，α 值可通过查附录二十五来获得。

七、思考题

1. 与奥氏黏度计相比，乌氏黏度计有何优点？本实验能否用奥氏黏度计？
2. 乌氏黏度计中支管 C 有何作用？除去支管 C 是否可测定黏度？
3. 黏度计的毛管太粗或太细有什么缺点？
4. 为什么用[η]来求算高聚物的分子量？它和纯溶剂黏度有无区别？
5. 分析 $\eta_{SP}/c-c$ 及 $\ln\eta_r/c-c$ 作图缺乏线性的原因。
6. 为什么测定黏度时黏度计一要垂直，二要放入恒温槽内？
7. 试讨论黏度法测定分子量的影响因素。

八、实验讨论

1. 黏度法测量高聚物的平均摩尔质量设备简单，操作方便，有相当好的实验精度，但黏度法不是测摩尔质量的绝对方法。因为此法中所用的特性黏度与摩尔质量的经验方程是要用其他方法来确定的，高聚物不同、溶剂不同、摩尔质量范围不同，就要用不同的经验方程式。不同方法得到的结果因测定原理与计算方法的不同而异，各种测定方法和适用范围见表 3-23-3 所示。

表 3-23-3　各种平均摩尔质量测定法的比较

方法名称	适用的摩尔质量范围	平均摩尔质量类型	方法类型
黏度法	$10^4 \sim 10^7$	黏均	相对法
端基分析法	$<3\times10^4$	数均	绝对法
沸点升高法	$<3\times10^4$	数均	相对法
凝固点降低法	$<5\times10^3$	数均	相对法
气相渗透压法(VPO)	$<3\times10^4$	数均	相对法
膜渗透压法	$2\times10^4 \sim 1\times10^6$	数均	绝对法
光散射法	$2\times10^4 \sim 1\times10^7$	重均	绝对法

2. 用黏度法测定高聚物相对分子质量时，很多因素会影响[η]的测定。

① 溶液的浓度：高聚物分子链之间的距离随着浓度的增加逐渐缩短，分子链间作用力增大，当浓度超过一限度时，高聚物溶液的 η_{SP}/c 或 $\ln\eta_r/c$ 与 c 的关系不呈线性。通常选用 $\eta_r=1.2\sim2.0$ 的浓度范围。

② 溶剂：在良溶剂中，分子链伸展充分，两末端间距增大，测定的[η]值较大。而在不良溶剂中，由于溶解不好，测量的结果误差较大。因此，选择溶剂时要充分考虑溶解性。

③ 温度：对于不同的溶剂和高聚物，温度的波动对黏度的影响不同。溶液黏度与温度的关系可以用 Andraole 方程 $\eta=Ae^{B/RT}$ 表示。式中，A 与 B 对于给定的高聚物和溶剂是常数，R 为气体常数。

④ 测定过程中，因为毛细管垂直发生改变以及微粒杂质局部堵塞毛细管而影响流经时间。因此选择黏度计时，毛细管部分太粗及太细都会影响结果，一般情况下，选择球 E 的体积约为 5 mL，一般要求溶剂留出时间为 100～130 s 之间。

以上因素都会影响 η_{SP}/c-c 及 $\ln\eta_r/c$-c 直线的形状，导致图形缺乏线性关系。尽管严格操作，但有时会出现图 3-23-3 所示的反常现象。这些现象的出现只能做一些近似处理。

式(3-23-3)物理意义明确，其中 κ 和 η_{SP}/c 值与高聚物结构(如高聚物的多分散性及高分子链的支化等)和形态有关；式(3-23-4)是数学运算式，含义不太明确。因此，图中的异常现象应以 η_{SP}/c 与 c 的关系来求得特性黏度[η]。

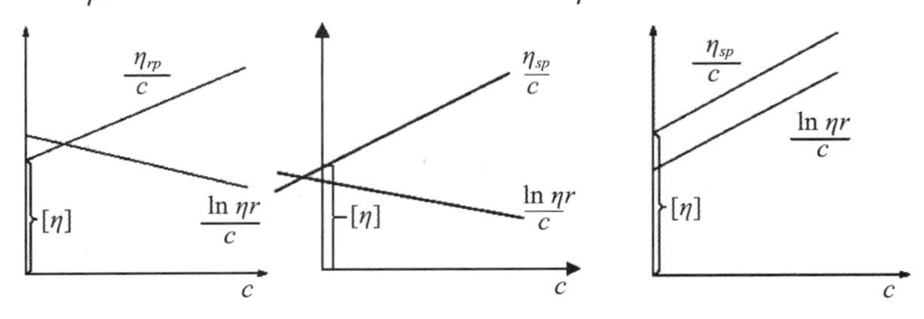

图 3-23-3　结果处理中异常现象示意图

3. 黏性液体在毛细管中流出受各种因素的影响，如动能改正、末端改正、倾斜度改正、重力加速度改正、毛细管内壁粗度改正、表面张力粗度改正等等，其中影响最大的是动能改正项，式(3-23-6)正是考虑了动能改正后的 Poiseuille 公式。若忽略上述诸因素的影响，Poiseuille 公式可改写为 $\eta=\pi pr^4 t/8lV=\pi h\rho gr^4 t/8lV$，但在使用时必须满足以下条件。

① 液体属于牛顿型流体流动，即液体的黏度与流动的切变速度无关。

② 液体呈层流状态流动，没有湍流存在，液体流动速度不能太大。

③ 液体在毛细管壁上没有滑动。

④ 毛细管半径与长度的比值要足够小。当末端改正项 $r/l \ll 1$ 时，可以忽略。

（张军红编写）

基础实验二十四　电导法测定表面活性剂的临界胶束浓度

一、实验目的

1. 学习并掌握离子型表面活性剂临界胶束浓度(CMC)的电导测定方法。
2. 了解表面活性剂的性质、应用、特性及胶束形成原理。
3. 掌握电导法测定十二烷基硫酸钠的 CMC。
4. 掌握 DDS-11A 型电导率仪和恒温槽的使用方法。

二、实验原理

具有明显“两亲”性质的分子，既含有亲油的足够长的烃基，又含有亲水的极性基团。由这一类分子组成的物质称为表面活性剂，见图 3-24-1(a)。

表面活性剂为了使自己成为溶液中的稳定分子，有可能采取的两种途径：一是当它们以低浓度存在于某一体系中时，单体可被吸附在该体系的表面上，采取极性基团朝向水，非极性基团脱离水的排列方式，形成定向排列的单分子膜，从而使表面自由能明显降低，如图 3-24-1(b)所示；二是在表面活性剂溶液中，当溶液浓度增大到一定值时，表面活性剂单体不但在表面聚集而形成单分子层，而且在溶液本体内部也三三两两地以憎水基相互靠拢，聚在一起形成胶束或其他聚集体。其中胶束可以成球状、棒状或层状。形成胶束的最低浓度称为临界胶束浓度(Critical Micelle Concentration, CMC)，如图 3-24-1(c)所示。

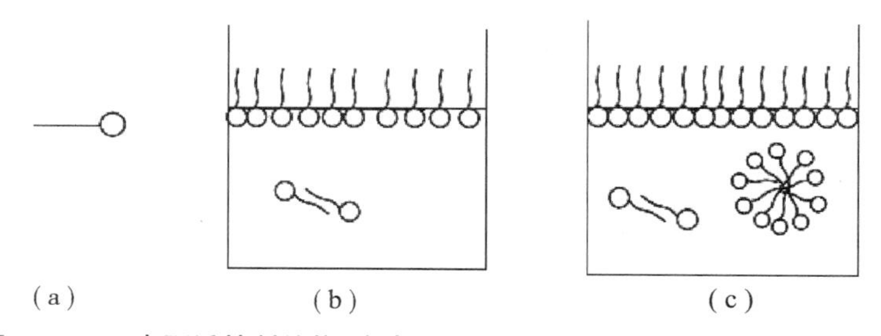

图 3-24-1　表面活性剂结构、在表面上定向排列及在水中形成胶束示意图

由于溶液的结构发生改变，表面活性剂溶液的许多物理化学性质（如表面张力、电导、渗透压、浊度、光学性质等）都会随着胶团的出现而发生突变，如图 3-24-2 所示。原则上，这些物理化学性质随浓度的变化都可以用于测定 CMC，常用的方法有表面张力法、电导法、染料法等。

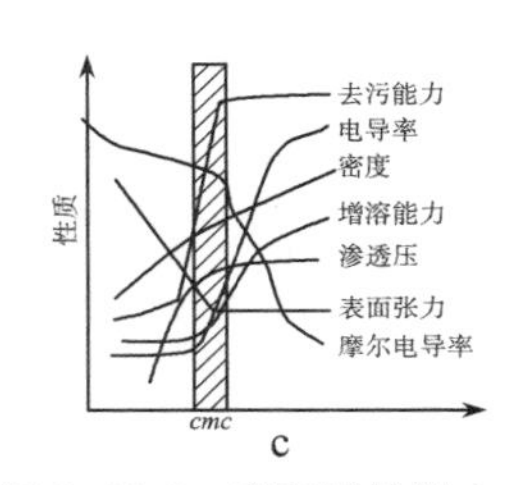

图 3-24-2　表面活性剂水溶液的性质与浓度的关系

本实验采用电导法来测定表面活性剂的 CMC 值。在溶液中对电导有贡献的主要是带长链烷基的表面活性剂离子和相应的反离子，而整个胶束的贡献则极为微小。从离子贡献的大小来考虑，反离子大于表面活性剂离子。对于浓度低于 CMC 的表面活性剂稀溶液，电导率的变化规律与强电解质一样，摩尔电导率 λ_m 与 c、电导率 κ 与 c 均呈线性关系。当溶液浓度达 CMC 时，随着溶液中表面活性剂浓度的增加，单体和反离子的浓度不再变化，增加的是胶束的个数。由于对电导贡献大的反离子部分固定于胶束的表面，它们对电导的贡献明显下降，电导率随溶液浓度增加的趋势将会变缓，这就是确定 CMC 的依据。

因此，利用离子型表面活性剂水溶液的电导率随浓度的变化关系，作 κ-c 曲线，由曲线的转折点求出 CMC 值。

三、仪器与试剂

电导率仪 1 台，恒温槽 1 台。

十二烷基硫酸钠（SDS）；0.0100 mol・dm^{-3} KCl 标准溶液；50 mL 容量瓶 1 个；25 mL容量瓶 11 个；50 mL 烧杯 1 个；移液管（1 mL 及 5 mL 各 1 支）。

四、实验步骤

1. 打开电导率仪开关，预热 15 min，用 KCl 标准溶液校正电极常数。

2. 调节恒温槽温度为 25℃。

3. 配置 0.1 mol・dm^{-3} 十二烷基硫酸钠溶液 50 mL，分别移取 0.25 mL、0.5 mL、1.0 mL、1.5 mL、2.0 mL、2.5 mL、3.0 mL、3.5 mL、4.0 mL、4.5 mL、5.0 mL 的 0.1 mol・dm^{-3}的十二烷基硫酸钠溶液，定容到 25 mL。配制成不同浓度的待测溶液。

4. 用 DDS-11A 型电导率仪从稀到浓分别测定上述各溶液的电导值。每测定一个样品的电导率后，水洗电导池和电极，后用待测液润洗电导池和电极 3 次以上，各溶液测定时必须恒温 10 min，每个溶液的电导率读 3 次，取平均值。

五、注意事项

1. 清洗电导电极时，两个铂片不能有机械摩擦，可用电导水淋洗，后将其竖直，用滤纸轻吸，将水吸净，并且不能使滤纸擦洗内部铂片。

2. 注意应按浓度由低到高的顺序测量样品的电导率值。

3. 电极在冲洗后必须擦干或用待测液润洗电极，电极在使用过程中其极片必须完全浸入所测的溶液中。

六、数据处理

1. 记录实验温度下不同溶液的电导率值，见表 3-24-1。

室温：________；大气压：________；实验温度：________。

表 3-24-1　样品浓度和测定结果记录

样品编号	移取体积	SDS 浓度	电导率			
			1	2	3	平均值
1						
2						
3						
……						

2. 作出电导率对浓度图，通过两条直线的交点得到表面活性剂的 CMC 值。

3. 查文献值，计算实验误差。

七、思考题

1. 若要知道所测得的临界胶束浓度是否准确，可用什么实验方法验证之？

2. 非离子型表面活性剂能否用电导方法测定临界胶束浓度？若不能，则可用何种方法测之？

3. 试说出电导法测定临界胶束浓度的原理。为什么胶束形成而导电效率下降？

4. 实验中影响临界胶束浓度的因素有哪些？

5. 改变恒温槽温度可以得到不同温度下表面活性剂的 CMC，通过不同温度下表面活性剂的 CMC 可以得到哪些热力学函数，怎样得到？

八、实验讨论

1. 十二烷基硫酸钠(sodium dodecyl sulphate, SDS)，分子式为 $C_{12}H_{25}SO_4Na$，是一种产量和用量都很大的阴离子型表面活性剂，有很好的乳化和起泡性能。

2. 影响表面活性剂的 CMC 的内在因素是表面活性剂的化学结构，温度、外加无机盐、有机添加剂或者另一种表面活性剂的加入等也会影响表面活性剂的 CMC，具体可以参考赵国玺的《表面活性剂物理化学》。

3. 表面活性剂的渗透、润湿、乳化、去污、分散、增溶和起泡作用等基本原理广泛应用于石油、煤炭、机械、化工、冶金、材料、轻工业及农业生产中，研究表面活性剂溶液的物理、化学性质(吸附)和内部性质(胶束形成)有着重要意义。CMC 越小，则表示这种表面活性剂形成胶束所需浓度越低，达到表面(界面)饱和吸附的浓度越低，因而改变表面性质起到润湿、乳化、增溶和起泡等作用所需的浓度越低。另外，该浓度又是表面活性剂溶液性质发生显著变化的一个"分水岭"。因此，表面活性剂的大量研究工作都与各种体系中的 CMC 测定有关。

4. 测定 CMC 的方法很多，常用的有表面张力法、电导法、染料法、增溶作用法、光散射法等。这些方法，原理上都是从溶液的物理化学性质随浓度变化关系出发求得的，其中表面张力法和电导法比较简便、准确。表面张力法除了可求得 CMC 之外，还可以求出表面吸附等温线。此外还有一优点，就是无论对于高表面活性还是低表面活性的表面活性剂，其 CMC 的测定都具有相似的灵敏度，此法不受无机盐的干扰，也适合非离子表面活性剂，电导法是经典方法，简便可靠。只限于离子性表面活性剂，此法对于有较高活性的表面活性剂准确性高，但过量无机盐的存在会降低测定灵敏度，因此配制溶液应该用电导水。

(刘杰编写)

第五章　结构化学部分

基础实验二十五　偶极矩的测定(溶液法)

一、实验目的

1. 掌握溶液法测定偶极矩的原理和方法。
2. 熟悉小电容仪、阿贝折射仪和比重瓶的使用。
3. 测定正丁醇的偶极矩,了解偶极矩与分子电性质的关系。

二、实验原理

(一) 偶极矩与极化度

偶极矩是用来描述分子中电荷分布情况的物理量。由于其空间构型的不同,分子中正、负电荷中心可以重合,也可以不重合;重合者称为非极性分子,后者称为极性分子。因此,分子极性的大小可用偶极矩 μ 来度量,其定义为:

$$\mu=qd \tag{3-25-1}$$

式中:q 为正、负电荷中心所带的电荷量;d 是正、负电荷中心间的距离。偶极矩的 SI 单位是库[仑]·米(C·m),而过去习惯使用的单位是德拜(D),1 D=3.336×10^{-30} C·m。

通过偶极矩的测定,可以了解分子中电子云的分布和分子的对称性,判断几何异构体和分子的立体结构等。

极性分子具有永久偶极矩,在不存在外电场时,由于分子热运动,偶极矩在空间各个方向的取向概率均等,偶极矩的统计平均值为零,即宏观上测不出其偶极矩。

当将极性分子置于均匀的外电场中,分子将沿电场方向转动,同时还会发生电子云对分子骨架的相对移动和分子骨架的变形,这称为极化。极化的程度用摩尔极化度 P 来度量,P 是转向极化度($P_{转向}$)、电子极化度($P_{电子}$)和原子极化度($P_{原子}$)之和:

$$P=P_{转向}+P_{电子}+P_{原子} \tag{3-25-2}$$

其中:

$$P_{转向}=\frac{4}{9}\pi N_A\frac{\mu^2}{KT} \tag{3-25-3}$$

式中:N_A 为阿伏伽德罗(Avogadro)常数;K 为玻耳兹曼(Boltzmann)常数;T 为热力学温度。

由于 $P_{原子}$ 在 P 中所占的比例很小,所以在不很精确的测量中可以忽略 $P_{原子}$,式(3-25-2)可写成:

$$P=P_{转向}+P_{电子} \tag{3-25-4}$$

极性分子的极化情况与电场的频率有关。在低频电场($\nu<10^{10}\ s^{-1}$)或静电场中可测

得 P；在 $\nu\approx10^{15}\,s^{-1}$ 的高频电场（紫外可见光）中，由于极性分子的转向和分子骨架变形跟不上电场的变化，因此 $P_{转向}=0$，$P_{原子}=0$，此时极性分子的摩尔极化度等于电子极化度 $P_{电子}$。这样由式(3-25-4)可求得 $P_{转向}$，再由式(3-25-3)计算偶极矩 μ。

（二）溶液法测定偶极矩

所谓溶液法就是将极性待测物溶于非极性溶剂中进行测定，然后外推到无限稀释。因为在无限稀释的溶液中，极性溶质分子所处的状态与它在气相时十分相近，此时分子的偶极矩可按式(3-25-5)计算。

$$\mu=0.0426\times10^{-30}\sqrt{(P_2^{\infty}-R_2^{\infty})T}\ (\mathrm{C\cdot m}) \tag{3-25-5}$$

式中：P_2^{∞} 和 R_2^{∞} 分别表示无限稀释时极性分子的摩尔极化度和摩尔折射度（习惯上用摩尔折射度表示折射法测定的 $P_{电子}$）；T 是热力学温度。

本实验是将正丁醇溶于非极性的环己烷中形成稀溶液，然后在低频电场中测量溶液的介电常数和溶液的密度求得 P_2^{∞}；在可见光下测定溶液的 R_2^{∞}，然后由式(3-25-5)计算正丁醇的偶极矩。

(1) 极化度的测定。

无限稀释时，溶质的摩尔极化度 P_2^{∞} 的公式为：

$$P=P_2^{\infty}=\lim_{x_2\to0}P_2=\frac{3\varepsilon_1\alpha}{(\varepsilon_1+2)^2}\cdot\frac{M_1}{\rho_1}+\frac{\varepsilon_1-1}{\varepsilon_1+2}\cdot\frac{M_2-\beta M_1}{\rho_1} \tag{3-25-6}$$

式中：ε_1、ρ_1、M_1 分别是溶剂的介电常数、密度和相对分子质量，其中密度的单位是 $\mathrm{g\cdot cm^{-3}}$；M_2 为溶质的相对分子质量；α 和 β 为常数，可通过稀溶液的近似公式求得。

$$\varepsilon_{溶}=\varepsilon_1(1+\alpha x_2) \tag{3-25-7}$$

$$\rho_{溶}=\rho_1(1+\beta x_2) \tag{3-25-8}$$

式中：$\varepsilon_{溶}$ 和 $\rho_{溶}$ 分别是溶液的介电常数和密度；x_2 是溶质的物质的量分数。

无限稀释时，溶质的摩尔折射度 R_2^{∞} 的公式为：

$$P_{电子}=R_2^{\infty}=\lim_{R_2\to0}=\frac{n_1^2-1}{n_1^2+2}\cdot\frac{M_2-\beta M_1}{\rho_1}+\frac{6n_1^2M_1\gamma}{(n_1^2+2)^2\rho_1} \tag{3-25-9}$$

式中：n_1 为溶剂的折射率；γ 为常数，可由稀溶液的近似公式求得：

$$n_{溶}=n_1(1+\gamma x_2) \tag{3-25-10}$$

式中：$n_{溶}$ 是溶液的折射率。

(2) 介电常数的测定。

介电常数 ε 可通过测量电容来求算，因为：

$$\varepsilon=C/C_0 \tag{3-25-11}$$

式中：C_0 为电容器在真空时的电容；C 为充满待测液时的电容。由于空气的电容非常接近于 C_0，故式(3-25-11)改写成。

$$\varepsilon=C/C_{空} \tag{3-25-12}$$

本实验利用电桥法测定电容。由于整个测试系统存在分布电容，所以实测的电容 C' 是样品电容 C 和分布电容 C_d 之和，即：

$$C'=C+C_d \tag{3-25-13}$$

显然，为了求 C 首先就要确定 C_d 值，方法是：先测定无样品时空气的电空 $C'_{空}$，则有：

$$C'_{空}=C_{空}+C_d \tag{3-25-14}$$

再测定已知介电常数($\varepsilon_{标}$)的标准物质的电容 $C'_{标}$，则有：

$$C'_{标}=C_{标}+C_d=\varepsilon_{标} C_{空}+C_d \quad (3\text{-}25\text{-}15)$$

由式(3-25-14)和(3-25-15)可得：

$$C_d=\frac{\varepsilon_{标} C'_{空}-C'_{标}}{\varepsilon_{标}-1} \quad (3\text{-}25\text{-}16)$$

将 C_d 代入式(3-25-13)和(3-25-14)即可求得 $C_{溶}$ 和 $C_{空}$。这样就可计算待测液的介电常数。

三、试剂和仪器

PGM-Ⅱ数字小电容测试仪 1 台；阿贝折射仪 1 台；超级恒温槽 2 台；电吹风 1 只；比重瓶(10 mL)1 只；10 mL、2 mL、1 mL 移液管各 1 只；滴瓶 5 只；滴管 1 只。

环己烷(分析纯)；正丁醇摩尔分数分别为 0.04，0.06，0.08，0.10 和 0.12 的 5 种正丁醇-环己烷溶液。

四、实验步骤

(一) 折射率的测定

在 25℃下，用阿贝折射仪分别测定环己烷和 5 份溶液的折射率。

(二) 密度的测定

在 25℃下，用比重瓶分别测定环己烷和 5 份溶液的密度。

(三) 电容的测定

(1) 将 PGM-Ⅱ精密小电容测试仪通电，预热 20 min。

(2) 将电容仪与电容池连接线先接一根(只接电容仪，不接电容池)，调节零电位器使数字表头指示为零。

(3) 将两根连接线都与电容池接好，此时数字表头上所示值即为 $C'_{空}$ 值。

(4) 用 1 mL 移液管移取 1.00 mL 环己烷加入电容池中，盖好，数字表头上所示值即为 $C'_{标}$。

(5) 将环己烷倒入回收瓶中，用冷风将样品室吹干后再测 $C'_{空}$ 值，与前面所测的 $C'_{空}$ 值之差应小于 0.02 pF，否则表明样品室有残液，应继续吹干，然后装入溶液，同样方法测定 5 份溶液的 $C'_{溶}$。

五、注意事项

1. 每次测定电容前要用冷风将电容池吹干，并重测 $C'_{空}$，与原来的 $C'_{空}$ 值相差应小于 0.02 pF。严禁用热风吹样品室。

2. 测 $C'_{溶}$ 时，操作应迅速，池盖要盖紧，防止样品挥发和吸收空气中极性较大的水汽。装样品的滴瓶也要随时盖严。

3. 电容池每次装入量严格相同，样品过多会腐蚀密封材料渗入恒温腔，实验无法正常进行。

4. 注意不要用力扭曲电容仪连接电容池的电缆线，以免损坏。

六、数据处理

1. 将所测数据列表。

2. 根据式(3-25-16)和(3-25-14)计算 C_d 和 $C_{空}$。其中,环己烷的介电常数与温度 t 的关系式为:

$$\varepsilon_{标}=2.023-0.0016(t-20)。$$

3. 根据式(3-25-13)和(3-25-12)计算 $C_{溶}$ 和 $\varepsilon_{溶}$。

4. 分别作 $\varepsilon_{溶}$-x_2 图、$\rho_{溶}$-x_2 图和 $n_{溶}$-x_2 图,由各图的斜率求 α,β,γ。

5. 根据式(3-25-6)和(3-25-9)分别计 P_2^∞ 和 R_2^∞。

6. 最后由式(3-25-5)求算正丁醇的 μ。

七、思考题

1. 偶极矩实验中做了哪些近似处理?

2. 偶极矩实验中准确测定溶质的摩尔极化度和摩尔折射度时,为何要外推到无限稀释?

3. 试分析偶极矩实验中误差的主要来源。

4. 温度变化对偶极矩测定有没有影响? 为什么?

5. 偶极矩实验中测定电容,为什么要事先测定已知介电常数的标准物质?

6. 在偶极矩的测定实验中,从分子结构的角度分析正丁醇为什么是极性分子?

八、实验讨论

1. 测定偶极矩的方法除通过介电常数来求以外,还有多种其他方法,如分子射线法、分子光谱法、温度法以及利用微波谱的斯塔克效应等;还可用不同的溶剂来测定体系的偶极矩,如苯和环己烷为溶剂测定氯苯的偶极矩、比较此两种溶剂的测定结果并分析之。

2. 从偶极矩的数据可以了解分子的对称性,判别其几何异构体和分子的主体结构等问题。

3. 偶极矩一般是通过测定介电常数、密度、折射率和浓度来求算的。对介电常数的测定除电桥法外,其他主要还有拍频法和谐振法等,对于气体和电导很小的液体以拍频法为好;有相当电导的液体用谐振法较为合适;对于有一定电导但不大的液体用电桥法较为理想。虽然电桥法不如拍频法和谐振法精确,但设备简单、价格便宜。

(厉晓蕾编写)

基础实验二十六　络合物磁化率的测定

一、实验目的

1. 掌握古埃(Gouy)法测定磁化率的原理和方法。

2. 测定 3 种络合物的磁化率,求算未成对电子。

3. 掌握特斯拉计的使用。

二、实验原理

磁化率的测定是研究物质结构的重要方法之一,用于某些有机物、络合物、稀土化合物、金属催化剂和自由基体系的研究,进而了解物质内部电子分布、化学键及电子结构相关的问题。

（一）物质的磁化与磁化率

凡是处于磁场中能够对磁场发生影响的物质都属于磁性物质。根据物质在外磁场中表现出的特性，物质可粗略地分为顺磁性物质、反磁性物质和铁磁性物质三类。

物质在外磁场中被磁化会产生附加磁场强度，其内部的磁感应强度为：

$$B=B_0+B'=\mu_0 H+B' \tag{3-26-1}$$

式中：B_0为外磁场的磁感应强度；B'为物质磁化产生的附加磁感应强度；H为外磁场强度；μ_0为真空磁导率，其数值等于 $4\pi\times10^{-7}$ N · A^{-2}。磁感应强度的SI单位是[特斯拉]（T），而过去习惯使用的单位是高斯（G），1 T＝10^4 G。

物质的磁化可用磁化强度I来描述，I也是矢量，它与外磁场强度H成正比：

$$I=\chi H \tag{3-26-2}$$

式中：χ为物质的体积磁化率（简称磁化率），是物质的一种宏观磁性质，其量纲为一。在化学中常用质量磁化率χ_m或摩尔磁化率χ_M表示物质的磁性质，它们的定义是：

$$\chi_m=\chi/\rho \tag{3-26-3}$$

$$\chi_M=M\chi/\rho \tag{3-26-4}$$

式中：ρ和M分别是物质的密度和摩尔质量，χ_m和χ_M的单位分别是 m^3 · g^{-1}和m^3 · mol^{-1}。

物质的磁性与组成它的原子、离子或分子的微观结构有关。在反磁性物质中，由于电子自旋已配对，故无永久磁矩；但由于内部电子的轨道运动，会在外磁场的作用下产生拉摩进动，从而感生出一个与外磁场方向相反的诱导磁矩，所以表示出反磁性。其χ_M就属于反磁化率$\chi_{反}$，且$\chi_M<0$。在顺磁性物质中，存在自旋未配对电子，所以具有永久磁矩。在外磁场中，永久磁矩顺着外磁场方向排列，产生顺磁性。顺磁性物质的摩尔磁化率χ_M是摩尔顺磁化率与摩尔反磁化率之和，即：

$$\chi_M=\chi_{顺}+\chi_{反} \tag{3-26-5}$$

通常$\chi_{顺}$比$\chi_{反}$大1～3个数量级，所以这类物质总表现出顺磁性，其$\chi_M>0$。

除反磁性物质和顺磁性物质之外，还有如铁、钴、镍及其合金等，磁化率特别大，而且附加磁场在外磁场消失后并不立即消失，这类物质称为铁磁性物质。

（二）分子磁矩与磁化率

顺磁化率与分子永久磁矩的关系服从居里定律。

$$\chi_{顺}=\frac{N_A\mu_m^2\mu_0}{3\kappa T} \tag{3-26-6}$$

式中：N_A为Avogadro常数；κ为Boltzmann常数；T为热力学温度；μ_m为分子永久磁矩。由此可得：

$$\chi_M=\frac{N_A\mu_m^2\mu_0}{3\kappa T}+\chi_{反} \tag{3-26-7}$$

由于$\chi_{反}$不随温度变化（或变化极小），所以只要测定不同温度下的χ_M对$1/T$作图，截距即为$\chi_{反}$，由斜率可求μ_m。由于$\chi_{反}$比$\chi_{顺}$小得多，所以在不很精确的测量中可忽略$\chi_{反}$，进行近似处理。

$$\chi_M=\chi_{顺}=\frac{N_A\mu_m^2\mu_0}{3\kappa T} \tag{3-26-8}$$

顺磁性物质的 μ_m 与未成对电子数 n 的关系为：

$$\mu_m=\mu_B\sqrt{n(n+2)} \tag{3-26-9}$$

式中：μ_B 是玻尔磁子。其物理意义是单个自由电子自旋所产生的磁矩：

$$\mu_B=\frac{eh}{4\pi m_e}=9.274\times10^{-24}\ \mathrm{J\cdot T^{-1}} \tag{3-26-10}$$

（三）磁化率与分子结构

式(3-26-6)将物质的宏观性质 χ_M 与微观性质 μ_m 联系起来。由实验测定物质的 χ_M，根据(3-26-8)式可求得 μ_m，进而根据式(3-26-9)计算未配对电子数 n。这些结果可用于研究原子或离子的电子结构，判断络合物分子的配键类型。

络合物分为电价络合物和共价络合物。电价络合物中心离子的电子结构不受配位体的影响，基本上保持自由离子的电子结构，靠静电库仑力与配位体结合，形成电价配键。这类络合物中含有较多的自旋平行电子，所以是高自旋配位化合物。共价络合物则以中心离子空的价电子轨道接受配位体的孤对电子，形成共价配键。这类络合物在形成时，往往发生电子重排，自旋平行的电子相对减少，所以是低自旋配位化合物。例如 Co^{3+}，其外层电子结构为 $3d^6$，在络离子 $(CoF_6)^{3-}$ 中，形成电价配键，电子排布为：

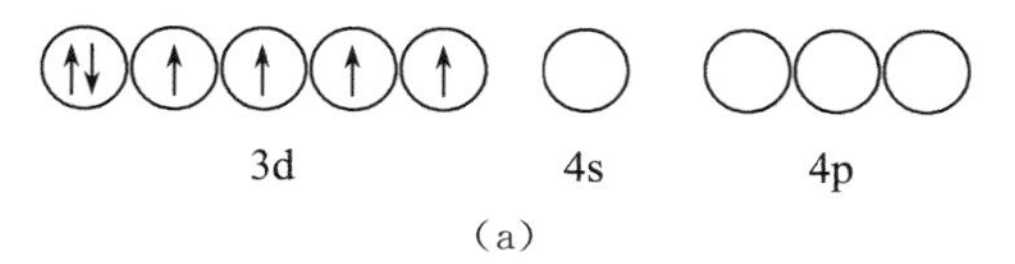

(a)

此时，未配对电子数 $n=4$，$\mu_m=4.9\mu_B$。

Co^{3+} 以上面的结构与 6 个 F^- 以静电力相吸引形成电价络合物。而在 $[Co(CN)_6]^{3-}$ 中则形成共价配键，其电子排布为：

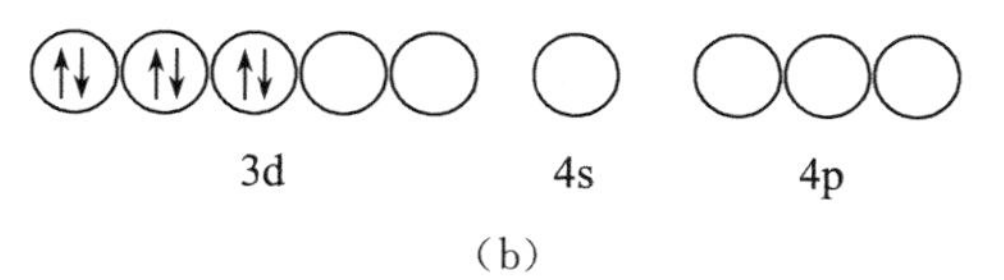

(b)

此时，$n=0$，$\mu_m=0$。Co^{3+} 将 6 个电子集中在 3 个 $3d$ 轨道上，6 个 CN^- 的孤对电子进入 Co^{3+} 的 6 个空轨道，形成共价络合物。

（四）古埃法测定磁化率

古埃磁天平如图 3-26-1 所示。天平的一个臂上悬挂一样品管，管底部处于磁场强度最大的区域(H)，管顶端则位于场强最弱(甚至为零)的区域(H_0)。整个样品管处于不均匀磁场中。设圆柱形样品的截面积为 A，沿样品管长度方向上 dz 长度的体积 Adz 在非均匀磁场中受到的作用力 dF 为：

$$\mathrm{d}F=\chi\mu_0AH\frac{\mathrm{d}H}{\mathrm{d}z}\mathrm{d}z \tag{3-26-11}$$

式中：K 为体积磁化率；H 为磁场强度；$\mathrm{d}H/\mathrm{d}z$ 为场强梯度，积分式(3-26-11)得：

$$F=\frac{1}{2}(\chi-\chi_0)\mu_0(H^2-H_0^2)A \tag{3-26-12}$$

式中：χ_0 为样品周围介质的体积磁化率（通常是空气，χ_0 值很小）。假设 χ_0 可以忽略，且 $H_0=0$ 时，整个样品受到的力为：

$$F=\frac{1}{2}\chi\mu_0 H^2 A \tag{3-26-13}$$

在非均匀磁场中，顺磁性物质受力向下所以增重；而反磁性物质受力向上所以减重。设天平在施加磁场前后的称量差为 Δm，则：

$$F=\frac{1}{2}\chi\mu_0 H^2 A=g\Delta m \tag{3-26-14}$$

将 $\chi=\frac{\chi_M\rho}{M}$，$\rho=\frac{W}{hA}$ 代入式(3-26-13)得：

$$\chi_M=\frac{2(\Delta m_{空管+样品}-\Delta m_{空管})ghM}{\mu_0 m H^2} \tag{3-26-15}$$

式中：$\Delta m_{空管+样品}$ 为样品管加样品后在施加磁场前后的称量差(g)；$\Delta m_{空管}$ 为空样品管在施加磁场前后的称量差(g)；g 为重力加速度(9.80 m·s^{-2})；h 为样品高度(m)；M 为样品的摩尔质量(g·mol^{-1})；m 为样品的质量(g)；H 为磁极中心磁场强度(T)。

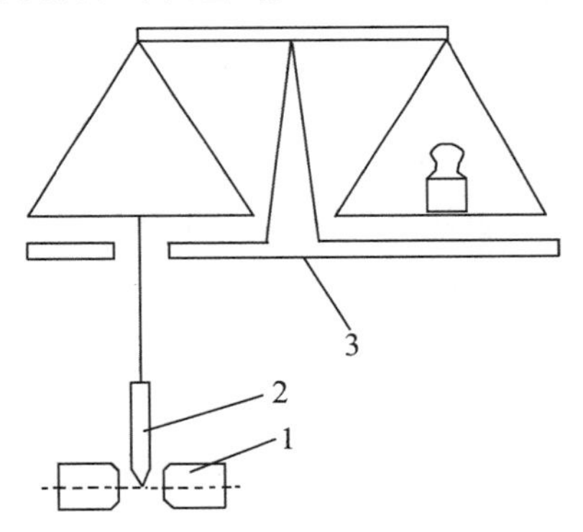

1. 磁铁；2. 样品管；3. 天平

图 3-26-1　古埃磁天平示意图

在精确的测量中，通常用莫尔氏盐来标定磁场强度，它的质量磁化率与热力学温度之间的关系为：

$$x_m=\frac{9500}{T+1}\times4\pi\times10^{-9}(\mathrm{m^3\cdot kg^{-1}}) \tag{3-26-16}$$

磁化率的单位是 SI 制。

三、仪器与试剂

古埃磁天平（包括电磁铁、电子天平、励磁电源）1 套；特斯拉计 1 台；软质玻璃样品管 4 只；样品管架 1 个；直尺 1 把；角匙 4 只；广口试剂瓶 4 只；小漏斗 4 只。

莫尔氏盐 $(NH_4)_2SO_4\cdot FeSO_4\cdot 6H_2O$（分析纯）；$FeSO_4\cdot 7H_2O$（分析纯）；$K_4Fe(CN)_6$（分析纯）；$CuSO_4\cdot 5H_2O$（分析纯）。

四、实验步骤

（一）用莫尔氏盐标定磁极中心磁场强度

(1) 取一干燥清洁的空样品管悬挂在天平挂钩上，样品管应与磁极中心线平齐，注意样品管不要与磁极相触。准确称量空管的质量 $m_{空管}(H=0)$，重复称量3次取其平均值。接通励磁电源调节电流（4.0～5.5 A）使磁场强度为300 T，不要太大否则吸附严重，记录加磁场后空管的称量值 $m_{空管}(H=H)$，重复3次取其平均值。

（2）取下样品管，将莫尔氏盐通过漏斗装入样品管，边装边在橡皮垫上碰击，使样品均匀填实，直至装满，继续碰击至样品高度不变为止，用直尺测量样品高度 h。用与（1）中相同步骤称量 $m_{空管+样品}(H=0)$ 和 $m_{空管+样品}(H=H)$，测量完毕将莫尔氏盐倒入试剂瓶中。

（二）测定未知样品的摩尔磁化率 χ_M

同法分别测定 $FeSO_4 \cdot 7H_2O$，$K_4Fe(CN)_6$ 和 $CuSO_4 \cdot 5H_2O$ 的 $m_{空管}(H=0)$、$m_{空管}(H=H)$、$m_{空管+样品}(H=0)$ 和 $m_{空管+样品}(H=H)$。

五、注意事项

1. 所测样品应研细。

2. 样品管一定要干净。$\Delta m_{空管}=m_{空管}(H=H)-m_{空管}(H=0)>0$ 时表明样品管不干净，应更换。

3. 装样时不要一次加满，应分次加入，边加边碰击填实后，再加再填实，尽量使样品紧密均匀。

4. 挂样品管的悬线不要与任何物体接触。

5. 加外磁场后，应检查样品管是否与磁极相碰。

6. 实验过程中身体不要和磁天平接触，手机关机。

7. 样品管长期放置在磁场中会被磁化，因此实验时不易重复次数过多，并应注意消磁。

六、数据处理

1. 将所测数据列表。

2. 根据实验数据和式（3-26-15）计算外加磁场强度 H。

3. 计算3个样品的摩尔磁化率 χ_M、永久磁矩 μ_m 和未配对电子数 n。

4. 根据 μ_m 和 n 讨论络合物中心离子最外层电子结构和配键类型。

5. 根据式（3-26-14）计算测量 $FeSO_4 \cdot 7H_2O$ 的摩尔磁化率的最大相对误差，并指出哪一种直接测量对结果的影响最大？

七、思考题

1. 本实验在测定 χ_M 时做了哪些近似处理？

2. 为什么要用莫尔氏盐来标定磁场强度？

3. 样品的填充高度和密度对测量结果有何影响？

4. 在磁化率的测定实验中，如果测量出的 $\Delta m>0$ 说明什么问题？怎样处理？

5. 在磁化率的测定实验中为什么要将试管中的样品均匀填实，不留空隙？

八、实验讨论

1. 大多数磁化率的测定实验都是测定固体物质，液体磁化率的测定实验很少，这对于磁化率的理解有一定的缺陷。因此，可以利用磁天平以水为标准样，测定有机化合物的磁化率,如系列饱和脂肪醇等。

2. 有机化合物绝大多数分子都是由反平行自旋电子对而形成的价键,因此其总自旋矩等于零,是反磁性的。巴斯卡(Pascol)分析了大量有机化合物的摩尔磁化率的数据,总结得到分子的摩尔反磁化率具有加和性,并得出亚甲基的磁化率 $\chi=-0.0667\times10^{-5}(m^3\cdot g^{-1})$。根据该结果,可以根据有机化合物的加和性估算其他同系物的磁化率。

3. 通过磁化率的测量还可以得到一系列其他的信息。例如测定物质磁化率对温度和磁场强度的依赖性可以判断是顺磁性、反磁性或铁磁性的定性结果。对合金磁化率的测定可以得到合金的组成,也可研究生物体系中血液的成分等等。

(厉晓蕾编写)

参考文献

1. 姚光伟,平宇. 物理化学实验[M]. 北京:中国农业出版社,2003.
2. 南京大学. 物理化学[M]. 5 版. 北京:高等教育出版社,2007.
3. 东北师范大学等校,物理化学实验[M]. 2 版. 北京:高等教育出版社,1989.
4. 武汉大学. 物理化学实验[M]. 武汉:武汉大学出版社,2004.
5. 孙尔康,徐维清,邱金恒. 物理化学实验[M]. 南京:南京大学出版社,1998.
6. 山东大学等校. 物理化学实验[M]. 北京:化学工业出版社,2016.
7. 张洪林,杜敏,魏西莲,等. 物理化学实验[M]. 青岛:中国海洋大学出版社,2012.
8. 罗澄明,向明礼. 物理化学实验[M]. 4 版. 北京:高等教育出版社,2004.
9. 北京大学等校. 物理化学实验[M]. 4 版 . 北京:北京大学出版社,2002.
10. 四川大学. 物理化学实验[M]. 北京:高等教育出版社,2004.
11. 南京大学. 物理化学[M]. 5 版. 北京:高等教育出版社,2006.
12. 复旦大学,等. 物理化学实验(上册)[M]. 北京:人民教育出版社,1979.
13. 段世铎,谭逸玲. 界面化学[M]. 北京:高等教育出版社,1990.
14. 广西师范大学等五校合编. 物理化学实验[M]. 桂林:广西师范大学出版社。
15. 顾月姝. 物理化学实验[M]. 北京:化学工业出版社,2004.
16. F. Daniele et al. Experimental Physical Chemistry. New York: Mcgraw-Hill Book Company, New York, 1982.
17. 华东化工学院. 分析化学[M]. 北京:高等教育出版社,1989.

拓展实验

拓展实验一　无机盐稀溶液饱和蒸汽压的测定

一、实验要求

1. 测定不同温度下氯化钠溶液的饱和蒸汽压数据，采用 Antonie 方程进行关联，得出模型参数。

2. 测定体系：$NaCl-H_2O$（15％、20％、25％）质量分数。

二、实验原理

本实验是采用动态沸点法，当液体的蒸汽压与外界压力相等时，液体就会沸腾。沸腾时的温度就是液体的沸点，对应的外界压力就是液体的蒸汽压。在不同的外压下，测定液体的沸点，从而得到液体在不同温度下的饱和蒸汽压。动态法的测压范围多为常压以下，适用于高沸点液体蒸汽压的测定。实验系统简单，安装方便，测量简单迅速。实验时，先将体系抽气至一定的真空度，测定此压力下液体的沸点，然后逐次往系统放入空气，增加外界压力，并测定相应的沸点。

Antoine 方程是最基础的蒸汽压关联方程。其适用范围在 3 k～200 kPa，超出此范围所得的压力值一般偏低。

对于混合物而言，Antoine 方程的具体形式如下：

$$\lg p = \sum_{i=0}^{n} [A_i + \{100B_i/(T-C)\}](100w)^i \qquad (t3\text{-}1\text{-}1)$$

式中：p 为溶液的饱和蒸汽压，单位 kPa；T 为温度，单位 K；w 为溶质 NaCl 的质量分数；A_i、B_i 分别为方程（t3-1-1）中的参数，利用溶液的蒸汽压数据回归得到。已知：当溶剂为水时，$C=43.15$。关联数据时要求 $n=3$。

三、仪器与试剂

动态沸点法测定水溶液饱和蒸汽压装置 1 套，如图 t3-1-1 所示（该装置具有快速、准确等优点，包括 500 mL 两口烧瓶、恒温槽（油浴）、强磁力搅拌器、冷凝器、低温浴槽（水-乙醇冷却液）、隔膜真空泵、低真空压力计、精密数字温度计、气压表等）。

NaCl（99.5％）；真空酯；去离子水。

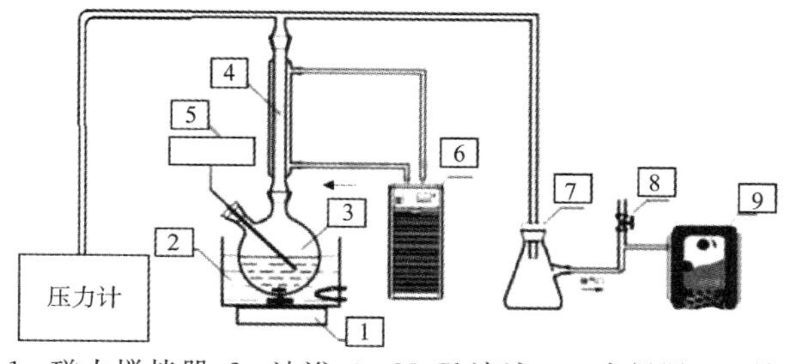

1. 磁力搅拌器；2. 油浴；3. NaCl 溶液；4. 冷凝器；5. 精密温度计；6. 低温浴槽；7. 缓冲瓶；8. 三通活塞；9. 真空泵

图 t3-1-1　实验装置图

四、实验方案

1. 将待测溶液质量分数为15%的 NaCl 水溶液约 250 mL 放入两口烧瓶中，安装好测定装置，玻璃管连接处涂上真空酯，以确保密封性。

2. 开启低温浴槽，在冷凝器中通入−3℃的冷却水-乙醇混合溶液(低温浴槽控制水温)。

3. 开启磁力搅拌器[1]。

4. 开启真空泵，调节真空调节阀器使系统稳定于某一较高真空度(如绝压 3 kPa)。

5. 开启恒温槽加热，将恒温加热槽设定到一定温度，开始加热。

6. 观察烧瓶中的溶液，当溶液沸腾时，温度读数不变，记下此时压力数据采集器、温度数据采集器的读数。

7. 调节真空调节阀，使系统稳定于另一较低真空度，继续实验步骤(5)和(6)，直到实验结束。

8. 结束实验，对实验后的装置和试剂进行处理。

五、注意事项

1. 配制 NaCl 溶液时不一定要求等于质量分数为15%，因为在测定过程中由于回流会有一定量的水残留在冷凝管壁上，使溶液质量分数有一定误差。

2. 由于加热时平衡管内的盐溶液升温速率跟不上仪器的升温速率，实际上温度有一定的延迟，因此需要在实验后进行温度校正。

3. 仪器在负压下进行操作，注意抽真空时不可将平衡管内的液体喷出。

六、数据处理

实验数据以表 *t*3-1-1 形式列出。

实验日期：　　　　实验人：　　　　测定体系：

表 *t*3-1-1　实验结果记录

温度/℃	压力/kPa
20	
25	
30	
35	
40	
45	
50	
55	
60	
65	
70	
75	

用 Antonie 方程拟合饱和蒸汽压数据，当溶剂为水时，$C=43.15$。关联数据时要求 $n=3$。

(曾涞源编写)

拓展实验二　单组分体系相图的测定

一、实验要求

1. 加深对单组分体系相图的认识。

2. 掌握单组分体系状态变化的规律，学会用加热法测定单组分体系碘相图的测定。

二、实验原理

相(phase)：体系内部物理和化学性质完全均匀的部分称为相。相与相之间在指定条件下有明显的界面，在界面上宏观性质的改变是飞跃式(突变)的。体系中相的总数称为相数，用 Φ 表示。

气体：不论多少种气体混合，通常只有一个气相。

液体：按其互溶程度可以一相、两相或三相共存。

固体：一般有一种固体便有一个相。两种固体粉末无论混合得多么均匀，仍是两个相(固体溶液除外，它是单相)。

相点：表示某个相状态(如相态、组成、温度等)的点称为相点。

物系点：相图中表示体系总状态的点称为物系点。在温度-组成(T-x)图上，物系点可以沿着与温度坐标平行的垂线上、下移动；在水盐体系图上，随着含水量的变化，物系点可沿着与组成坐标平行的直线左右移动。

单相区：物系点与相点重合；两相区中，只有物系点，它对应的两个相的组成由对应的相点表示。

单组分体系仅有单一组分。根据相律，单组分体系的相数与自由度：物种数 $C=1$，$f+\Phi=3$。

当 $\Phi=1$ 单相　　$f=2$　双变量体系

当 $\Phi=2$ 两相平衡　$f=1$　单变量体系

当 $\Phi=3$ 三相共存　$f=0$　无变量体系，温度和压力都不能任意改变，此点称为三相点

单组分体系的自由度最多为 2，双变量体系的相图可用平面图表示(如碘的相图 t3-2-1)。

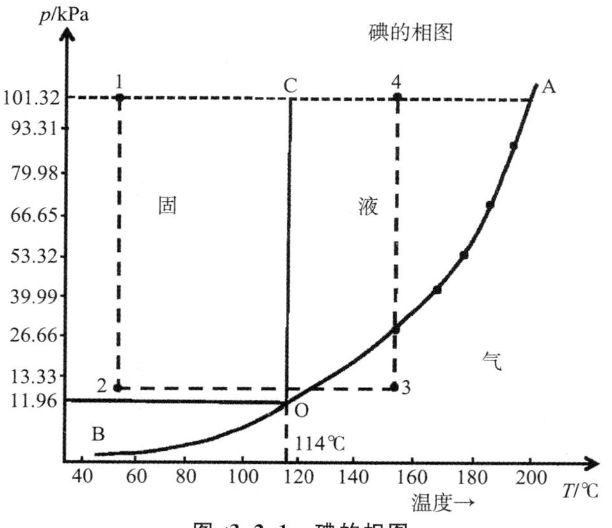

图 t3-2-1　碘的相图

图上有气、液、固三个单相区。在单相区内，$\Phi=1$，$f=2$，温度和压力独立的、有限度的变化不会引起相的改变。三条两相平衡线。在两相平衡线上，$\Phi=2$，$f=1$，压力与温度只能改变一个，指定了压力，则温度由体系自身确定。

OA 是气-液两相平衡线，即水的蒸汽压曲线。临界点：$T=535$℃，高于临界温度，不能用加压的方法使气体液化。

OB 是气-固两相平衡线，即碘的升华曲线，理论上可延长至 0℃附近。

OC 是液-固两相平衡线。

O 点是三相点，气-液-固三相共存，$\Phi=3$，$f=0$。三相点的温度和压力皆由体系自定。碘的三相点温度为 114.45℃，压力为 11.96 kPa，临界温度为 535℃，固体密度为 4.93 g·cm^{-3}，液体密度为 4.00 g·cm^{-3}。

本实验利用加热的方法测定不同温度和压力下的碘的相图。

三、仪器与试剂

仪器装置 1 套(见图 *t*3-2-2，包括低真空压力计、三通管、三通活塞、可调温的加热电炉)。

400 mL 烧杯；长颈玻璃球(约 25 mL)；真空泵；液状石蜡；碘。

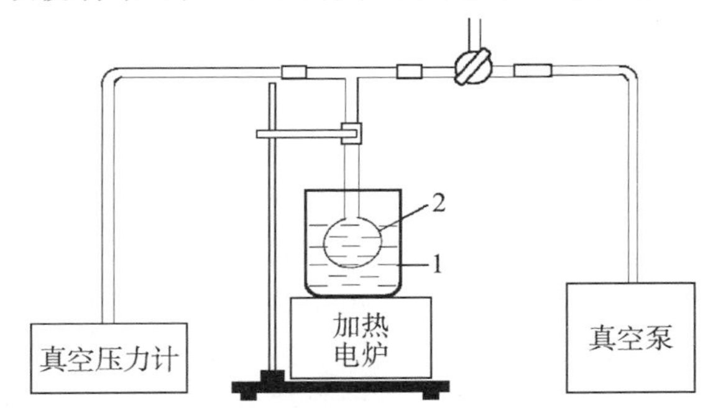

1. 液状石蜡；2. 玻璃球

图 *t*3-2-2　实验装置图

四、实验方案

1. 按图 *t*3-2-2 装置好仪器。将少量碘装入玻璃球，并浸入装有石蜡的烧杯内。

2. 用电炉慢慢加热。碘在 1 个大气压下 45℃时为固态(图 *t*3-2-1 中状态 1)。

3. 用真空泵将小玻璃球中的压力减至 13 kPa 左右(因为碘的三相点压力约为 12 kPa)。此时碘仍为固态(图 *t*3-2-1 中状态 2)。

4. 在此低压下，将固态碘加热到 130℃以上，则碘逐渐变成气态(图 *t*3-2-1 中状态 3)。如果升温很快，只有少量碘变成气态。这时突然转换三通活塞，使玻璃球与大气相通，则玻璃球中的碘立刻变成液态(图 *t*3-2-1 中状态 4)。

5. 将液态碘冷却后则又变成固态，恢复到状态 1。

6. 重复以上操作，分别将体系抽真空到不同压力，然后加热到不同温度，记录压力和温度，绘出碘的相图。

五、注意事项

1. 使用真空泵操作时注意不要剧烈抽真空，防止玻璃球内压力降低得太快，碘被抽出。

2. 用加热炉加热时可以快、慢结合，以观察碘的状态变化。

3. 可以反复进行实验操作，直到绘出完整的碘的相图。

六、数据处理

根据实验过程记录的压力和温度，做 OA 气-液两相平衡线（即水的蒸汽压曲线）、OB 气-固两相平衡线（即碘的升华曲线）和 OC 液-固两相平衡线。

标出点是三相点，气-液—固三相共存点。

七、思考题

1. 将少量碘加入试管加热时，试管里升起紫色碘的蒸气，同时在管壁上出现碘的晶体，管底出现液态碘。试用相图说明为什么在试管上方碘蒸气不经液态即变成固相。

2. 为什么开始加热时只发现碘蒸气，随后又很快出现了液态碘？

（李钧编写）

拓展实验三　液体比热容的测定

一、实验要求

1. 学会用相对法测定液体的比热容。

2. 进一步了解不同类型量热计（包括恒环境温度型量热计、绝热型量热计）的使用方法。

二、实验原理

对没有相变化和化学变化且不做非体积功的均相封闭系统，体系升高单位热力学温度时所吸收的热称为热容，用符号 C 表示，单位是 $J \cdot K^{-1}$。系统的热容值随物质种类、状态、质量的变化而变化，也随系统变温范围的变化而变化，是系统温度的函数。由某一温度变化范围内测得的热交换值计算出的热容值，是一个平均值，称为平均热容。单位质量物质的热容称为比热容，单位是 $J \cdot K^{-1} \cdot kg^{-1}$。

用实验的方法测定液体比热容，就需要测定液体在温度上升一定数值时所吸收的热量。可以用保温杯作为量热计，内装一定电阻的电热器，向其中加入已知热容的液体，通电一段时间，电热器释放出一定的热量，液体和保温杯的温度都会上升。

向保温杯中加入待测液体加热，分析保温杯和待测液体吸收热量和温度上升之间的关系，即可计算待测液体的热容，再根据待测液体的质量计算液体的比热容，具体分析如下。

本实验用到的是绝热型量热计，电热器的电阻为 R，加在电热器两端的电压为 U，通电时间为 t，则电热器放出的热量为：

$$Q=\frac{U^2}{R}t \qquad (t3\text{-}3\text{-}1)$$

如果在实验中保持电压和电阻数值不变，则：

$$Q=kt, k=\frac{U^2}{R} \qquad (t3\text{-}3\text{-}2)$$

当量热计中加入一定量的液体 A，加热后系统的温度升高为 ΔT_A，根据系统的变化情况可写出如下关系式。

$$kt_A=C_A\Delta T_A+C_{计}\ \Delta T_A$$

式中：C_A为量热计中液体A的热容，$J \cdot K^{-1}$；$C_{计}$为量热计热容；ΔT_A为系统温度变化；t为通电时间。

当量热计中加入另一种液体B，但保持电压和电阻不变，可写出另一式子。

$$kt_B = C_B \Delta T_B + C_{计} \Delta T_B$$

当A和B的热容已知，需要测定未知液体的热容时，将未知液体加入量热计中用同样的方法进行实验，则待测液体的热容可表示为：

$$C_x = \frac{C_A - C_B}{\frac{t_A}{\Delta T_A} - \frac{t_B}{\Delta T_B}} \times \left(\frac{t_x}{\Delta T_x} - \frac{t_A}{\Delta T_A}\right) + C_A \qquad (t3\text{-}3\text{-}3)$$

通过上述实验测定的物理量为热容，比热容与热容的关系为：

$$C_x = m_x c_x \qquad (t3\text{-}3\text{-}4)$$

采用本实验的方法测定液体的比热容时，需要测定温度变化，不必测定电功和量热计的热容。只要在测定过程中保持电热器的电压、电阻及量热计热容不变，所用参考液体的比热容准确可靠，则实验结果是比较好的。所选两种参考物的比热容的差别应较为明显，以减小计算误差。通常可选水-甲苯、水-乙醇或水-庚烷。

三、仪器与试剂

绝热式量热计1套；杜瓦瓶1个。

水-甲苯；15% KNO_3溶液。

四、实验方案

1. 用量筒量取190 mL甲苯，在台秤上称量，将甲苯倒入杜瓦瓶后再称量量筒质量，计算加入至杜瓦瓶的甲苯的质量。

2. 安装仪器，连好线路，调整加热器的电压，记录加热时间t_A和系统温度升高值ΔT_A，将试剂换作水，做同样的实验，记录加热时间t_B和系统温度升高值ΔT_B；然后再将试剂换为15% KNO_3溶液，做同样的实验，记录加热时间t_x和系统温度升高值ΔT_x。

五、注意事项

1. 实验过程中，保持加热电压不变。

2. 整个测定过程中，尽可能保持绝热，减少热损失。

六、数据处理

1. 将实验所得数据列表进行整理。

2. 根据$C_x = \frac{C_A - C_B}{\frac{t_A}{\Delta T_A} - \frac{t_B}{\Delta T_B}} \times \left(\frac{t_x}{\Delta T_x} - \frac{t_A}{\Delta T_A}\right) + C_A$计算待测液体热容。

七、思考题

本实验的方法测定液体比热容有何优缺点。

（刘彩华编写）

拓展实验四　液体燃烧热的测定

一、实验要求

1. 进一步熟悉和掌握氧弹式量热计的使用。
2. 用氧弹式量热计测定乙醇和植物油的燃烧热。
3. 了解使用氧弹式量热计测定固体和液体燃烧热方法的区别和联系。

二、实验原理

燃烧热：1 mol 物质完全燃烧时所放出的热量。恒容条件下测定的燃烧热等于恒容燃烧热 Q_V，$Q_V=\Delta U$；恒压条件下测定的燃烧热等于恒压燃烧热 Q_p，$Q_p=\Delta H$，而且：

$$Q_p=Q_V+\Delta nRT \tag{t3-4-1}$$

式中：Δn 为反应前后生成物与反应物中气体的摩尔数之差；R 为摩尔气体常数；T 为反应温度(K)。

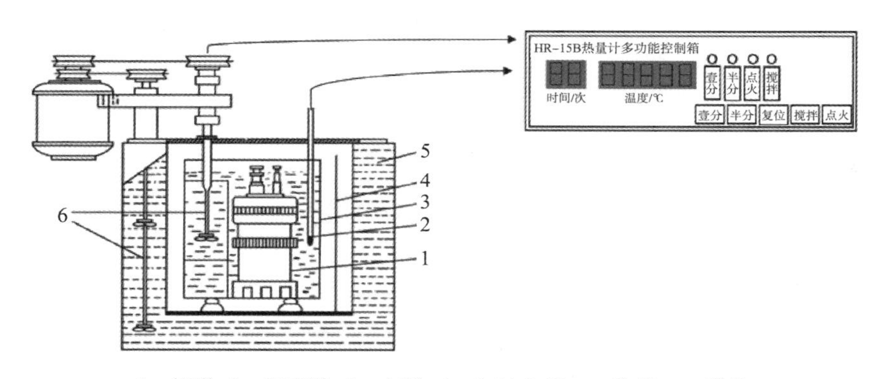

1. 氧弹；2. 温度计；3. 内桶；4. 空气夹层；5. 外桶；6. 搅拌

图 t3-4-1　环境恒温式氧弹量热计装置

本实验依然采用环境恒温式氧弹量热计测定乙醇和植物油的燃烧热，如基础实验图 3-7-1 所示。氧弹是一具特制的、导热性能良好的不锈钢容器。为保证样品在其中迅速地完全燃烧，必须向氧弹中充入足量的氧气，同时保证样品被氧气紧密包裹。实验时，将一定量的液体样品灌注到易燃烧的医用胶囊中，将其完全燃烧。根据能量守恒定律，样品燃烧放出的热量能够把周围的水和热量计相关的附件加热，引起温度的升高。通过测量体系在燃烧前后温度的变化值，通过公式(t3-4-2)可获得燃烧所放出的总热量。

$$Q=-K(T_{终}-T_{始}) \tag{t3-4-2}$$

式中：K 为样品燃烧放热使水和仪器相关附件每升高 1℃ 所需要的热量，称为水当量($J\cdot K^{-1}$)。

量热计水当量 K 的具体数值依然通过标准物质苯甲酸标定法获得。在保持水量不变的情况下，测定燃烧前后的温度。由于氧弹式量热计不可能是严格绝热的，在燃烧后升温阶段，系统和环境难免要发生热交换，因而温度计读到的温度差并非真实温差，应作雷诺校正。具体的矫正方法见基础实验七讨论部分(3)，此处不再赘述。

三、仪器与试剂

SHR-15 环境恒温式量热计 1 套；氧气钢瓶 1 只；充气机 1 台；压片机 1 台；1 L 容量瓶 1 个；氧弹头架 1 个；分析天平 1 台；医用胶囊若干；燃烧丝；棉线。

苯甲酸(A. R)；乙醇(A. R)；植物油。

四、实验方案

(一) 水当量的测定

(参考基础实验七部分。)

(二) 医用胶囊燃烧热的测定

(1) 将量热计及其全部附件清理干净，记录外桶水温 $T_{环}$。

(2) 将 10(或 20)个医用胶囊套在一起，准确称取重量；然后用一定长度的燃烧丝固定在氧弹的两根电极上，再拧紧氧弹盖，并向氧弹中充入足量氧气。

(3) 用容量瓶准确量取已被调好的低于外桶水温 1～2℃的蒸馏水 3000 mL，置于内桶中；再将充好氧气的氧弹置于内桶中，接好电极线，并将热电偶插入内桶中。然后按照基础实验七中的相应步骤测定并记录样品燃烧前后的温度。

(三) 乙醇燃烧热的测定

(1) 将量热计及其全部附件清理干净，记录外桶水温 $T_{环}$。

(2) 取一个医用胶囊，准确称取其重量。

(3) 打开医用胶囊，用胶头滴管吸取乙醇分别快速滴入胶囊的两截，使液体和两截的外缘平行，然后使胶囊两截接触，快速挤压排除多余的乙醇，让乙醇充满胶囊，最后扣紧两截，轻触擦干胶囊外壳，再准确称取其总重量。

(4) 取一根一定长度的燃烧丝，把燃烧丝的两端固定在氧弹的两根电极上，中间制成螺旋状，并把灌注了乙醇的医用胶囊置于螺旋的内部。

(5) 如 1 方法装入氧弹充氧并测量样品燃烧前后的温度。

(四) 植物油燃烧热的测定

取一定量的植物油，重复 3 的步骤即可。

五、注意事项

液体燃烧热与固体燃烧热的测定步骤相同，但测定不易挥发性液体的燃烧热时，可以经样品直接称量，放入燃烧的坩埚内即可，但必须保证坩埚干净。

六、数据处理

1. 原始数据记录见表 *t*3-4-1。

表 *t*3-4-1 不同样品称量记录

助剂\样品	苯甲酸	医用胶囊	乙醇	植物油
燃烧样品重量/g				
燃烧丝重量/g				
燃烧棉线重量/g				
胶囊重量/g				

实验数据记录表见表 $t3$-4-2。

表 $t3$-4-2 测量结果记录

反应前期		反应期		反应后期	
时间	温度	时间	温度	时间	温度

2. 由实验数据分别求出苯甲酸、医用胶囊、乙醇、植物油燃烧前后的 $T_{始}$ 和 $T_{终}$。

3. 由苯甲酸数据求出水当量 K。

$$Q_{总热量}=Q_{苯甲酸}\cdot(W/M)+Q_{燃丝}\cdot W_{燃丝}+Q_{棉线}\cdot W_{棉线}=K\cdot(T_{终}-T_{始}) \quad (t3\text{-}4\text{-}3)$$

式中：25℃ 时，苯甲酸 $Q_p=-3228.0\ \mathrm{kJ\cdot mol^{-1}}$，$Q_{镍铬丝}=-1400.8\ \mathrm{J\cdot g^{-1}}$；$Q_{棉线}=-17479\ \mathrm{J\cdot g^{-1}}$

4. 求出医用胶囊的燃烧热 Q_v。

$$Q_{总热量}=Q_{胶囊}\cdot W_{胶囊}+Q_{燃丝}\cdot W_{燃丝}=K\cdot(T_{终}-T_{始}) \quad (t3\text{-}4\text{-}4)$$

5. 求出乙醇和植物油的燃烧热。

$$Q_{总热量}=Q_{v液体}\cdot W_{液体}+Q_{胶囊}\cdot W_{胶囊}+Q_{燃丝}\cdot W_{燃丝}=K\cdot(T_{终}-T_{始}) \quad (t3\text{-}4\text{-}5)$$

6. 将所测乙醇的燃烧热值与文献值比较，求出误差，分析误差产生的原因。

七、思考题

1. 液体样品乙醇和植物油性质有何不同？操作时要注意什么？
2. 氧弹中放置液体的方法有哪几种，哪种最好？
3. 用氧弹式量热计测定燃烧热时，固体样品和液体样品有何不同？
4. 使用医用胶囊盛放液体样品时，要注意哪些问题？
5. 测量医用胶囊的燃烧热时，要注意哪些问题？

（李静编写）

拓展实验五 固/固/液三元混合体系相图的绘制

一、实验要求

1. 应用湿固相法绘制二固体和一液体的水盐三组分体系的相图。
2. 掌握湿固相法的操作过程。

二、实验原理

在两固体和一液体水盐体系的三元相图中，两固体在水中的溶解度不同，体系达到平衡时，带有饱和溶液的固相的组成点，应该处于饱和溶液的组成点和纯固相的组成点的连线上，故可采用湿固相法分析确定固相组成。湿固相法是在一定温度下，配制一系列饱和溶液，过滤后分别分析溶液和固相的组成。它不需要将固相干燥，而直接分析湿渣的总成分。这一方法的根据是，带有饱和溶液的固相的组成点，必定处于饱和溶液的组成点和纯固相的组成点的连线上。因此，同时分析几对饱和溶液和湿固相的成分，将它连成直线，这些直线的交点即为纯固相成分。如图t3-5-1为常见的图形：图中 A、B、C 分别代表 H_2O 及两固体盐，EO 线为 B(s)的饱和曲线，FO 线为 C(s)的饱和曲线。若取 B(s)和 C(s)任意比例的混合物，加入少量水使之饱和，并有过量固体未被溶解，分别分析溶液组成和与之平衡的固相组成，然后将足够多的不同组成的不同溶液及它们的湿渣(固相)的点连接，即可得到完整的相图。

按以上方法，若开始配置两种盐的饱和溶液，这样做出的数据由于实验中为使溶液混合均匀，在搅拌过程中水分的蒸发而引起组成的改变。较为精确的方法是配制一系列某一纯(B 或 C)组分的饱和溶液，分别分析滤液的成分得 S_1，S_2，S_3，…，S_i 点，分析湿渣的总成分得 R_1，R_2，R_3，…，R_i 点。把 S_iR_i 都连接起来，即：S_1R_1，S_2R_2，S_3R_3 等相交于一点 B；S_4R_4，S_5R_5，S_6R_6 相交于一点 C。这说明在 BEO 范围内，固相是纯 B，在 CFO 范围内固相是纯 C，在 O 点同时饱和了 B 和 C。

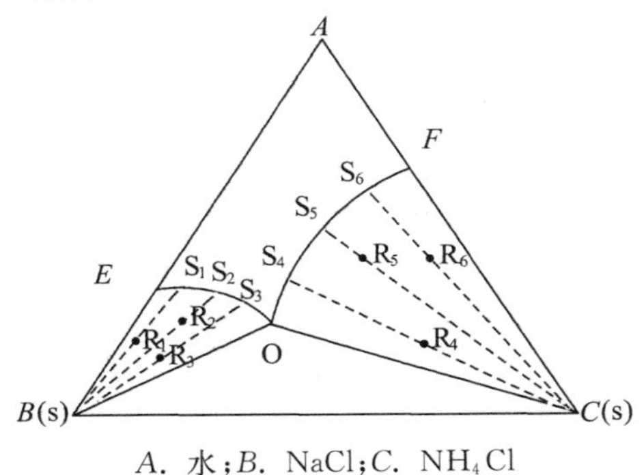

A. 水；B. NaCl；C. NH_4Cl

图 t3-5-1　湿固相法描绘的三组分相图

本实验根据 NaCl、NH_4Cl 在水中的溶解度不同，配置不同重量组成的一系列样品溶液，在恒温下搅拌一定时间后，对各饱和溶液进行分析。同时，测定与饱和溶液相平衡的固相组成，以所得数据在图上绘出的点与相应的饱和溶液点相连即得相应的直线。连接各饱和溶液即为该温度下的 NaCl、NH_4Cl 溶解度曲线。

三、仪器与试剂

玻璃恒温水浴；碱式滴定管；锥形瓶。

NaCl；NH_4Cl；$AgNO_3$；K_2CrO_4(15%)；NaOH；甲基红；甲醛溶液(30%)；酚酞。

四、实验方案

1. 准备。

将称量好的 NaCl、NH_4Cl、H_2O 样品放入溶解度瓶，然后放入玻璃恒温水浴。建议称量的量如表(t3-5-1)所示。

表 t3-5-1　各样品在不同温度下的质量

样品编号		NaCl 的量(g)	NH_4Cl 的量(g)	H_2O 的量(g)
30℃	1	12.5	12.5	50
	2	18.0	4.0	50
	3	3.5	20.7	50
60℃	1	13.1	20.4	50
	2	18.5	5.5	50
	3	3.7	27.6	50

2. 将温度恒定至所需温度后，开启溶解度瓶内的搅拌，使固体全部处于悬浮状态。

3. 搅拌1 h后。小心取出3～5 mL上层清液，放入已称重的称量瓶中，再稀释至250 mL容量瓶中进行分析。然后将溶解度瓶拿出，快速摇动后将固体和液体倒入预先准备好的烧杯中，迅速将溶液倒掉，取1～2 g湿固体于已称好的称量瓶中，称量后稀释至250 mL容量瓶中进行分析。

4. NaCl含量采用莫尔法测定其中的氯离子含量。采用甲醛法测定NH_4Cl中铵根离子的含量，具体查阅相关的分析实验及文献。

五、注意事项

取样正确与否，是实验成败的关键，取液体样品时，既不允许吸入固相，也不能在取样时破坏原来的温度而影响平衡。

六、数据处理

1. 将数据列表记录(表*t*3-5-2)。

表*t*3-5-2 测量结果记录

样品编号	配料表			取样时间	取样量(g)	耗液量(mL)		
	NaCl(g)	NH_4Cl(g)	H_2O(g)					
1						$AgNO_3$	NaOH(1)	NaOH(2)
2								
3								
……								

2. 由实验数据绘制三元相图。

七、思考题

1. 该实验条件下的结果与标准值有何差异，为什么？

2. 取样操作不当，对实验结果有什么影响？

(刘杰编写)

拓展实验六 形成简单低共熔混合物的二组分体系相图

一、实验要求

1. 通过对该体系不同试样冷却过程的观察，加深对热分析方法的理解。

2. 掌握用热分析方法绘制形成简单低共熔混合物的二组分体系相图。

二、实验原理

热分析方法的基本原理和根据步冷曲线绘制二元相图的方法参考基础实验六，此处不再赘述。

本实验要求测绘萘一邻苯二甲酸酐的二元相图(图*t*3-6-1)。首先需要配制不同质量比例的萘一邻苯二甲酸酐混合物，然后将装好的混合物加热熔融，并保证熔融液体中的水分全部形成气泡逸出；然后移除试管，使其在室温下自然冷却，测量时间和相应的温

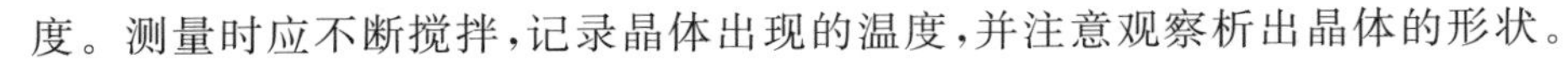
度。测量时应不断搅拌，记录晶体出现的温度，并注意观察析出晶体的形状。

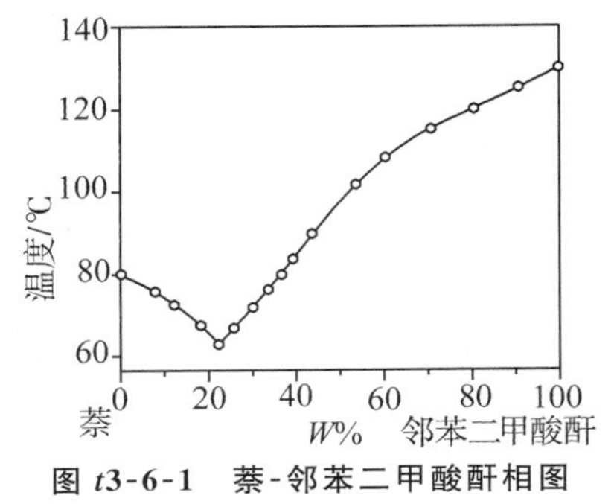

图 t3-6-1　萘-邻苯二甲酸酐相图

三、仪器与试剂

JX-3D 型金属相图测控装置 1 套；玻璃试管 6 支；玻璃棒 1 支；显微镜 1 台；载玻片若干。

萘(A. R)；邻苯二甲酸酐(A. R.)。

四、实验方案

(一) 样品配制

用分析天平分别称取萘、邻苯二甲酸酐各 10 g，另配制萘含量 20％、40％、60％和 80％的萘-邻苯二甲酸酐混合物各 10 g，分别置于玻璃试管中，搅拌混合均匀。

(二) 绘制步冷曲线

(1) 将数字控温仪和可控升降温电炉连接好，接通电源，将电炉置于外控状态。

(2) 参数设置：将炉体的档位拨至相应的炉号，然后设置加热的目标温度、加热功率、保温功率和报警时间。

(3) 将热电偶的尖端置于待测样品管的中央，点击“加油”。

(4) 将装好的试样加热熔化，待熔融后，再继续加热一会儿，使液体中的水分形成气泡溢出(如果试样中的水分赶不净，当冷却时，未达到析出结晶的温度即出现浑浊)。

(5) 等温度升到最高温度，稳定片刻，然后移出试管，置于室温下。每隔 30 s 记录一次温度。注意测量时应不断搅拌，一旦出现晶体，应立即记下温度。如果被观察的样品是纯萘或邻苯二甲酸酐，待晶体析出后即可停止记录。但如果是混合样品，则仍需继续测量。待出现低共熔混合物后，取一根玻璃棒插入液体中，可以观察到清晰的低共熔混合物晶体在棒端析出。

(6) 用显微镜观察所有析出晶体的形状。

五、注意事项

1. 实验时，需将样品研碎，以避免融化过程中所需要的时间过长。

2. 萘有挥发性，称量时注意现做现称量。

3. 加热温度不宜太高，以防萘蒸气溢出太多，导致实验室味道太浓。

4. 两个有机物的晶体呈现不同的晶型，因此混合时尽量搅拌均匀。最好反复实验几次取平均值。

六、数据处理

1. 根据记录的数据，以温度为纵坐标、时间为横坐标，作出各组分的冷却曲线。

2. 以晶体析出的温度为纵坐标，以混合物组成为横坐标，绘出萘-邻苯二甲酸酐二组分体系相图。

六、思考题

1. 用热分析法测定不同混合物样品的步冷曲线时加热目标温度设置的依据是什么？
2. 萘-邻苯二甲酸酐混合物融化后，为什么要赶净试样中的水分？
3. 显微镜下看到的低共熔混合物的晶体结构是什么？
4. 如果用此热分析方法测绘 KNO_3-$NaNO_3$ 二组分的相图，需要注意哪些问题？

（李静编写）

拓展实验七　差热分析法测定高分子的玻璃化转变温度

一、实验要求

1. 进一步熟悉和掌握差热分析仪的使用。
2. 掌握高聚物玻璃化转变温度的测定方法。
3. 测定高聚物的玻璃化转变温度。

二、实验原理

要了解玻璃化转变温度，需要对高聚物的基本性质有所了解。高聚物是由一种或几种简单低分子化合物经聚合而组成的分子量很大的化合物，其相对分子质量可达数万甚至数十万。按照链的结构，可分为线型高分子和体型高分子。线型高分子的长链分子通常呈卷曲状，相互缠绕，分子链间有较大的分子间作用力，显示出一定的柔顺性和弹性；可溶解于合适的溶剂；在加热到一定温度时会变软，冷却时会恢复变硬，可以反复加工成型，也称为热塑性高聚物。绝大多数聚合物材料通常可处于以下四种物理状态（或称力学状态）：玻璃态、黏弹态、高弹态（橡胶态）和黏流态。而玻璃化转变则是高弹态和玻璃态之间的转变，从分子结构上讲，玻璃化转变温度是高聚物无定形部分从冻结状态到解冻状态的一种松弛现象。在玻璃化转变温度以下，高聚物处于玻璃态，分子链和链端都不能运动，只是构成分子的原子（或基团）在其平衡位置作振动，在外力作用下只会发生非常小的形变。而在玻璃化转变温度时分子链虽不能移动，但是链段开始运动，表现出高弹性质。温度再升高，就使整个分子链运动而表现出黏流性质，此时形变不可恢复，此状态即为黏流态，如图 *t*3-7-1 所示。

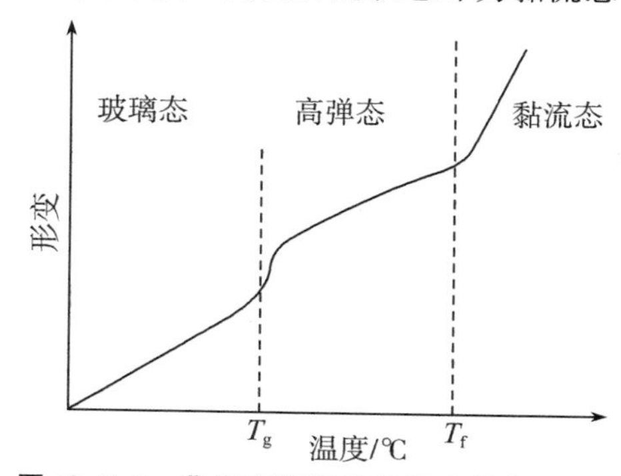

图 *t*3-7-1　非晶态高聚物的温度性变曲线

高弹态是高聚物所独有的、罕见的一种物理形态。当呈高弹态的高聚物温度降低到一定程度时,可转变成如同玻璃体状的固态,称为玻璃态(如常温下的塑料即处于玻璃态),该转化温度叫玻璃化转变温度,用 T_g 表示。具体定义:玻璃化转变温度是指由高弹态转变为玻璃态、玻璃态转变为高弹态所对应的温度。玻璃化转变温度是指自由体积分数降至 0.025,且恒定时所对应的温度,如天然橡胶的 T_g 为−73℃。而当温度升高时,高聚物可由高弹态转变成能流动的黏液,称为黏流态。高弹态转变为黏流态的温度叫作黏流化温度,用 T_f 表示。对于非晶态高分子化合物,T_g 的高低决定了它在室温下所处的状态,以及是适合作橡胶还是塑料等。T_g 高于室温的高聚物常称为塑料,T_g 低于室温的高聚物常称为橡胶。用作塑料的高聚物 T_g 要高;而作为橡胶,T_g 与 T_f 之间温度的差值则决定着橡胶类物质的使用温度范围。

从分子运动的角度看,在 T_g 以下,即玻璃态时,分子链被冻结,无法相对运动,只是构成分子的原子(或基团)在其平衡位置发生振动;当温度升高至 T_g 以上,则分子链的链端($C_{20}\sim C_{50}$长度)被解冻,开始发生运动,但是大分子链还是无法运动,此时表现出高弹性制,受力后能产生可恢复的大形变,称为高弹态;当温度继续升高,达到或超过 T_f 时,大分子链开始能够发生相对位移,且无法回复,称之为黏流态。

当然,对于非晶型聚合物,其玻璃态向高弹态转变,高弹态向黏流态转变并非像晶体一样,具有确定的温度。这种转变是高聚物分子从冻结到解冻的一个松弛现象,因此玻璃化转化温度、黏流化转变温度是一个温度区间,分别称为玻璃化转变区、黏流化转变区。因此,不同的测试方法,可能会有不同的 T_g、T_f。

高聚物在 T_g 时,由玻璃态向高弹态转变,由于分子的构象发生变化,其化学热容、热膨胀系数、黏度、折光率、自由体积及弹性模量等物理性质都要发生突变,因此根据这些物理参数上的改变,测定 T_g 的方法也有很多,如差热分析法(DTA)、差示扫描量热法(DSC)、热膨胀法、黏弹性测量法、介电常数测量法、核磁共振波谱法等。

本实验采用 DAT 方法测量高聚物的玻璃态转变温度。

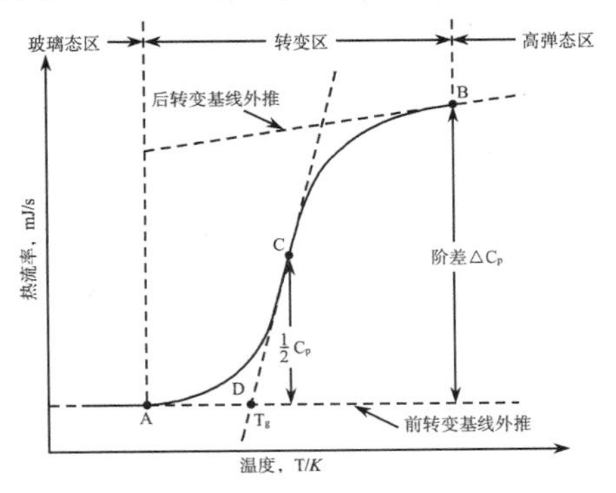

图 *t*3-7-2　DSC 曲线解析

高聚物在 T_g 前后比热(C_p)往往发生急剧的变化,差示扫描量热法(DSC)、差热分析法(DTA)、调制差示扫描量热法(MDSC)都可以检测这种热效应。较低温度下由于分子重排的冻结导致较低的比热,这种变化相对来讲比较小,在等速升温时表现在 DSC/DTA/MDSC 曲线上是一个向吸热方向的台阶。如图 *t*3-7-2 所示(国内仪器的吸热是往下的),*A* 点为开始偏离基线的点,*B* 点为后基线的起始点,两线之间的间距即为阶差 ΔC_p,在$\frac{1}{2}\Delta C_p$ 处可以找到 *C* 点,以 *C* 点做曲线的切线与前基线延长线交于点 *D*,ICTA(International Confederation For Thermal Analysis，国际热分析协会）建议用 D 点对应温度作为玻璃化转变温度 T_g，实际上也有取 C 点作为 T_g 的；也可通过将曲线对温度进行微分，取其微分曲线峰值对应温度为玻璃化转变温度（如图 t3-14-3 微分线）。测定过程中，阶差除了与试样本身玻璃化转变前后的热容差有关外，也与升温速率、样品粒度、DSC 灵敏度等相关。

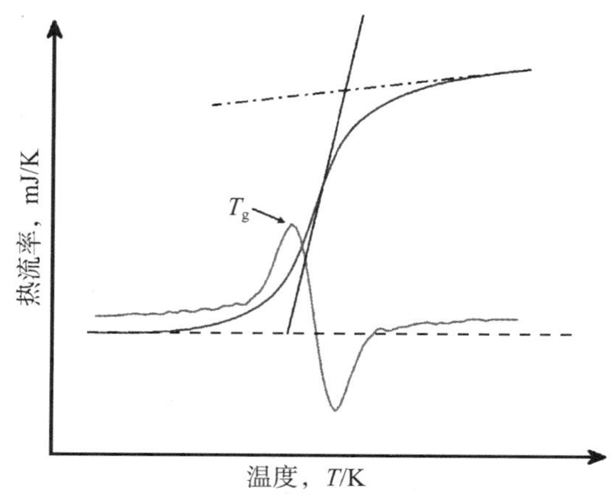

图 t3-7-3 微分法解析 DSC 曲线

对 DTA 曲线的解析方法大致相同。DTA 与 DSC 的主要区别是 DTA 测量的是试样与参比物之间随温度变化的温差变化，DSC 测量的是试样与参比物之间随温度变化的热补偿的变化，进一步的信息可以参考第二部分第五章热分析测量技术及仪器。

差热分析原理及其仪器的使用参见基础实验九，在此不再赘述。

三、仪器与试剂

差热分析仪（实验用 CDR-4P 型）1 套。

高聚物（聚甲基丙烯酸甲酯、环氧树脂、聚乙烯、聚氯乙烯、聚碳酸酯、尼龙 66 等都可以选）。

四、实验方案

1. 样品准备。

称量均匀的、具有代表性的试样约 5 mg（称准到 0.1 mg）。试样若含有大量填充剂，高聚物含量应为 5 mg 左右。样品在高、低温下无强氧化性、还原性。确定实验用气体（推荐惰性气体，如氮气），调节输出压力为 0.05 M～0.1 MPa（不能大于 0.5 MPa），流量在 20 mL · min^{-1}左右。

2. 仪器操作及样品测量步骤参考基础实验九。

3. 数据采集和差热曲线处理参考基础实验九。

因本拓展实验与基础实验的要求不同，因此实验结果处理时注意处理方法的差别。

五、注意事项

仪器使用的注意事项见基础实验九。

六、数据处理

1. 由所测样品的差热图，求出各峰的起始温度，将数据列表记录。

2. 求出 T_g。

七、思考题

1. 不同的升温速率对 T_g 有何影响？
2. 对于高分子材料的玻璃化测试，为什么要进行第二次升温？
3. DAT 法与 DSC 法有何不同？

（陈宝丽编写）

拓展实验八　浓差电池的设计和电动势的测定

一、实验要求

1. 掌握浓差电极、液接电势、盐桥等概念。
2. 学会金属电极的制备方法和处理方法。
3. 掌握电位差计的测量原理和使用方法。

二、实验原理

浓差电池是指电池内物质变化仅是由一种物质由高浓度变成低浓度且伴随着过程吉布斯自由能变化转变成电能的一类电池。与自发扩散作用不同，在浓差电池中物质的转移是间接地通过电极反应实现的，故其吉布斯自由能变化可转变为电功。浓差电池分“单液浓差电池”（电极浓差电池）和“双液浓差电池”（溶液浓差电池）两大类。双液浓差电池又分为“有液接电势浓差电池”和“消除液接电势浓差电池”。但不管是何种浓差电池，其电池的标准电动势均为零。

液接电势，也叫作扩散电势，是指两个组成或浓度不同的电解质溶液相接触的界面间所存在的电势差。两种不同的电解质溶液相接触，形成的液体接界电势有以下三种情况：① 组成相同，浓度不同；② 组成不同，浓度相同；③ 组成和浓度均不同。实验中，常用盐桥来消除液接电势。所谓盐桥，是指能将电池中的两种不同的电解液隔开的中间溶液。该溶液的浓度不但要很高，而且所含阳离子和阴离子的迁移数应比较接近。常用的盐桥有饱和 KCl、KNO_3 和 NH_4NO_3 溶液等。

本实验设计的浓差电池：

$$Cu(s) \mid CuSO_4(0.01\ mol \cdot dm^{-3}) \parallel CuSO_4(0.10\ mol \cdot dm^{-3}) \mid Cu(s),$$

$$阳极：Cu \longrightarrow Cu^{2+}(0.01\ mol \cdot dm^{-3}) + 2e^-$$

$$阴极：Cu^{2+}(0.1\ mol \cdot dm^{-3}) + 2e^- \longrightarrow Cu$$

$$电池反应：Cu^{2+}(0.1\ mol \cdot dm^{-3}) \longrightarrow Cu^{2+}(0.01\ mol \cdot dm^{-3})$$

电池电动势的测量工作必须在电池处于可逆条件下进行，根据对消法原理（即在外电路中加一个方向相反而电动势几乎相等的电池或可调电压源与被测电池对消）设计而成的电位差计可以满足这种测量要求，故本实验使用电位差计来测量浓差电池的电动势。

三、仪器与试剂

UJ-25 型电子电位差计 1 台；直流复射式检流计 1 台；标准电池 1 个；工作电池 1 套；铜电极 2 支；电镀装置 1 套；电极管 2 支；烧杯（50 mL）；细砂纸。

镀铜液；0.01 $mol \cdot dm^{-3}$ $CuSO_4$ 溶液；0.1 $mol \cdot dm^{-3}$ $CuSO_4$ 溶液；6 $mol \cdot dm^{-3}$ HNO_3 溶液；饱和 KCl 溶液。

四、实验方案

（一）电极的制备及电池的组合

铜电极的制备：先用金相砂纸打磨铜电极，除去表面氧化层，至磨出新鲜的金属光泽；再用 6 mol·dm^{-3} HNO_3溶液浸泡铜电极 1～2 min，以除去表面剩余的氧化物和杂质，用蒸馏水漂洗，然后把它作为阴极。另取一块纯铜棒作为阳极，放入盛有 $CuSO_4$溶液的电镀槽内电镀，用 10 mA·cm^{-2}的电流密度电镀 30～40 min，电镀装置见图 *t*3-8-1。由于铜表面极易氧化，故必须在测量前进行现场电镀。

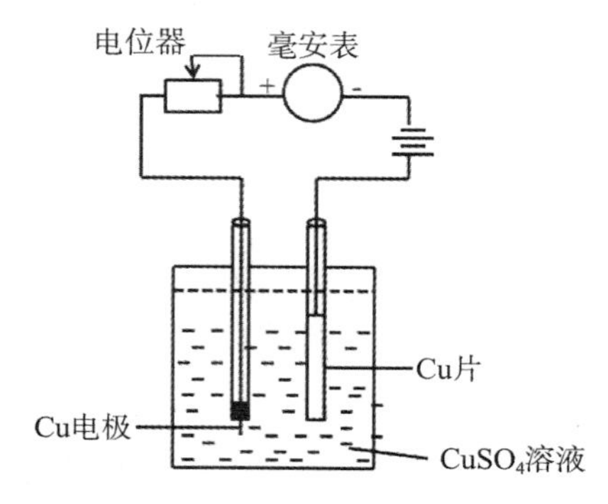

图 *t*3-8-1　电镀装置

电镀后应使铜电极表面有一层紧密的镀层，取出铜电极，用蒸馏水冲洗，再用 0.01 mol·dm^{-3} $CuSO_4$ 溶液或 0.1 mol·dm^{-3} $CuSO_4$ 溶液淋洗，插入电极管内并塞紧，将电极管的虹吸管口浸入 0.01 mol·dm^{-3} $CuSO_4$ 溶液或 0.1 mol·dm^{-3} $CuSO_4$溶液的小烧杯内，用洗耳球从支管抽气，直到溶液吸入电极管并浸过电极为止。用夹子夹紧支管上的橡皮管，注意虹吸管内不能有气泡。

（二）原电池电动势的测定

（1）原电池电动势的测定：按规定将电位差计接好测量线路。

（2）以饱和 KCl 溶液为盐桥，按图 *t*3-8-2，分别将上面制备好的电极组成电池，并接入电位差计的测量端，测量其电动势。

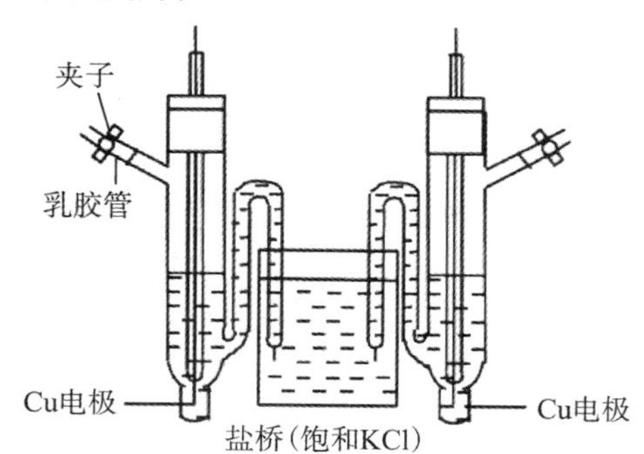

图 *t*3-8-2　Cu-Cu 电池组合

五、注意事项

测定电动势时：

（1）当工作电池刚接入电路时，电动势稍有下降。因此在电池接入电路后，应稍等几分钟再操作。

（2）刚组成的电池电动势不稳定，等 3～5 min 后再测定。

六、数据处理

电池电动势的测量数据(表 $t3$-8-1)。

表 $t3$-8-1 电动势测量结果

电池表示式	E_1/V	E_2/V	E_3/V	$\overline{E}$/V
Cu(s) | $CuSO_4$ 溶液(0.01 mol·dm^{-3}) ‖ $CuSO_4$ 溶液(0.10 mol·dm^{-3}) | Cu(s)				

七、思考题

1. 为什么不能用伏特计测量电池的电动势?
2. 对消法测定电池电动势的原理是什么?
3. 盐桥的选择原则和作用是什么?

(张庆富编写)

拓展实验九　电动势法测定离子迁移数

一、实验要求

1. 进一步熟悉并掌握电位差计的使用。
2. 掌握电动势法测定离子迁移数的原理。
3. 掌握设计合理的浓差电池的方法,测定离子的迁移数。

二、实验原理

离子迁移数的测定方法有多种,诸如,Hittorf 法和界面移动法等,前两种方法已经在基础实验十四中详细介绍过,本专题简要介绍电动势法如何测定得到离子的迁移数,它是一种简单而又常用的方法,此法的要点是设计一个有液体接界的溶液浓差电池,如:

$$-)Ag|AgCl|HCl(a_1)|HCl(a_2)|AgCl|Ag(+ \qquad (t3\text{-}9\text{-}1)$$

其中,$a_1 > a_2$,在液体接界上,根据正离子 H^+ 和负离子 Cl^- 的迁移情况,可得其迁移到总反应为:

$$t_+(H^+(a_1)+Cl^-(a_1)) \longrightarrow t_+(H^+(a_2)+Cl^-(a_2)) \qquad (t3\text{-}9\text{-}2)$$

Nernst 方程为:

$$E = 2t_+ \frac{RT}{zF}\ln\frac{(a_\pm)_1}{(a\pm)_2} \qquad (t3\text{-}9\text{-}3)$$

因此,测定此浓差电池的电动势,知道它们的活度,便能计算出正离子的迁移数;然后,再由 $1-t_+$ 得到负离子的迁移数。

三、仪器与试剂

电位差计(UJ-25 型);盐桥,Ag-AgCl 电极;恒温水浴夹套;盐酸(0.1 mol·dm^{-3});盐酸(0.2 mol·dm^{-3});$AgNO_3$ 溶液(0.1000 mol·kg^{-1});KNO_3 饱和溶液;琼脂(C.P.)。

四、实验方案

(一) 电极的制备

(1) 银电极的制备。

将欲镀之银电极两只用金相纸轻轻打磨至露出新鲜的金属光泽，再用蒸馏水洗净。将欲用的两只 Pt 电极浸入稀硝酸溶液片刻，取出用蒸馏水洗净。将洗净的电极分别插入盛有镀银液（镀银液组成为 100 mL 水中加 1.5 g 硝酸银和 1.5 g 氰化钠）的小瓶中，按基础实验十三中图 3-13-1 接好线路，并将两个小瓶串联，控制电流为 0.3 mA，镀 1 h，得白色紧密的镀银电极两只。

（2）Ag-AgCl 电极的制备。

将上面制成的一支银电极用蒸馏水洗净，作为正极，以 Pt 电极作负极，在约 1 mol・dm^{-3} HCl 溶液中电镀。控制电流为 2 mA 左右，镀 30 min，可得呈紫褐色的 Ag-AgCl 电极，该电极不用时应保存在 KCl 溶液中，贮藏于暗处。

（二）盐桥制备

称取琼脂 1 g 放入 50 mL 饱和 KNO_3 溶液中，浸泡片刻，再缓慢加热至沸腾，待琼脂全部溶解后稍冷，将洗净之盐桥管插入琼脂溶液中，从管的上口将溶液吸满（管中不能有气泡），保持此充满状态冷却到室温，即凝固成冻胶固定在管内。取出擦净备用。

（三）电动势的测定

与基础实验十三测定方法相同，测定下列浓差电池的电动势。

$$-)\mathrm{Ag}|\mathrm{AgCl}|\mathrm{HCl}(a_1)|\mathrm{HCl}(a_2)|\mathrm{AgCl}|\mathrm{Ag}(+$$

测量时应在夹套中通入 25℃ 恒温水。为了保证所测电池电动势的正确，必须严格遵守电位差计的正确使用方法。当数值稳定在 ±0.1 mV 之内时即可认为电池已达到平衡。

五、注意事项

1. 制备电极时，防止将正、负极接错，并严格控制电镀电流。
2. 其他注意事项参考基础实验十三（原电池电动势的测定和应用）。

六、数据处理

1. 测定得到电池的电动势数值。
2. 查找有关电解质溶液的离子平均活度系数 $\gamma_{\pm}$（25℃）。
3. 由测得的电池电动势和离子活度计算得到阴、阳离子的迁移数。

七、思考题

1. 本实验的误差主要来源有哪些？
2. 界面移动法和希托夫法比较，试分析和讨论用电动势法测定的离子迁移数误差大小。

（孔玉霞编写）

拓展实验十　氢超电势的测定

一、实验要求

1. 了解超电势的种类和影响超电势的因素。
2. 测定 H 在光亮铂电极上的超电势，求得 Tafel 公式中的两个常数 a，b。
3. 掌握测量不可逆电极电势的实验方法。

二、实验原理

对于一个氢电极，在没有电流通过时，H^+ 和 H_2 处于平衡状态。此时的电极电势称为可逆电极电势，用 $\varphi_{可逆}$ 表示。当有电流通过电极时，H^+ 在电极上不断反应化合生成 H_2，使电极反应成为不可逆过程。此时的电极电势称为不可逆电极电势，用 $\varphi_{不可逆}$ 表示。氢电极的可逆电极与不可逆电极电势之差，称为该电极的氢超电势，即：

$$\eta=\varphi_{可逆}-\varphi_{不可逆} \tag{t3-10-1}$$

氢超电势的大小与电极材料、溶液组成、电流密度、温度、电极表面的状态、溶液的搅拌等情况有关。氢超电势由三部分组成。

$$\eta=\eta_1+\eta_2+\eta_3 \tag{t3-10-2}$$

式中：η_1 为电阻超电势，是由电极表面的氧化膜和溶液的电阻产生的超电势。η_2 为浓差超电势，是由电极产生电解反应后，由于反应物不能迅速从溶液中扩散到电极，形成电极附近溶液的浓度与溶液内部浓度差而产生的超电势。η_3 为活化超电势，是由于电极表面化学反应本身需要一定的活化能引起的超电势。

对于 H 电极来说，η_1、η_2 都比 η_3 小得多。在测定时，可设法将 η_1、η_2 减小到可忽略的程度，因此通过实验测得的超电势是氢电极的活化超电势。图 t3-10-1 为氢电势与电流密度对数的关系图。

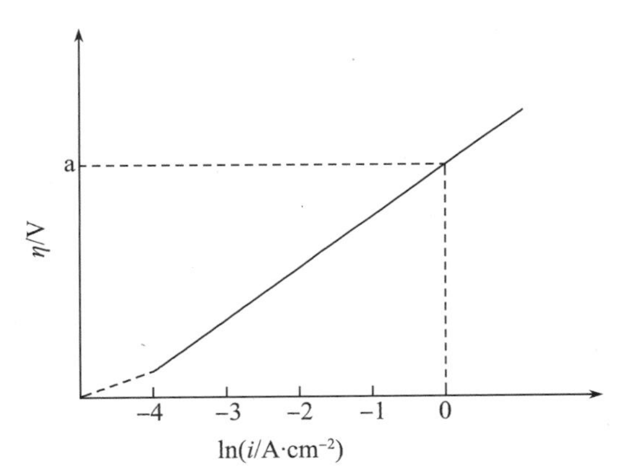

图 t3-10-1　氢超电势与电流密度对数的关系图

1905 年，塔菲尔总结了大量实验数据，得出了在一定电流密度范围内，超电势与通过电流密度的关系式，即：

$$\eta=a+b\ln i \tag{t3-10-3}$$

式中：i 为电流密度（$A\cdot cm^{-2}$）；a、b 为常数，单位均为 V（a 的大小与电极材料、电流密度、溶液组成和温度有关，它基本上表征着电极的不可逆程度。a 值越大，在所给定电流密度下氢超电势也越大，与可逆电极电势的偏差也最大。铂电极属于低超电势金属，其 a 值在 0.1～0.3 V；b 为超电势与电流密度的自然对数的线性方程式中的斜率，受电极性质的变化影响较小，对许多表面洁净而未被氧化的金属来说相差不大，在室温下接近 0.05 V）。

本实验是测量氢在光亮铂电极上的超电势，实验装置如图 t3-10-2 所示。

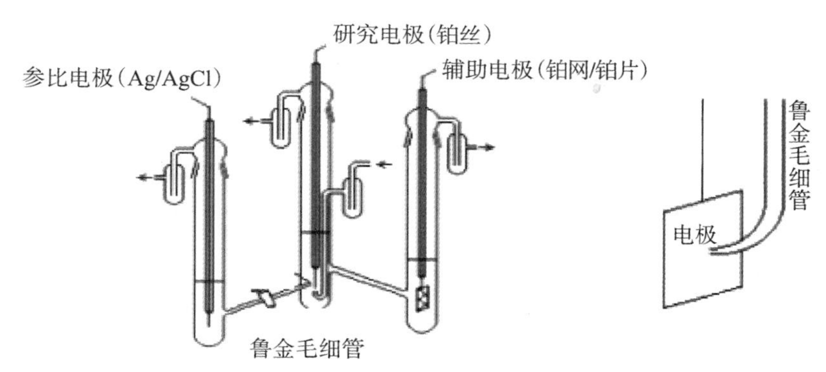

图 t3-10-2　氢超电极电势测试系统

研究电极与辅助电极构成一个电解池,使 H^+ 在电极上发生反应,设定通过电解池的电流大小来改变研究电极的电极电势值。研究电极与参比电极也构成一个电池,通过测量该电池的电动势来获得研究电极的电极电势。参比电极具有稳定不变的电极电势,研究电极的电极电势则随通过的电流密度而改变。当通过研究电极的电流密度改变时,测得的原电池电动势也随之改变,这表征着研究电极不可逆电极电势的改变。

当电流密度较大时,电阻超电势不可忽略,这时可调节鲁金毛细管尖嘴口与研究电极之间的距离,测量各对应距离的超电势,再外延到研究电极与鲁金毛细管距离为零时的超电势进行校正,从而获得活化超电势。

三、仪器与试剂

电化学工作站 1 台;高纯氢气发生器装置 1 套;光亮铂电极 2 支;参比电极 1 支;恒温水浴 1 台。

重蒸馏水;HCl 溶液(A. R.);浓硝酸(C. P.)。

四、实验方案

1. 按照极化曲线的测定安装测量装置,将恒温水浴温度调节到合适温度,整个实验过程在恒温条件下进行。

2. 电解池依次用洗液、自来水、蒸馏水洗净,用重蒸馏水和 HCl 电解液润洗,注入的电解液以浸过电极 1 cm 为宜。

3. 处理电极参考极化曲线的测定。用两支光亮铂电极代替研究电极与辅助电极,并清洗干净后再用。

4. 将 3 个电极分别插入装有 HCl 电解液的电解池中,并以电解液封闭 H_2 的进出口。安装研究电极时要注意尽量使鲁金毛细管口紧靠铂丝电极,毛细管中不能有气泡。

5. 接好线路后,开启氢气发生器或打开高纯氢气钢瓶开关,旋开各减压阀,调节通入电解池的氢气流量,使整个电解池中始终充满氢气。

6. 将电化学工作站与计算机连接好以后,打开电化学工作站和计算机电源,预热 20 mim,用不同夹子连接电解池的三电极体系。

7. 参考电化学工作站的仪器使用方法,设置参数,开始实验,记录电势对时间的关系图。实验完毕,仪器将实验结果自动存储。重复测量 3 次,使电势平均偏差小于2 mV,取其平均值作为上述实验条件下的电势,计算超电势。

8. 改变阴极电流密度，使之在 0～8 mA・cm^{-1}之间，从小到大测定 10 个电流密度下的超电势。每个电流密度重复测量 3 次。

9. 实验结束后，取出研究电极，测量铂丝的长度和直径，计算电极表观面积。

① 被测电极在测定过程中，应始终保持浸在 H_2的气氛中。

② H_2气泡要稳定地、一个一个地吹打在铂电极上，并密切注意测定过程中铂电极的变化。

③ 如铂电极表面吸附了一层其他物质，应立即停止实验，重新处理电极。

④ 实验开始前，应首先打开氢气发生器的电源，让电解水的反应开始；然后，再按实验步骤做好准备工作。

⑤ 氢气发生器应使 H_2达到一定压力，方能保证 H_2均匀地放出。

五、数据处理

1. 把上述实验所得数据进行处理，作图。
2. 计算不同电流密度 i 的超电势 η 值。
3. 以 η 对 $\ln\eta$ 作图，连接线性部分。
4. 求出直线斜率 b，并将直线延长，在 $\ln i=0$ 时读取 a 的值，写出超电势与电流密度的经验式。

六、思考题

1. 若将银电极换成铅电极，在相同的电流密度下电势值升高还是降低？
2. 如果在实验结束时，在溶液中加入几滴有机物电势会发生怎样的变化？

（孔玉霞编写）

拓展实验十一　复相催化反应中催化剂活性的测定

一、实验要求

1. 测量甲醇分解反应中 ZnO 催化剂的催化活性。
2. 了解反应温度对催化反应的影响以及热电偶测温原理。
3. 了解动力学实验中流动法的特点与关键，掌握分析处理实验数据的方法。

二、实验原理

催化活性，指物质催化作用的能力，是催化剂的重要性质之一。物质的催化活性是针对特定的化学反应而言的。通常用单位质量或单位体积催化剂对反应物的转化百分率来表示。复相催化时，反应在催化剂表面进行，所以催化剂比表面（单位质量催化剂所具有的表面积）的大小对活性起主要作用。评价测定催化剂活性的方法大致可分为静态法和流动法两种。静态法是指反应物不连续加入反应器，产物也不连续移去的实验方法；流动法则相反，反应物不断稳定地进入反应器发生催化反应，离开反应器后再分析其混合物的组成。使用流动法时，当流动的体系达到稳定状态后，反应物的浓度就不随时间而变化。流动法操作难度较大，计算也比静态法麻烦，保持体系达到稳定状态是其成功的关键，因此各种实验条件（温度、压力、流量等）必须恒定。另外，应选择合理的流速，流速太大时反应物与催化剂接触时间不够，反应不完全，太小则气流的扩散影响显著，有时会引起副反应。

本实验采用流动法测量 ZnO 催化剂在不同温度下对甲醇分解反应的催化活性，近似认为无副反应发生（即有单一的选择性），反应式为：

$$CH_3OH(\text{气}) \xrightarrow[\triangle]{\text{ZnO 催化剂}} CO(\text{气}) + 2H_2(\text{气})$$

催化活性以单位质量催化剂在指定条件下使 100 g 甲醇分解掉的克数来表示。若以恒量的甲醇蒸气送入体系，催化剂的活性越大则产物中的一氧化碳和氢气越多。

反应在图 *t*2-11-1 所示的实验装置中进行。氮气的流量由毛细管流速计监视，氮气流经预饱和器及饱和器（均装有液态甲醇），在饱和器温度下达到甲醇蒸气的吸收平衡。混合气进入管式炉中的反应管与催化剂接触而发生反应，流出反应器的混合物中有氮气和未分解的甲醇，产物为一氧化碳及氢气。流出气前进时为冰盐冷却剂制冷，甲醇蒸气被冷凝截留在捕集器中，最后由湿式气体流量计测得的是氮气、一氧化碳、氢气的流量。如若反应管中无催化剂，则测得的是氮气的流量。根据这两个流量便可计算出反应产物一氧化碳及氢气的体积，据此可获得催化剂的活性大小。

三、仪器与试剂

实验装置 1 套（图 *t*3-11-1）；秒表 1 只。

甲醇（分析纯）；ZnO 催化剂（实验室自制）；纯氮气（工业）。

四、实验方案

1. 检查装置各部件是否接妥，调节预饱和器温度为(43.0±0.1)℃；饱和器温度为(40.0±0.1)℃，杜瓦瓶中放入冰盐水。

2. 将空反应管放入炉中，按第二篇第四章气体压力及流量的测量中的说明开启氮气钢瓶，通过稳流阀调节气体流量（观察湿式流量计）在(100±5)mL·min^{-1}内，记下毛细管流速计的压差。开启控温仪使炉子升温到 380℃。在炉温恒定、毛细管流速计压差不变的情况下，每 5 min 记录湿式气体流量计读数 1 次，连续记录 30 min。

3. 用天平称取 4 g 催化剂，取少量玻璃棉置于反应管中，为使装填均匀，一边向管内装催化剂，一边轻轻转动管子，装完后再于上部覆盖少量玻璃棉以防松散，催化剂的位置应处于反应管的中部。

4. 将装有催化剂的反应管装入炉中，热电偶刚好处于催化剂的中部，控制毛细管流速计的压差与空管时完全相同，待其不变及炉温恒定后，每 5 min 记录湿式气体流量计读数 1 次，连续记录 30 min。

5. 调节控温仪使炉温升至 450℃，不换管，重复步骤 4 的测量。经教师检查数据后停止实验。

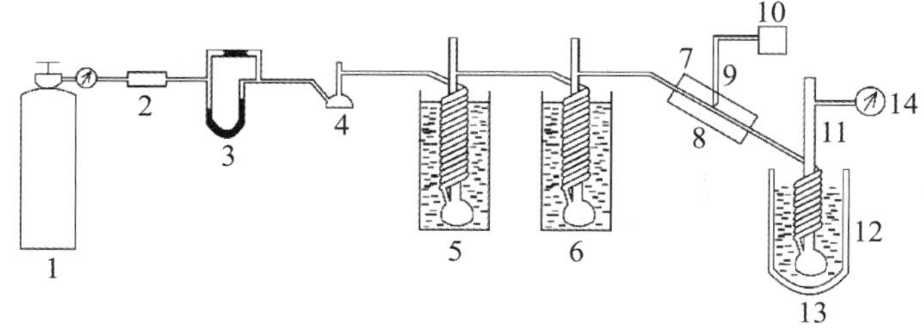

1. 氮气钢瓶；2. 稳流阀；3. 毛细管流速计；4. 缓冲瓶；5. 预饱和器；6. 饱和器；7. 反应管；8. 管式炉；9. 热电偶；10. 控温仪；11. 捕集器；12. 冰盐冷剂；13. 杜瓦瓶；14. 湿式气量计

图 *t*2-11-1　氧化锌活性测量装置

五、注意事项

1. 实验中应确保毛细管流速计的压差在有无催化剂时均相同。

2. 系统必须不漏气。

3. 实验前需检查湿式流量计的水平和水位，并预先运转数圈，使水与气体饱和后方可进行计量。

六、数据处理

1. 参照图 $t2$-11-2，以流量 V(L)对时间 t(min)作图，得 3 条直线。1 为空管时的V-t线；2 及 3 为装入催化剂后炉温分别为 380℃及 450℃时的 V-t 线。

2. 由 3 条直线分别求出 30 min 内通入 N_2 的体积（V_{N_2}）和分解反应所增加的体积（V_{N_2+CO}）。

3. 由甲醇分解反应计量式得 $V_{CH_3OH}=\frac{1}{3}V_{CO+H_2}$，由热气体状态方程 $p_{大气压}V_{CH_3OH}=n_{CH_3OH}RT$，$T$ 为湿式气量计上的温度，由此可计算 30 min 内不同温度下，催化反应中分解掉甲醇的质量 $W_{CH_3OH}=n_{CH_3OH}M$。

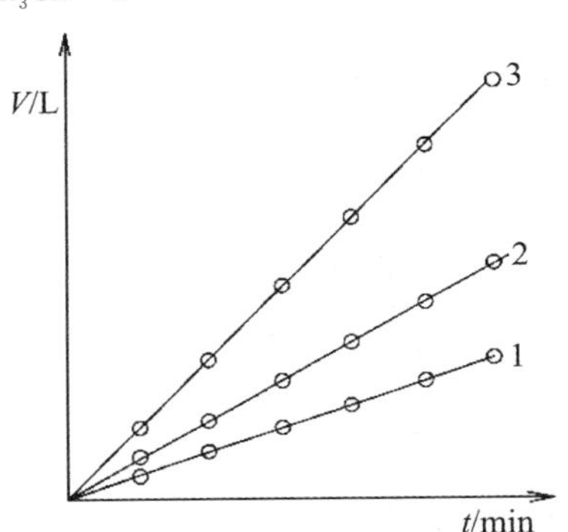

图 $t2$-11-2　流量和时间关系

4. 计算 30 min 内进入反应管的甲醇的质量 W_{CH_3OH}。

① 近似认为体系的压力为实验时的大气压，在 40℃下 N_2 吸收甲醇蒸气后与液态甲醇达到吸收平衡，因此：

$$p_{体系}=p_{大气压}=p_{CH_3OH}+p_{N_2} \tag{t3-11-1}$$

式中：p_{CH_3OH}为 40℃时甲醇的饱和蒸汽压（由克劳修斯-克拉佩龙方程计算）；p_{N_2} 为体系中 N_2 分压，即：$p_{N_2}=p_{大气压}-p_{CH_3OH}$。

② 根据道尔顿分压定律有：

$$\frac{p_{N_2}}{p_{CH_3OH}}=\frac{X_{N_2}}{X_{CH_3OH}}=\frac{n_{N_2}}{n_{CH_3OH}} \tag{t3-11-2}$$

式中：n_{N_2} 为 30 min 内进入反应管的 N_2 的摩尔数，可用无催化剂时 30 min 内通入 N_2 的体积计算；将 p_{N_2}、p_{CH_3OH}代入式($t3$-10-2)可得 30 min 内进入反应管的甲醇摩尔数 n_{CH_3OH}。

进入反应管的甲醇质量 $W_{CH_3OH}=n_{CH_3OH}M$。

5. 以每克催化剂使 100 g 甲醇所分解掉的克数表示实验条件下 ZnO 催化剂的活性，并比较不同温度下的差别。

$$催化活性=\frac{W'_{CH_3OH}}{W_{CH_3OH}}\times\frac{100}{W_{ZnO}}。\qquad (t3\text{-}11\text{-}3)$$

七、思考题

1. 为什么氮的流速要始终控制不变？
2. 预饱和器温度过高或过低会对实验产生什么影响？
3. 冰盐冷却器的作用是什么？是否盐加得越多越好？
4. 试分析本实验中催化剂的优缺点。
5. 毛细管流速计与湿式流量计两者有何异同。

（李静编写）

拓展实验十二　添加剂对 *B-Z* 振荡反应的影响

一、实验要求

1. 进一步熟悉 *B-Z* 振荡反应的基本原理及研究化学振荡反应的方法。
2. 研究不同添加剂阿司匹林、牛碘酸等对封闭体系中 *B-Z* 振荡体系的影响。
3. 为利用化学振荡建立定量分析测试阿司匹林或牛磺酸的方法提供理论依据。

二、实验原理

B-Z 振荡反应是指一个化学反应在远离平衡态、处于非线性区时呈现出的时间有序性，属于非线性动力学的研究范畴。在振荡体系中，某些状态量（如浓度）随时间（或空间）的变化呈现周期性变化。对于一个稳定的化学振荡体系来说，微量被测物质的加入会明显改变振荡曲线的振幅、周期或是其他参数，且信号的变化程度与加入被测物质的量呈现良好的相关性。因此，分析测定被测物质对化学振荡体系的扰动作用，还可用于分析鉴定微量被测物质。目前，化学振荡现象已被广泛用于检测一些痕量金属阳离子和无机阴离子（如 Ag^+、SO_3^{2-}、Cl^-）、有机化合物（如苯酚、抗坏血酸、维生素）以及气体分子等。

阿司匹林和牛磺酸，均属于生物活性物质。阿司匹林具有解热、镇痛、消炎、抗风湿、抗血小板聚集等作用，而牛磺酸具有促进婴幼儿脑组织和智力发育、提高神经传导和视觉机能、防治心血管病、抑制白内障的发生发展、改善内分泌状态和增强人体免疫功能等作用。目前，关于阿司匹林和牛磺酸的测定方法有气相色谱、氨基酸分析、离子色谱、毛细管电泳等分析方法，但是以上方法由于技术高、成本高，难以推广。鉴于此，研究阿司匹林和牛磺酸对 *B-Z* 振荡反应体系的影响，便于建立一种灵敏、准确、简便、快速、低成本的检测阿司匹林和牛磺酸的分析方法。

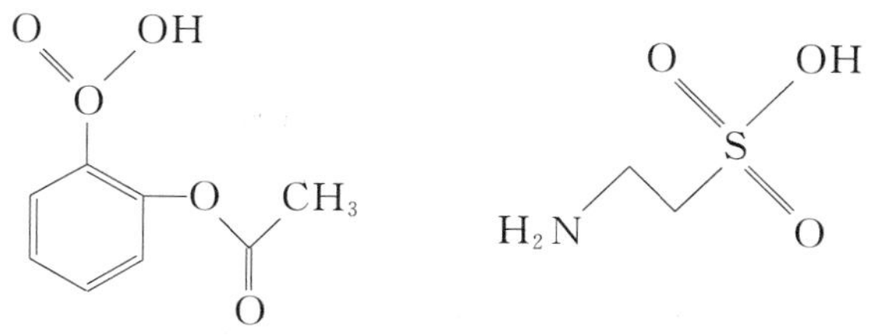

图 *t*3-12-1　阿司匹林（左）和牛磺酸（右）的结构图

B-Z 振荡反应的原理及测试方法参见基础实验十九，此处不再赘述。

三、仪器与试剂

超级数频恒温水浴器 1 套；B-Z 振荡实验装置 1 套；液接饱和甘汞电极 1 支；铂电极 1 支；微量进样器 1 支。

丙二酸、硫酸、硫酸铈铵、阿司匹林、牛磺酸均为分析纯；溴酸钾为优级纯；所有溶液用二次蒸馏水配制。

四、实验方案

1. 将超级恒温槽温度调为 303.15 K，分别配制 0.45 $mol \cdot dm^{-3}$ 丙二酸、0.25 $mol \cdot dm^{-3}$ 溴酸钾、3 $mol \cdot dm^{-3}$ 硫酸和 4×10^{-3} $mol \cdot dm^{-3}$ 硫酸铈铵各 250 mL。

2. 将预先配制好的丙二酸、溴酸钾和硫酸各 10 mL 依次加入恒温夹套反应器中，同时打开磁力搅拌器和 B-Z 振荡反应器，待反应液搅拌均匀并恒温后，插入工作电极，再将恒温后的 10 mL 硫酸铈铵加入，记录电位随时间变化的曲线。

3. 待振荡曲线稳定后，为保证进样点的重复性，在铂电极指示电位的最低点分别加入 1 mL 不同浓度的阿司匹林或牛磺酸溶液，观察不同浓度的阿司匹林或牛磺酸溶液对 B-Z 振荡体系的影响。

五、数据处理

1. 作电位-时间图：从引入不同浓度的阿司匹林或牛磺酸添加剂的 E-t 曲线中观察 ΔE 的变化，求出 ΔE 与添加剂浓度 c 的关系式。

2. 作图 $\ln(1/t_{诱})$-$1/T$ 和 $\ln 1/t_{1振}$-$1/T$：根据 $t_{诱}$、$t_{1振}$、$t_{2振}$ 和 T 的数据，作 $\ln(1/t_{诱})-1/T$ 和 $\ln 1/t_{1振}$-$1/T$ 直线的斜率，求出加入阿司匹林或牛磺酸后反应的表观活化能 $E_{诱}$ 和 $E_{振}$。

六、思考题

1. 反应物的添加顺序对振荡反应有无影响？
2. 反应物的浓度对振荡反应有何影响？
3. 温度对振荡反应有何影响？
4. 利用化学振荡分析检测阿司匹林或牛磺酸时，其检测下限是多少？如何获得？

（李静编写）

拓展实验十三　甲酸氧化反应动力学

一、实验要求

1. 了解用分光光度法和电动势法测定甲酸被溴氧化的反应动力学的原理。
2. 了解化学动力学实验和数据处理的一般方法。
3. 加深理解反应速率方程、反应级数、速率常数、活化能等重要概念和一级反应动力学的特点、规律。

二、实验原理

甲酸被溴氧化的反应及计量方程式为：

$$HCOOH + Br_2 \longrightarrow CO_2 + 2H^+ + 2Br^-$$

对此反应，除反应物外，$[Br^-]$和$[H^+]$对反应速度也有影响，严格的速率方程非常复杂，其速率方程为：

$$-\frac{d[Br_2]_{总}}{dt} = k[HCOOH]^m[Br_2]^n[H^+]^g[Br^-]^h \quad (t3\text{-}13\text{-}1)$$

在实验中，若使 Br^- 和 H^+ 过量、保持其浓度在反应过程中近似不变时，速率方程可写成：

$$-\frac{d[Br_2]}{dt} = k[HCOOH]^m[Br_2]^n \quad (t3\text{-}13\text{-}2)$$

如果 HCOOH 的初始浓度比 Br_2 的初始浓度大得多，也可认为其浓度在反应过程中保持不变，这时式(t3-13-2)可写为：

$$-\frac{d[Br_2]}{dt} = k'[Br_2]^n \quad (t3\text{-}13\text{-}3)$$

对式(t3-13-3)的速率公式微分式进行积分可以得到：

$$\frac{[Br_2]^{-n+1}}{-n+1} = -k't + C n \neq 1 \quad (t3\text{-}13\text{-}4)$$

$$\ln[Br_2] = -k't + C n = 1 \quad (t3\text{-}13\text{-}5)$$

式中：C 为积分常数。从上面的一系列方程中可以看出，只要能够测出反应中 Br_2 的浓度随时间的变化，即可求出反应级数 n 和速率系数 K'。

K'为一个常量，其值为：

$$K' = k[HCOOH]^m \quad (t3\text{-}13\text{-}6)$$

从式(t3-13-6)可以看出 K'与 Br_2 的浓度没有关系。如果在同一温度下，用两种不同浓度的 HCOOH 溶液分别进行测定，则得到两个 k'值。

$$k'_1 = k[HCOOH]_1^m \quad (t3\text{-}13\text{-}7)$$

$$k'_2 = k[HCOOH]_2^m \quad (t3\text{-}13\text{-}8)$$

将两式联立求解，即可求出反应级数 m 和速度常数 k。

分别在计算出两个不同温度下的反应速率常数之后，可以根据 Arrhenius 公式通过简单的数学计算求出反应的表观活化能。

$$\ln\frac{k(T_2)}{k(T_1)} = \frac{E_a}{R}\left(\frac{1}{T_1} - \frac{1}{T_2}\right) \quad (t3\text{-}13\text{-}9)$$

在进行动力学的实验研究中，根据实验类型的不同以及所需测定的对象不同可以选择不同的测定方法。对于反应物有颜色的，可以用光学方法，如测量体系的吸光度来判断体系中各组分的浓度，从而得到反应的进行程度(如丙酮碘化实验)。在测定对象有旋光性时，可以通过测定反应体系旋光度的方法来测定反应进行的程度(如蔗糖转化实验)；在另外一些实验中，还可以采用测量反应体系的电导率从而得到体系中相关离子的浓度而判断反应的进行程度(乙酸乙酯皂化反应)。在本实验中，可以采用分光光度法和电动势法(电位差计测量法)对甲酸氧化反应级数、速率常数进行测定。

三、仪器与试剂

分光光度法：分光光度计 1 套；超级恒温槽；有恒温加套的反应池。

电动势法：无纸试验记录仪；超级恒温槽；分压接线闸；饱和甘汞电极；铂黑电极；电

动搅拌器;有恒温加套的反应池。

溴试剂储备液(0.0075 mol·dm^{-3} $KBrO_3$－KBr 溶液);甲酸,盐酸;溴酸钾;去离子水。

四、实验方案

(一) 分光光度法

分光光度法的思路是用分光光度计测定吸光度来跟踪 Br_2 浓度随时间的变化情况。物质浓度与吸光度 D 的关系在稀溶液时符合朗伯－比尔定律,$\lg \frac{I_0}{I}=\varepsilon lc=D$。式中,$I_0$ 和 I 分别为入射光和通过样品后透射光强度;$\frac{\lg I_0}{I}=D$ 称为吸光度;c 为样品浓度;l 为光程;ε 为光被吸收的比例系数。所以,存在下列等式。

$$[Br_2]=\frac{D}{\varepsilon l} \qquad (t3\text{-}13\text{-}10)$$

将式(t3-13-10)与积分式(t3-13-4)、(t3-13-5)相关联,可以得到吸光度与反应时间的关系式。特殊地,当 $n=1$ 时,可以得到:

$$\lg D=-\frac{k'}{2.303}t+常数 \qquad (t3\text{-}13\text{-}11)$$

通过 $\lg D$ 与 t 作图,根据直线的斜率可以求出 k'。当 n 等于其他数值时,吸光度和时间会呈现不同的关系,根据图像的形式,可以知道 n 的值。在计算 HCOOH 的级数 m 时,可以改变 HCOOH 的浓度,保持溴试剂、溴离子试剂和盐酸浓度不变,根据两次计算出的 k'值计算出 m 的值和反应速率常数。

具体操作步骤如下。

(1) 打开计算机软件,连接分光光度计与计算机,将比色皿恒温夹套与恒温槽的温度调节为 25℃。

(2) 用移液管移取 5 mL 盐酸与 5 mL 溴试剂储备液至一洁净的 50 mL 容量瓶中,用去离子水定容,用比色皿取少量该溶液并置于分光光度计的夹套中,用计算机软件中的“波长扫描”功能确定最佳扫描波长,用去离子水做空白溶液。使用测得的最佳波长,进行动力学分析,设置测量的时间为 600 s,每 30 s 测量一次。

(3) 用移液管移取 5 mL 盐酸与 5 mL 溴试剂储备液至洁净的 50 mL 容量瓶,取 5 mL 2 mol ·dm^{-3} HCOOH 溶液和 10 mL KBr 溶液于另一 50 mL 容量瓶,用去离子水定容,置于恒温槽中恒温。15 min 后,将两种溶液倒入烧杯中,在开始加入时在计算机软件上按开始按钮开始计时与检测,搅拌后立即转入比色皿中,以蒸馏水为空白溶液,每 30 s 测一次吸光度。

(4) 保持(3)其他组分不变,甲酸的加入量由 5 mL 增加到 10 mL,重复进行实验。

(5) 保持(3)其他组分不变,依次将恒温槽与分光光度计比色皿夹套的温度同时改为 25℃、30℃、35℃和 40℃,重复进行实验。

(二) 电动势法

电动势法通过测定反应的电动势随时间的变化求反应级数。实验以饱和甘汞电极和铂电极以及反应溶液组成如下电池:

$$(-)Hg,Hg_2Cl_2|KCl||Br^-,Br_2|Pt(+)$$

装置图如图 $t3$-13-1 所示，电池的电动势为：

$$E=E^{0}_{Br_2/Br^-}+\frac{RT}{2F}(\ln\frac{[Br_2]}{[Br^-]})-E_{甘汞} \quad (t3\text{-}13\text{-}12)$$

当溴离子浓度较大时，可以将其看作一个常数，于是，式($t3$-13-12)可以写成：

$$E=\frac{RT}{2F}\ln[Br_2]+常数 \quad (t3\text{-}13\text{-}13)$$

将式($t3$-13-13)与积分式($t3$-13-3)相关联，可以得到电动势与反应时间的关系式。特殊情况下，即当 $n=1$ 时，有：

$$E=-(\frac{RT}{2F})k't+常数 \quad (t3\text{-}13\text{-}14)$$

此时的电动势和时间呈简单的线性关系，根据 E-t 直线的斜率可以求出 k'。当 n 等于其他数值时，可以比较其线性形式得出 n 的值。采用和吸光光度法相同的手段可以得到 HCOOH 的级数、速率常数以及活化能。

实验室测定电动势时，电池的电动势约为 0.8 V，而反应过程中的电动势只有约 30 mV，反应产生的电动势很难测定准确。

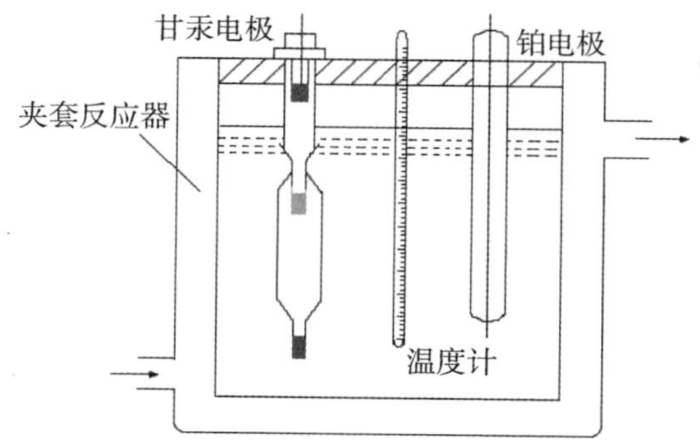

图 $t3$-13-1　甲酸氧化反应装置示意图

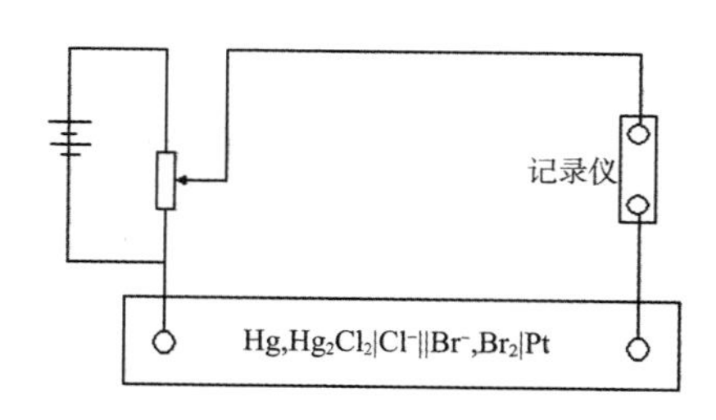

图 $t3$-13-2　测电池电动势变化的接线图

采用自动记录仪或电子管伏特计测量电势变化，为了提高测量精度而采用图 $t3$-13-2 的接线法。图中用蓄电池或用电池串接 1 K 欧姆绕线电位器，于其中分出一恒定电压与电池同极连接，使电池电势对消一部分。调整电位器，使对消后剩下 20～30 mV，因而可使测量电势变化的精度大大提高。

具体操作步骤如下。

(1) 调节超级恒温槽的温度为 25.00℃，开通循环水，让循环水对反应池恒温。

(2) 用移液管分别移取 75 mL 去离子水、10 mL KBr 溶液、5 mL 溴试剂储备液、5 mL盐酸至反应池，开始缓慢搅拌，调节电压在 30 mV 内，至电动势测量值不随时间改变(基线水平)。快速加入 5 mL 2 $mol \cdot dm^{-3}$ HCOOH 溶液于反应池，开始记录。

(3) 将(2)中的甲酸量增加一倍，保持温度及其余组分浓度不变，重复上述步骤再测定一条 E-t 曲线。

(4) 保持(2)中的各组分浓度不变，再分别测出 25℃、30℃、35℃和 40℃的 E-t 曲线。

五、注意事项

1. 用电动势法测量时，本实验的电势差在 20～50 mV，一般的直流伏特计达不到精度要求，因此电势差不可以用一般的直流伏特计来测量。

2. 实验的温度由插在反应池中的水银温度计读出。在实验过程中，应尽量保持温度稳定，防止出现上下波动的情况影响实验结果。

3. 实验中研究某一反应物的反应级数时，必须保证其他物质的浓度过量很多，反应中的消耗量相比总量可以忽略不计，才可近似将其浓度当作一个常数进行计算。

六、数据处理

（一）分光光度法

（1）对溴水的光谱扫描，选择最佳的扫描波长________ nm。

（2）将实验数据按照表 t3-13-1 进行记录。

表 t3-13-1　甲酸氧化反应动力学实验数据记录

温度/℃	[HCOOH]/mol·dm^{-3}	直线斜率	k'	k	$\ln k$	T/K^{-1}
20						
20						
25						
30						
35						
40						

注：1. $k'_1=k[HCOOH]_1^m$　$k'_2=k[HCOOH]_2^m$，根据 20℃时的两个 k'，$k'_2/k'_1=2^m$，求出 m 值。

2. 通过 $\lg D$ 对 t 作图得到直线斜率，计算 k'值，进而计算 k 值。

3. 根据不同温度下的 k 值，作出 $\ln k$-$1/T$ 图，根据直线斜率求表观活化能 E_a。

（二）电动势法

不同温度下的甲酸氧化的反应速率常数 k。

表 t3-13-2　甲酸氧化反应动力学实验数据记录

温度/℃	[HCOOH]/mol·dm^{-3}	直线斜率	k'	k	$\ln k$	T/K^{-1}
20						
20						
25						
30						
35						
40						

注：1. $k'_1=k[HCOOH]_1^m$　$k'_2=k[HCOOH]_2^m$，根据 20℃时的两个 k'，$k'_2/k'_1=2^m$，求出 m 值。

2. 直线斜率来自 E—t 曲线，求得 k'值。

3. 根据不同温度下的 k 值，作出 $\ln k-1/T$ 图，根据直线斜率求表观活化能 E_a。

七、思考题

1. 若甲酸氧化对溴来说不是一级，还能否用本实验提出的方法来测定反应速度常数？

2. 本实验反应物之一——溴是如何产生的？写出有关反应的化学方程式。为什么要加入 5 mL 盐酸？

3. 写出电极反应和电池反应，估计该电池的理论电动势约为多少。

4. 为何用记录仪或电子管毫伏计进行测量时要把电池电势对消掉一部分？这样做对结果有无影响？

（李钧编写）

拓展实验十四　电解质对溶胶稳定性的影响

一、实验要求

1. 制备 Fe(OH)溶胶并将其纯化。

2. 测量 Fe(OH)溶胶的聚沉值、ξ 电势。

3. 分析影响聚沉值及 ξ 电势的主要因素。

二、实验原理

基础实验二十一中已经介绍：在外加电场的作用下，带电荷的胶体粒子向异性电极作定向泳动，这种现象称为电泳。带有电荷的胶粒与分散介质间的电势差称为电动电势 ζ，在指定条件下，ζ 与胶粒的性质、介质成分及胶体的浓度之间的关系为亥姆霍兹方程式，即：

$$\zeta=\frac{K\pi\eta}{\varepsilon E}\cdot u(\mathrm{V}) \qquad (t3\text{-}14\text{-}1)$$

式中：K 为与胶粒有关的常数（对于球形离子，$K=5.4$，对于棒形离子 $K=3.6$）；E 为电势梯度（$\mathrm{V\cdot m^{-1}}$），$E=U/L$，U 为外加电压(V)，L 为两极间距离(m)；ε 为介质的介电常数；η 为介质的黏度（单位为 Pa·s）；u 为电泳速度，$u=d/t$，d 为胶粒移动的距离(m)，t 为通电时间(s)。

电解质对溶胶稳定性的影响主要体现在改变胶粒的带电情况。在制备溶胶时加入少量电解质，可以使胶粒吸附的离子增加，ζ 电动电势提高，增加溶胶的稳定性，称之为稳定剂；当电解质的浓度足够大时，部分反粒子进入紧密层，而使 ζ 电动电势降低，扩散层变薄，胶粒之间的静电斥力减小而导致聚沉，则称之为聚沉剂。使一定量的溶胶在一定时间内完全聚沉所需电解质的最小浓度，称之为聚沉值。对同一溶胶而言，外加电解质的离子价数越低，其聚沉值越大。聚沉值的倒数称为聚沉能力，聚沉值越大的电解质，聚沉能力越小；反之，聚沉值越小的电解质，聚沉能力越强。

影响电解质聚沉能力的影响因素有两个：一是与胶粒所带电荷相反的离子所带的电荷数，即价数，反离子的价数越高，聚沉能力越强；二是价数相同的反离子水合半径越小，聚沉能力越强。

关于外加电解质对溶胶聚沉作用的影响，虽然人们已作了较大量的工作，但所得的规律大部分还是通过实验总结出来的，从理论上解释尚有一定的难度。因此，本实验在 $Fe(OH)_3$ 溶胶中加入不同的电解质以考察电解质对溶胶的影响，得到不同条件下的电动势及聚沉值。

三、仪器与试剂

直流稳压电源1台;万用电炉1台;电泳管1只;电导率仪1台;直流电压表1台;秒表1块;铂电极2只;锥形瓶(250 mL)1只;烧杯(800 mL、250 mL、100 mL)各1个;超级恒温槽1台;容量瓶(100 mL)1只。

火棉胶;10% $FeCl_3$ 溶液;1% KCNS 溶液;1% $AgNO_3$ 溶液;2.000 mol·dm^{-3} NaCl 溶液;0.010 mol·dm^{-3} Na_2SO_4 溶液;0.005 mol·dm^{-3} $Na_2PO_4·12H_2O$;稀 HCl 溶液(KCl 或 KNO_3 稀溶液)。

四、实验方案

1. $Fe(OH)_3$ 溶胶的制备、半透膜的制备及 $Fe(OH)_3$ 溶胶的纯化参见基础实验步骤。

2. 电解质浓度对 $Fe(OH)_3$ 溶胶的影响——聚沉值的测定。

① 取6支干净的试管分别以0至5号编号。1号试管中加入10 mL 2.000 mol·dm^{-3} 的 NaCl 溶液,0号及2~5号试管中各加入9 mL 蒸馏水。然后从1号试管中取出1 mL 溶液加入2号试管中,摇匀,再从2号试管中取出1 mL 溶液加到3号试管中,以下各试管手续相同,但5号试管中取出的1 mL 溶液弃去,使各试管具有9 mL 溶液,且依次浓度相差10倍。0号作为对照。在0至5号试管内分别加入1 mL 纯化了的 Fe(OH)溶胶(用1 mL移液管),并充分摇均匀后,放置2 min 左右,确定哪些试管发生聚沉。最后以聚沉和不聚沉的两支顺号试管内的 NaCl 溶液浓度的平均值作为聚沉值的近似值。

② 电解质分别换以0.010 mol·dm^{-3} Na_2SO_4、0.0050 mol·dm^{-3} $Na_3PO_4·12H_2O$ 溶液,重复①进行实验,并比较其聚沉值大小。

③ 按照(1)和(2)相同步骤测定各电解质对未纯化的胶体的聚沉值。

上述测量,因为聚沉和不聚沉的两支顺号试管内的电解质浓度相差10倍,所以比较粗略。为了取得更精密的结果,可以在这相差10倍的浓度范围内再自行确定浓度进行细分,并进行精密聚沉值的测量实验。注意:pH、温度对测定聚沉值影响很大。

④ ξ 电势的测定。

具体见溶胶的制备及电泳基础实验部分。

实验结束后,拆除线路。用自来水洗电泳管多次,最后用蒸馏水洗一次。

五、注意事项

1. 在 $Fe(OH)_3$ 溶胶实验中制备半透膜时,一定要使整个锥形瓶的内壁上均匀地附着一层火棉胶液。在取出半透膜时,一定要借助水的浮力将膜托出。

2. 制备 $Fe(OH)_3$ 溶胶时,$FeCl_3$ 一定要逐滴加入,并不断搅拌。

3. 纯化 $Fe(OH)_3$ 溶胶时,换水后要渗析一段时间再检查 Fe^{3+} 及 Cl^- 的存在。

4. 量取两电极的距离时,要沿电泳管的中心线量取。

六、数据处理

1. 将实验数据记录如下。

电泳时间 s;电压 V;两电极间距离 cm;溶胶液面移动距离 cm。

2. 将数据代入公式(t3-14-1)中计算 ζ 电势。

3. 比较不同电解质溶液的 ζ 电势，讨论电解质对聚沉值的影响。

七、思考题

1. 本实验中所用的稀盐酸的电导为什么必须和所测溶胶的电导率相等或尽量接近？
2. 电泳的速度与哪些因素有关？
3. 在电泳的测定中若不用辅助液体，把两电极直接插入溶胶中会发生什么现象？
4. 溶胶胶粒带何种符号的电荷？为什么它会带此种符号的电荷？
5. 3 种电解质对已纯化和未纯化的 $Fe(OH)_3$ 溶胶的聚沉值的影响规律是否相同？为什么？
6. 聚沉值、ξ 电势与哪些因素有关？

（董云芸编写）

拓展实验十五　表面活性剂的 Krafft 点和浊点的测定

一、实验要求

1. 掌握离子表面活性剂 Krafft 点和非离子表面活性剂浊点的测定方法。
2. 了解添加剂对非离子型表面活性剂浊点的影响。
3. 理解离子型表面活性剂 Krafft 点和非离子表面活性剂浊点的意义。

二、实验原理

离子型表面活性剂在水中的溶解度通常随温度的升高而缓慢增加，当达到某一特定温度后，溶解度突然猛增；当温度低于该温度时，表面活性剂的溶解度随之降低，这一温度成为离子型表面活性剂的临界溶解温度，又称 Krafft 点。业已证明，温度达到 Krafft 点及以上时，表面活性剂以胶束的形式溶解于水中；当温度低于 Krafft 点时，与常见的水溶性离子化合物相似，表面活性剂以单体的形式溶解。

对非离子表面活性剂，比如脂肪醇聚氧乙烯醚型（AEO_n），EO 链段与水分子之间形成分子间氢键，从而使 AEO_n 溶解于水中。随着溶液的温度的升高，分子间氢键断裂，AEO_n 的溶解度降低，当升高到某一特定温度时，浓度为 1% 的 AEO_n 水溶液可以观察到突然变浑浊的现象；当温度低于该特定温度时，溶液又可恢复澄清、透明，该温度称为非离子表面活性剂的浊点。

实践证明，Krafft 点和浊点分别是离子型和非离子型表面活性剂的特性常数之一，它从一定程度上表征了表面活性剂在水中的溶解性能。通常，Krafft 温度越低、浊点越高，分别表明离子型和非离子型表面活性剂的水溶性越好。表面活性剂本身的分子结构、外加无机盐和有机化合物等均可以影响 Krafft 点或浊点。对非离子型表面活性剂而言，无机盐的存在和极性有机化合物的添加可使浊点明显降低。测定表面活性剂的 Krafft 点和浊点的方法主要有分光光度法和沉淀法。

三、仪器与试剂

分析天平；电炉；温度计；烧杯；试管。

十二烷基磺酸钠(SLS);十二烷基苯磺酸钠(SDBS);烷基酚聚氧乙烯醚(OP-10);氯化钠。

四、实验方案

1. 离子型表面活性剂 Krafft 点的测定。

称取一定量的 SLS 于 100 mL 烧杯中,配置成 1%的水溶液,取 20 mL 配置好的上述溶液于大试管中,在水浴中加热搅拌至溶液变澄清、透明,记录此时的温度 T_1,然后在冷水中继续搅拌降温至溶液中有晶体析出,记录此时的温度 T_2。重复上述步骤 3 次,记录温度,求取平均值。

2. 非离子型表面活性剂浊点的测定。

称取一定量的 OP-10 于 100 mL 烧杯中,配置成 1%的水溶液,取 20 mL 配置好的上述溶液于大试管中,在水浴中加热,仔细观察溶液透明度的变化。当溶液出现第一丝浑浊时,记录此时的温度 T_3;继续加热至溶液完全浑浊后,停止加热,取出大试管边搅拌边冷却降温,记录溶液变澄清时的温度 T_4。重复上述步骤 3 次,记录温度,求取平均值。

3. 添加剂对非离子型表面活性剂浊点的影响。

(1) 取 20 mL 上述 OP-10 乳化剂水溶液于大试管中,加入 0.1 g 氯化钠,充分溶解后,按照步骤 2 测定该体系的浊点。

(2) 取 20 mL 上述 OP-10 乳化剂水溶液于大试管中,加入 1%的 SDBS 水溶液 1～3 滴,按照步骤 2 测定该体系的浊点,继续加入 2.5 mL 1%的 SDBS 水溶液。按照步骤 2 测定该体系的浊点。

五、注意事项

加热要慢,控温要准确,观察要仔细。

六、数据处理

1. 离子型表面活性剂 Krafft 点的数据处理(表 *t*3-15-1)。

表 *t*3-15-1　离子型表面活性剂 Krafft 点测量结果

序号	T_1(℃)	T_2(℃)	平均值
1			
2			
3			

2. 非离子型表面活性剂的浊点的数据处理。

表 *t*3-15-2　非离子型表面活性剂 Krafft 点测量结果

序号	OP-10 水溶液		加 0.1 g NaCl		加 1～3 滴 SDBS		加 1% SDBS	
	T_3(℃)	T_4(℃)	T_3(℃)	T_4(℃)	T_3(℃)	T_4(℃)	T_3(℃)	T_4(℃)
1								
2								
3								
平均值								

七、思考题

1. 分别用升温法和降温法测定的非离子表面活性剂的浊点是否存在差别？
2. 非离子表面活性剂的浊点高于 100 ℃时，如何测定？
3. 如何提高非离子表面活性剂的浊点？

（刘杰编写）

拓展实验十六　表面活性剂在固体表面吸附量的测定

一、实验要求

1. 掌握滴体积法测定溶液表面张力的基本原理。
2. 用表面张力法测定表面活性剂在固体表面上的吸附量，并判断其吸附类型。

二、实验原理

表面活性剂在固液界面上的吸附在许多过程中都起着重要的作用，如印染、洗涤、选矿、采油、医药、农药、化工等都与此密切相关，因此引起了人们的广泛兴趣。表面活性剂在固液界面的吸附会形成吸附层并导致界面自由能发生变化，进而改变体系的特征及其应用范围。研究表面活性剂在固体表面的吸附量是以固体作为吸附剂，以表面活性剂作为吸附质。

以单位质量的吸附剂所吸附表面活性剂的物质的量来表示吸附量的大小。

将一定量的活性炭固体和已知浓度的阴离子表面活性剂溶液混合在一起，充分搅拌，测定平衡后表面活性剂的浓度。表面活性剂在固液界面上富集，溶液中表面活性剂浓度降低，可以根据浓差法计算单位质量的吸附剂吸附表面活性剂的物质的量，即：

$$\Gamma=\frac{\Delta n_2}{m}=\frac{V(c_0-c)}{m} \tag{t3-16-1}$$

式中：Δn_2 为吸附前后溶质在溶液中的物质的量之差，也是被吸附量；V 是溶液的体积；c 和 c_0 是吸附前后溶质在溶液中的浓度；m 为吸附剂的质量。

想要准确测定表面活性剂在固体上的吸附量，需要准确测定吸附前后表面活性剂在溶液中的浓度，然后以吸附量为纵坐标，以溶液的平衡浓度为横坐标，绘制吸附等温线，判断吸附等温线的类型。

吸附前后表面活性剂在溶液中的浓度差可以通过表面张力法进行测定，具体做法是：先作表面活性剂溶液表面张力对浓度的标准曲线，待吸附平衡后测定溶液的表面张力，从标准曲线上读出它的浓度值，根据吸附前后的浓度差计算吸附量 Γ。表面张力的测定可以用最大气泡法或滴体积法。

三、仪器与试剂

最大气泡法表面张力仪 1 台；滴体积法仪器（图 $t3$-16-1）；洗耳球 1 个；移液管；分析天平。

活性炭；水；阴离子表面活性剂十二烷基硫酸钠。

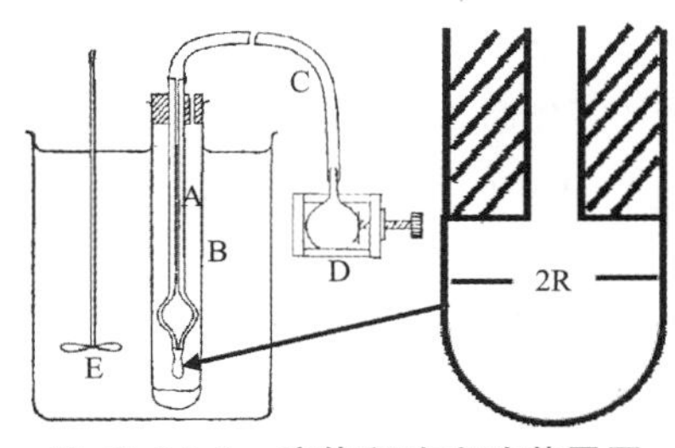

图 t3-16-1　滴体积法实验装置图

四、实验方案

1. 配制 8 份浓度不等的十二烷基苯磺酸钠溶液。

2. 用最大气泡法或滴体积法测定表面活性剂溶液的表面张力，绘制标准曲线。

3. 配制一定体积、一定浓度的表面活性剂溶液，称取一定质量的吸附剂活性炭加入溶液中，充分搅拌 10 min，静置，测定溶液的表面张力，在标准曲线中确定溶液的浓度。

五、注意事项

1. 绘制工作曲线时，溶液的浓度应尽可能准确。

2. 测定固体的吸附量时，应静置足够长的时间，计算平衡吸附量。

六、数据处理

1. 记录不同浓度溶液的表面张力。

2. 测定固体吸附后溶液的平衡浓度，计算吸附量。

3. 绘制吸附等温线。

七、思考题

1. 测定溶液的表面张力除了最大气泡法，还有哪些方法？

2. 分析本实验的误差来源。

参考文献

1. 朱文涛. 物理化学(上册)[M]. 北京：清华大学出版社，1995.
2. 贺德华，麻英，张连庆. 基础物理化学实验[M]，北京：高等教育出版社，2008.
3. 张洪林，杜敏，魏西莲，等. 物理化学实验[M]. 青岛：中国海洋大学出版社，2009.
4. 傅献彩，沈文霞，姚天扬，等. 物理化学[M]. 5 版. 北京：高等教育出版社，2005.
5. 郭鹤桐，覃奇贤. 电化学教程[M]. 天津：天津大学出版社，2000.
6. 印永嘉，奚正楷. 物理化学简明教程[M]. 4 版. 北京：高等教育出版社，2006.
7. 杨辉，卢文庆. 应用电化学[M]. 北京：科学出版社，2002.
8. 郭鹤桐，覃奇贤. 电化学教程[M]. 天津：天津大学出版社，2000.
9. 李荻. 电化学原理(修订版)[M]. 北京：北京航空航天大学出版社，2002.
10. 杨辉，卢文庆. 应用电化学[M]. 北京：科学出版社，2002.
11. 刘永辉. 电化学测试技术[M]. 北京：北京航空航天学院出版社，1937.
12. 复旦大学. 物理化学实验[M]. 上海：复旦大学出版社，1979.
13. 郭鹤桐，覃奇贤. 电化学教程[M]. 天津：天津大学出版社，2000.

14. 刘志明,吴也平,金丽梅.应用物理化学[M].北京:化学工业出版社,2009.

15. 杨辉,卢文庆.应用电化学[M].北京:科学出版社,2002.

16. 刘勇健,孙康.物理化学实验[M].北京:中国矿业大学出版社,2005.

17. 王舜.物理化学组合实验[M].北京:科学出版社,2011.

18. 姚光伟,平宇.物理化学实验[M].北京:中国农业出版社,2003.

19. 胡惠康,许新华,赵国华.电动势法研究甲酸溴化反应动力学[J].实验室研究与探索,2002,21(2):58-59.

20. 秦保罗,郭振铎,于秀兰.甲酸的氧化反应动力学[J].大学化学,1989,4,(2).

21. 罗澄明,向明礼.物理化学实验.4版[M].北京:高等教育出版社,2004.

22. 傅献彩,沈文霞,姚天扬.物理化学[M].北京:高等教育出版社,2006.

23. 赵国玺,朱步瑶.表面活性剂作用原理[M].北京:中国轻工业出版社,2003.

24. 刘雪峰.表面活性剂、胶体与界面化学实验[M].北京:化学工业出版社,2017.

25. 崔正刚.表面活性剂、胶体与界面化学基础[M].北京:化学工业出版社,2013.

26. Z Chu, Y Feng. Empirical correlations between Krafft temperature and tail length for amidosulfobetaine surfactants in the presence of inorganic salt[J]. Langmuir, 2012, 28: 1175-1181.

27. M Ható, K Shinoda. Krafft points of calcium and sodium dodecylpoly(oxyethylene) sulfates and their mixture[J]. J. Chem. Phys. 1973, 77, 378-381.

28. 杨文治.物理化学实验技术[M].北京:北京大学出版社,1992.

(刘彩华编写)

第四部分　创新实验

创新实验一　化学反应热的测定

一、实验设计要求

1. 通过本创新实验的设计，能够进一步掌握化学反应热的不同测量方法。

2. 能够对所有化学反应热的测定方法进行合理筛选并进行实验设计。

二、实验设计原理

热力学数据的一个重要来源是量热实验，如燃烧热、溶解热、生成热、相变热等均是通过量热实验得到的。对于一个化学反应体系，如要获得反应的热效应，除了根据盖斯定律，利用已知各物质的摩尔焓变进行计算以外，还需要根据反应物的状态进行合理的路径设计。一般有下列几种方法。

1. 利用燃烧焓求算化学反应热效应。

对于一些纯有机化合物(固态或液态)，可以通过测定化合物的燃烧焓来进行求算。如基础实验十和拓展实验十，利用环境恒温量热计测量纯物质的恒容燃烧焓，并计算得到化学反应热效应。若设计石油系列产品的反应热效应测量，那么测量液态样品时，与固体试样压片的方式测定燃烧热不同，液态试样可以通过以下几个方式进行实验。

(1) 采用内径 4 mm 的聚乙烯塑料管(供制备安瓿瓶封样用)。

(2) 胶片封样。

(3) 药用胶囊。

因此，测量石油产品的燃烧焓，可以先用聚乙烯塑料管(图 4-1-1a，图 4-1-1b)制作下面的液体瓶。先测定聚乙烯塑料安瓿的燃烧热，作为修正值。方法同基础实验十。

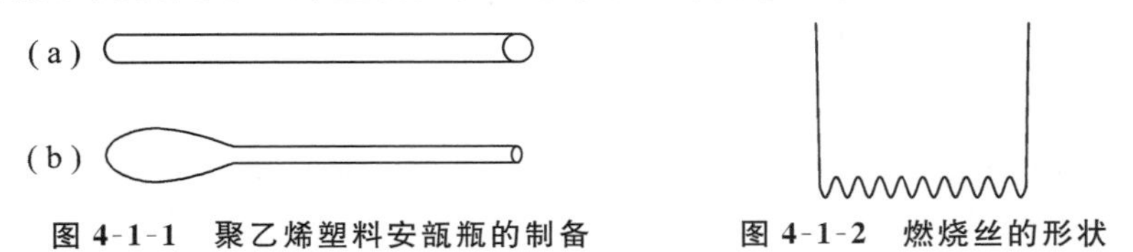

图 4-1-1　聚乙烯塑料安瓿瓶的制备　　图 4-1-2　燃烧丝的形状

甲醇燃烧反应反应热的测量。

$$CH_3OH(l)+3/2O_2(g)=\!=\!=CO_2(g)+2H_2O(g)$$

要测定反应热可以用氧弹式量热计测出 $CH_3OH(l)$ 的热烧热 Qv，即上述反应的等容燃烧热，然后再利用公式 $Q_p=Qv+\Delta nRT$ 计算出 Q_p，再利用各物质的摩尔焓计算出反应热(25℃，101 kPa 时 1 g 甲醇完全燃烧生成 CO_2 和液态 H_2O，同时放出 22.68 kJ 热量)。

2. 利用测定饱和蒸汽压的方法也可以求出上述反应的热效应。

对于上述反应，根据水的饱和蒸汽压的测量方法，先测量出不同温度下水的饱和蒸汽压，按照公式 $\ln p=-\frac{\Delta_r H_m}{R}\cdot\frac{1}{T}+C$，用图解法(基础实验一)求出平均摩尔汽化热。再根据化学热力学原理，由公式 $\Delta H=Q_p+\Delta_r H_m$ 即可计算出该体系的反应热。

3. 利用溶解热求算化学反应热效应。

对于一些水合反应如 $CaO + H_2O = Ca(OH)_2$，可以根据溶解过程中反应放出的热量，利用基础实验二和七的仪器进行测定，然后根据放出的热量计算化学反应热效应。

对于一些置换反应，如 $Zn + CuSO_4 = Cu + ZnSO_4$ 等，也可以利用上述仪器进行实验测定，设计思路如下。

恒压条件下，$Q_p = \Delta_r H_m$。1 mol 锌置换 1 mol 硫酸铜溶液中的铜离子时，可释放 $\Delta_r H_m = 216.8\ \text{kJ} \cdot \text{mol}^{-1}$ 的热量。根据能量守恒定律，反应放出的热量促使反应体系的温度升高。因此，该反应的热效应与溶液质量(m)、溶液比热(C)和反应前后体系的温度变化(ΔT)的关系为：

$$Q_p = -(Cm\Delta T + K\Delta T) \tag{4-1-1}$$

式中：K 为量热计的热容量，即量热计自身每升高 1℃ 所吸收的热量。由溶液的密度(ρ)和体积(V)可得溶液的质量：$m = \rho V$。

若上述反应以每摩尔锌置换铜离子时所放出的热量(千焦)来表示，由公式(4-1-1)得到：

$$\Delta_r H_m = Q_p / n = 1/1000n(C\rho V + K)\Delta T \tag{4-1-2}$$

式中：n 为 V mL 溶液中物质的量。

热量计的热容量：热量计中首先加入温度为 T_1、质量为 W_1 的冷水，再加入温度为 T_2、质量为 W_2 的热水，二者混合后水温为 T，则热量计测得的热为 $q_0 = (T - T_1)K$。冷水得到的热量为 $q_1 = (T - T_1)W_1 C_{水}$。热水失去的热量为 $q_2 = (T_2 - T)W_2 C_{水}$。因此：$q_0 = q_2 - q_1$。综合以上四式可得热量计的热容量为：

$$K = C_{水}\ W_2 - (T_2 - T_1) - W_1(T - T_1)/(T - T_1) \tag{4-1-3}$$

式中：$C_{水}$ 为水的比热。

若热量计本身所吸收的热量忽略不计，则式(4-1-2)可以转化为：

$$\Delta_r H_m = Q_p / n = -C\rho V \Delta T / 1000n \tag{4-1-4}$$

实验的关键在于能否准确测定 T，因此本实验除了精确观察温度外，还要对影响温差的因素进行校正；然后以温度 T 对时间 t 作图，绘制 T-t 曲线。

4. 利用分解热或相变热得到化学反应的热效应。

对于一些化合物的热分解过程，可以用差示扫描量热仪在惰性气氛下通过测定 DSC 曲线求出的分解(或相变)热得到一些反应的热效应。如在不同气氛(He、O_2)条件下，通过测定草酸钙($CaC_2O_4 \cdot H_2O$)的热分解过程，用 DSC 峰面积确定反应 $CO + 1/2O_2 \longrightarrow CO_2$ 的热效应。

参考文献

1. 张洪林，杜敏，魏西莲，等. 物理化学实验[M]. 青岛：中国海洋大学出版社，2012.
2. 北京大学，等校. 物理化学实验[M]. 4 版. 北京：北京大学出版社，2002.
3. 孙尔康，徐维清，邱金恒. 物理化学实验[M]. 南京：南京大学出版社，1998.
4. 山东大学，等校. 物理化学实验[M]. 北京：化学工业出版社，2016.
5. 罗澄明，向明礼. 物理化学实验[M]. 4 版. 北京：高等教育出版社，2004.
6. 复旦大学，等. 物理化学实验[M]. 3 版. 北京：高等教育出版社，1983.

(陈宝丽编写)

创新实验二　综合热分析

一、实验设计要求

1. 了解综合热分析仪的基本构造、原理和方法。

2. 掌握综合热分析测试技术，学会对所得图谱进行分析和计算。

二、实验设计原理

物质在加热过程中的某一特定温度下，往往会发生物理、化学变化并伴随有吸、放热现象。综合热分析是指几种单一的热分析方法相互结合组成多元的热分析，也就是将各种单一功能的热分析仪相互组合在一起变成多功能的综合热分析仪，如差热（DTA）—热重（TG）、差示扫描（DSC）—热重（TG）、差热（DTA）—热重（TG）—微商热重（DTG）等。因此，利用综合热分析，可以在一次实验中同时获得样品的多种热变化信息，与单一的热分析相比具有极大的优越性。

在解释综合热分析时，有一些基本的规律可以参考：

（1）有吸热效应，伴有失重时，为脱水或分解过程；有放热效应，伴有增重时，为氧化过程。

（2）有吸热效应，无质量变化时，为晶型转变过程。

（3）有放热效应，伴有收缩现象，表示有新物质生成。

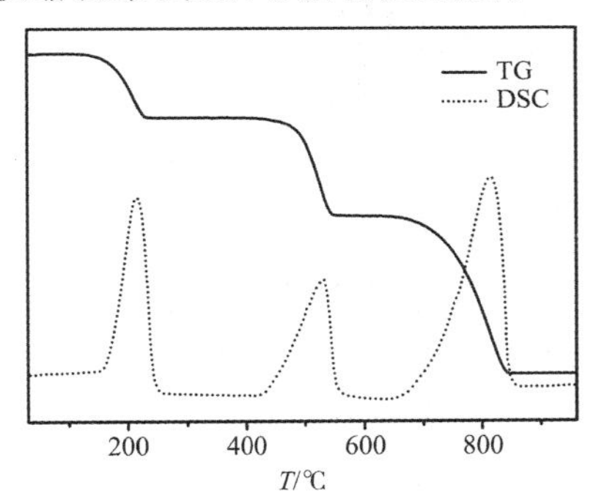

图 4-2-1　草酸钙的综合热分析曲线

例如，图 4-2-1 表示出了草酸钙的 TG-DSC 综合热分析曲线，它包括失重曲线（TG）和差示扫描曲线（DSC）。根据 TG 曲线可知，$CaC_2O_4 \cdot H_2O$ 有三个非常明显的失重阶段：第一个阶段表示水分子的失去；第二个阶段表示 CaC_2O_4 分解为 $CaCO_3$；第三个阶段表示 $CaCO_3$ 分解为 CaO。从 DSC 曲线上可以看出。$CaC_2O_4 \cdot H_2O$ 有三个向上的峰，分别表示 $CaC_2O_4 \cdot H_2O$ 热分解时发生了三个吸热反应。所以，DSC 反映的是所测试样在不同的温度范围内发生的一系列伴随着热现象的物理或化学变化。换言之，凡是有热量变化的物理和化学现象都可以借助差式扫描热分析的方法来进行精确的分析，并能定量地加以描述。

草酸钙的热分解过程有如下三步。

$$CaC_2O_4 \cdot H_2O(s) \xrightarrow{\triangle} CaC_2O_4(s) + H_2O(g) \qquad \Delta H_1 > 0 \qquad (4\text{-}2\text{-}1)$$

$$CaC_2O_4(s) \xrightarrow{\triangle} CaCO_3(s) + CO(g) \qquad \Delta H_2 > 0 \qquad (4\text{-}2\text{-}2)$$

$$CaCO_3(s) \xrightarrow{\triangle} CaO(s) + CO_2(g) \qquad \Delta H_3 > 0 \tag{4-2-3}$$

通过综合热分析仪也可以测定硫酸铜在加热过程中的热效应和失重情况。

参考文献

1. 刘振海. 热分析导论[M]. 北京：化学化工出版社，1991.
2. 陈镜弘，李传儒. 热分析及其应用[M]. 北京：科学出版社，1985.
3. 神户博太郎. 热分析[M]. 刘振海，等，译. 北京：化学工业出版社，1982.

（张庆富编写）

创新实验三　日化产品流变性能的测定

一、实验设计要求

1. 测定不同日化产品的流变性能。
2. 掌握测定流体稳态黏度和频率扫描曲线的方法。
3. 了解牛顿流体和非牛顿流体的基本性质和流变性能。

二、实验设计原理

流变学是研究物质在外力作用下发生形变和流动的科学，研究对象主要是流体，还有软固体或者在某些条件下固体可以流动而不是弹性形变，它适用于具有复杂结构的物质。因此，一切具有流动的物质都可以用流变学来研究其黏弹行为。

流变性是指物质在外力作用下的变形和流动性质，主要指加工过程中应力、形变、剪切速率和黏度之间的联系。流体的黏性不同，施加于流体上的剪切应力与剪切速率之间的定量关系也不同。流体可分为牛顿流体和非牛顿流体。牛顿流体是指在受力后极易变形，且剪切应力与剪切变形速率成正比的低黏性流体。凡不同于牛顿流体的都称为非牛顿流体。根据不同的流变行为，非牛顿流体又分为剪切变稠型、剪切变稀型、假塑型、塑性型、触变型以及震凝型流体等类型。

如果是牛顿流体，一般会符合 Maxwell 流体行为，具有单一的应力松弛时间 τ_R，弹性模量 G'，黏性模量 G'' 与振荡频率有如下关系。

$$G' = \frac{(\omega\tau_R)^2}{1+(\omega\tau_R)^2} G'_\infty \tag{4-3-1}$$

$$G'' = \frac{\omega\tau_R}{1+(\omega\tau_R)^2} G'_\infty \tag{4-3-2}$$

$$\tau_R = \frac{\eta_0}{G'_\infty} \tag{4-3-3}$$

式中：η_0 为零剪切黏度（即延长稳态曲线到剪切速率为零时的黏度）；τ_R 为体系结构的松弛时间，G'_∞ 为高频率时弹性模量的平台值，该值可从流变实验的 $G' \sim \omega$ 曲线获得。G'_∞ 和 τ_R 是表征动态流变的两个特征参数。

对于 Maxwell 流体，G' 和 G'' 频率交点（ω_c）的倒数可以表示 τ_R，即 $\tau_R = 1/\omega_c$。当 $G'' > G'$ 时，体系表现出似液体性质；当 $G' > G''$ 时，则表现为似固体性质。

表面活性剂被称为“工业味精”，因具有洗涤、乳化、发泡、湿润、浸透和分散等功能而在日化产品中得以广泛应用。表面活性剂的一端是非极性的碳氢链，与水的亲和力极小，常称疏水基；另一端则是极性基团（如—OH、—COOH、—NH_2、—SO_3H 等），与水有很大的亲和力，故称亲水基，总称“双亲分子”（亲油亲水分子）。为了达到稳定，表面活性剂溶于水时，可以采取两种方式：在液面形成单分子膜或在溶液中形成胶束。随着表面活性剂浓度的增加或与添加剂形成的混合比例组成变化，表面活性剂溶液可以形成不同的有序聚集体，如胶束（球状、棒状、蠕虫状）、乳液、溶质液晶以及凝胶等，聚集体结构不同，则其表现出的流变行为也不同。表面活性剂的流变特性关系到产品在使用时的黏性、弹性、可塑性、润滑性、分散性和光泽性等一系列物理特性；也关系到这些产品在生产时对输送、混合和填充等一系列工艺设备上的要求。因此，研究日化产品中表面活性剂溶液的流变性能具有重要的工业价值。

日化产品的流变测试主要通过流变仪（MCR 302）完成。首先选取不同的日化产品作为研究对象，如洗发水、护发素、洗面奶等，然后进行流变测量。先对样品进行应力扫描，扫描频率为 1 Hz，范围为 0.03～1000 Pa。在应力扫描结果的线性黏弹区域中先选取合适的应力值，再对样品进行频率扫描，角频率范围为 0.01～600 rad・s^{-1}。在稳态剪切实验中，剪切速率的范围是 0.01～600 s^{-1}。通过对这些日化产品的蠕变实验应力松弛试验以及动力学实验测量，然后根据公式（4-3-1）～（4-3-3），可以得到很多相关参数，如流体的零剪切黏度、屈服应力、蠕动时间、松弛时间等。

参考文献

1. [法] R 赞恩. 表面活性剂研究新方法[M]. 唐善彧，程绍进，陈立滇，译. 北京：石油工业出版社，1992.

2. C H Han，Y Guo，X X Chen. et al. Phase behaviour and temperature-responsive properties of a gemini surfactant/Brij-30/water system [J]. Soft Matter，2017，13：1171-1181.

3. X L Wei，C L Han，P Geng，et al. Thermo-responsive properties driven by hydrogen bonding in aqueous cationic gemini surfactant systems[J]. Soft Matter，2016. 12：1558-1566.

4. Y Guo，X X Chen，Q Sang，et al. Comparative study of the viscoelastic micellar solutions of R_{16}HTAC and CTAC in the presence of sodium salicylate[J]. Journal of Molecular Liquids，2017. 234：149-156.

（李静编写）

创新实验四　表面活性剂有序聚集体的构筑及性能测定

一、实验设计要求

1. 掌握表面活性剂有序聚集体的构筑方法。
2. 掌握用紫外分光光度计测量表面活性剂临界胶束浓度（CMC）的方法和原理及紫

外分光光度计的使用方法。

3. 通过本创新实验训练，要求能利用紫外分光光度计测定出某一表面活性剂的 CMC。

二、实验设计原理

表面活性剂在工农业生产的各个方面如日用化工、食品工业及三次采油中的应用已得到广泛而深入的研究。随着材料科学、生命科学研究的兴起与发展，表面活性剂因其在水溶液中丰富多彩的自聚集行为，使其在这些学科的研究中充当了重要角色。表面活性剂溶于水后，能显著降低水的表面张力，这种性质称为表面活性。这与表面活性剂分子结构有关，其特点是分子具有两亲性，即一个分子既含有疏水基团又含有亲水基团。在水溶液中，由于表面活性剂的两亲特性，其疏水部分倾向于离开水相，亲水部分倾向于留在水相，故表面活性剂分子会聚集在气-液界面发生定向单分子层排列，疏水基团伸向空气，亲水基团朝向水相，从而使溶液的表面张力降低。当表面活性剂溶液达到一定浓度时，表面活性剂达到饱和吸附，即溶液表面被一层定向排列的表面活性剂分子完全覆盖。此时，即使再增加浓度，表面上也不能再容纳更多的分子，表面浓度达最大值。若继续增大体系的浓度，表面活性剂分子将在溶液内部由于疏水作用发生自聚集，形成各种各样的聚集体，若形成胶束，则称为临界胶束浓度 CMC(critical micelle concentration)。胶束有球形、棒状、盘状、层状、蠕虫状等多种形态。

随着表面活性剂浓度的增加或在表面活性剂溶液中加入无机盐、脂肪醇、高聚物或异种表面活性剂(如在阳离子表面活性剂溶液中加入阴离子型、非离子型、两性型等)，体系内可以形成各种不同的分子聚集体。由于这些聚集体分子排列有序，所以常把它们称为分子有序组合体或有序分子聚集体。目前所发现的聚集体有棒状或蠕虫状胶束、囊泡(vesicle)、传统层状相、液晶、海绵相等。形成的这些聚集体结构形态各异，并具有各式各样的、独特的功能和性质。它们的共同特点都是由表面活性剂分子亲水基团朝向水相，疏水基团远离水相并聚集在一起。不同的聚集体有不同的研究方式。

CMC 对于表面活性剂的应用是一个非常重要的物理量。本实验设计用紫外分光光度法测定表面活性剂的临界胶束浓度(CMC)。原则上，表面活性剂物理化学性质的突变皆可用来测定表面活性剂的 CMC。研究方法有表面张力法、电化学方法、染料法、最大气泡法、吊片法、吊环法、滴体积法、旋滴法、微量热法、光散射法等。其中，染料法是确定表面活性剂 CMC 值的一种简单、准确的有效方法之一。可测定多种表面活性剂，特别是混合表面活性剂的 CMC 值。但该方法的关键是寻找一种染料，利用染料在水中未被加溶时与在表面活性剂胶束溶液中被加溶时，其颜色或吸收光谱有很大的差异，利用这一特点来测定表面活性剂的 CMC。

例如，频哪氰醇溶液为紫红色，被表面活性剂增溶后成为蓝色。所以只要在大于 CMC 的表面活性剂溶液中加入少量染料，然后定量加水稀释至颜色改变即可判定 CMC 值。采用染料法测定 CMC 可因染料的加入影响其测定的精确性，尤其对 CMC 较小的表面活性剂的影响更大。另外，当表面活性剂中含有无机盐及醇时，测定结果也不甚准确。

本设计利用频哪氰醇氯化物(pinacyanol chloride，相对分子质量为 388.5)在月桂酸钾水溶液形成胶束后，吸收光谱的变化测定临界胶束浓度。频哪氰醇氯化物在水中的吸收谱带在 520 nm 和 550 nm 左右，当加入到浓度高于 2.3×10^{-2} mol · dm^{-3} 的月桂酸钾水溶液中(浓度要估计大于月桂酸钾的 CMC 值)时，吸收光谱发生变化，原有的 520 nm

和 550 nm 的吸收带消失。与此同时，570 nm 和 610 nm 的吸收谱带增强，后面的两个谱带是该染料在有机溶剂中如丙酮中的谱线特征，因此可通过此吸收光谱的变化来测定月桂酸钾的 CMC 值。具体可先通过波长扫描，得到频哪氰醇氯化物在水中及丙酮中的吸收峰以及在月桂酸钾溶液中的特征吸收峰；然后在特定波长下，测定含固定浓度染料的不同浓度表面活性剂溶液中吸光度 $A \sim c$ 图，由曲线的突变点求出 CMC 值。

查阅文献后思考一下，除了频哪氰醇氯化物外，还可以选用哪些染料进行本实验的数据测定？

查阅文献了解对于其他有序聚集体可利用哪些方法进行研究。

参考文献

1. 刘雪峰. 表面活性剂、胶体与界面化学实验[M]. 北京：化学工业出版社，2017.

2. A Dominguez, A Fernández, N González, et al. Determination of critical micelle concentration of some surfactants by three techniques[J]. J. Chem. Educ., 1997, 74: 1227-1231.

3. 董姝丽，吴华双，刘德珍. 紫外吸收分光光度法测定表面活性剂的临界胶束浓度[J]. 分析测试技术与仪器，1996，2：33-37.

4. 姜文清，郝京诚. 水相和特殊介质中有序聚集体的结构、性质和应用[J]. 日用化学工业，2008，38：258-266.

5. 赵国玺，朱步瑶. 表面活性剂物理化学[M]. 北京：北京大学出版社，1990.

（刘杰编写）

创新实验五　微量热法测定表面活性剂的 CMC

一、实验设计要求

1. 掌握等温滴定微量热计(ITC)测量表面活性剂 CMC 的方法和原理。

2. 了解 TAM IV 型等温滴定微量热计的使用方法。

3. 通过本创新实验训练，要求能利用 ITC 设计出发生热量传递的任何溶液体系的测量方案。

二、实验设计原理

表面活性剂临界胶束浓度(CMC)对于表面活性剂的应用是一个非常重要的物理量。原则上，表面活性剂物理化学性质的突变皆可利用来测定表面活性剂的 CMC。ITC 也是确定表面活性剂 CMC 值的一种准确的、有效的方法。它是用一种反应物滴定另一种反应物，通过所加入的滴定剂的数量的变化来测量反应体系温度变化的实验。它通过高灵敏度、高自动化的微量量热仪连续、准确地监测和记录一个变化过程的量热曲线，原位、在线和无损伤的同时提供热力学和动力学信息。目前该技术已经成为鉴定生物分子间相互作用的首选方法，并广泛应用于胶体界面化学领域。

表面活性剂滴入水中经典的原始量热信号如图 4-5-1 所示，从而得到的表观焓对表面活性剂浓度的量热曲线如图 4-5-2 所示。通常表面活性剂的稀释曲线为经典的 S 状，当注射器中的胶束溶液滴入安瓿瓶后，此时安瓿瓶中表面活性剂的浓度未达到临界胶束的浓度，每滴对应着较大的胶束解离热。随着滴定的不断进行，当安瓿瓶中表面活性剂浓度达到 CMC 时，滴入的胶束不再解离，每滴对应着较小的胶束稀释热，因此在 CMC 附近出现了热量的明显变化过程，这有助于确定表面活性剂的 CMC。CMC 值可以通过微分曲线中的极值求得，胶束形成的焓(ΔH_m)通过 CMC 前后水平段的焓的差值求得，如图 4-5-2 所示。这也是 ITC 的优点之一，即可以直接得到胶束形成焓，这是其他任何方法都不能够比拟的。

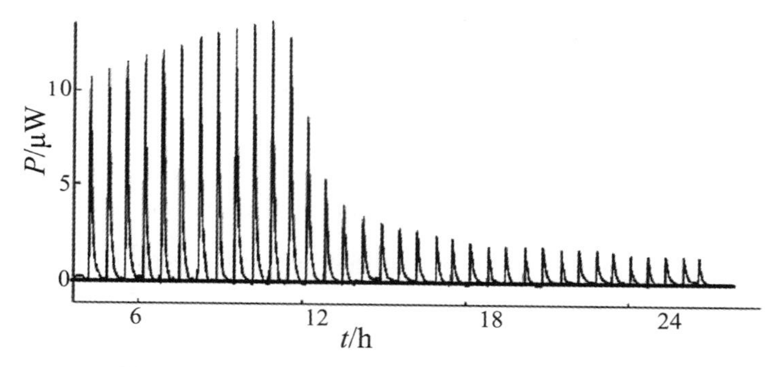

图 4-5-1 典型表面活性剂滴定水的热功率-时间曲线

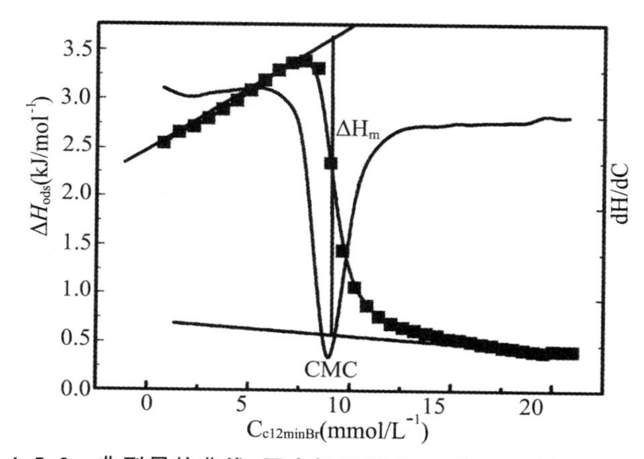

图 4-5-2 典型量热曲线，图中标示出 CMC 和 ΔH_m 的确定方法

参考文献

1. J Liu, L Q Zheng, D Z Sun, et al. Salt effect on the complex formation between 1-dodecyl-3-methylimidazolium bromide and sodium carboxymethyl cellulose in aqueous solution[J]. Colloids Surf. A, 2010, 358: 93-100.

2. J Liu, Q Zhang, Y Huo, et al. Interactions of two homologues of cationic surface active ionic liquids with sodium carboxymethylcellulose in aqueous solution[J]. Colloid Polym. Sci., 2012, 290:1721-1730.

3. J Liu, D Z Sun, X L Wei, et al. Interaction between 1-dodecyl-3-methylimidazolium bromide and sodium carboxymethyl cellulose in aqueous solution: effect of polymer concentration[J]. J. Dispersion Sci. Technol., 2012, 33:5-14.

(刘杰编写)

创新实验六　循环伏安法测定表面活性剂的临界胶束浓度

一、实验设计要求

1. 了解用表面活性剂测定 CMC 的电化学方法。

2. 掌握吸附伏安法测量表面活性剂 CMC 的方法和原理。

3. 掌握伏安仪的使用方法。

4. 通过本创新实验训练，要求能利用不同伏安仪设计出任意表面活性剂单纯及混合体系 CMC 的测量方案。

二、实验设计原理

创新实验四中提到，在表面活性剂的性能研究中，CMC 是一个不可缺少的最基本的重要参数，其测量方法较多，如表面张力法、染料法、电化学法等。其中，电化学法有电导法、电极电势法、伏安法，但伏安法多采用的是固体电极，探针为 N，N-2 二乙基 232 甲基对苯二胺。文献[1-2]中使用了悬汞电极（HMDE），探针为中性红，避免了固体电极的表面污染，且重现性好、效果明显，测定结果与用表面张力法和电导法测定的结果吻合。本创新实验的基本原理是：使用易溶于有机溶剂但微溶于水的氧化还原指示剂——中性红为探针，NaCl 作为支持电解质，当表面活性剂浓度不断增加时，溶液中微量浓度的中性红在 HMDE 电极上的吸附峰电流（i_p）从基本不变到急剧减小（图 4-6-2），暗示表面活性剂在临界胶束浓度时，溶液中相当一部分中性红分子溶入胶束内部，使胶束外的中性红浓度明显降低。这是由于吸附伏安峰电流的大小是随中性红分子在电极上的吸附多少而变化的，所以在突变点的表面活性剂浓度即为表面活性剂的 CMC。

存在于表面活性剂中的中性红，在 CMC 之前，其伏安曲线不受溶液配制时间长短的限制，但当表面活性剂溶液形成胶束后，中性红的伏安曲线峰值就随溶液放置时间的长短而变化，直至达到平衡状态，因此，必须使中性红在胶束内外达到平衡后，才能测定其峰电流。因此，实验要测定表面活性剂与中性红的平衡时间，配制好的中性红-NPB 溶液须在恒温条件下放置 15 h 以后再测定伏安曲线，以使结果可靠。

电极反应具有吸附性和可逆性的特点。

1. 吸附性和可逆性。

图 4-6-1 是阳离子表面活性剂 CTAB 为 2×10^{-3} mol·dm^{-3}时，不同扫描速度的循环伏安图。由图 4-6-1 可知，随扫描速度的增大，峰电流增大。还原峰电势与扫描速度有关，随扫描速度的增大而产生负移，但峰的形状不随扫描速度而改变。峰电流与扫描速度有线性关系，可以求出 $\log i_p$-$\log V$ 图的直线斜率，且实验表明峰电流与富集时间的关系呈现Langmuir吸附等温线形式，这些都是吸附物发生还原反应的明显特征。从图 4-6-1 还可以看出，还原峰电势与氧化峰电势之差 ΔE，随扫描速度的增大而增大，当 V 为 80 mV·s^{-1}时，ΔE 为 67 mV，说明吸附在电极上的中性红的还原反应是不可逆的。可能有的活性剂体系表现为还原反应是可逆的，具体表现为还原峰电势与氧化峰之间无电势差。

2. 电极过程。

由于被吸附在 CTAB 上的中性红还原过程是不可逆的，则设电极反应是：

$$NR + n'H^{+} + ne \longrightarrow NR' \qquad (4\text{-}6\text{-}1)$$

NR、NR'分别表示中性红的氧化型和还原型，n'、n 分别表示每一分子中性红还原所需要的质子数和电子数。根据式(4-6-1)，由中性红电势-pH 图、Nernst 公式和半峰宽法，求出电极反应的电子数和质子数均为 2，所以电极过程由以下步骤组成。

$$NR + Hg \Leftrightarrow NR(ads)(Hg)(\text{表面活性剂}) \qquad (4\text{-}6\text{-}2)$$

$$NR(ads)(Hg) + 2H^{+} + 2e \longrightarrow nR'(ads)(Hg)(\text{电极反应}) \qquad (4\text{-}6\text{-}3)$$

$$NR'(ads)(Hg) \Leftrightarrow NR'(\text{产物解析}) \qquad (4\text{-}6\text{-}4)$$

图 4-6-2 为恒定中性红浓度时，不同浓度表面活性剂溶液的峰电流对 C_{CTAB}的曲线。曲线的转折点浓度即为 CMC。

实验用多阶自动新伏安仪包括 x-y 函数记录仪、三电极体系(由 SH24 型悬汞电极、饱和甘汞电极和铂电极构成)、超级恒温槽、酸度计、恒温培养箱和电导率仪等实验，也可用电化学综合测试仪测定。用 3∶2 的乙醇水溶液配制 5×10^{-4} mol · dm^{-3}的中性红溶液，同时配制一系列含有 4×10^{-6} mol · dm^{-3}中性红的表面活性剂溶液于一定温度的恒温培养箱中放置 24 h 以上，测定伏安曲线。将中性红-表面活性剂溶液移入电解池恒温 10 min，用高纯氮气除氧后，将悬汞电极置于一定的电势下，并不断搅拌，富集若干时间后，以一定的扫描速度向阴极方向扫描，同时记录下伏安曲线。

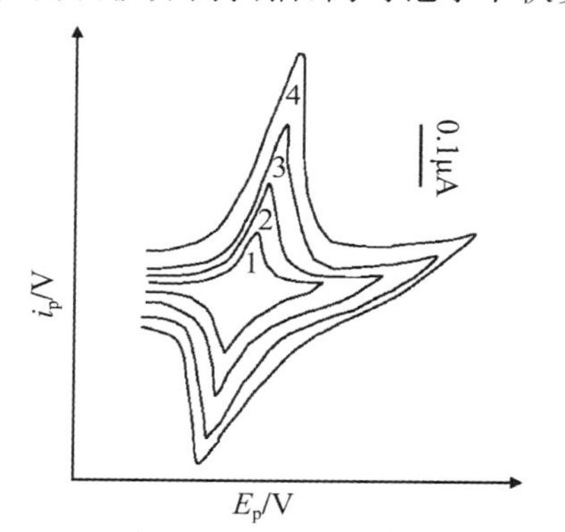

图 4-6-1 不同扫描速度的中性红循环伏安图

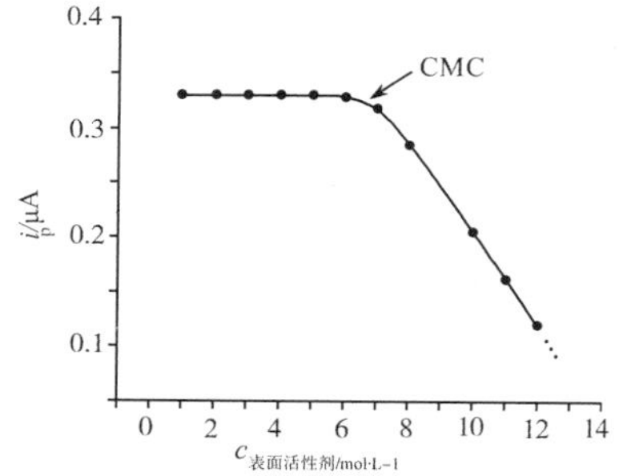

图 4-6-2 在存在中性红的条件下，不同浓度表面活性剂溶液的峰电流

参考文献

1. 孙德志，赵敬中，魏西莲，等. 吸附伏安法测定表面活性剂的临界胶束浓度[J]. 分析测试学报，1994，13:63-66.

2. 魏西莲，赵敬中，尹宝霖，等. 吸附伏安法测定阳离子表面活性剂的临界胶束浓度[J]. 化学试剂，1998，(3):56-78.

3. 赵国玺. 表面活性剂物理化学[M]. 北京：北京大学出版社，1984.

4. 钱锡兴. 用离子选择性电极测定阴离子表面活性剂的临界胶束浓度[J]. 化学通报，1987，(2):35-36.

（魏西莲编写）

创新实验七　膜电势法测定电解质溶液的活度系数

一、实验设计要求

1. 理解用膜电势法测定电解质溶液平均离子活度系数的原理。

2. 选择合适的半透膜和电解质溶液，利用精密电位差计测定某 1-1 型电解质溶液的平均离子活度系数。

二、实验设计原理

膜电势是一种相间电势。若用一种特殊的膜将两种不同的电解质分开（在溶剂相同的条件下），则在膜两边的两溶液间会产生带电粒子的转移，待转移达到平衡后，会产生电势差。由于在膜中和在溶液中离子迁移情况不同，所以用膜将两溶液隔开产生的电势差和通常所说的液接电势不同，通常把这种电势差称为膜电势。用膜电势测定电解质溶液的平均粒子活度系数的方法仅适用于膜两边的溶液中含有相同正离子（或负离子）的情况。

膜可以是固体的也可以是液体的。有的能让离子通过，如细胞膜和渗透膜；有的不能让离子直接通过，如玻璃膜。无论何种类型的膜，其膜电势是不能单独直接测定出来的，但可以通过测定原电池的电动势进行计算。例如：

电极 A|溶液(1)|膜|溶液(2)|电极 B

（A 电极电势）　　（膜电势）　（B 电极电势）

其中，膜电势是膜两边溶液(1)和溶液(2)之间的相间电势差。设 A，B 电极为同一可逆参比电极（如饱和甘汞电极），两种溶液的溶质为同一种电解质，但浓度不同，上述原电池就为一浓差电池。膜的各个部分组成和结构完全相同和均匀，此原电池的膜电势就像浓度一样与溶液中离子的浓度（活度）相关。

$$E_{膜}=\frac{RT}{ZF}\ln\frac{a_{(1)}}{a_{(2)}} \tag{4-7-1}$$

式中：$E_{膜}$ 为膜电势；Z 为电荷数（或溶液中离子的价态）；F 为法拉第常数；R 为摩尔气体常数；T 为热力学温度；$a_{(1)}$，$a_{(2)}$ 分别为两溶液中同种离子的浓度（实际应为活度），其中一种溶液为已知离子浓度（活度）的标准溶液，而膜的另一边的溶液中离子的浓度（活度）则未知。

膜电势 $E_{膜}$ 将随未知离子浓度（活度）的值的不同而改变。所以只要测定上述原电池的电动势就可以计算出该膜的膜电势 $E_{膜}$。根据式(4-7-1)就可以求出非标准溶液中离子的浓度（活度），进而根据 $a_{\pm}=\gamma_{\pm}c/c^{0}$ 求出溶液的平均活度系数。

参考文献

1. 黄子卿. 电解质溶液理论导论[M]. 修订版. 北京：科学出版社，1964.
2. 闫秉峰. 离子选择性电极的工作原理[J]. 应用·技术：106—109.
3. 清华大学物理化学实验组. 物理化学实验[M]. 北京：清华大学出版社，1991.
4. 傅献彩. 物理化学[M]. 北京：高等教育出版社，2006.

（张庆富编写）

创新实验八　储能材料的热化学研究

一、实验设计要求

1. 掌握等温溶解反应热量计测量储能材料的方法和原理。

2. 了解 SRC-100 型溶解反应热量计的使用方法。

3. 通过对储能材料化合物的合成设计合理的热化学循环，掌握利用溶解反应热量计测定热化学循环中反应物和产物的溶解热等热化学参数。

二、实验设计原理

溶解-反应量热法在现代材料科学中有重要用途。它能够用来测定很多储能材料、合金材料、纳米材料、陶瓷材料、半导体材料、超导材料和核材料等的热力学性质。这些热力学性质对了解这些材料的形成、制备、组成、结构、相态和性能等都具有一定的意义，并能从能量的角度解释一些用其他方法难以解释的实验现象。SRC-100 型溶解—反应热量计通过测定固-液、液—液相互作用的热效应，可以得到溶解焓、稀释焓、混合焓、反应焓、标准生成焓和超额焓等重要的热力学性质。溶解—反应量热法的一个最重要的应用就是可得到许多有机金属化合物和络合物的标准摩尔生成焓。标准摩尔生成焓和标准熵被认为是最重要的两个热力学参数，每年在国际化学热力学界的主要杂志，如 *J. Phys. Chem. Ref. Data*，*J. Chem. Eng. Data*，*J. Chem. Thermodyn.*，*Thermochim. Acta*，*J. Therm. Anal. Cal.* 等期刊上都有很多关于用溶解-反应量热法测定物质标准摩尔生成焓的报道。

因此，若想获得储能材料的热化学性质，可依据 Hess 定律，设计一个简单的热化学反应，将目标储能材料一般作为反应产物之一，反应中的每一种反应物和产物皆易溶于同一种溶剂(水、酸或碱等)，分别测定反应物和产物在所选溶剂中的溶解焓，根据溶解焓计算出所设计反应的反应焓，再依据此反应焓和反应中其他反应物和产物已知的标准摩尔生成焓数据，即可计算出储能材料的标准摩尔生成焓。

实验中每一种溶液体系获得的典型的吸热或放热溶解曲线如图 4-8-1 所示。

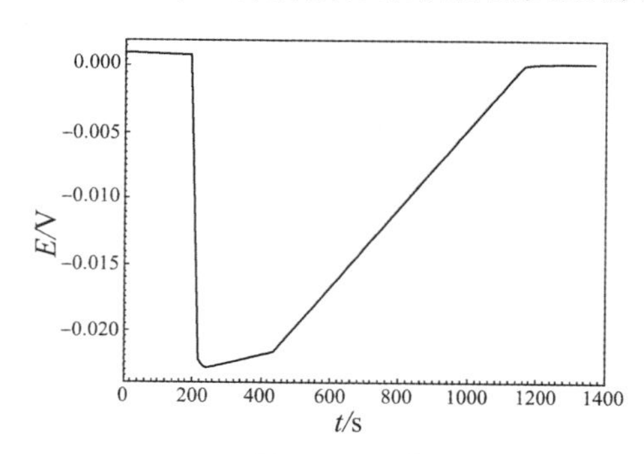

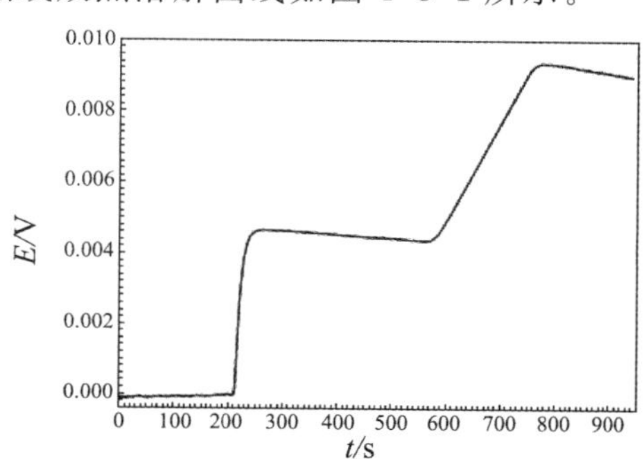

图 4-9-1　典型的吸热(左)和放热(右)反应的电压-时间曲线

其中，Q_S 为溶解热，ΔT_s^* 为溶解阶段的绝热温度变化，Q_E 为电标热效应，ΔT_E^* 为电标阶段的绝热温度变化。

因为恒温环境下溶解反应热量计属于半绝热式热量计，和环境间存在较小的热交换，同时还不可避免地存在蒸发、对流、辐射等，搅拌也会产生一定的摩擦热。因此，需要使用雷诺法、等面积法（图 4-8-2）进行绝热温度变化的校正。所谓的等面积是使 F_1 和 F_2 相等，ΔT 即为绝热温度变化，将电压-时间曲线上的溶解阶段和电标阶段分为两个独立的阶段进行处理，分别计算出两个阶段的绝热温度变化（实际为电压变化），并利用公式 $\frac{Q_S}{\Delta T_S^*}=\frac{Q_E}{\Delta T_E^*}$ 计算出溶解热。其中，Q_S 为溶解热；ΔT_S^* 为溶解阶段的绝热温度变化；Q_E 为电标热效应；ΔT_E^* 为电标阶段的绝热温度变化。

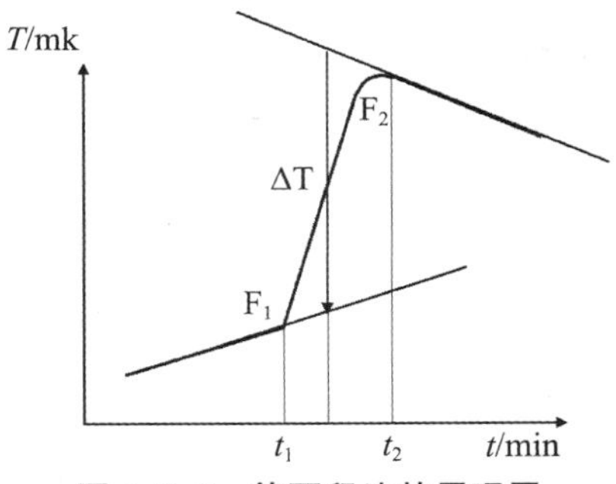

图 4-8-2　等面积法的原理图

最后，通过溶解热和其他已知化合物的标准摩尔生成焓，可计算出设计热化学反应的反应焓和目标储能化合物的标准摩尔生成焓等热化学参数。

参考文献

1. Y X Kong, Y Y Di, Y Xu, et al. Low-Temperature Heat Capacities and Standard Molar Enthalpy of Formation of Potassium Hydrogen Phthalate $C_8H_5KO_4$(s) [J]. J. Chem. Eng. Data, 2010, 55 (6):2185-2191.

2. Y P Liu, Y Y Di, D H He, et al. Crystal Structures, Lattice Potential Energies, and Thermochemical Properties of Crystalline Compounds $(1-C_nH_{2n+1}NH_3)_2ZnCl_4$(s) ($n=$ 8,10,12,and 13) [J]. Inorg. Chem., 2011,50(21):10755-10764.

（孔玉霞编写）

创新实验九　食用药品有效期的测定

一、实验设计要求

1. 了解药物水解反应的特征。
2. 掌握硫酸链霉素水解反应速度常数的测定方法，并求出硫酸链霉素水溶液的有效期。

二、实验设计原理

链霉素是由放线菌属的灰色链丝菌产生的抗生素。硫酸链霉素分子中的 3 个碱性中心与硫酸形成的盐，分子式为 $(C_{21}H_{39}N_7O_{12})_2 \cdot 3H_2SO_4$，它在临床上用于治疗各种结核病。本实验通过比色分析的方法来测定硫酸链霉素水溶液的有效期。硫酸链霉素水溶液在 pH4.0～4.5 时最为稳定。在过碱性条件下易水解而失效，在碱性条件下它则水解生成麦芽酚（α-甲基-β-羟基-γ-吡喃酮），反应如下。

$$(C_{21}H_{39}N_7O_{12})_2 \cdot 3H_2SO_4 + H_2O \longrightarrow \text{麦芽酚} + \text{硫酸链霉素其他降解物}$$

该反应为假一级反应，其反应速度服从一级反应的动力学方程。

$$\lg(c_0 - x) = k/-2.303t + \lg c_0 \qquad (4\text{-}9\text{-}1)$$

式中：c_0 为硫酸链霉素水溶液的初浓度；x 为 t 时刻时，链霉素水解掉的浓度；t 为时间，以分为单位；k 为水解反应速度常数。

若以 $\lg(c_0 - x)$ 对 t 作图，图像应为直线，由直线的斜率可求出反应速度常数 k。硫酸链霉素在碱性条件下水解得麦芽酚，而麦芽酚在酸性条件下与三价铁离子发生作用生成稳定的紫红色螯合物，故可用比色分析的方法进行测定。

由于硫酸链霉素水溶液的初始 C_0 正比于全部水解后产生的麦芽酚的浓度，也正比于全部水解测得的消光值 E_∞，即 $C_0 \propto E_\infty$，在任意时刻 t，硫酸链霉菌素水解掉的浓度 x 应与该时刻测得的消光值 E_t 成正比，即 $x \propto E_t$，将上述关系式代入速度方程中，得：

$$\lg(E_\infty - E_t) = (-k/2.303)t + \lg E_\infty \qquad (4\text{-}9\text{-}2)$$

该反应为假一级反应，其反应速率服从一级反应的速率方程。

可见通过测定不同时刻 t 的消光值 E_t，可以研究硫酸链霉素水溶液的水解反应规律，以 $\lg(E_\infty - E_t)$ 对 t 作图得一直线，由直线斜率求出反应的速度常数 k。药物的有效期一般是指当药物分解掉原含量的 10％时所需要的时间 $t_{0.9}$。

$$t_{0.9} = \ln(100/90)k = 0.105/k \qquad (4\text{-}9\text{-}3)$$

根据不同时刻的光密度，按表 4-9-1 记录数据。

表 4-9-1　结果记录

t(min)	10	20	30	40	50
E_t					
$E_{t_{\text{平均}}}$					

根据不同温度下的光密度，按照(4-9-2)求出 k 值，然后根据不同温度的 k 值可以求出活化能。

$$\ln\frac{k_2}{k_1} = \frac{E_a}{R}\left(\frac{1}{T_1} - \frac{1}{T_2}\right) \qquad (4\text{-}9\text{-}4)$$

通过计算可得到不同温度下的 k 值，根据公式(4-9-3)求出不同温度的半衰期 $t_{0.9}$，并讨论 25℃时的有效期。

硫酸链霉素在酸性或中性条件下很稳定，基本不水解，在碱性条件下则可以水解。本实验通过加入 2 mol·dm^{-3} NaOH 溶液和恒温加热的形式提供非常态条件，测定药物的有效期。由文献实验测定得知，在碱性条件及 25℃下，药物的有效期为 156.8 min。而药品在常态下保质期一般为 3 年，故非常态下的药品有效期仅作为参考，并不能求得常态下的保质期。国外一些常见有效期的测定方法是：将药品置于 35℃下进行 6 个月的实验，该实验相当于通常室温下放置 12 个月。如果结果稳定，便可定为该药的有效期不超过两年。但是药品的有效期常常要考虑温度、湿度、运输、储藏等因素的影响，因此要综合评定药物的有效期。

参考文献

1. 何广平,南俊民,孙艳辉,等.物理化学实验[M].北京:化学工业出版社,2007.
2. 傅献彩,沈文霞,姚天扬,等.物理化学[M].5版(下册).北京:高等教育出版社,2006.

(郝洪国编写)

创新实验十　微型固定床反应器评价催化剂活性

一、实验设计要求

1. 测定 CuO/CeO_2 催化剂对富氢气氛中 CO 选择性氧化的催化活性。
2. 了解常压流动法测定催化剂活性的特点和实验方法。
3. 掌握微型固定床反应器和质量流量计的原理和使用方法。
4. 通过本创新实验训练,要求能利用常压流动法设计出测量任何应用于气相反应的固体催化剂催化活性的评价方案。

二、实验设计原理

催化剂的活性是评价催化剂催化性能的基本量度,通常用单位质量或单位体积的催化剂对反应物的转化率或产物的选择性来表示。测定催化剂活性的方法大致可分为两种:静态法和流动法。静态法是指反应物不连续加入反应器且产物也不连续取出的实验方法。流动法则相反,反应物不断稳定地经过反应器,在反应器中发生催化反应,离开反应器后反应停止,然后设法分析产物种类和数量的一种实验方法。在工业生产中,催化剂活性的测试普遍使用流动法。而流动法中各种实验条件如温度、压力、流速等的大小和催化剂用量的多少都会影响最终的反应结果,因此必须准确控制各种实验条件,尽可能降低副反应的发生。

本实验采用常压流动法测定 CuO/CeO_2 催化剂在不同温度下对富氢气氛中 CO 选择性氧化的催化活性,反应式为:

$$2CO + O_2 \xrightarrow[\triangle]{CuO/CeO_2} 2CO_2 \qquad (4\text{-}10\text{-}1)$$

副反应为:

$$2H_2 + O_2 \xrightarrow[\triangle]{} 2H_2O \qquad (4\text{-}10\text{-}2)$$

反应装置如图 4-10-1 所示,进气部分包括三只质量流量器,分别控制微量 CO、O_2 和 H_2+Ar 混合气体的流量。反应部分由微型石英反应器和加热炉组成,加热炉由控温仪控制。尾气采用带有 TCD 和 FID 检测器的气相色谱仪检测。

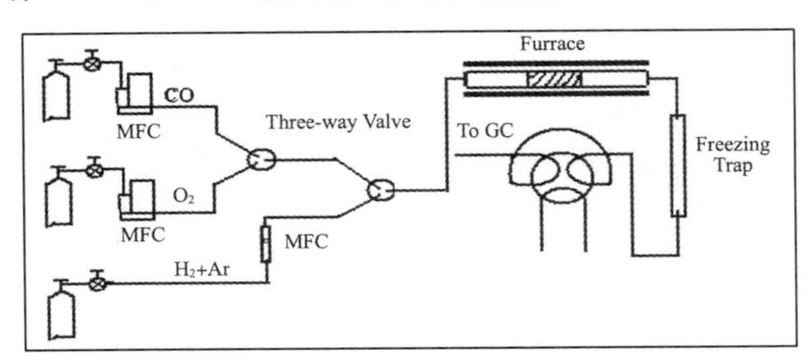

图 4-10-1　催化剂评价装置简图

实验开始前需先进行不同颗粒度和不同石英砂稀释催化剂的实验，以排除内外扩散以及床层局部过热对反应结果的影响。在石英反应器中部装填100 mg粒径为60～80目的催化剂，并用等体积、同目数的α-Al_2O_3进行稀释，反应床层两端用石英棉封堵，然后将K型热电偶放在催化剂床层的最前端。装填完毕后通入反应气，流速为100 mL/min，反应气组成为50% H_2+1% O_2+1% CO，用Ar进行平衡。

反应产物通过气相色谱进行在线分析。产物中的H_2O通过冷阱进行分离，H_2和O_2经TDX-01分离柱进行分离后由TCD检测器检测，CO和CO_2经TDX-01分离柱进行分离后，先由甲烷转化器进行转化后，再由FID检测器检测。考虑到原料中混有少量的二氧化碳，为了避免测量中同时出现两个量的误差，所以在保证碳平衡的条件下，CO的转化率通过公式(4-10-3)计算。

$$\text{CO转化率}=\frac{[CO]_{in}-[CO]_{out}}{[CO]_{in}}\times 100(\%) \qquad (4\text{-}10\text{-}3)$$

催化剂的选择性通过CO耗氧量与总的氧消耗量之比来计算，实际上是消耗氧的选择性。

$$CO_2\ \text{选择性}=\frac{0.5([CO]_{in}-[CO]_{out})}{[O_2]_{in}-[O_2]_{out}}\times 100(\%) \qquad (4\text{-}10\text{-}4)$$

式中：$[CO]_{in}$表示原料中CO的浓度；$[CO]_{out}$表示产物中CO的浓度；$[O_2]_{in}$表示原料中O_2的浓度；$[O_2]_{out}$表示产物中O_2的浓度。

参考文献

1. J Li, P Zhu, S Zuo, et al. Influence of Mn doping on the performance of CuO-CeO_2 catalysts for selective oxidation of CO in hydrogen－rich streams[J]. Applied Catalysis A: General, 2010, 381: 261-266.

2. J Li, Y Han, Y Zhu, R Zhou, et al. Purification of hydrogen from carbon monoxide for fuel cell application over Modified mesoporous CuO-CeO_2 catalysts[J]. Applied Catalysis B: Environmental, 2011, 108－109: 72-80.

3. J Li, P Zhu, R Zhou. Effect of the preparation method on the performance of CuO-MnO_x-CeO_2 catalysts for selective oxidation of CO in H_2-rich streams[J]. Journal of Power Sources, 2011, 196: 9590-9598.

（李静编写）

创新实验十一　蜂蜜中有效成分的测定

一、实验设计要求

1. 通过实验设计，掌握市售蜂蜜的有效成分的测定方法。
2. 掌握用旋光法测定不同种类蜂蜜中的有效成分。

二、实验设计原理

蜂蜜是一种成分复杂的天然保健食品，富含许多对人体有益的营养物质。从中医的角度讲，蜂蜜可润肺肠、治疗便秘、祛痰、止咳、补脾益肾，还可以改善心肌功能、保持血压平衡、增强免疫力、改善睡眠、安神益智、增强记忆力等。现代药理及临床实践研究均证明，蜂蜜具有滋润、抗菌、消炎、保护创面、促进细胞再生等功能，因而被广泛应用在中成药和食品中，深受广大消费者的青睐。然而，随着消费者对蜂蜜需求量的不断增大，蜂蜜质量问题屡屡出现，一些不法商贩向蜂蜜中添加糖浆，以杂花蜜或劣质蜜充当优质的单花蜜等，严重影响蜂蜜市场的健康发展。如何科学检测蜂蜜品质是目前我国乃至国际蜂业发展中亟待解决的关键问题。

蜂蜜是指蜜蜂采集植物的花蜜、分泌物或蜜露，与自身分泌物混合后，经充分酿造而成的天然甜味物质。糖类是蜂蜜的主要成分，由于纯正蜂蜜含有65%～80%的还原糖，主要是果糖($[\alpha]_D^{20}=-91.9°$)和葡萄糖($[\alpha]_D^{20}=52.5°$)和不超过5%的蔗糖($[\alpha]_D^{20}=66.65°$)。所以，非水解旋光度α_1应为负值。当α为正值时，可怀疑其中加入了葡萄糖或蔗糖或淀粉类物质。水分为蜂蜜的第二大组分，纯蜂蜜的含水量为14%～25%，水分含量越低，蜂蜜的成熟度相对越高，品质也越好。酚类化合物(如脱落酸、丁香酸、异阿魏酸、苯甲酸等)约占总量的5%。由于酚类物质的存在，蜂蜜具有抗菌、消炎、抗过敏、抗血栓形成等广泛的生物学活性。蛋白质则主要来源于蜜蜂自身分泌物或蜜源植物，含量为0.1%～0.5%，蜂蜜中还含有少量其他微量元素以及花粉粒等。

测定蜂蜜中糖含量的传统方法有多种，测总含糖量的方法有苯酚-硫酸法、蒽酮比色法等；测定还原糖含量的方法有3,5-二硝基水杨酸法、斐林氏法、铁氰化钾法等。如果同时测定葡萄糖、果糖和蔗糖的含量，则需要繁多的步骤，且操作复杂。本实验主要根据蜂蜜主要成分葡萄糖、果糖和蔗糖旋光度的不同来进行设计。本实验采用硫酸—苯酚法测定蜂蜜总糖含量，利用旋光仪测定蜂蜜水解前后的旋光度，结合总糖含量，计算出蔗糖、葡萄糖和果糖的含量，为快速测定蜂蜜样品中糖分含量提供一种较适用的方法。

该方法首先取一定样品蜂蜜，加入澄清剂，定容后过滤，收取滤液，在20℃的恒温条件下测其旋光度α_1；同样，取滤液加入18%的盐酸，在30℃下恒温全部水解后，再冷却至20℃，测其旋光度α_2；根据旋光度的加和性，可以得知蜂蜜中蔗糖的含量。

蔗糖在酸性条件下水解。

$$\underset{\text{蔗糖}}{C_{12}H_{22}O_{11}}+H_2O \longrightarrow \underset{\text{葡萄糖}}{C_6H_{12}O_6}+\underset{\text{果糖}}{C_6H_{12}O_6} \tag{4-11-1}$$

参考步骤：

(1) 标准曲线的绘制采用硫酸—苯酚法测定总糖含量。分别移取不同体积的40 $\mu g\cdot mL^{-1}$葡萄糖标准溶液于刻度试管中，用蒸馏水补至2.0 mL，加入1.0 mL 6%苯酚和5.00 mL浓硫酸，摇匀冷却，室温放置20 min后，以0 $\mu g\cdot mL^{-1}$葡萄糖溶液为参比，在波长490 nm处测不同浓度的葡萄糖溶液吸光度，以吸光度(x)对葡萄糖浓度(y)绘制标准曲线，获得线性回归方程为$y=ax$，葡萄糖浓度在0～8 $\mu g\cdot mL^{-1}$范围内吸光度与浓度之间呈现良好的线性关系。

(2) 蜂蜜总糖含量的测定：称取一定量蜂蜜，加蒸馏水充分搅匀后，用容量瓶定容至一定浓度；取一定量蜂蜜稀释液于试管中，先加蒸馏水稀释，再加入苯酚和浓硫酸，摇匀冷却，以水按同样操作作为空白对照，在波长490 nm处测吸光度。将待测蜂蜜样品的吸光度代入回归方程，可得蜂蜜样品中葡萄糖的浓度，进而可计算出蜂蜜样品中总糖含量。

(3) 蜂蜜水解前及水解完全后旋光度的测定。

参考文献

1. 彭东军，刘志龙，王晓源. 旋光法测蜂蜜含糖量的研究[J]. 黑龙江医药，2003，16(5)：422-423.

2. 汤小芳，张海波，祁贵国. 售蜂蜜中糖类成分含量的快速测定[J]. 江苏农业科学，2013，41(10)：270-271.

3. 岳锦萍，徐雨欣，范佳慧，等. 蜂蜜的主要成分及其鉴别技术[J]. 食品安全质量检测学报，2018，9：5138-5145.

（张军红编写）

创新实验十二　透射电镜下观察纳米颗粒的尺寸

一、实验设计要求

1. 设计并掌握常规粉体的透射电镜制样方法。

2. 了解透射电镜的基本工作原理。

3. 掌握透射电镜照片的基本用法，并使用该照片对所观察样品的粒径分布进行统计。

二、实验设计原理

透射电子显微镜是一种具有高分辨率、高放大倍数的电子光学仪器，被广泛应用于材料科学等研究领域。透射电镜以波长极短的电子束作为光源，电子束经由聚光镜系统的电磁透镜将其聚焦成一束近似平行的光线穿透样品，再经成像系统的电磁透镜成像和放大，然后投射到主镜筒最下方的荧光屏上而形成所观察的图像。在材料科学研究领域，透射电镜主要可用于材料微区的组织形貌观察、晶体缺陷分析和晶体结构测定。

透射电子显微镜按加速电压分类，通常可分为常规电镜（100 kV）、高压电镜（300 kV）和超高压电镜（500 kV 以上）。提高加速电压，可缩短入射电子的波长：一方面有利于提高电镜的分辨率；同时又可以提高对试样的穿透能力。这不仅可以放宽对试样减薄的要求，而且厚试样与近二维状态的薄试样相比，更接近三维的实际情况。就当前各研究领域使用的透射电镜来看，其三个主要性能指标大致如下。

加速电压：80～3000 kV；

分辨率：点分辨率为 0.2～0.35 nm、线分辨率为 0.1～0.2 nm 最高放大倍数：30 万～100 万倍。

常见的纳米颗粒按照其结构形态可以分为如下类型。

1. 晶粒。

晶粒是指单晶颗粒，即颗粒单相、无晶界。

2. 一次颗粒。

一次颗粒是指含有低气孔率的一种独立的粒子，颗粒内部可以有界面，例如相界、晶界等。晶界是结构相同而取向不同的晶体之间的界面。晶粒与晶粒之间的接触界面叫作晶界。

3. 团聚体。

团聚体是由一次颗粒通过表面力或固体桥键作用形成的更大的颗粒。团聚体内含有相互连接的气孔网络。团聚体可分为硬团聚体和软团聚体两种，团聚体的形成过程使体系能量下降。

4. 二次颗粒。

二次颗粒是指人为制造的粉料团聚粒子，如制备陶瓷的工艺过程中所指的“造粒”就是制造二次颗粒。

5. 纳米粒子。

纳米粒子一般指一次颗粒，它的结构可以是晶态、非晶态、准态、单相、多相结构和多晶结构。只有一次颗粒为单晶时，微粒的粒径与晶粒尺寸(晶粒度)相同。

6. 颗粒尺寸。

对球形颗粒来说，颗粒尺寸(粒径)即指其直径、对不规则颗粒，尺寸的定义为等当直径，如体积等当直径、投影面积直径等。

根据颗粒状况进行实验准备，首先制备样品，将样品分散后滴于Cu载网上。滴加过液体后的Cu载网在空气中自然干燥1 h，然后进行透射电镜测量。根据采集的纳米颗粒粒径，画出粒径与不同粒径下的微粒数的分布图，将分布曲线中峰值对应的颗粒尺寸作为平均粒径。

透射电镜可观察纳米粒子平均直径或粒径的分布。透射电镜观察法是一种颗粒度观察测定的绝对方法，具有可靠性和直观性。本实验选用商用P25颗粒为观察对象，使用JEOL公司2100型高分辨透射电子显微镜对样品形貌及尺寸进行观察(如条件不允许则可以在专业教师的指导下进行测量)。

透射电镜观察法的优点及缺点如下。

优点：① 该方法可以直接观察颗粒是否团聚。② 该方法可以提供颗粒大小、分布以及形状的数据。一般测量颗粒的大小可以从1纳米到几个微米数量级且给出的是颗粒图像的直观数据，容易理解。

缺点：① 取样的代表性差，实验结果的重复性差，测量速度慢。② 测量结果缺乏统计性。这是因为电镜观察用的粉体是极少的，这就有可能导致观察到的粉体的粒子分布范围并不代表整体粉体的粒径范围。

参考文献

1. 李国晋，赵永红. 不同结构粉状纳米材料的透射电镜表征[J]. 化工新型材料，2013,41(10):128-130.

2. 方克明，邹兴，黄浪，等. 纳米材料微观结构的透射电镜和高分辨电镜表征技术[J]. 纳米科技，2005,2(3):26-29.

3. 樊小军，刘衍晟，陈明霞，等. 透射电镜在纳米材料检测中的应用[J]. 纳米科技，2008, 5(3): 63-64.

4. 杜会静. 纳米材料检测中透射电镜样品的制备[J]. 理化检验-物理分册，2005,41(9):463-466.

5. 王晶云，王鸣生，金传洪，等. 透射电镜下纳米材料的操纵[J]. 电子显微学报，2005,24(4):280-280.

(曾涞源编写)

附　录：物理化学实验常数表

附录一　国际单位制(SI)

SI 的基本单位

量		单位	
名称	符号	名称	符号
长度	l	米	m
质量	m	千克	kg
时间	t	秒	s
电流	I	安[培]	A
热力学温度	T	开[尔文]	K
物质的量	n	摩[尔]	mol
发光强度	IV	坎[德拉]	cd

SI 的一些导出单位

量		单位		
名称	符号	名称	符号	定义式
频率	ν	赫[兹]	Hz	s^{-1}
能量	E	焦[耳]	J	$kg \cdot m^2 \cdot s^{-2}$
力	F	牛[顿]	N	$kg \cdot m \cdot s^{-2} = J \cdot m^{-1}$
压力	p	帕[斯卡]	Pa	$kg \cdot m^{-1} \cdot s^{-2} = N \cdot m^{-2}$
功率	P	瓦[特]	W	$kg \cdot m^2 \cdot s^{-3} = J \cdot s^{-1}$
电量;电荷	Q	库[仑]	C	$A \cdot s$
电位;电压;电动势	U	伏[特]	V	$kg \cdot m^2 \cdot s^{-3} \cdot A^{-1} = J \cdot A^{-1} \cdot s^{-1}$
电阻	R	欧[姆]	Ω	$kg \cdot m^2 \cdot s^{-3} \cdot A^{-2} = V \cdot A^{-1}$
电导	G	西[门子]	S	$kg^{-1} \cdot m^{-2} \cdot s^3 \cdot A^2 = \Omega^{-1}$
电容	C	法[拉]	F	$A^2 \cdot S^4 \cdot kg^{-1} \cdot m^{-2} = A \cdot s \cdot V^{-1}$

（续表）

量		单位		
名称	符号	名称	符号	定义式
磁通量密度（磁感应强度）	B	特[斯拉]	T	$kg \cdot s^{-2} \cdot A^{-1} = V \cdot s$
电场强度	E	伏特每米	$V \cdot m^{-1}$	$m \cdot kg \cdot s^{-3} \cdot A^{-1}$
黏度	η	帕斯卡秒	$Pa \cdot s$	$m^{-1} \cdot kg \cdot s^{-1}$
表面张力	σ	牛顿每米	$N \cdot m^{-1}$	$kg \cdot s^{-2}$
密度	ρ	千克每立方米	$kg \cdot m^{-3}$	$kg \cdot m^{-3}$
比热	c	焦耳每千克每开	$J/(kg \cdot K)$	$m^2 \cdot s^{-2} \cdot K^{-1}$
热容量；熵	S	焦耳每开	$J \cdot K^{-1}$	$m^2 \cdot kg \cdot s^{-2} \cdot K^{-1}$

SI 词头

因数	词冠	名称	词冠符号	因数	词冠	名称	词冠符号
10^{12}	*tera*	太	T	10^{-1}	*Deci*	分	d
10^{9}	*giga*	吉	G	10^{-2}	*Centi*	厘	c
10^{6}	*mega*	兆	M	10^{-3}	*milli*	毫	m
10^{3}	*kilo*	千	k	10^{-6}	*Micro*	微	μ
10^{2}	*hecto*	百	h	10^{-9}	*Nano*	纳	n
10^{1}	*deca*	十	da	10^{-12}	*Pico*	皮	p

附录二 一些物理和化学的基本常数（1986 年国际推荐制）

量	符号	数值	单位	相对不确定度（1×10^{6}）
光速	c	299792458	$m \cdot s^{-1}$	定义值
真空磁导率	μ_0	4π	$10^{-7}\ N \cdot A^{-2}$	定义值
真空电容率，$1/(\mu_0 C^2)$	ε_0	8.854187817…	$10^{-12}\ F \cdot m^{-1}$	定义值
牛顿引力常数	G	6.67259(85)	$10^{-11}\ m^3 \cdot kg^{-1} \cdot s^{-2}$	128
普郎克常数	h	6.6260755(40)	$10^{-34}\ J \cdot s$	0.60

（续表）

量	符号	数值	单位	相对不确定度(1×10^6)
$h/2\pi$	$\hbar$	1.05457266(63)	10^{-34} J·s	0.60
基本电荷	e	1.60217733(49)	10^{-19}C	0.30
电子质量	m_e	0.91093897(54)	10^{-30} kg	0.59
质子质量	m_p	1.6726231(10)	10^{-27} kg	0.59
质子-电子质量比	m_p/m_e	1836.152701(37)		0.020
精细结构常数	α	7.29735308(33)	10^{-3}	0.045
精细结构常数的倒数	α^{-1}	137.0359895(61)		0.045
里德伯常数	R_∞	10973731.534(13)	m^{-1}	0.0012
阿伏伽德罗常数	L, N_A	6.0221367(36)	10^{23} mol^{-1}	0.59
法拉第常数	F	96485.309(29)	C·mol^{-1}	0.30
摩尔气体常数 * *	R	8.314510(70)	J·mol^{-1}·K^{-1}	8.4
玻尔兹曼常数，R/L_A	k	1.380658(12)	10^{-23} J·K^{-1}	8.5
斯式藩-玻尔兹曼常数 $\pi^2k^4/60h^3c^2$	σ	5.67051(12)	10^{-8} W·m^{-2}·K^{-4}	34
电子伏，$(e/C)J=\{e\}J$　(统一)原子质量单位	eV	1.60217733(49)	10^{-19} J	0.30
原子质量常数，$1/12m(^{12}C)$	u	1.6605402(10)	10^{-27} kg	0.59

附录三　常用单位换算

单位名称	符号	折合 SI	单位名称	符号	折合 SI
力的单位			功能单位		
1 公斤力	kgf	=9.80665 N	1 公斤力·米	kgf·m	=9.80665 J
1 达因	dyn	$=10^{-5}$ N	1 尔格	erg	$=10^{-7}$ J
黏度单位			1 升·大压	l·atm	=101.328 J
泊	P	=0.1 N·S·m^{-2}	1 瓦特·小时	W·h	=3600 J
厘泊	CP	$=10^{-3}$ N·S·m^{-2}	1 卡	cal	=4.1868 J

（续表）

单位名称	符号	折合 SI
压力单位		
毫巴	mbar	$=100\ N\cdot m^{-2}(Pa)$
1 达因·厘米$^{-2}$	$dyn\cdot cm^{-2}$	$=0.1\ N\cdot m^{-2}(Pa)$
1 公斤力·厘米$^{-2}$	$kgf\cdot cm^{-2}$	$=98066.5\ N\cdot m^{-2}(Pa)$
1 工程大气压	af	$=98066.5\ N\cdot m^{-2}(Pa)$
标准大气压	atm	$=101324.7\ N\cdot m^{-2}(Pa)$
1 毫米水高	mmH_2O	$=9.80665\ N\cdot m^{-2}(Pa)$
1 毫米汞高	mmHg	$=133.322\ N\cdot m^{-2}(Pa)$
比热单位		
1 卡·克$^{-1}$·度$^{-1}$	$Cal\cdot g^{-1}\cdot ℃^{-1}$	$=4186.8\ J\cdot kg^{-1}\cdot ℃^{-1}$
1 尔格·克$^{-1}$·度$^{-1}$	$erg\cdot g^{-1}\cdot ℃^{-1}$	$=10^{-4}\ J\cdot kg^{-1}\cdot ℃^{-1}$

单位名称	符号	折合 SI
功率单位		
1 公斤力·米·秒$^{-1}$	$kgf\cdot m\cdot s^{-1}$	$=9.80665\ W$
1 尔格·秒$^{-1}$	$erg\cdot s^{-1}$	$=10^{-7}\ W$
1 大卡·小时$^{-1}$	$kcal\cdot h^{-1}$	$=1.163\ W$
1 卡·秒$^{-1}$	$cal\cdot s^{-1}$	$=4.1868\ W$
电磁单位		
1 伏·秒	V·s	=1 Wb
1 安·小时	A·h	=3600 C
1 德拜	D	$=3.334\times10^{-30}\ C\cdot m$
1 高斯	G	$=10^{-4}\ T$
奥斯特	Oe	$=79.5775\ A\cdot m^{-1}$

附录四　不同温度下水的蒸汽压（p/Pa）

t/℃	0.0	0.2	0.4	0.6	0.8	t/℃	0.0	0.2	0.4	0.6	0.8
−13	225.45	221.98	218.25	214.78	211.32	2	705.81	716.94	726.20	736.60	747.27
−12	244.51	240.51	236.78	233.05	229.31	3	757.94	768.73	779.67	790.73	801.93
−11	264.91	260.64	256.51	252.38	248.38	4	713.40	824.86	836.46	848.33	860.33
−10	286.51	282.11	277.84	273.31	269.04	5	872.33	884.59	896.99	909.52	922.19
−9	310.11	305.17	300.51	295.84	291.18	6	934.99	948.05	961.12	974.45	988.05
−8	335.17	329.97	324.91	319.84	314.91	7	1001.65	1015.51	1029.51	1043.64	1058.04
−7	361.97	356.50	351.04	345.70	340.37	8	1072.58	1087.24	1102.17	1117.24	1132.44
−6	390.77	384.90	379.03	373.30	367.65	9	1147.77	1163.50	1179.23	1195.23	1211.36
−5	421.70	415.30	409.17	402.90	396.77	10	1227.76	1244.29	1260.96	1277.89	1295.09
−4	454.63	447.83	441.16	434.50	428.10	11	1312.42	1330.02	1347.75	1365.75	1383.88
−3	489.69	482.63	475.56	468.49	461.43	12	1402.28	1420.95	1439.74	1 458.68	1477.87
−2	527.42	519.69	512.09	504.62	497.29	13	1497.34	1517.07	1536.94	1557.20	1577.60
−1	567.69	559.42	551.29	543.29	535.42	14	1598.13	1619.06	1640.13	1661.46	1683.06
−0	610.48	601.68	593.02	584.62	575.95	15	1704.92	1726.92	1749.32	1771.85	1794.65
0	610.48	619.35	628.61	637.95	647.28	16	1817.71	1841.04	1864.77	1888.64	1912.77
1	656.74	666.34	675.94	685.81	685.81	17	1937.17	1961.83	1986.90	2012.10	2037.69

附录五　有机化合物的蒸汽压*

名称	分子式	温度范围/℃	A	B	C
四氯化碳	CCl_4		6.87926	1212.021	226.41
氯仿	$CHCl_3$	−30～150	6.90328	1163.03	227.4
甲醇	CH_4O	−14～65	7.89750	1474.08	229.13
1,2-二氯乙烷	$C_2H_4Cl_2$	−31～99	7.0253	1271.3	222.9
醋酸	$C_2H_4O_2$	0～36	7.80307	1651.2	225
		36～170	7.18807	1416.7	211
乙醇	C_2H_6O	−2～100	8.32109	1718.10	237.52
丙酮	C_3H_6O	−30～150	7.02447	1161.0	224
异丙醇	C_3H_8O	0～101	8.11778	1580.92	219.61
乙酸乙酯	$C_4H_8O_2$	−20～150	7.09808	1238.71	217.0
正丁醇	$C_4H_{10}O$	15～131	7.47680	1362.39	178.77
苯	C_6H_6	−20～150	6.90561	1211.033	220.790
环己烷	C_6H_{12}	20～81	6.84130	1201.53	222.65
甲苯	C_7H_8	−20～150	6.95464	1344.80	219.482
乙苯	C_8H_{10}	26～164	6.95719	1424.255	213.21

* 表中各化合物的蒸汽压 p 可用 $\lg p = A - \frac{B}{(C+t)} + D$ 计算。式中，A、B、C 为三常数；t 为温度(℃)；D 为压力单位的换算因子，其值为 2.1249，单位：Pa

摘自：JohnA. Dean，Lange's Handbook of Chemistry. New York：McGraw－Hill Book Company Inc，1979.

附录六　有机化合物的密度*

化合物	ρ_0	α	β	γ	温度范围/℃
四氯化碳	1.63255	−1.9110	−0.690		0～40
氯仿	1.52643	−1.8563	−0.5309	−8.81	−53～55
乙醚	0.73629	−1.1138	−1.237		0～70
乙醇	0.78506(t_0＝25℃)	−0.8591	−0.56	−5	
醋酸	1.0724	−1.1229	0.0058	−2.0	9～100

（续表）

化合物	ρ_0	α	β	γ	温度范围/℃
丙酮	0.81248	−1.100	−0.858		0～50
异丙醇	0.8014	−0.809	−0.27		0～25
正丁醇	0.82390	−0.699	−0.32		0～47
乙酸甲酯	0.95932	−1.2710	−0.405	−6.00	0～100
乙酸乙酯	0.92454	−1.168	−1.95	20	0～40
环己烷	0.79707	−0.8879	−0.972	1.55	0～65
苯	0.90005	−1.0638	−0.0376	−2.213	11～72

* 表中有机化合物的密度可用方程式 $\rho_t=\rho_0+10^{-3}\alpha(t-t_0)+10^{-6}\beta(t-t_0)^2+10^{-9}\gamma(t-t_0)^3$ 计算。式中，ρ_0 为 $t=0$℃时的密度。单位：$g \cdot cm^{-3}$；$1\ g \cdot cm^{-3}=10^3\ kg \cdot m^{-3}$

摘自：International Critical Tables of Numerical Data, Physics, Chemistry and Technology. New York: McGraw-Hill Book Company Inc, 1928. Ⅲ:28

附录七　水的密度

t/℃	$10^{-3}\rho/(kg \cdot m^{-3})$	t/℃	$10^{-3}\rho/(kg \cdot m^{-3})$	t/℃	$10^{-3}\rho/(kg \cdot m^{-3})$
0	0.99987	20	0.99823	40	0.99224
1	0.99993	21	0.99802	41	0.99186
2	0.99997	22	0.99780	42	0.99147
3	0.99999	23	0.99756	43	0.99107
4	1.00000	24	0.99732	44	0.99066
5	0.99999	25	0.99707	45	0.99025
6	0.99997	26	0.99681	46	0.98982
7	0.99997	27	0.99654	47	0.98940
8	0.99988	28	0.99626	48	0.98896
9	0.99978	29	0.99597	49	0.98852
10	0.99973	30	0.99567	50	0.98807
11	0.99963	31	0.99537	51	0.98762
12	0.99952	32	0.99505	52	0.98715
13	0.99940	33	0.99473	53	0.98669
14	0.99927	34	0.99440	54	0.98621
15	0.99913	35	0.99406	55	0.98573

（续表）

t/℃	$10^{-3}\rho$/(kg·m^{-3})	t/℃	$10^{-3}\rho$/(kg·m^{-3})	t/℃	$10^{-3}\rho$/(kg·m^{-3})
16	0.99897	36	0.99371	60	0.98324
17	0.99880	37	0.99336	65	0.98059
18	0.99862	38	0.99299	70	0.97781
19	0.99843	39	0.99262	75	0.97489

摘自：International Critical Tables of Numerical Data，Physics，Chemistry and Technology. New York：McGraw-Hill Book Company Inc，1928. Ⅲ：25

附录八　乙醇水溶液的混合体积与浓度的关系*

乙醇的质量分数/%	$V_{混}$/mL	乙醇的质量分数/%	$V_{混}$/mL
20	103.24	60	112.22
30	104.84	70	115.25
40	106.93	80	118.56
50	109.43		

* 温度为20℃，混合物的质量为100 g

摘自：傅献彩等编. 物理化学(上册). 北京：人民教育出版社，1979. 212

附录九　25℃下某些液体的折射率

名称	n_{25}^{D}	名称	n_{25}^{D}
甲醇	1.326	四氯化碳	1.459
乙醚	1.352	乙苯	1.493
丙酮	1.357	甲苯	1.494
乙醇	1.359	苯	1.498
醋酸	1.370	苯乙烯	1.545
乙酸乙酯	1.370	溴苯	1.557
正己烷	1.372	苯胺	1.583
1-丁醇	1.397	溴仿	1.587
氯仿	1.444		

摘自：Robert C Weast. CRC Handbook of Chemistry and Physics. U. S. A.：CRC Press，Inc. 1982～1983. 63th E-375

附录十　水在不同温度下的折射率、黏度和介电常数

$t/℃$	n_D	$10^3\eta/(kg \cdot m^{-1} \cdot s^{-1})$ *	ε
0	1.33395	1.7702	87.74
5	1.33388	1.5108	85.76
10	1.33369	1.3039	83.83
15	1.33339	1.1374	81.95
17	1.33324	1.0828	
19	1.33307	1.0299	
20	1.33300	1.0019	80.10
21	1.33290	0.9764	79.73
22	1.33280	0.9532	79.38
23	1.33271	0.9310	79.02
24	1.33261	0.9100	78.65
25	1.33250	0.8903	78.30
26	1.33240	0.8703	77.94
27	1.33229	0.8512	77.60
28	1.33217	0.8328	77.24
29	1.33206	0.8145	76.90
30	1.33194	0.797 3	76.55
35	1.33131	0.7190	74.83
40	1.33061	0.6526	73.15
45	1.32985	0.5972	71.51
50	1.32904	0.5468	69.91

* 黏度单位：每平方米秒牛顿，即 $N \cdot s \cdot m^{-2}$ 或 $kg \cdot m^{-1} \cdot s^{-1}$ 或 $Pa \cdot s$(帕・秒)

摘自：John A Dean. Lange's Handbook of Chemistry. New York：McGraw-Hill Book Company Inc，1985.

附录十一 不同温度下水的表面张力

t/℃	$10^3\times\sigma$/(N·m^{-1})	t/℃	$10^3\times\sigma$/(N·m^{-1})	t/℃	$10^3\times\sigma$/(N·m^{-1})	t/℃	$10^3\times\sigma$/(N·m^{-1})
0	75.64	17	73.19	26	71.82	60	66.18
5	74.92	18	73.05	27	71.66	70	64.42
10	74.22	19	72.90	28	71.50	80	62.61
11	74.07	20	72.75	29	71.35	90	60.75
12	73.93	21	72.59	30	71.18	100	58.85
13	73.78	22	72.44	35	70.38	110	56.89
14	73.64	23	72.28	40	69.56	120	54.89
15	73.59	24	72.13	45	68.74	130	52.84
16	73.34	25	71.97	50	67.91		

摘自：John A Dean. Lange's Handbook of Chemistry. New York：McGraw-Hill Book Company Inc，1973.

附录十二 几种溶剂的冰点下降常数

溶剂	纯溶剂的凝固点/℃	$K_{|f|}$*
水	0	1.853
醋酸	16.6	3.90
苯	5.533	5.12
对二氧六环	11.7	4.71
环已烷	6.54	20.0

* K_f是指 1 mol 溶质，溶解在 1000 g 溶剂中的冰点下降常数。

摘自：John A Dean. Lange's Handbook of Chemistry. New York：McGraw-Hill Book Company Inc，1985.

附录十三 金属混合物的熔点/℃

金属		金属(Ⅱ)百分含量%										
Ⅰ	Ⅱ	0	10	20	30	40	50	60	70	80	90	100
Pb	Sn	326	295	276	262	240	220	190	185	200	216	232
	Sb	326	250	275	330	395	440	490	525	560	600	632
Sb	Bi	632	610	590	575	555	540	520	470	405	330	268
	Zn	632	555	510	540	570	565	540	525	510	470	419

摘自:Robert C Weast. CRC Handbook of Chemistry and Physics. U. S. A. : CRC Press, 1985～1986. 66th:D～183～184

附录十四 无机化合物的脱水温度

水合物	脱水	t/℃
$CuSO_4 \cdot 5H_2O$	$-2H_2O$	85
	$-4H_2O$	115
	$-5H_2O$	230
$CaCl_2 \cdot 6H_2O$	$-4H_2O$	30
	$-6H_2O$	200
$CaSO_4 \cdot 2H_2O$	$-1.5H_2O$	128
	$-2H_2O$	163
$Na_2B_4O_7 \cdot 10H_2O$	$-8H_2O$	60
	$-10H_2O$	320

摘自:印永嘉. 大学化学手册[M]. 济南:山东科学技术出版社,1985.

附录十五　常压下，共沸物的沸点和组成

共沸物		各组分的沸点/℃		共沸物的性质	
甲组分	乙组分	甲组分	乙组分	沸点/℃	组成(组分甲的质量分数)/%
苯	乙醇	80.1	78.3	67.9	68.3
环己烷	乙醇	80.8	78.3	64.8	70.8
正己烷	乙醇	68.9	78.3	58.7	79.0
乙酸乙酯	乙醇	77.1	78.3	71.8	69.0
乙酸乙酯	环己烷	77.1	80.7	71.6	56.0
异丙醇	环己烷	82.4	80.7	69.4	32.0

摘自：Robert C Weast. CRC Handbook of Chemistry and Physics. U. S. A.：CRC Press, Inc. 1985～1986. 66th ed：D-12～30

附录十六　无机化合物的标准溶解热*

化合物	$\Delta_{sol}H_m/(kJ\cdot mol^{-1})$	化合物	$\Delta_{sol}H_m/(kJ\cdot mol^{-1})$
$AgNO_3$	22.47	KI	20.50
$BaCl_2$	−13.22	KNO_3	34.73
$Ba(NO_3)_2$	40.38	$MgCl_2$	−155.06
$Ca(NO_3)_2$	−18.87	$Mg(NO_3)_2$	−85.48
$CuSO_4$	−73.26	$MgSO_4$	−91.21
KBr	20.04	$ZnCl_2$	−71.46
KCl	17.24	$ZnSO_4$	−81.38

* 25℃、标准状态下，1 mol 纯物质溶于水生成 1 $mol\cdot dm^{-3}$ 理想溶液过程的热效应。

摘自：日本化学会编化学便览(基础编Ⅱ)[M]. 东京：丸善株式会社，昭和 41 年 9 月.

附录十七　不同温度下，KCl 在水中的溶解热*

t/℃	$\Delta_{sol}H_m$/kJ	t/℃	$\Delta_{sol}H_m$/kJ
10	19.895	20	18.297
11	19.795	21	18.146
12	19.623	22	17.995
13	19.598	23	17.682
14	19.276	24	17.703
15	19.100	25	17.556
16	18.933	26	17.414
17	18.765	27	17.272
18	18.602	28	17.138
19	18.443	29	17.004

* 此溶解热是指 1 mol KCl 溶于 200 mol 的水。

摘自：吴肇亮，等. 物理化学实验[M]. 北京：石油大学出版社，1990.

附录十八　18～25℃下，难溶化合物的溶度积

化合物	K_{sp}	化合物	K_{sp}
AgBr	4.95×10^{-13}	$BaSO_4$	1.1×10^{-10}
AgCl	1.77×10^{-10}	$Fe(OH)_3$	4×10^{-38}
AgI	8.3×10^{-17}	$PbSO_4$	1.6×10^{-8}
Ag_2S	6.3×10^{-52}	CaF_2	2.7×10^{-11}
$BaCO_3$	5.1×10^{-9}		

摘自：顾庆超等. 化学用表[M]. 南京：江苏科学技术出版社，1979.

附录十九　有机化合物的标准摩尔燃烧焓

名称	化学式	t/℃	$-\Delta_c H_m^\ominus$/(kJ·mol^{-1})
甲醇	$CH_3OH(l)$	25	726.51
乙醇	$C_2H_5OH(l)$	25	1366.8
甘油	$(CH_2OH)_2CHOH(l)$	20	1661.0
苯	$C_6H_6(l)$	20	3267.5
己烷	$C_6H_{14}(l)$	25	4163.1
苯甲酸	$C_6H_5COOH(s)$	20	3226.9
樟脑	$C_{10}H_{16}O(s)$	20	5903.6
萘	$C_{10}H_8(s)$	25	5153.8
尿素	$NH_2CONH_2(s)$	25	631.7

摘自:CRC Handbook of Chemistry and Physics. U. S. A : CRC Press, Inc. 1985～1986. 66th ed:D－272～278

附录二十　18℃下，水溶液中阴离子的迁移数

电解质	c/(mol·dm^{-3})					
	0.01	0.02	0.05	0.1	0.2	0.5
NaOH			0.81	0.82	0.82	0.82
HCl	0.167	0.166	0.165	0.164	0.163	0.160
KCl	0.504	0.504	0.505	0.506	0.506	0.510
KNO_3(25℃)	0.4916	0.4913	0.4907	0.4897	0.4880	
H_2SO_4	0.175		0.172	0.175		0.175

摘自:B A 拉宾诺维奇等. 简明化学手册[M]. 尹永烈，等译. 北京:化学工业出版社，1983.

附录二十一　不同温度下，HCl 水溶液中阳离子的迁移数

t_+ \ m	t/℃						
	10	15	20	25	30	35	40
0.01	0.841	0.835	0.830	0.825	0.821	0.816	0.811
0.02	0.842	0.836	0.832	0.827	0.822	0.818	0.813
0.05	0.844	0.838	0.834	0.830	0.825	0.821	0.816
0.1	0.846	0.840	0.837	0.832	0.828	0.823	0.819
0.2	0.847	0.843	0.839	0.835	0.830	0.827	0.823
0.5	0.850	0.846	0.842	0.838	0.834	0.831	0.827
1.0	0.852	0.848	0.844	0.841	0.837	0.833	0.829

t_+ 为阳离子的迁移数，m 为阳离子的质量摩尔浓度。

摘自：Conway B E. Electrochemical data[M]. New York：Plenum Publing Corporation，1952.

附录二十二　均相热反应的速率常数

c_{HCl}/(mol · dm^{-3})	10^3 k/min^{-1}		
	298.2 K	308.2 K	318.2 K
0.413 7	4.043	17.00	60.62
0.9000	11.16	46.76	148.8
1.214	17.455	75.97	

(1) 蔗糖水解的速率常数；(2) 乙酸乙酯皂化反应的速率常数与温度的关系 $\lg k=-1780T^{-1}+0.00754T+4.53$（$k$ 的单位为 dm^3 · mol^{-1} · min^{-1}）。

(3) 丙酮碘化反应的速率常数 k(25℃)$=1.71\times10^{-3}$ dm^3 · mol^{-1} · min^{-1}；k(35℃)$=5.284\times10^{-3}$ dm^3 · mol^{-1} · min^{-1}。

摘自：International Critical Tables of Numerical D，Chemisata. Physicstry and Technology. New York：McGraw-Hill Book Company Inc. IV：130，146

附录二十三 25℃下，醋酸在水溶液中的电离度和离解常数

$C/(\mathrm{mol \cdot m^{-3}})$	α	$10^2K_c/(\mathrm{mol \cdot m^{-3}})$
0.2184	0.2477	1.751
1.028	0.1238	1.751
2.414	0.0829	1.750
3.441	0.0702	1.750
5.912	0.05401	1.749
9.842	0.04223	1.747
12.83	0.03710	1.743
20.00	0.02987	1.738
50.00	0.01905	1.721
100.00	0.01350	1.695
200.00	0.00949	1.645

摘自：尼科里斯基.苏联化学手册(第三册)[M].陶坤，译.北京：科学出版社，1963.

附录二十四 不同浓度、不同温度下，KCl溶液的电导率

$c/(\mathrm{mol \cdot dm^{-3}})$ / t/℃	$10^2\kappa/(\mathrm{S \cdot m^{-1}})$			
	1.000	0.1000	0.0200	0.0100
0	0.06541	0.00715	0.001521	0.000776
5	0.07414	0.00822	0.001752	0.000896
10	0.08319	0.00933	0.001994	0.001020
15	0.09252	0.01048	0.002243	0.001147
20	0.10207	0.01167	0.002501	0.001278
25	0.11180	0.01288	0.002765	0.001413
26	0.11377	0.01313	0.002819	0.001441
27	0.11574	0.01337	0.002873	0.001468
28		0.01362	0.002927	0.001496
29		0.01387	0.002981	0.001524
30		0.01412	0.003036	0.001552
35		0.01539	0.003312	

摘自：复旦大学等.物理化学实验[M].2版.北京：高等教育出版社，1995.

附录二十五　高分子化合物特性黏度与分子量关系式中的参数表

高聚物	溶剂	t/℃	10^3 K/($dm^3 \cdot kg^{-1}$)	α	分子量范围 $M \times 10^{-4}$
聚丙烯酰胺	水	30	6.31	0.80	2～50
	水	30	68	0.66	1～20
	1 $mol \cdot dm^{-3}$ $NaNO_3$	30	37.3	0.66	
聚丙烯腈	二甲基甲酰胺	25	16.6	0.81	5～27
聚甲基丙烯酸甲酯	丙酮	25	7.5	0.70	3～93
聚乙烯醇	水	25	20	0.76	0.6～2.1
	水	30	66.6	0.64	0.6～16
聚己内酰胺	40% H_2SO_4	25	59.2	0.69	0.3～1.3
聚醋酸乙烯酯	丙酮	25	10.8	0.72	0.9～2.5

摘自：印永嘉．大学化学手册[M]．济南：山东科学技术出版社，1985.

附录二十六　无限稀释离子的摩尔电导率和温度系数

离子	$10^4\lambda$/($s \cdot m^2 \cdot mol^{-1}$)				$\alpha\left[\alpha=\frac{1}{\lambda_i}\left(\frac{d\lambda_i}{dt}\right)\right]$
	0℃	18℃	25℃	50℃	
H^+	225	315	249.8	464	0.0142
K^+	40.7	63.9	73.5	114	0.0173
Na^+	26.5	42.8	50.1	82	0.0188
NH_4^+	40.2	63.9	74.5	115	0.0188
Ag^+	33.1	53.5	61.9	101	0.0174
$1/2Ba^{2+}$	34.0	54.6	63.6	104	0.0200
$1/2Ca^{2+}$	31.2	50.7	59.8	96.2	0.0204
$1/2Pb^{2+}$	37.5	60.5	69.5		0.0194
OH^-	105	171	198.3	(284)	0.0186
Cl^-	41.0	66.0	76.3	(116)	0.0203
NO_3^-	40.0	62.3	71.5	(104)	0.0195
$C_2H_3O_2^-$	20.0	32.5	40.9	(67)	0.0244
$1/2SO_4^{2-}$	41	68.4	80.0	(125)	0.0206
F^-		47.3	55.4		0.0228

摘自：印永嘉．物理化学简明手册[M]．北京：高等教育出版社，1988.

附录二十七　几种胶体的 ζ 电位

水溶胶				有机溶胶		
分散相	ζ/V	分散相	ζ/V	分散相	分散介质	ζ/V
As_2S_3	−0.032	Bi	0.016	Cd	$CH_3COOC_2H_5$	−0.047
Au	−0.032	Pb	0.018	Zn	CH_3COOCH_3	−0.064
Ag	−0.034	Fe	0.028	Zn	$CH_3COOC_2H_5$	−0.087
SiO_2	−0.044	$Fe(OH)_3$	0.044	Bi	$CH_3COOC_2H_5$	−0.091

摘自：天津大学物理化学教研室.物理化学(下册)[M].北京：人民教育出版社，1979.

附录二十八　25℃下，标准电极电位及温度系数

电极	电极反应	$\Phi^\ominus$/V	$d\varphi^\ominus/dT$/(mV·K^{-1})
Ag^+，Ag	$Ag^+ + e = Ag$	0.7991	−1.000
AgCl，Ag，Cl^-	$AgCl + e = Ag + Cl^-$	0.2224	−0.658
AgI，Ag，I^-	$AgI + e = Ag + I^-$	−0.151	−0.284
Cd^{2+}，Cd	$Cd^{2+} + 2e = Cd$	−0.403	−0.093
Cl_2，Cl^-	$Cl_2 + 2e = 2Cl^-$	1.3595	−1.260
Cu^{2+}，Cu	$Cu^{2+} + 2e = Cu$	0.337	0.008
Fe^{2+}，Fe	$Fe^{2+} + 2e = Fe$	−0.440	0.052
Mg^{2+}，Mg	$Mg^{2+} + 2e = Mg$	−2.37	0.103
Pb^{2+}，Pb	$Pb^{2+} + 2e = Pb$	−0.126	−0.451
PbO_2，$PbSO_4$，SO_4^{2-}，H^+	$PbO_2 + SO_4^{2-} + 4H^+ + 2e = PbSO_4 + 2H_2O$	1.685	−0.326
OH^-，O_2	$O_2 + 2H_2O + 4e = 4OH^-$	0.401	−1.680
Zn^{2+}，Zn	$Zn^{2+} + 2e = Zn$	−0.7628	0.091

摘自：印永嘉.物理化学简明手册[M].北京：高等教育出版社，1988.

附录二十九 25℃下，不同物质的量浓度下一些强电解质的活度系数

电解质	$M/(mol \cdot kg^{-1})$					电解质	$M/(mol \cdot kg^{-1})$				
	0.01	0.1	0.2	0.5	1.0		0.01	0.1	0.2	0.5	1.0
$AgNO_3$	0.90	0.734	0.657	0.536	0.429	KOH		0.798	0.760	0.732	0.756
$CaCl_2$	0.732	0.518	0.472	0.448	0.500	NH_4Cl		0.770	0.718	0.649	0.603
$CuCl_2$		0.508	0.455	0.411	0.417	NH_4NO_3		0.740	0.677	0.582	0.504
$CuSO_4$	0.40	0.150	0.104	0.0620	0.0423	NaCl	0.9032	0.778	0.735	0.681	0.657
HCl	0.906	0.796	0.767	0.757	0.809	$NaNO_3$		0.762	0.703	0.617	0.548
HNO_3		0.791	0.754	0.720	0.724	NaOH		0.766	0.727	0.690	0.678
H_2SO_4	0.545	0.2655	0.2090	0.1557	0.1316	$ZnCl_2$	0.708	0.515	0.462	0.394	0.339
KCl	0.732	0.770	0.718	0.649	0.604	$Zn(NO_3)_2$		0.531	0.489	0.474	0.535
KNO_3		0.739	0.663	0.545	0.443	$ZnSO_4$	0.387	0.150	0.140	0.0630	0.0435

摘自：复旦大学，等. 物理化学实验[M]. 2 版. 北京：高等教育出版社，1995.

附录三十 25℃下，HCl 水溶液的摩尔电导、电导率与浓度的关系

$c/(mol \cdot dm^{-3})$	0.0005	0.001	0.002	0.005	0.01	0.02	0.05	0.1	0.2
$\Lambda_m/(S \cdot cm^2 \cdot mol^{-1})$	423.0	421.4	419.2	415.1	411.4	406.1	397.8	389.8	379.6
$10^3 K/(S \cdot cm^{-1})$		0.4212	0.8384	2.076	4.114	8.112	19.89	39.98	75.92

摘自：印永嘉. 物理化学简明手册[M]. 北京：高等教育出版社，1988.

附录三十一 几种化合物的磁化率

无机物	T/K	质量磁化率	摩尔磁化率
		$10^9 \chi_m/(m^3 \cdot kg^{-1})$	$10^9 x_M/(m^3 \cdot mol^{-1})$
$CuBr_2$	292.7	38.6	8.614
$CuCl_2$	289	100.9	13.57
CuF_2	293	129	13.19
$Cu(NO_3)_2 \cdot 3H_2O$	293	81.7	19.73

（续表）

无机物	T/K	质量磁化率	摩尔磁化率
		$10^9\chi_m/(m^3 \cdot kg^{-1})$	$10^9 x_M/(m^3 \cdot mol^{-1})$
$CuSO_4 \cdot 5H_2O$	293	73.5(74.4)	18.35
$FeCl_2 \cdot 4H_2O$	293	816	162.1
$FeSO_4 \cdot 7H_2O$	293.5	506.2	140.7
H_2O	293	−9.50	−0.163
$Hg[Co(CNS)_4]$	293	206.6	
$K_3Fe(CN)_6$	297	87.5	28.78
$K_4Fe(CN)_6$	室温	4.699	−1.634
$K_4Fe(CN)_6 \cdot 3H_2O$	室温		−2.165
$NH_4Fe(SO_4)_2 \cdot 12H_2O$	293	378	182.2
$(NH_4)_2Fe(SO_2)_2 \cdot 6H_2O$	293	397(406)	155.8

摘自：复旦大学等．物理化学实验[M]．2版．北京：高等教育出版社，1995.

附录三十二　液体的分子偶极矩 μ、介电常数 ε 与极化度 $P\infty(cm^3 \cdot mol^{-1})$

物质	$\mu/10^{-30}C \cdot m$	t/℃	0	10	20	25	30	40	50
水	6.14	ε	87.83	83.86	80.08	78.25	76.47	73.02	69.73
		P_∞							
氯仿	3.94	ε	5.19	5.00	4.81	4.72	4.64	4.47	4.31
		P_∞	51.1	50.0	49.7	47.5	48.8	48.3	17.5
四氯化碳	0	ε			2.24	2.23			2.13
		P_∞				28.2			
乙醇	5.57	ε	27.88	26.41	25.00	24.25	23.52	22.16	20.87
		P_∞	74.3	72.2	70.2	69.2	68.3	66.5	64.8
丙酮	9.04	ε	23.3	22.5	21.4	20.9	20.5	19.5	18.7
		P_∞	184	178	173	170	167	162	158
乙醚	4.07	ε	4.80	4.58	4.38	4.27	4.15		
		P_∞	57.4	56.2	55.0	54.5	54.0		

（续表）

物质	$\mu/10^{-30}$C·m	t/℃	0	10	20	25	30	40	50
苯	0	ε		2.30	2.29	2.27	2.26	2.25	2.22
		P_∞				26.6			
环己烷	0	ε			2.023	2.015			
		P_∞							
氯苯	5.24	ε	6.09		5.65	5.63		5.37	5.23
		P_∞	85.5		81.5	82.0		77.8	76.8
硝基苯	13.12	ε		37.85	35.97		33.97	32.26	30.5
		P_∞		365	354	348	339	320	316
正丁醇	5.54	ε							
		P_∞